本科“十四五”规划教材

普通高等教育工科基础课“十四五”系列教材

数学建模

主　编　李换琴　乔　琛　王宇莹

副主编　陈　磊　吴帮玉

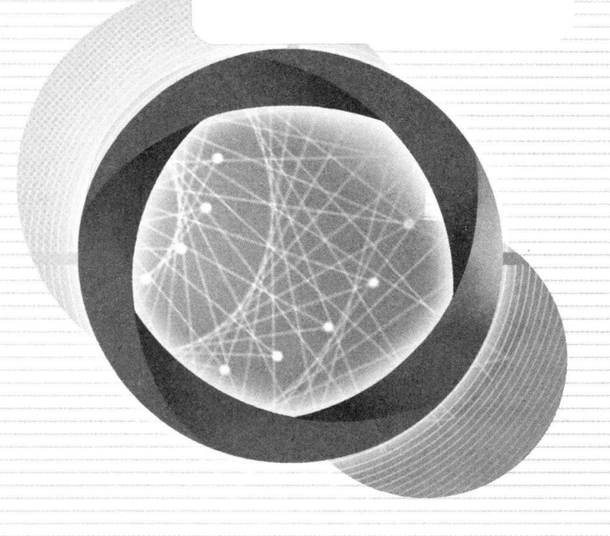

内容简介

本书以生动有趣的实例，阐述将实际问题转化为数学模型的基本思想方法和技巧。全书共11章，包括微积分、微分方程、差分方程、线性代数、最优化、图与网络、回归分析等数学方法在物理、化学、生物、经济、生态、健康、交通、社会科学、军事等众多领域的广泛应用；还介绍了在数学模型的建立中发挥重要作用的计算机仿真方法以及大学生数学建模竞赛有关事项。

本书内容从易到难，深入浅出，举例典型，通俗易懂。每个案例都给出了详尽的问题分析、模型假设、模型建立与求解、模型结论。课后有相关的研究课题，供学生实践。

本书是西安交通大学"十四五"规划重点立项教材，是为培养创新型、应用型人才而编写的教材。本书可作为普通高等院校开设数学建模课程的教材，也可作为参加数学建模竞赛的学生参考用书，同时也可供科技工作者参考。

图书在版编目(CIP)数据

数学建模 / 李换琴，乔琛，王宇莹主编. — 西安：西安交通大学出版社，2021.5(2023.6 重印)
ISBN 978-7-5693-2132-6

Ⅰ. ①数… Ⅱ. ①李… ②乔… ③王… Ⅲ. ①数学模型 Ⅳ. ①O141.4

中国版本图书馆 CIP 数据核字(2021)第 044941 号

书　　名　数学建模
主　　编　李换琴　乔　琛　王宇莹
副 主 编　陈　磊　吴帮玉
责任编辑　田　华
责任校对　邓　瑞

出版发行　西安交通大学出版社
(西安市兴庆南路 1 号　邮政编码 710048)
网　　址　http://www.xjtupress.com
电　　话　(029)82668357　82667874(市场营销中心)
(029)82668315(总编办)
传　　真　(029)82668280
印　　刷　陕西奇彩印务有限责任公司

开　　本　787 mm×1092 mm　1/16　**印张**　16.75　**字数**　401 千字
版次印次　2021 年 5 月第 1 版　2023 年 6 月第 3 次印刷
书　　号　ISBN 978-7-5693-2132-6
定　　价　42.00 元

如发现印装质量问题，请与本社市场营销中心联系调换。
订购热线：(029)82665248　(029)82667874
投稿热线：(029)82664954　QQ：190293088
读者信箱：190293088@qq.com

前　言

当今世界正处于多学科交叉的高新技术蓬勃发展、产业加速跨界融合重构的风口，而现代多学科交叉发展的理论基础，归根结底是数学模型和方法的交叉发展。

数学建模是联系数学理论与实际问题的桥梁，是数学科学技术转化为生产力的主要途径，在定量化和数学应用中起着十分重要的作用。为了解决各种实际问题、解释各种自然现象，人们首先要建立能够较好描述实际问题的数学模型。数学建模能力已成为现代科技工作者必备的重要能力之一。

数学建模课程是一门综合性极强的课程，对学生综合素质的培养具有重要作用，多年的教学实践证明，数学建模课程的开设可以激发学生的学习兴趣、培养学生的实践能力和创新能力。

西安交通大学是全国最早开设数学建模课程的高校之一，1992 年，首先为数学系本科生开设了该课程；1996 年起，面向能源与动力工程、电子与信息、软件等学院二年级学生，同时开设了全校性数学建模选修课，每年有 1000 人左右选修该课程。

自 2015 年起，为了加强学生应用数学解决问题的能力，学校提出在夏季小学期内，对全校一年级本科生开设数学建模能力提升课程，该课程为 40 学时理论课，20 学时上机实践。本课程的总体目标是提高学生学习数学、应用数学的兴趣；拓宽大学生的数学知识面；开阔大学生的学科和行业视野，了解数学在其中的应用；强化大学生应用数学解决实际问题的能力，增强大学生的计算机应用能力，提升大学生的团队协作意识和沟通交流能力。

为此，我们编写了课程讲义，制作了课程 PPT。每一节课，都从实际问题出发，采取问题驱动的教学模式，引导学生思维，激发其主动学习的潜质，提升其抽象思维、逻辑推理、数学建模和数学应用等能力。课后布置小组课题研究，在教师指导下完成，撰写论文并作报告。

连续 6 年的小学期数学建模能力提升课程，对于培养学生创新能力已取得明显成效，报名参加全国和美国大学生数学建模竞赛的学生大幅增加，获奖比例及获奖质量显著提高。最近 6 年，西安交通大学获得全国大学生数学建模竞赛国家一等奖 22 项、国家二等奖 35 项；获得美国大学生数学建模竞赛 Outstanding Winner 9 项、Finalist Winner 8 项，获奖队伍总数在全国名列前茅。

实践证明，我们的教学模式和教学内容是比较成功的。我们把讲义和课件整理，编写成此教材，以方便教师教学和学生学习使用。

本书面向已学习完微积分和线性代数的本科生，以生动有趣的实例来阐述建立数学模型的基本技能和技巧。全书共 11 章，包括三大块内容。其一是初等数学、微积分、线性代数、级数、微分方程、差分方程、最优化、图论等数学知识在物理、医学、生态、经济、交通、军事、信息等领域的应用；其二是数学建模竞赛真题的综合模型建立与求解；其三是在数学模型的建立中发挥重要作用的计算机仿真方法。

考虑到学习者是本科低年级学生，初涉数学建模，在编写时，我们力求做到举例典型、内容通俗易懂，并尽量将建模思想、方法与技巧寓于各种例题之中，以便读者能从实例中获得体验。

数学建模教学不同于其它数学课程教学，仅靠教师讲课、学生听课是远远不够的，除了课堂教学以外，学生需要在课外进行较多数量、有一定难度的建模实践。为此，每章课后，我们都精心编写了若干个供学生实践的数学建模研究课题。这些课题有些比较简单，利用课堂上讲过的方法和技巧就可以解决；有些则是根据全国大学生数学建模竞赛题目改编而成，题目比较综合，涉及知识面广，要查阅较多文献，深入思考和研究之后才能解决。学习者可以根据自己的水平和能力选择不同难度的课题进行研究。

本书也对全国大学生数学建模竞赛和美国大学生数学建模竞赛进行了简单介绍，为准备参加数学建模竞赛的学生提供参考。

本书内容从易到难，深入浅出，讲解详尽，适用于理、工、经、管等各专业的学生。

本书作为西安交通大学“十四五”规划教材重点资助项目，在编写过程中得到了西安交通大学教务处、数学与统计学院的大力支持。西安交通大学数学与统计学院张永怀、齐雪林、褚蕾蕾、张春霞、刘海峰、王治国、赵海霞、晏文璟、康艳梅等专家与一线教师为本书提供了相关素材和资源，并提出了许多宝贵的意见，谨在此对他们表示由衷的感谢。

参加本书编写工作的有西安交通大学数学与统计学院李换琴教授、乔琛教授、王宇莹副教授、吴帮玉副教授以及能源与动力工程学院陈磊高级工程师。其中，第1、2、3、7、8章由李换琴编写，第4、9章由乔琛编写，第5、6章由王宇莹编写，第10章由陈磊编写，第11章由吴帮玉编写。李换琴负责全书的统稿工作。由于作者水平有限，书中难免有不当之处，欢迎读者批评指正。

编　者

2021年1月于西安交通大学

目　录

第1章　概论

数学建模是科学研究和解决问题的得力手段，是利用数学解决各种实际问题的桥梁，掌握数学建模的思想和方法是具有良好的数学素质的重要组成部分。本书的主题是数学建模，核心是利用数学揭示事物的规律。本章介绍什么是数学模型和数学建模、数学建模的基本方法和一般步骤、数学模型的分类、如何学习数学建模，最后对国家大学生数学建模竞赛和美国大学生数学建模竞赛作一简单介绍。

1.1　数学模型和数学建模

模型是人们对客观实体有关属性的模拟，是为了一定目的，对客观事物的一部分进行简缩、抽象、提炼出来的原型的替代物，模型集中反映了原型中人们需要的那一部分特征。地图、电路图、分子结构图、陈列在橱窗中的飞机、火车和轮船等，都可以看作模型，它们都从某一方面反映了真实现象的特征。

数学模型(Mathematical Model)是对所研究对象的数学模拟，是用数学符号对一类实际问题或实际发生的现象的描述。确切地说，数学模型就是对于一个现实对象，为了一个特定目标，根据其内在规律和固有特征，做出一些必要的简化假设，运用适当的数学工具，得到的一个数学结构，数学结构可以是数学公式、算法、表格或图示等。数学模型主要有解释、判断、预测三大功能，其中预测是数学模型最重要的功能，能否成功地利用所建立的数学模型预测未来，是衡量该模型价值与数学方法效力的最重要的标准。

数学建模(Mathematical Modeling)是获得数学模型并对之求解、验证并得到结论的全过程。数学建模是沟通现实世界和数学科学之间的桥梁，是数学走向应用的必经之路。数学建模的目的不仅是了解基本规律，从应用的观点来看，数学建模更重要的目的是预测和控制所研究对象的行为。

数学建模并不是一个新生事物，它与数学有同样悠久的历史。公元前三世纪，欧几里得在总结前人研究结果的基础上建立的欧几里得几何就是针对现实世界的空间形式提出的一个数学模型；开普勒根据大量的天文观测数据总结出行星运动三大定律，基于此，牛顿提出万有引力定律，并从力学原理出发给出了严格的证明，更是一个数学建模取得光辉成就的例子。胡克定律、库仑定律、能量转换定律、麦克斯韦方程组、广义相对论以及现代流体力学、电动力学、量子力学中的一些方程，也都是抓住了该学科本质的数学建模的成功范例，它们已经成为相关学科的核心内容和基本框架。

1.2　数学建模示例

本节我们将用日常生活中几个具体的例子，说明如何根据实际问题做出合理的简化和假设，以便用数学语言表述实际问题，将看似与数学无关的问题转化为数学问题，并建立数学模型来加以解释或给出说明。

1.2.1 桌子能放平吗?

将一张四条腿的方桌放在不平的地面上，不允许将桌子移到别处，但允许将桌子绕中心旋转，问是否总能设法使其四条腿同时着地，即放平。

1.问题分析

如果不加任何条件，答案应当是否定的，例如将方桌放在某台阶上，而台阶的宽度又比方桌的边长小，自然无法将其放平；又如地面是平的，而方桌的四条腿长短不一，自然也无法放平。当然，一般情况下是不会把桌子的一条腿放台阶上而另一条腿放台阶下的，质量合格的桌子四条腿应该是等长的。附加一些合理的假设，是不是就能放平呢?

因此，我们提出以下假设，并在这些条件成立的前提下研究可否通过适当旋转一个角度，使得方桌的四条腿同时着地。

2.模型假设

(1)地面是连续曲面。

(2)方桌的四条腿长度相同，四脚连线呈正方形。

(3)对于桌脚的间距和桌腿的长度而言，地面是相对平坦的。

(4)方桌的腿只要有一点接触地面就算着地。

3.模型建立

模型建立就是用数学语言把桌子四脚同时着地的条件和结论表示出来。

首先，用符号变量表示桌子的位置。由假设(2)，方桌的四只脚的连线呈正方形，以方桌四只脚的对称中心为坐标原点建立直角坐标系，如图1-1所示，方桌的四条腿分别在 A、B、C、D 处，A、C 的初始位置在 x 轴上，B、D 的初始位置在 y 轴上。当方桌绕中心轴旋转角度 θ 后，正方形 $ABCD$ 转至 $A'B'C'D'$ 的位置，对角线 $A'C'$ 与 x 轴的夹角 θ 决定方桌的位置。

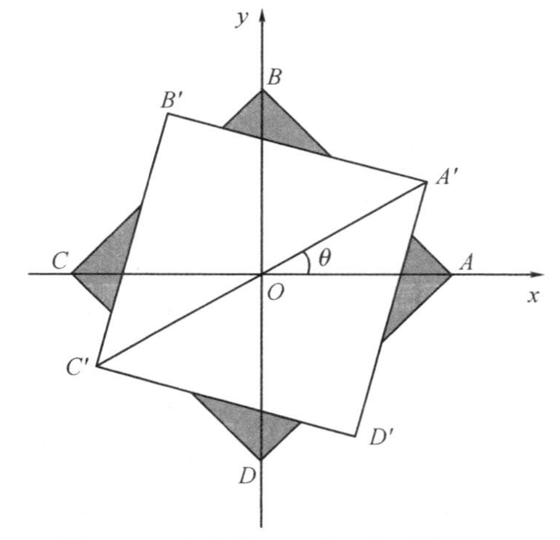

图1-1 方桌在地面的坐标示意图

其次，把桌腿着地用数学符号表示出来。如果用某个变量表示桌子腿脚与地面的竖直距离，那么当这个距离为零时，就是桌腿着地了。桌子在不同位置时，四条腿脚与地面的距离不同，所以这个距离是桌子位置变量 θ 的函数。

当桌子旋转 90°，即转角 $\theta=\frac{\pi}{2}$ 时，对角线 AC 和 BD 互换位置，桌子回到初始状态。因此，对于一个不平稳的桌子，如果旋转 0°～90°能够使其平稳，则能放平，否则无法放平。

由假设(3),桌子在任何位置至少有三条腿同时着地,当四条腿尚未全部着地时,腿到地面的距离是不确定的。例如,若只有 A 未着地,按下 A,则当 A 到地面距离缩小时,C 到地面的距离增大,为消除这一不确定性,令 $f(\theta)$ 为 A、C 离地面之和,$g(\theta)$ 为 B、D 离地面之和,他们的值由 θ 唯一确定,且均为非负函数。由于三条腿总能同时着地,所以对于任意的 θ,$f(\theta)$ 和 $g(\theta)$ 中至少有一个为 0,故 $\forall\theta, f(\theta)g(\theta)=0$ 恒成立。

由假设(1),$f(\theta)$ 和 $g(\theta)$ 均为 θ 的连续函数。不妨设 $\theta=0$ 时,$g(0)=0, f(0)>0$,则方桌能否放平的问题就可以归结为如下数学问题:

设 $f(\theta)$ 和 $g(\theta)$ 均为 θ 的连续函数,$g(0)=0, f(0)>0$,且 $\forall\theta, f(\theta)g(\theta)=0$,问:是否 $\exists\theta_0\in(0,\frac{\pi}{2})$ 使得 $f(\theta_0)=g(\theta_0)=0$。

4.模型求解

上述答案是肯定的,利用连续函数的介值定理可以证明该结论。

证明:当方桌的旋转角 $\theta=\frac{\pi}{2}$ 时,对角线 AC 和 BD 互换位置,即 $f(\frac{\pi}{2})=g(0), g(\frac{\pi}{2})=f(0)$。

令 $h(\theta)=f(\theta)-g(\theta)$,由于 $f(\theta)$ 和 $g(\theta)$ 是连续函数,因此 $h(\theta)$ 在 $[0,\frac{\pi}{2}]$ 上连续,且有

$$h(0)=f(0)-g(0)<0,\ h(\frac{\pi}{2})=f(\frac{\pi}{2})-g(\frac{\pi}{2})=g(0)-f(0)>0。$$

由闭区间上连续函数的性质可知,存在 $\theta_0\in(0,\frac{\pi}{2})$ 使得 $h(\theta_0)=0$,即 $f(\theta_0)=g(\theta_0)$。又由于 $f(\theta_0)g(\theta_0)=0$,故 $f(\theta_0)=g(\theta_0)=0$。证毕。

5.模型结论

对于四条腿等长、四脚呈正方形的桌子,在光滑地面上做原地旋转,在不大于 $\pi/2$ 的角度内,必能放稳。

由于这个实际问题非常直观和简单,模型解释和验证就略去了。

1.2.2　七桥问题

18 世纪,一座古老而美丽的城市哥尼斯堡,布勒格尔河的支流穿过这里,把城市分成两个小岛和两岸,有七座桥把两个岛与河岸联系起来,如图 1-2 所示。一天又一天,七座桥上走过了无数的行人,不知从什么时候起,脚下的桥梁触发了人们的灵感,一个有趣的问题在居民中传开了:是否有人能够不重复、不遗漏地一次走完七座桥,最后回到出发点?

这个问题似乎不难,谁都乐意用它来测试一下自己的智力,可是谁也没有找到一条这样的路线。博学的大学教授也感到一筹莫展,“七桥问题”难住了哥尼斯堡的所有居民,哥尼斯堡也因“七桥问题”出了名。

1735 年,几名大学生写信给当时正在俄罗斯圣彼得堡科学院任职的天才数学家欧拉,请他帮忙解决这一问题。欧拉观察了哥尼斯堡的七桥后,认真思考走法,但始终没能成功,

图 1－2　七桥问题图

于是他怀疑七桥问题是不是原本就无解呢？

1736 年，在经过一年的研究之后，29 岁的欧拉提交了《哥尼斯堡七桥》的论文，圆满解决了这一问题，同时开创了数学的一个新的分支——图论与几何拓扑。

欧拉是如何解决七桥问题的呢？

欧拉通过建立数学模型解决了七桥问题。

1.模型建立

由于岛和陆地是通过桥梁连接的，不妨把一块陆地或一个岛看成一个点，把桥看成连接点与点之间的线（边），这样并未改变问题的实质，原地图就抽象为如图 1－3(b)所示的一幅点线模拟图，其中 A、C 代表原来的河岸，B、D 代表岛屿，如图 1－3(a)所示。

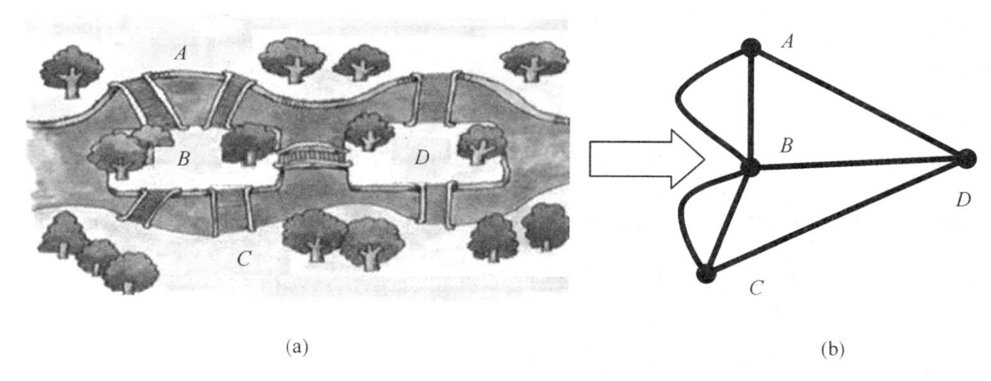

图 1－3　七桥问题图及其抽象图

于是，原问题可以描述为：

能否一笔画出图 1－3(b)，每条边必须且只经过一次，并最终回到起点。图 1－3(b)就是“七桥问题”的数学模型。

2.模型求解

考虑到一般解法才更有实际意义，欧拉首先研究一般化的一笔画问题，考察一笔画的结构特征，除起点和终点外，一笔画中出现在交点处的边总是一进一出。

欧拉通过对七桥问题的研究，不仅圆满地回答了哥尼斯堡居民提出的问题，而且得到并证明了更为广泛的有关一笔画的三条结论。

(1)凡是由偶点组成的连通图，一定可以一笔画出，且任一偶点可作为起点，最后一定能以这个点为终点画完此图。

(2)凡是恰有两个奇点的连通图，一定可以一笔画成。画时必须把一个奇点为起点，另一个奇点为终点。

(3)其它情况的图都不能一笔画出。

其中偶点、奇点、连通图是图论中的概念。对于图中的一个点，如果和这个点相连的边数是奇(偶)数，这个点就称为奇(偶)点。连通图是指图中任意两点都有边相连。

例如，图1-4是一个连通图，且所有顶点都是偶点，因此从任意一个顶点出发，都可以一笔画成并回到起点。图1-5是恰有两个奇点(B、C)的连通图，一定可以一笔画成，但只能是B为起点、C为终点，或C为起点、B为终点，除此之外，不存在其它一笔画法。

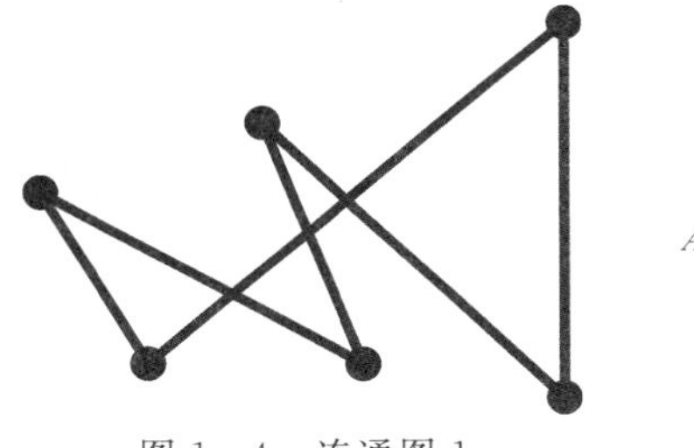

图1-4　连通图1

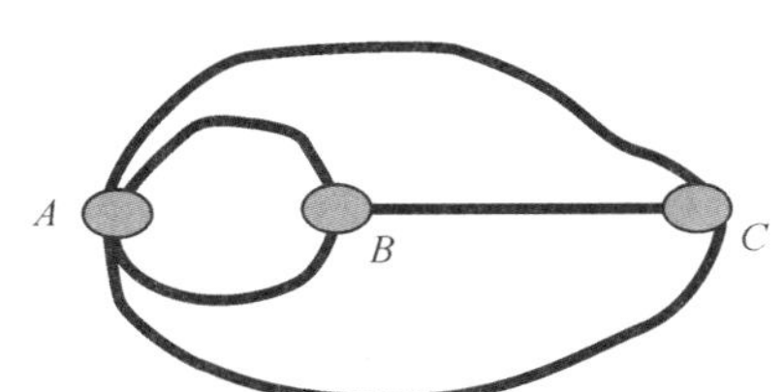

图1-5　连通图2

对于七桥问题，由于图1-3(b)是含有4个奇点的连通图，因此不能一笔画出。所以原问题无解。

3.模型结论

关于哥尼斯堡“七桥问题”，不存在“经过每座桥一次且恰好一次最终回到出发点”的路线。

1.2.3　利润预测

某皮革厂2009—2019年利润额数据资料如表1-1所示。试建立数学模型，预测2020年、2021年该企业的利润。

表1-1　2009—2019年利润额数据表

年份	2009	2010	2011	2012	2013	2014	2015	2016	2017	2018	2019
利润额/万元	200	285	350	400	510	630	700	750	850	950	1020

1.问题分析

题目要求根据过去11年的利润额预测未来两年的利润额。首先画出散点图，观察利润额变化趋势，根据变化趋势提出合理的假设函数，然后利用最小二乘法拟合函数中的参数，得到利润预测模型，将未来时间点代入，求得预测值。

2.模型建立与求解

设年份 x 时利润额为 y。利用表1-1给出的利润数据，作出2009—2019年的利润散点图，如图1-6所示。

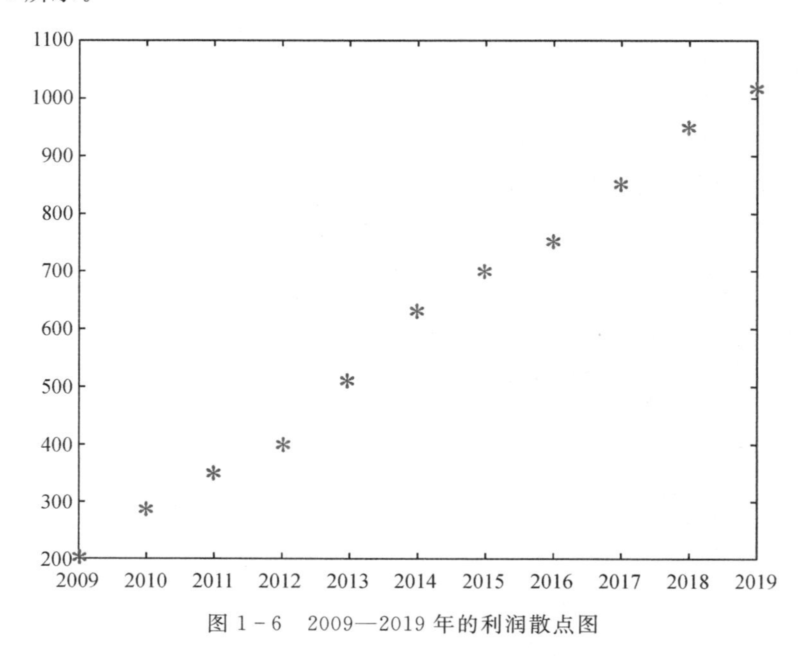

图1-6　2009—2019年的利润散点图

由图1-6可以看出，利润随时间呈线性增长，因此，假设利润额拟合函数为

$$y=a+bx$$

下面利用最小二乘法确定参数 a、b。

记2009年为 $t=1$，y_t，$\hat{y}_t$ 分别表示第 t 年的利润统计值和拟合值，$x_t=t$，$(t=1,2,\cdots,11)$。

则所有数据的误差平方和为

$$\sum_{t=1}^{11}(y_t-\hat{y}_t)^2=\sum_{t=1}^{11}(y_t-a-bx_t)^2=Q(a,b)$$

令 $\dfrac{\partial Q}{\partial a}=-2\sum\limits_{t=1}^{11}(y_t-bx_t-a)=0$，$\dfrac{\partial Q}{\partial b}=-2\sum\limits_{t=1}^{11}x_t(y_t-bx_t-a)=0$，得

$$a=\frac{1}{11}\sum_{t=1}^{11}y_t-b\,\frac{1}{11}\sum_{t=1}^{11}x_t,\ b=\frac{11\sum\limits_{t=1}^{11}x_ty_t-(\sum\limits_{t=1}^{11}x_t)(\sum\limits_{t=1}^{11}y_t)}{11\sum\limits_{t=1}^{11}x_t^2-(\sum\limits_{t=1}^{11}x_t)^2}$$

将表1-1中的数据代入，计算得 $a=-166924$，$b=83.2$。

故利润额函数为

$$y=-166924+83.2x \tag{1-1}$$

分别将 $x=2020$，$x=2021$ 代入式(1-1)，得2020年和2021年的利润额预测值分别为1140万元和1223.2万元。

1.3 数学建模的基本方法和步骤

数学建模面临的实际问题是多种多样的，建模的目的不同，分析的方法不同，采用的数学工具不同，所得到的类型也不同，我们不能指望归纳出若干条规则适用于一切实际问题的数学建模方法。下面所谓基本方法不是针对具体问题，而是从方法论的意义上讲的。

1.3.1 建立数学模型的基本方法

一般来说，建立数学模型的方法大体上可分为机理分析法和测试分析法。机理分析法是根据对客观事物特征的认识，找出反映内部机理的数量规律，建立的模型有明确的物理或现实意义。前面讲的桌子能否放平和七桥问题都用的是机理分析法。测试分析法是将研究对象看作一个黑箱系统，通过对系统输入输出数据的测量和统计分析，按照一定的准则找出与数据拟合得最好的模型。前面讲的利润额预测就用的是测试分析法。

面对一个实际问题，用哪一种方法建模主要取决于人们对研究对象的了解程度和建模目的，如果掌握了一些内部机理的知识，模型也要求反映内在特征的物理意义，建模就应以机理分析为主；如果对象的内部规律基本上不清楚，模型也不需要反映内部特征，这时就可以用测试分析法。对于许多实际问题，常将两种方法结合起来，用机理分析建立模型结构，用测试分析确定模型参数。

1.3.2 数学建模的一般步骤

由前面的几个数学建模示例可以看出，建立数学模型的过程大致可以分为以下几个步骤。

1.模型准备

了解问题的实际背景，明确建模目的，收集掌握必要的数据资料。

2.模型假设

在明确建模目的，掌握必要资料的基础上，通过对资料的分析计算，找出起主要作用的因素，经必要的精炼、简化，提出若干符合客观实际的假设。

3.模型建立

在所作假设的基础上，利用适当的数学工具去刻画各变量之间的关系，建立相应的数学结构，即数学模型。数学模型可以是包含常量、变量等的数学关系式，如优化模型、微分方程模型等；也可以是一个图，如图论模型。模型建立是数学建模步骤中最难也是最重要的一步，建模工作者除了需要相关学科的专门知识外，还常常需要较为广阔的应用数学方面的知识，还要有洞察力，善于发挥想象力。

4.模型求解

根据模型类型的不同特点，求解可能包括解方程、图解、逻辑推理、定理证明等不同的方法。在难以得出解析解时，还应当借助计算机来求出数值解。根据模型求解结果，回答问题。

5.模型分析与检验

对求解结果进行数学上的分析，如误差分析、灵敏度分析等。将模型结果与实际的现象、数据比较，检验模型的合理性和适用性。如果模型结果与实际不符，只要不是在求解中存在推导或计算上的错误，那就要分析假设是否有问题。由于模型是在一定的假设下建立的，不正确或不可靠的假设得到的模型和结论就会与实际不符，这时就应该修改、补充假设，重新建模。有些模型甚至要经过多次反复，不断完善，直到检验结果获得某种程度上的满意。

6.模型应用

利用已建立的模型，分析、解释已有的现象或预测未来的发展趋势，给人们的决策提供参考。

上述数学建模过程可以用如图 1-7 所示的流程图表示。

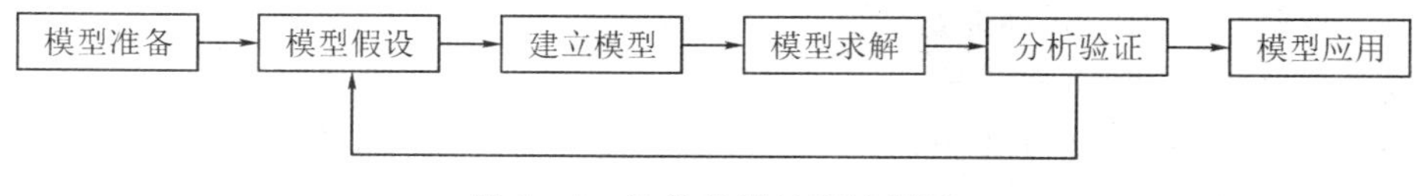

图 1-7　数学建模过程流程图

应当指出，并不是所有问题的建模都要经过这些步骤，有时各步骤之间的界限也不那么分明，建模时不要拘泥于形式上的按部就班，可以采用灵活的表述形式。另外，建立数学模型的目的是为了解决问题。在能够解决问题的情况下，建立数学模型时，能够用简单的方法就不要用复杂的方法，能够用多数人看得懂的方法就不要用特别高深的方法。

1.4　数学模型的分类

数学模型可以按照不同的方式分类，下面介绍常用的几种。

1.按模型的应用领域(或所属学科)分

人口模型、交通模型、生态模型、城镇规划模型、水资源模型、再生资源利用模型、污染模型、生物数学模型、医学数学模型、地质数学模型、数量经济学模型、社会学模型等。

2.按建立模型的数学方法(或所属数学分支)分

初等模型、代数模型、微积分模型、微分方程模型、差分方程模型、优化模型、图论模型、决策模型、统计模型等。

3.按建模目的分

描述性模型、分析模型、预报模型、优化模型、决策模型、控制模型、评价模型等。

4.按对模型结构的了解程度分

白箱模型、灰箱模型、黑箱模型。所谓白箱模型是指其内在机理相当清楚的学科问题，包括力学、热学、电学等。灰箱模型是指其内在机理尚不十分清楚的现象和问题，包括生态、气象、经济、交通等。黑箱模型是指其内在机理(数量关系)很不清楚的现象，如生命科学、社会科学等。

5.按变量的性质分

离散模型、连续模型，确定性模型、随机性模型，线性模型、非线性模型。

6.按时间变化对模型的影响分

静态模型、动态模型、参数定常模型、参数时变模型等。

1.5　怎样学习数学建模

不同的现实问题往往有不同的数学模型，即使对同一现实问题也可以从不同的角度、用不同的数学方法和工具归结出颇为不同的数学模型；另一方面同一个数学模型又往往可以用来描述表面上看来毫无关联的自然现象或社会规律。至于建立数学模型的方法更是各有千秋，多姿多彩，不可能用一个可以到处生搬硬套的固定程式。

根据建立数学模型的特点，学习这门课程重要的不在于知识的积累，而应着眼于能力的提升，任何一本数学模型的教材，即使包含很多的数学建模方法和实例，都不可能穷尽世间所有可能的数学模型，而成为数学模型方面包罗万象的百科全书。

那么该如何学习数学建模呢？下面给出几条建议。

1.案例学习

精心选择案例，通过学习、分析、评价、改进和推广几个步骤逐步深化，体会建立数学模型的思想和方法，学习常用的数学建模算法，掌握数学建模的一般规律。在学习过程中，不要仅仅满足于学习一些数学知识、满足于对个别实例的机械模仿，更不要求追求对书本内容的死记硬背。

2.查阅文献，研究式学习

建立数学模型是一种创造性的思维活动，没有统一模式和固定的方法。对于要解决的问题，如果不是自己处理过的问题，一般要查阅文献，了解前人是否处理过类似问题，并借鉴已有方法处理当前问题，遇到陌生的方法也要查文献进行学习。

3.小组讨论学习

对于一个实际问题，可以小组为单位，集体讨论，形成解决问题的方案，分工协作，得到问题的解答，并写出完整的报告。在这个过程中，每个人独立钻研、自主学习，队友之间通过协作和分享，提升学习能力和创新能力。

4.在实践中学习

数学建模课程是一门实践性较强的课程，除了学习基本技能和基本方法之外，更重要的是参与实践。数学建模实践有多种机会和渠道，每年 9 月份的全国大学生数学建模竞赛，每年2月份的美国大学生数学建模竞赛，都是很好的实践机会。

1.6 全国大学生数学建模竞赛简介

全国大学生数学建模竞赛（以下简称竞赛）是中国工业与应用数学学会主办的面向全国大学生的群众性科技活动，旨在激励学生学习数学的积极性，提高学生建立数学模型和运用计算机技术解决实际问题的综合能力，鼓励广大学生踊跃参加课外科技活动，开拓知识面，培养创造精神及合作意识。

全国大学生数学建模竞赛创办于1992年，每年一届，是首批列入“高校学科竞赛排行榜”的19项竞赛之一。最近五年，每年都有来自中国、美国和马来西亚等国家一千多所院校10万以上人次报名参赛，该竞赛已成为全国规模最大的大学生课外科技活动。

全国大学生数学建模竞赛官网网址：http://www.mcm.edu.cn/index_cn.html。

1.竞赛内容

竞赛题目一般来源于科学与工程技术、人文与社会科学（含经济管理）等领域经过适当简化加工的实际问题，不要求参赛者预先掌握深入的专门知识，只需要学过高等学校的数学基础课程。题目有较大的灵活性供参赛者发挥其创造力。参赛者应根据题目要求，完成一篇包括模型的假设、建立和求解、计算方法的设计和计算机实现、结果的分析和检验、模型的改进等方面的论文（即答卷）。竞赛评奖以假设的合理性、建模的创造性、结果的正确性和文字表述的清晰程度为主要标准。往年赛题及获奖名单均可以在官网下载查看。

2.竞赛形式、规则和纪律

（1）竞赛每年举办一次，全国统一竞赛题目，采取通信竞赛方式。

（2）大学生以队为单位参赛，每队不超过3人（须属于同一所学校），专业不限。竞赛分本科、专科两组进行，本科生参加本科组竞赛，专科生参加专科组竞赛（也可参加本科组竞赛），研究生不得参加。每队最多可设一名指导教师或教师组，从事赛前辅导和参赛的组织工作，但在竞赛期间不得进行指导或参与讨论。

（3）竞赛期间参赛队员可以使用各种图书资料（包括互联网上的公开资料）、计算机和软件，但每个参赛队必须独立完成赛题解答。

（4）竞赛开始后，赛题将公布在指定的网址供参赛队下载，参赛队在规定时间内完成答卷，并按要求准时交卷。

（5）参赛院校应责成有关职能部门负责竞赛的组织和纪律监督工作，保证本校竞赛的规范性和公正性。

3.组织形式

竞赛主办方设立全国大学生数学建模竞赛组织委员会（简称全国组委会），负责制定竞赛参赛规则、启动报名、拟定赛题、组织全国优秀答卷的复审和评奖、印制获奖证书、举办全国颁奖仪式等。

竞赛分赛区组织进行。原则上一个省（自治区、直辖市、特别行政区）为一个赛区。每个赛区建立组织委员会（简称赛区组委会），负责本赛区的宣传及报名、监督竞赛纪律和组织评阅答卷等工作。

4.评奖办法

各赛区组委会聘请专家组成赛区评阅专家组，评选本赛区的一等奖、二等奖。同时，按全国组委会规定的数额将本赛区的优秀答卷送全国组委会。全国组委会聘请专家组成全国评阅专家组，按统一标准从各赛区送交的优秀答卷中评选出全国一等奖、二等奖。

对违反竞赛规则的参赛队，一经查实，即取消评奖资格，并由全国组委会（或赛区组委会）根据具体情况作出相应处理。

往年的国赛优秀论文可以在中国大学生在线网站查看。

1.7　全国大学生数学建模竞赛论文格式规范

全国大学生数学建模竞赛论文格式规范，每年都会随同赛题一并发布，若有更改，以当年发布的为准。这里介绍的是 2020 年修订稿。规范全文如下：

为了保证竞赛的公平、公正性，便于竞赛活动的标准化管理，根据评阅工作的实际需要，竞赛要求参赛队分别提交纸质版和电子版论文，特制定本规范。

1.纸质版论文格式规范

第一条　论文用白色 A4 纸打印（单面、双面均可）；上下左右各留出至少 2.5 厘米的页边距；从左侧装订。

第二条　论文第一页为承诺书，第二页为编号专用页，具体内容见本规范第三、第四页。

第三条　论文第三页为摘要专用页。摘要内容（含标题和关键词，无需翻译成英文）不能超过一页；论文从此页开始编写页码，页码位于页脚中部，用阿拉伯数字从“1”开始连续编号。

第四条　论文从第四页开始是正文内容（不要目录，尽量控制在 20 页以内）；正文之后是论文附录（页数不限），附录内容必须打印并与正文装订在一起提交。

第五条　论文附录内容应包括支撑材料的文件列表，建模所用到的全部、可运行的源程序代码（含 Excel、SPSS 等软件的交互命令）等。如果缺少必要的源程序、程序不能运行或运行结果与论文不符，都可能会被取消评奖资格。如果确实没有用到程序，应在论文附录中明确说明“本论文没有用到程序”。

第六条　论文摘要专用页、正文和附录中任何地方都不能有显示参赛者身份和所在学校及赛区的信息。

第七条　所有引用他人或公开资料（包括网上资料）的成果必须按照科技论文的规范列出参考文献，并在正文引用处予以标注。

第八条　本规范中未作规定的，如论文的字号、字体、行距、颜色等不作统一要求。在不违反本规范的前提下，各赛区可以对论文作相应的要求。

2.电子版论文格式规范

第九条　参赛队应按照《全国大学生数学建模竞赛报名和参赛须知》的要求提交参赛论文和支撑材料两个电子文件。

第十条 参赛论文电子版内容必须与纸质版内容及格式(包括附录)完全一致;必须是一个单独的文件,文件格式为PDF或者Word之一(建议使用PDF格式);文件大小不超过20 MB。注意参赛论文电子版文件不要压缩,承诺书和编号专用页不要放在电子版论文中,即电子版论文的第一页必须为摘要专用页。

第十一条 支撑材料内容包括用于支撑模型、结果、结论的所有必要材料,至少应包含建模所用到的所有可运行源程序、自主查阅使用的数据资料(赛题中提供的原始数据除外)、较大篇幅中间结果的图表等。将所有支撑材料文件使用WinRAR软件压缩在一个文件中(后缀为rar或zip,大小不超过20 MB)。支撑材料的文件列表应放入论文附录;如果确实没有需要提供的支撑材料,可以不提供支撑材料文件,并在论文附录中注明"本论文没有支撑材料"。如果支撑材料文件与论文内容不相符,该论文可能会被取消评奖资格。注意竞赛的承诺书和编号专用页不要放在支撑材料中,所有文件中不能有显示参赛者身份和所在学校及赛区的信息。

3.本规范的实施与解释

第十二条 本规范自发布之日起试行,以前的规范与本规范不相符的,以本规范为准。不符合本规范的论文将被视为违反竞赛规则,可能被取消评奖资格。

第十三条 本规范的解释权属于全国大学生数学建模竞赛组委会。

1.8 美国大学生数学建模竞赛简介

美国大学生数学建模竞赛(MCM/ICM)是由美国数学及其应用联合会主办的国际性数学建模竞赛,也是世界范围内最具影响力的数学建模竞赛。赛题内容涉及经济、管理、环境、资源、生态、医学、安全等众多领域。竞赛要求三人(本科生且为同一所高校)为一组,从6个题目中任选一个问题,在4天时间内完成该实际问题的数学建模的全过程,并就问题的重述、简化和假设及其合理性的论述、数学模型的建立和求解、检验和改进、模型的优缺点及其可能的应用范围等内容用英语撰写成正文不超过25页的论文。

MCM/ICM是Mathematical Contest in Modeling和Interdisciplinary Contest in Modeling的缩写。MCM始于1985年,ICM始于1999年,由COMAP(Consortium for Mathematics and Its Application,美国数学及其应用联合会)主办,得到了SIAM、NSA、INFORMS等多个组织的赞助。MCM/ICM着重强调研究和解决方案的原创性、团队合作、交流及结果的合理性。6个题目的类型分别为MCM问题A(连续型)、MCM问题B(离散型)、MCM问题C(数据分析)、ICM问题D(运筹学/网络科学)、ICM问题E(环境科学)、ICM问题F(政策研究)。

2019年,共有来自美国、中国、加拿大、英国、澳大利亚等17个国家和地区共25370支队伍参加,包括来自哈佛大学、普林斯顿大学、麻省理工学院、清华大学、北京大学、上海交通大学、西安交通大学等国际知名高校学生参与此项赛事角逐。

2020年,来自美国、中国、澳大利亚、加拿大、英国、印度等多个国家与地区包括剑桥大学等众多高校在内的20948支队伍(MCM 13749支、ICM 7199支)参加,共评出Outstanding Winners奖37项(获奖率约0.18%),冠名奖16项(获奖率约0.07%)。

美赛基本奖项及获奖比例如表 1－2 所示。

表 1－2　美赛基本奖项及获奖比例

奖项英文名称	译名	获奖比例	简称
Outstanding Winner	特等奖	0.15%左右	O 奖
Finalist	特等奖提名	0.2%左右	F 奖
Meritorious Winner	优异奖(一等)	8%左右	M 奖
Honorable Mention	荣誉奖(二等)	15%左右	H 奖
Successful Participant	成功参与奖	67%左右	S 奖
Unsuccessful Participant	不成功参赛	不计入统计	
Disqualified	资格取消	不计入统计	

美国大学生数学建模竞赛是面向全球大学生的赛事，所有的通知、安排、赛题及与赛事有关的信息仅在官网上发布。感兴趣的读者可登录官网查看竞赛时间、往年赛题与获奖公告(Problems and Results)、竞赛报名(Register for Contest)、竞赛规则与注意事项(Contest Instructions)、下载获奖证书(Download Certificates)等。

美国大学生数学建模竞赛官网网址：https://www.comap.com/undergraduate/contests/。

第 2 章　初等模型

对于一些较简单的问题，只需要应用初等数学或简单的微积分知识即可建模加以研究。本章将通过几个具体实例，从问题分析、模型假设、模型建立与求解、模型结论等几个方面，介绍数学建模的完整过程。

2.1　贷款问题

王先生看上了一套心仪的房子，总价 180 万，可是他手里只有 100 万，房产销售人员说可以贷款，并且利用手机 APP 迅速算出，如果贷款 80 万元，20 年还清，按照当前基准利率 4.9% 计算，每月还款 5235.55 元，总还款金额 125.65 万元。如果 30 年还清，每月还款 4245.81 元，总还款金额 152.84 万元。销售人员说，这是等额本息还款方式，还有一种是等额本金还款方式，还款数每月递减。王先生想知道这是怎么算出来的，请你用数学建模的方法来回答：这是怎么算出来的。

2.1.1　等额本息还款数学模型

我们考虑每月付给银行的本金和利息的总额始终保持相等，建立等额本息还款数学模型。

1.模型假设

(1)还贷期间利率不变。

(2)利率按月计算，月利率是年利率的 1/12。

2.模型建立

模型建立就是要确定变量以及变量之间的关系。为此，首先用符号表示相关的变量。

设贷款总金额为 A_0 元，月利率为 r，N 个月还清，每月还款金额为 x 元。

记第 n 个月还款后尚欠银行的款数为 $A_n(n=1,2,\cdots,N)$，由于这个月的欠款等于上个月欠款加上利息，再减去这个月的(等额)还款，则有

$$A_n=A_{n-1}(1+r)-x,\quad n=1,2,\cdots,N$$

因第 N 个月要全部还清，所以 $A_N=0$。于是，等额本息还款的数学模型为

$$\begin{cases}A_n=A_{n-1}(1+r)-x, & n=1,2,3,\cdots,N\\ A_N=0\end{cases}\tag{2-1}$$

3.模型求解

由模型(2-1)求解出每月还款金额 x 即可。

$$A_1=A_0(1+r)-x$$

$$A_2=A_1(1+r)-x$$

$$
\begin{aligned}
&=[A_0(1+r)-x](1+r)-x \\
&=A_0(1+r)^2-x[1+(1+r)] \\
A_3&=A_2(1+r)-x \\
&=\{A_0(1+r)^2-x[1+(1+r)]\}(1+r)-x \\
&=A_0(1+r)^3-x[1+(1+r)+(1+r)^2]
\end{aligned}
$$

容易观察出规律，并用数学归纳法证明，对于任意 n 有

$$A_n=A_0(1+r)^n-x[1+(1+r)+(1+r)^2+\cdots+(1+r)^{n-1}]$$

由等比级数部分和的求和公式，得

$$A_n=A_0(1+r)^n-x\frac{(1+r)^n-1}{(1+r)-1}=A_0(1+r)^n-x\frac{(1+r)^n-1}{r}$$

将 $n=N$ 及 $A_N=0$ 代入，解得

$$x=\frac{A_0r(1+r)^N}{(1+r)^N-1} \tag{2-2}$$

4.模型验证

验证模型结果与手机 APP 算得的结果是否相同。利用数学软件，例如，MATLAB 编程如下：

```
A0 = input('请输入贷款总额万元:');
R = input('请输入年利率:');
M = input('请输入贷款年限:');
A0 = A0 * 10^4;            % 万元换算为元
r = R/12;
N = 12 * M;
B = (1 + r)^N;
X = A0 * r * B/(B - 1)     % 月还款额
zong = X * N               % 还款总额
```

运行程序，在命令行窗口根据提示，键入贷款总额 80，年利率 0.049，贷款年限 20，程序执行结果如下

```
X =
   5.235552391815810e + 03
zong =
      1.256532574035794e + 06
```

结果表明，若贷款 80 万元，20 年还清，则每月还款约 5235.55 元，还款总金额约 1256532 元。

重新运行程序，将贷款年限输为 30，其它不变，则运行结果为

```
X =
      4.245813764982440e + 03
```

```
zong =
    1.528492955393679e+06
```

结果表明，若贷款 80 万元，30 年还清，则每月还款约 4245.81 元，还款总金额约 1528493 元。

对比可见，模型得到的结果与手机 APP 算得的结果完全一致。说明，手机 APP 使用的数学模型就是我们建立的这个模型。

另外，由

$$x=\frac{A_0 r\,(1+r)^N}{(1+r)^N-1}$$

容易推出以下结论：(等额)月还款额 x 必大于利息 $A_0 r$；多借多还，少借少还；利息高，还得多，利息低，还得少。

实际上，由式(2-2)也可以得到下面两个模型

$$A_0=\frac{x[(1+r)^N-1]}{r\,(1+r)^N} \tag{2-3}$$

或

$$N=\frac{\ln[\frac{x}{x-A_0 r}]}{\ln(1+r)} \tag{2-4}$$

请同学们思考这两个模型的作用。

2.1.2 等额本金还款数学模型

下面考虑每月还款等额本金及利息的情形，建立等额本金还款数学模型。

1.模型假设

(1)还贷期间利率不变。

(2)利率按月计算，月利率是年利率的 1/12。

2.模型建立

设贷款总金额为 A_0 元，月利率为 r，第 n 月还款金额为 $x_n(n=1,2,\cdots,N)$元，N 个月还清。

等额本金的意思是，将贷款总金额 A_0 平均分到 N 个月去归还，每月除了归还等额本金 $\frac{A_0}{N}$之外，还要支付尚欠款数的利息。于是，第 n 个月的还款金额为

$$x_n=\frac{A_0}{N}+[A_0-(n-1)\frac{A_0}{N}]r \tag{2-5}$$

将贷款总额 $A_0=800000$，月利率 $r=0.049/12$，贷款月数 $N=20\times12=240$ 代入模型(2-5)，就可以求得每个月的还款数以及还款总额 119.36 万，支付利息为 39.36 万。请同学们自己编程，计算贷款金额、月利率、贷款年限不同组合下，每月还款金额以及还款总金额，并与手机 APP 计算结果进行对比，验证模型(2-5)的正确性。

上述等额本息模型和等额本金模型相比较，等额本息还款方案支付的利息更高一些。

这是为什么呢？等额本息方式付的利息更多，是否说明这种方式不好？这两个问题留给同学们思考。

2.2　巧分蛋糕

妹妹小芳过生日，妈妈给小芳做了一块任意边界形状的蛋糕，如图 2－1 所示。哥哥小明见了也想吃，小芳指着蛋糕上一点对哥哥说："你能过这点切一刀，使切下的两块蛋糕面积相等，便把其中的一块送给你。"小明苦想了半天，终于用刚刚学过的高等数学知识初步解决了这个问题。你知道他用的是什么办法吗？

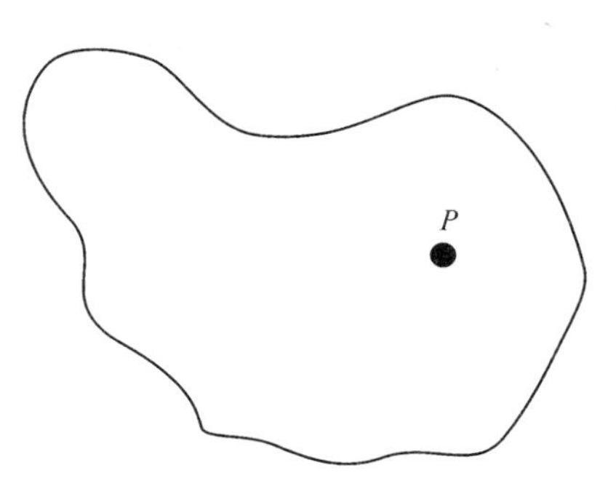

图 2－1　任意边界形状的蛋糕

1.模型假设

为方便讨论，假设：

(1)蛋糕厚度均匀，上下底面具有相同形状；

(2)上底面的边界是一个没有交叉点的封闭曲线。

2.模型建立与求解

该问题归结为如下的数学问题。

已知平面上一条没有交叉点的任意形状的封闭曲线，P 是曲线所围图形上任一点。问：是否存在一条过点 P 的直线，将该平面图形的面积二等分。

结论是成立的。证明如下。

过 P 点任作一直线 l，将曲线所围图形分为两部分，其面积分别记为 S_1、S_2。若 $S_1=S_2$，则 l 即为所求。

若 $S_1\neq S_2$，不妨设 $S_1>S_2$。此时 l 与 x 轴正向的夹角记为 α_0，如图 2－2 所示，下面证明通过旋转 l 就可以将平面图形的面积二等分。

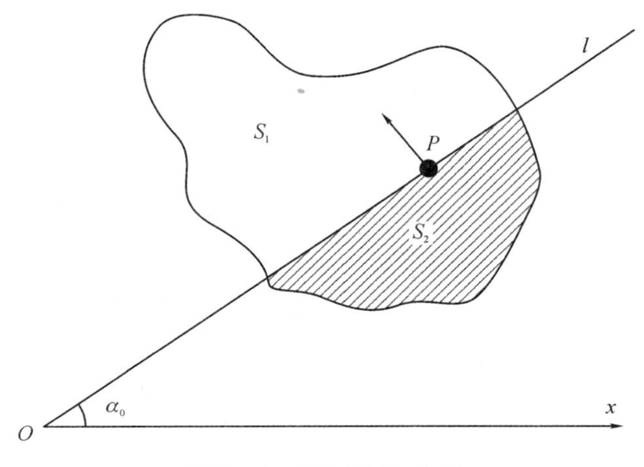

图 2－2　巧分蛋糕示意图

以 P 点为旋转中心，将 l 按逆时针方向旋转，如图 2－3 所示。面积 S_1、S_2 就连续地依赖于角 α 变化，记为 $S_1(\alpha)$、$S_2(\alpha)$，并设 $f(\alpha)=S_1(\alpha)-S_2(\alpha)$。旋转 180°后的情况如图 2－4 所示，且有 $S_1(\alpha_0+\pi)=S_2(\alpha_0)$，$S_2(\alpha_0+\pi)=S_1(\alpha_0)$。

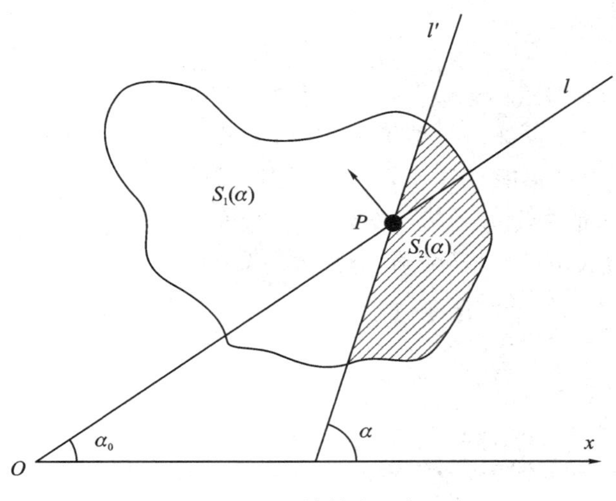

图 2－3　旋转成 α 角

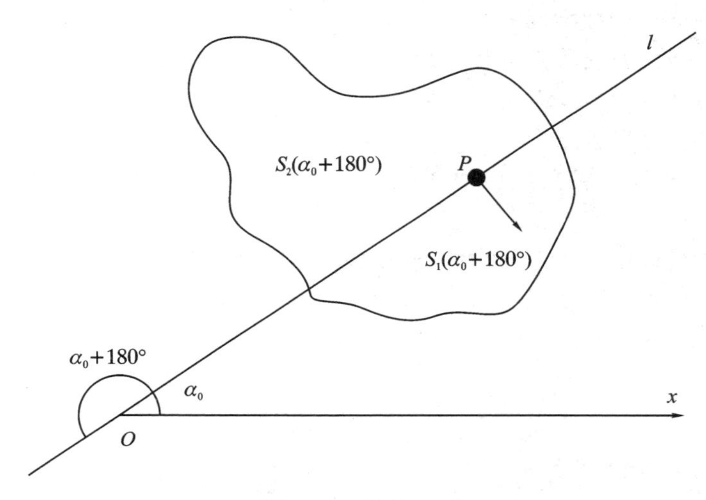

图 2－4　旋转 180°

函数 $f(\alpha)$ 在 $[\alpha_0,\alpha_0+\pi]$ 上连续，且

$$f(\alpha_0)=S_1(\alpha_0)-S_2(\alpha_0)>0$$

$$\begin{aligned}f(\alpha_0+\pi)&=S_1(\alpha_0+\pi)-S_2(\alpha_0+\pi)\\&=S_2(\alpha_0)-S_1(\alpha_0)<0\end{aligned}$$

根据零点定理，必存在一点 $\xi\in(\alpha_0,\alpha_0+\pi)$，使 $f(\xi)=0$，即 $S_1(\xi)=S_2(\xi)$。因此，过点 P 作直线，使之与 x 轴正向的夹角为 ξ，该直线即为所求。

注：实际上小明只证明了这样的直线一定存在，究竟如何找到 ξ 角，请同学们思考。

2.3　双层玻璃的功效

北方城镇有些建筑物的窗户是双层的，即窗户上装两层厚度相等的玻璃且中间留有一定的空隙。据说这样做是为了保暖，即减少室内向室外的热量流失。

请建立数学模型，描述热量通过窗户的流失（热传导）过程，并将双层玻璃窗与用同样多材料做成的单层玻璃窗的热量流失做一对比，定量分析单层玻璃窗和双层玻璃窗的热量流失。

1.模型假设

（1）假定窗户的密封性能很好，两层玻璃之间的空气是不流动的，从而热量的传播过程只有传导，没有对流。

（2）热传导过程已处于稳定状态，室内温度和室外温度保持不变，即沿热传导方向，单位时间通过单位面积的热量是常数。

（3）玻璃材料均匀，热传导系数是常数。

2.模型建立与求解

双层玻璃窗和单层玻璃窗的示意图如图 2－5 所示。设双层玻璃窗每层玻璃的厚度均为 d，玻璃中间夹着一层厚度为 l 的空气，单层玻璃窗玻璃的厚度为 $2d$，并设室内温度为 T_1，室外温度为 T_2。

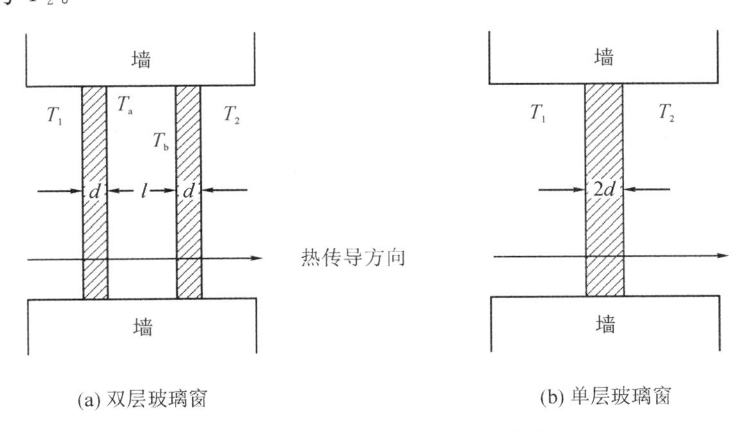

图 2－5　双层玻璃窗和单层玻璃窗示意图

利用热传导过程遵循的物理规律，单位时间内由温度较高的一侧向温度较低的一侧通过单位面积的热量与两侧间的温差成正比，与厚度成反比。在模型假设下，厚度为 d 的均匀介质，两侧温度差为 ΔT，则单位时间由温度高的一侧向温度低的一侧通过单位面积的热量 Q 与 ΔT 成正比，与 d 成反比，即

$$Q = k\,\frac{\Delta T}{d} \tag{2-6}$$

式中：k 为热传导系数，与传导物质有关。

(1)双层玻璃的热量流失。

记双层窗内窗玻璃的外侧温度为 T_a,外层玻璃的内侧温度为 T_b,玻璃的热传导系数为 k_1,空气的热传导系数为 k_2,由假设(2),热传导过程已处于稳定状态,因此双层玻璃在单位时间通过单位面积传导的热量(热量流失)为

$$Q=k_1\frac{T_1-T_a}{d}=k_2\frac{T_a-T_b}{l}=k_1\frac{T_b-T_2}{d} \tag{2-7}$$

由 $Q=k_1\frac{T_1-T_a}{d}$ 及 $Q=k_1\frac{T_b-T_2}{d}$ 可得 $T_a-T_b=(T_1-T_2)-2\frac{Qd}{k_1}$,再代入 $Q=k_2\frac{T_a-T_b}{l}$,消去 T_a、T_b得

$$Q=\frac{k_1(T_1-T_2)}{d(s+2)} \tag{2-8}$$

式中:$s=h\frac{k_1}{k_2}$, $h=\frac{l}{d}$。

(2)单层玻璃的热量流失。

对于厚度为 $2d$ 的单层玻璃窗,在单位时间通过单位面积传导的热量(热量流失)为

$$Q'=k_1\frac{T_1-T_2}{2d} \tag{2-9}$$

(3)单层玻璃窗和双层玻璃窗热量流失比较。比较式(2-8)、式(2-9)有

$$\frac{Q}{Q'}=\frac{2}{s+2} \tag{2-10}$$

显然 $Q<Q'$,即单层玻璃热量流失大于双层玻璃。为了获得更具体的结果,我们需要 k_1、k_2 的数据。从有关资料可知,不流通、干燥空气的热传导系数 $k_2=2.5\times10^{-4}$ J/(cm·s·℃),常用玻璃的热传导系数 $k_1=4\times10^{-3}\sim8\times10^{-3}$ J/(cm·s·℃),于是

$$\frac{k_1}{k_2}=16\sim32$$

在分析双层玻璃窗比单层玻璃窗可减少多少热量损失时,我们作最保守的估计,即取 $\frac{k_1}{k_2}=16$,由式(2-8)、式(2-10)可得

$$\frac{Q}{Q'}=\frac{1}{8h+1} \tag{2-11}$$

式中:$h=\frac{l}{d}$。

由式(2-11)可以看出,比值 Q/Q' 反映了双层玻璃窗在减少热量损失上的功效,它只与 $h=l/d$ 有关,图 2-6 给出了 $Q/Q'-h$ 的曲线,当 h 由 0 增加时,Q/Q'迅速下降,而当 h 超过一定值(比如 $h>4$)后,Q/Q'下降明显缓慢,可见 h 不宜选得过大。即玻璃厚度确定后,双层玻璃间的空隙不宜过大,取 $l/d\approx4$ 较为合理。

3.模型应用

这个模型具有一定的应用价值。制作双层玻璃窗虽然工艺复杂,会增加一些费用,但它

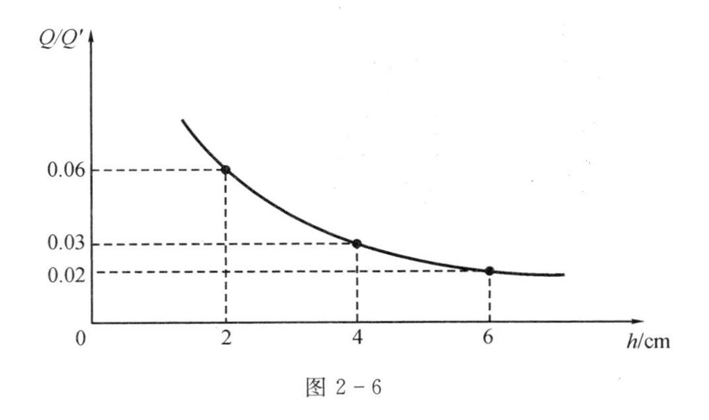

图 2-6

减少的热量损失却是相当可观的。通常，建筑规范要求 $h=l/d\approx4$。按照这个模型，$Q/Q'\approx3\%$，即双层玻璃窗比用同样多的玻璃材料制成的单层玻璃窗节约热量 97%左右。不难发现，之所以有如此高的功效主要是由于层间空气的极低的热传导系数 k_2，而这要求空气是干燥、不流通的。作为模型假设的这个条件在实际环境下当然不可能完全满足，所以实际上双层玻璃窗的功效会比上述结果差一些。

2.4　节水洗衣机

我国淡水资源有限，节约水资源人人有责。目前洗衣机已非常普及，洗涤衣物在家庭用水中占相当大的份额，节约洗衣机用水十分重要。

衣物在洗衣机中被洗涤甩干后进入漂洗阶段，并被多次漂洗甩干。一个漂洗过程为：加水—漂洗—脱水。请建立数学模型解决下列问题。

在漂洗总用水量为 V 的前提下，确定 n 次漂洗甩干后，使衣物中残留污物最少的每次漂洗用水量。

1.问题分析

假设衣物中的污物在水中溶化均匀，根据衣物甩干前后污物浓度不变，建立衣物残留污物与漂洗加水量之间的关系。

2.模型假设

(1)漂洗总用水量 V 不少于 n 次漂洗所需最少用水量。

(2)衣物中的污物在瞬间均匀溶化在水中。

3.模型建立

设第 i 次漂洗的用水量为 $V_i(i=1,2,\cdots,n)$，衣物漂洗前残留物为 c_0，第 i 次漂洗后残留物为 $c_i(i=1,2,\cdots,n)$，甩干后衣物中水质量为 m，则有 $V_1+V_2+\cdots+V_n=V$。

根据假设，污物溶化均匀，故甩干前后污物浓度相同。第 1 次漂洗甩干后，有

$$\frac{c_0}{m+V_1}=\frac{c_1}{m}$$

整理得

$$c_1=\frac{mc_0}{m+V_1}$$

第 2 次漂洗甩干后，有

$$\frac{c_1}{m+V_2}=\frac{c_2}{m}$$

整理得

$$c_2=\frac{mc_1}{m+V_2}=\frac{m^2c_0}{(m+V_1)(m+V_2)}$$

依次进行，直到第 n 次漂洗甩干后，有

$$\frac{c_{n-1}}{m+V_n}=\frac{c_n}{m}$$

整理得

$$c_n=\frac{mc_{n-1}}{m+V_n}=\frac{m^nc_0}{(m+V_1)(m+V_2)\cdots(m+V_n)} \tag{2-12}$$

4.模型求解

在式(2-12)中，因为 c_0、m 不变，所以要使 c_n 取最小值，只要 $(m+V_1)(m+V_2)\cdots(m+V_n)$ 取最大值即可。由平均不等式得

$$(m+V_1)(m+V_2)\cdots(m+V_n)\leqslant\left[\frac{1}{n}\sum_{i=1}^{n}(m+V_i)\right]^n=\left(\frac{nm+V}{n}\right)^n$$

当 $m+V_1=m+V_2=\cdots=m+V_n$，即 $V_1=V_2=\cdots=V_n$ 时等号成立。因为 $V_1+V_2+\cdots+V_n=V$，所以

$$V_i=\frac{V}{n},\quad i=1,2,\cdots,n \tag{2-13}$$

此时

$$c_n=\frac{m^nc_0}{\left(\frac{nm+V}{n}\right)^n}=\frac{c_0}{\left(1+\frac{V}{mn}\right)^n} \tag{2-14}$$

5.模型结论

在漂洗总用水量为 V 的前提下，每次漂洗用水量为 $\frac{V}{n}$，则经过 n 次漂洗甩干后，衣物中残留污物最少。

6.模型分析与应用

由式(2-14)衣物经过 n 次漂洗后，剩余残留污物 c_n 与衣物漂洗前残留物 c_0 之比

$$\frac{c_n}{c_0}=\frac{1}{\left(1+\frac{V}{mn}\right)^n}\to \mathrm{e}^{-\frac{V}{m}}\quad(n\to\infty) \tag{2-15}$$

由实际情况可知，甩干后衣物中水质量 m 相对于漂洗总用水量 V 来说，是一个很小的数，即 $\frac{V}{m}$ 是一个很大的数，从而 $\mathrm{e}^{-\frac{V}{m}}$ 是一个很小的数。式(2-15)表明，随漂洗次数无限增

大，最终残留物为一个很小的量 $e^{-\frac{V}{m}}$。

当然，现实中不可能无限次漂洗，假设总用水量 $V=180$ L$=180$ kg，甩干后衣物中水质量 $m=1$ kg，若漂洗 2 次，即 $n=2$，将 $n=2$，$V=180$，$m=1$ 代入式(2-14)，得

$$c_n=0.00012\ c_0$$

若漂洗 3 次，将 $n=3$，$V=180$，$m=1$ 代入式(2-14)，得

$$c_n=0.0000044\ c_0$$

可见，衣物经 3 次漂洗后剩余残留污物为漂洗前的 0.0000044 倍，此时衣物已经洗得非常干净了。再增加漂洗次数，洗涤效果的变化不再明显，而且会造成费水、费时、费电，因此，一般多采用 3 次漂洗。

2.5　交通路口红绿灯时长设计

某十字路口红绿灯变换一个周期的时间为 100 s，其中南北方向绿灯即东西方向红灯的时间为 56 s，东西方向绿灯即南北方向红灯的时间为 44 s。统计数据显示，在红绿灯变换的一个周期内，从南北方向和东西方向到达路口的车辆数分别为 30 辆和 24 辆。停车后从启动到正常车速需耗时 2 s，试分析该十字路口红绿灯时间分配是否合理。

1.问题分析

度量一个十字路口通行效率的主要依据是单位时间内所有车辆在路口滞留的时间总和。合理的红绿灯时间设置，应该使得所有车辆在十字路口停滞的时间最短。因此我们首先建立数学模型，在交通流量已知的情况下，考察如何控制红绿灯的时间，使车辆在十字路口停滞的时间最短。

2.模型假设

(1)假设两个方向的车流量是稳定的和均匀的。

(2)每个方向只有一条车道，即不允许超车和两辆车并行同向行驶。

(3)不考虑车辆的左转弯。

(4)不考虑路口行人和非机动车辆的影响。

(5)不设置黄灯。

(6)所有车辆从重新发动到开动的时间，称为启动时间，都是一样的。

(7)将红绿灯变换的一个周期取作单位时间。

3.模型建立

设 S 是单位时间从南北方向到达路口的车辆数，E 是单位时间从东西方向到达路口的车辆数。在一个周期内，东西方向开红灯、南北方向开绿灯的时间为 R，那么在该周期内，东西方向开绿灯、南北方向开红灯的时间为 $1-R$。

我们要确定交通灯的控制方案，即确定 R，使得在一个周期内，所有车辆在路口滞留的时间总和最短。一辆车在路口的滞留时间通常包括两部分，一部分是遇红灯后的停车等待时间，另一部分是停车后司机见到绿灯重新发动车辆到开动的时间 t_0，即启动时间，它是可以测定的。

在一个周期中，从东西方向到达路口的车辆为 E 辆，该周期中东西方向开红灯的时间为 R，需停车等待的车辆共为 ER 辆。这些车辆等待信号灯改变的时间最短为 0（刚停下就转绿灯），最长为 R（到达路口时，刚转红灯），所以它们的平均等待时间为 $\frac{R}{2}$。由此可知，东西向行驶的所有车辆在一个周期中等待的时间总和为

$$E \cdot R \cdot \frac{R}{2} = \frac{ER^2}{2}$$

同理可得，南北向行驶的所有车辆在一个周期中等待时间的总和为

$$\frac{S(1-R)^2}{2}$$

凡遇红灯的车辆均需 t_0 单位的启动时间，一个周期中，各方向遇红灯停车的车辆总和为 $ER+S(1-R)$，对应的这一部分滞留时间为 $t_0[ER+S\cdot(1-R)]$，从而总滞留时间为

$$\begin{aligned} T = T(R) &= t_0[ER + S(1-R)] + \frac{ER^2}{2} + \frac{S(1-R)^2}{2} \\ &= \frac{E+S}{2}R^2 - [(1+t_0)S - t_0 E]R + t_0 S + \frac{S}{2} \end{aligned} \tag{2-16}$$

于是，红绿灯控制问题的数学模型可以表述为：求 R，使得式(2-16)定义的 $T(R)$ 达到最小，即

$$\min_{0<R<1} T(R) = \frac{E+S}{2}R^2 - [(1+t_0)S - t_0 E]R + t_0 S + \frac{S}{2} \tag{2-17}$$

4.模型求解

优化模型式(2-17)，目标函数是关于决策变量 R 的二次函数，利用配方法就可求得最优解。当

$$R = R^* = \frac{1}{E+S}[S(1+t_0) - Et_0] \tag{2-18}$$

时，车辆的总滞留时间最短，此时总滞留时间为

$$T^* = \frac{(2t_0^2 + 4t_0 + 1)ES - t_0^2(E^2 + S^2)}{2(E+S)} \tag{2-19}$$

若忽略车辆的启动时间 t_0，则最佳控制方案为 $R^* = \frac{S}{E+S}$ 或 $1-R^* = \frac{E}{E+S}$，换言之，两个方向开绿灯的时间之比应等于两个方向车流量之比，这与经验是完全一致的。

5.模型应用

对于开始提出的问题，以信号灯的变换周期 100 s 为一个单位时间，因此启动时间 $t_0 = \frac{2}{100} = 0.02$。又 $S=30$，$E=24$，故东西方向红灯的最佳比例为

$$\begin{aligned} R &= \frac{1}{E+S}[S(1+t_0) - Et_0] \\ &= \frac{1}{54}[30(1+0.02) - 24 \times 0.02] \end{aligned}$$

$=0.5578$(单位时间)

从而东西方向红灯的最佳时长为 $0.5578\times 100=55.78$ s,这与题目给定的 56 s 非常接近,因此题中红绿灯的设置时间是合理的。

2.6　存贮问题

商店和工厂需存贮一定的商品或备件,如存贮量太少,会影响销售或生产;存贮量太大,要为仓库的占用和进行必要的保管而付出过多的费用,因此,确定一个最优的存贮策略是必要的。下面我们讨论两种简单而常见的存贮问题。一种是不允许缺货的存贮问题,一种是边加工边销售的存贮问题。

2.6.1　不允许缺货的存贮问题

某内衣店平均每天卖出 80 件内衣,准备费(进货一次的手续费,与进货量无关)为每次 150 元,每件内衣存贮一天的费用为 0.01 元,问该商店多少天批发一次最好,一次进货量为多少?

1.问题分析

这是一个不允许缺货的存贮问题。商店的进货是一种周期行为,一次进货量大,进货周期长,会使准备费小,存贮费大;而进货周期短,会使准备费大,存贮费小。因此必然存在一个最佳的周期,使平均每天总费用最小。要解决此问题,首先建立进货周期、每天销售量、准备费、存贮费之间的关系,即数学模型,然后再确定最优周期和每次的进货量。

2.模型假设

(1)每天卖出的货物件数为常数。

(2)在一个周期内,所进货物全部卖完。

(3)进货后,货可立即运到商店,即不允许缺货。

3.模型建立

设商店每天销售商品量为 a 件,商店每隔 T 天进货一次,进货量为 x 件,准备费为 b 元,一件商品存贮一天的费用为 c 元。

根据规定的进货方式,这家商店的库存量 y 和时间 t 的关系如图 2-7 所示。下面,我们考察一个周期内的费用。

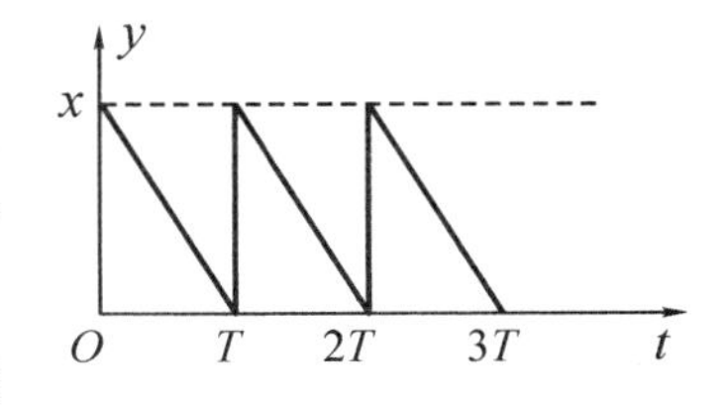

图 2-7　库存量与时间的关系图

开始的库存量为 x,到第 T 天库存量降为 0,故在周期内平均库存量为$\frac{x}{2}$。由于存贮了 T 天,存贮费为$\frac{x}{2}Tc$,加上手续费后,总支出为$\frac{x}{2}Tc+b$。平均每天的支出为

$$C(T)=\frac{cx}{2}+\frac{b}{T} \tag{2-20}$$

注意到每天销售 a 件商品和进货 x 件在 T 天内售完的事实,显然有 $x=aT$,因此每天

的支出可表示为

$$C(T)=\frac{ca}{2}T+\frac{b}{T} \tag{2-21}$$

4.模型求解

要确定最优进货周期,即确定 T,使得每天的支出最少。由式(2-21),用配方法得

$$C(T)=\left(\sqrt{\frac{caT}{2}}-\sqrt{\frac{b}{T}}\right)^2+2\sqrt{\frac{cab}{2}}$$

可见,当$\sqrt{\frac{caT}{2}}-\sqrt{\frac{b}{T}}=0$,即 $T=\sqrt{\frac{2b}{ac}}$时,平均支出 $C(T)$达到最小值$\sqrt{2abc}$。

把 $T=\sqrt{\frac{2b}{ac}}$,$C(T)=\sqrt{2abc}$带入式(2-20),求得每次进货量为 $x=\sqrt{\frac{2ab}{c}}$。

5.模型结论

设商店每天销售商品量为 a 件,商店每隔 T 天进货一次,进货量为 x 件,准备费为 b 元,一件商品存贮一天的费用为 c 元。在不允许缺货的情况下,最优进货周期为

$$T=\sqrt{\frac{2b}{ac}} \tag{2-22}$$

每次进货量为

$$x=\sqrt{\frac{2ab}{c}} \tag{2-23}$$

式(2-22)、式(2-23)是经济学中著名的经济订货批量公式。

由式(2-22)、式(2-23)可以看出,当准备费 b 增加时,进货周期和每次进货量都变大;当存贮费 c 增加时,进货周期和每次进货量都变小;当销售量 a 增加时,进货周期变小而进货量变大。这些定性结论都是符合常识的。

6.模型应用

应用前面建立的数学模型求解内衣店的存贮问题。把 $a=80$,$b=150$,$c=0.01$ 分别代入式(2-22)和式(2-23),求得最优进货周期为

$$T=\sqrt{\frac{2b}{ac}}=\sqrt{\frac{2\times150}{80\times0.01}}\approx 19\text{ 天}$$

每次的进货量为

$$x=\sqrt{\frac{2ab}{c}}=\sqrt{\frac{2\times80\times150}{0.01}}\approx 1549\text{ 件}$$

2.6.2 边加工边销售的存贮问题

某自产自销企业,生产和销售呈周期性行为。在每一个周期的开始阶段,企业以一定速度进行生产,同时以一定速度进行销售,多余的产品存贮在仓库中,到了一定的时间,生产停止,销售继续,直至产品销售完毕,下一个生产周期随即开始。

若企业的生产能力为每天 100 件,销售速度为每天 30 件,每开工生产一次所需要的费

用为 200 元，每件产品每天的存贮费用为 0.1 元，请帮该企业制定最佳生产周期和最佳生产批量。

1.问题分析

对企业来说，所谓最佳生产周期，就是在这样的周期中，单位时间的费用达到最小。为此，首先计算一个周期内的存贮费，其次计算总费用，最后建立一个周期内单位时间的费用与周期 T 的函数关系，从而求出最佳周期，进而求出最佳生产批量。

2.模型假设

(1)一个周期内生产的产品全部售出。

(2)每天销售量为常数。

(3)开工生产第一天生产速度不会影响销售。

3.模型建立

设生产周期为 T，生产速度为 a，销售速度为 b $(a>b)$。又设单位产品存贮单位时间的费用为 c，生产一次所需费用为 d。于是，一个周期的产量为 $Q=Tb$，生产时间为

$$T_a=\frac{Q}{a}=\frac{b}{a}T \tag{2-24}$$

设 S_m 为最大存贮量，显然有

$$S_m=(a-b)T_a=\frac{(a-b)b}{a}T \tag{2-25}$$

记 $S(t)$ 为时刻 t 的存贮量，根据以上分析，函数 $S(t)$ 的图像如图 2-8 所示。

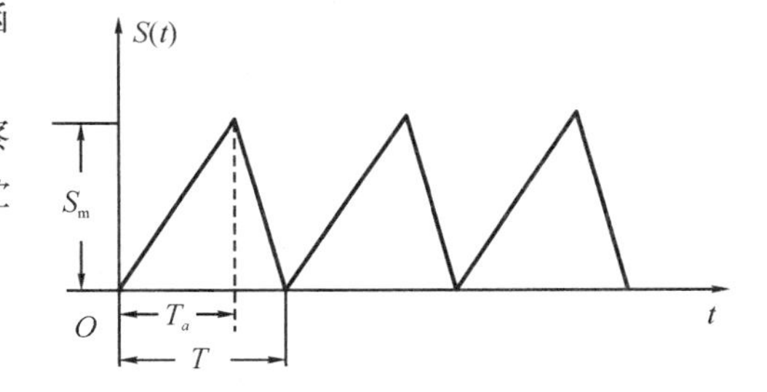

图 2-8　存贮量随时间变化图

由于生产行为是周期性的，因此我们着重考察在一个周期内的存贮量。以第一个周期为例，存贮量为

$$S(t)=\begin{cases}(a-b)t, & 0\leqslant t\leqslant T_a\\ S_m-b(t-T_a), & T_a\leqslant t\leqslant T\end{cases}$$

因为在一个周期中，存贮量从 0 线性地增加至最大存贮量 S_m，又从 S_m 线性地减少为 0，所以平均存贮量为$\frac{S_m}{2}$，存贮费用为$\frac{S_m}{2}Tc$。

将式(2-25)的 S_m 代入，得一个周期的存贮费为$\frac{(a-b)bc}{2a}T^2$。于是，一个生产周期内的总费用为

$$d+\frac{(a-b)bc}{2a}T^2$$

记 $C(T)$ 为一个周期中单位时间的费用，则

$$C(T)=\frac{d}{T}+\frac{(a-b)bc}{2a}T \tag{2-26}$$

这样，问题就归结为求周期 T^*，使单位时间费用 $C(T)$ 达到最小值，数学模型为

$$\min_{T} C(T)=\frac{d}{T}+\frac{(a-b)bc}{2a}T \tag{2-27}$$

4.模型求解

利用不等式 $a+b\geqslant 2\sqrt{ab}$，且等式当且仅当 $a=b$ 时成立。于是

$$C(T)=\frac{d}{T}+\frac{(a-b)bc}{2a}T\geqslant\sqrt{\frac{2(a-b)bcd}{a}}=C(T^*)$$

当且仅当 $\frac{d}{T}=\frac{(a-b)bc}{2a}T$ 时等式成立。由此解得

$$T^*=\sqrt{\frac{2ad}{(a-b)bc}} \tag{2-28}$$

对应的最小平均费用为

$$C(T^*)=\sqrt{\frac{2(a-b)bcd}{a}} \tag{2-29}$$

此时，最大存贮量和生产批量分别为

$$S_m^*=\sqrt{\frac{2(a-b)bd}{ac}},Q^*=\sqrt{\frac{2abd}{(a-b)c}} \tag{2-30}$$

5.模型结论

对于周期性边加工边销售的存贮问题，若生产速度为 a，销售速度为 b $(a>b)$，单位产品存贮单位时间的费用为 c，生产一次所需费用为 d，则使单位时间费用最小的最佳生产周期为 $T^*=\sqrt{\frac{2ad}{(a-b)bc}}$，最佳生产批量为 $Q^*=\sqrt{\frac{2abd}{(a-b)c}}$。

6.模型应用

利用上述模型及结论制订企业最佳生产周期和最佳生产批量。将 $a=100,b=30,c=0.1,d=200$ 分别代入式(2-28)和式(2-30)，求得最佳生产周期为

$$T^*=\sqrt{\frac{2ad}{(a-b)bc}}=\sqrt{\frac{2\times100\times200}{(100-30)\times30\times0.1}}\approx 14\text{ 天}$$

最佳生产批量为

$$Q^*=\sqrt{\frac{2abd}{(a-b)c}}=\sqrt{\frac{2\times100\times30\times200}{(100-30)\times0.1}}\approx 414\text{ 件}$$

2.7 舰艇的会合

航空母舰(以下简称为航母)派其护卫舰去搜寻一名被迫跳伞的飞行员。护卫舰找到飞行员后，航母向护卫舰通报了航母当前的位置、航速与航向，并指令护卫舰尽快返回。问，护卫舰应当怎样航行才能在最短时间内与航母会合。

1.模型假设

为计算方便，我们假设海洋是一个平面，航母和护卫舰的速度均为常数。

2.模型建立与求解

建立平面直角坐标系,如图 2－9 所示,航母在 $A(0,b)$处,护卫舰在 $B(0,-b)$处,两者间的距离设为 $2b$。设航母沿与 x 轴正向夹角为 θ_1 的方向以速度 v_1 行驶,护卫舰将沿与 x 轴正向夹角为 θ_2 的方向以速度 v_2 行驶,并设会合地点为 $C(x,y)$,并记 $\dfrac{v_2}{v_1}=a$。

根据题意,护卫舰和航母将在某段时间之后同时到达会合地点,护卫舰到达会合地点所行进的距离应该为航母行进距离的 a 倍。即 $|BC|=a|AC|$,将各点坐标代入,得

$$x^2+(y+b)^2=a^2[x^2+(y-b)^2]$$

故

$$(a^2-1)x^2+(a^2-1)y^2-2(a^2+1)by+(a^2-1)b^2=0 \tag{2-31}$$

此方程为会合地点的轨迹方程。

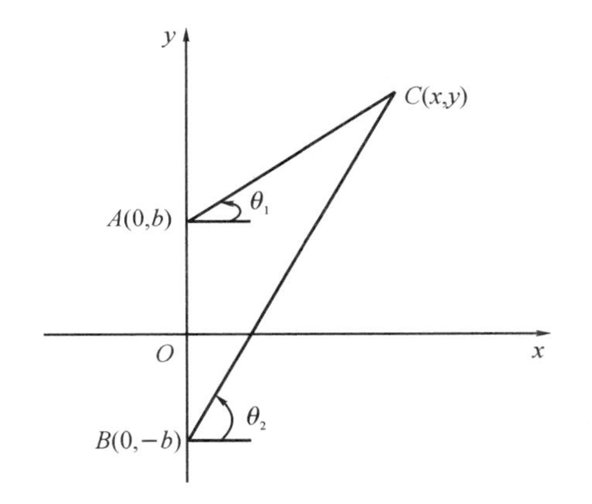

图 2－9　AB 垂直平分线在 x 轴上

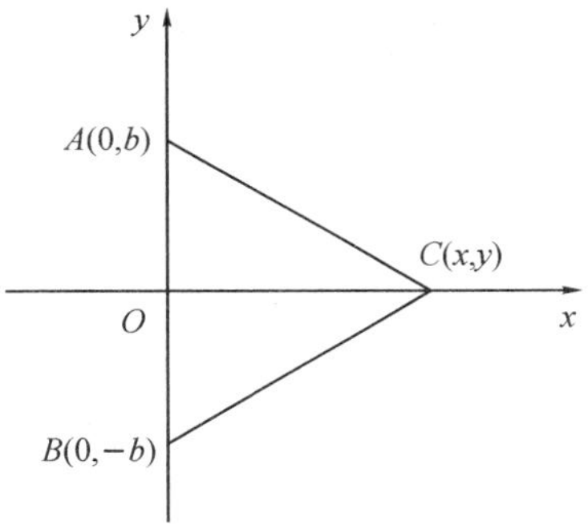

图 2－10　航母护卫舰速度相等图

若 $a=1$,即航母速度与护卫舰速度相等,则式(2－31)可化为 $-4by=0$,其解为 $y=0$。因此,在这种情况下会合地点必然在线段 AB 的垂直平分线即 x 轴上,如图 2－10 所示。护卫舰只需沿与 x 轴正向成$|\theta_1|$的方向以速度 v_1 行驶即可完成会合。

若 $a\neq1$,式(2－31)可化为

$$x^2+\left[y-\left(\frac{a^2+1}{a^2-1}\right)b\right]^2=\frac{4a^2b^2}{(a^2-1)^2} \tag{2-32}$$

令 $h=\dfrac{a^2+1}{a^2-1}b$,$r=\dfrac{2ab}{|a^2-1|}$,则式(2－32)可以改写为

$$x^2+(y-h)^2=r^2$$

此时会合地点的轨迹为一个以$(0,h)$为圆心,r 为半径的圆。

显然,h 的正负由 a 的大小来确定,但不论 h 是正、是负,易见 $|h|>b$,且 $|h|>r$。即圆心$(0,h)$位于 AB 所在直线(即 y 轴上),但不在线段 AB 上。当 $a>1$ 时,整个圆位于 x 轴上方,如图 2－11 所示;当 $a<1$ 时,整个圆位于 x 轴下方。

若 $a>1$,护卫舰的速度 v_2 大于航母的速度 v_1。由于

$$\frac{\mathrm{d}r}{\mathrm{d}a}=\frac{-2b(a^2+1)}{(a^2-1)^2}<0,\frac{\mathrm{d}h}{\mathrm{d}a}=\frac{-4ab}{(a^2-1)^2}<0$$

所以 r 和 h 随 a 的增大而减小。从而 $|AC|$ 也随 a 的增大而减小，故为了与航母尽早会合，护卫舰必须以最大可能的航行速度航行。这也说明，我们假设护卫舰的速度为常数是合理的。

下面用两种方法求护卫舰应取的航行方向。

方法 1 先求出航母航行方向与圆（见式(2-32)）的交点。求解方程组

$$\begin{cases}x^2+(y-h)^2=r^2\\y=(\tan\theta_1)x+b\end{cases}\tag{2-33}$$

求得交点 $C(x,y)$ 后，将 x、y 代入方程 $y=(\tan\theta_2)x-b$，求出护卫舰应采取的航行方向

$$\theta_2=\arctan\frac{y+b}{x}$$

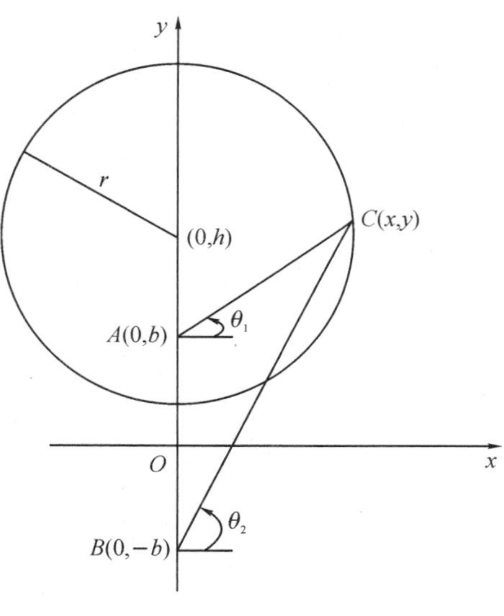

图 2-11 护卫舰速度大于航母速度

方法 2 设护卫舰按照航向 θ_2 与航母会合的时间为 t，则在时间 t 内护卫舰行进的距离应为航母的 a 倍。因 $|AC|=v_1t$，$|BC|=av_1t$，$\angle CAB=\frac{\pi}{2}+\theta_1$，$\angle CBA=\frac{\pi}{2}-\theta_2$，由正弦定理，得

$$\frac{\sin(\frac{\pi}{2}+\theta_1)}{av_1t}=\frac{\sin(\frac{\pi}{2}-\theta_2)}{v_1t}$$

解得

$$\theta_2=\arccos(\frac{\cos\theta_1}{a})$$

若 $a<1$，即护卫舰的速度 v_2 小于航母的速度 v_1，我们可以做类似的讨论，但是这种情况一般不会发生，因为护卫舰应该比航母更灵活，开得也更快，否则就无法发挥其保护航母的作用，反倒有可能成为航母的累赘。

3.模型应用

本模型虽然简单，但是有很大的应用价值。可事先编好程序安装到护卫舰上，一旦被告知航母的航行方向和速度，护卫舰上的计算机便可立即求出 a，进而求出 h、r 及会合地点 $C(x,y)$，最后求得自己的航行方向 θ_2。

参考文献

[1] 叶其孝.在微积分教学中融入数学建模的思想和方法[J].数学建模及其应用，2012，1(3)：32-39.

[2] 杨启帆，康旭升，赵雅囡.数学建模[M].北京：高等教育出版社，2005.

[3] 姜启源，谢金星，叶俊.数学模型[M].5 版.北京：高等教育出版社，2018.

[4] 谭永基，俞红.现实世界的数学视角与思维[M].上海：复旦大学出版社，2010.

研究课题

1. 请严格按照“合理假设、模型建立、模型求解、模型验证”的步骤来回答下列问题。

某人想贷款买房，他估计在 10 年里每月的还款能力为 3000 元，已知贷款年利率 $R=6\%$（月利率 $r=0.5\%$），贷款年数为 $N=10$ 年。请建立他应该借多少钱的数学模型，并利用你所建立的数学模型估算他应该借（贷款）多少钱？（提示：$(1.005)^{120}=1.8194$）。

2. 请严格按照“合理假设、模型建立、模型求解、模型验证”的步骤来回答下列问题。

报纸上刊登某银行的一则低息现金贷款广告：低息现金贷款，50000 元分 36 期（月）还清，每月只需还 1637 元。

问：该银行的贷款月利率为多少？为了求出月利率需要解什么样的数学问题，能够手算吗？

3. 甲从一个借贷公司贷款 60000 美元，年利率为 12%，25 年还清，月等额还款约 632 美元，总还款额为 189600 美元。

这时有另一家借贷公司出来跟甲说：“我可以帮你提前 2 年还清贷款，并且每个月不需要多交还款。”该借贷公司提出的条件是：①每半个月还一次款，每次还款额是原来的一半（这似乎并没有增加甲的负担）；②因为每半个月就要给甲开一张收据，文书工作多了，所以要求甲预付 3 个月的还款，即先付 $632\times3=1896$ 美元，这似乎也有一定的道理。

甲想了想：提前两年还清贷款就可以少还 $632\times24=15168$ 美元，而先付的 1896 美元只是 15168 美元的八分之一。于是甲认为这是一笔合算的买卖。

试问：把原来的一期（一个月）拆分为相等的两期，从而将每期的还款额 x 替换成 $x/2$，每期的利率 r 替换成 $r/2$ 确实能够提前还清吗？如果是，能提前多少时间还清？

4. 为什么同样的借贷利率，总还款额（本息合计）会有不同呢？

请仔细阅读 1998 年 12 月 30 日《金陵晚报》下面的报道：

“一笔总额为 13.5 万元的个人住房组合贷款，在两家银行算出了两种还款结果，而差额高达万元以上，这让首次向银行借款的江苏某进出口公司程姓夫妇伤透了脑筋。

据介绍，小程打算贷 8 万元公积金贷款和 5.5 万元商业性贷款，他分别前往省建行直属支行和市建行房地产信贷部咨询，其结果是，这 13.5 万元贷款，分 15 年还清，在利率相同的情况下，省建行要求每月还本付息 1175.46 元（其中公积金贷款 660. 88 元，商业性贷款 514.58 元），而市建行要求每月还 1116.415 元（其中公积金贷款 634.56 元，商业性贷款 481.855元）。按贷款 180 个月计算，省建行的贷款比在市建行贷款要多 10628.1 元。

但两家银行均称，结果不一样纯属正常。

有关行家向记者解释说，省建行虽然也是等额还款，但实行的是先还息后还本原则，用行话说就是按月结息，每月还本还息不等，但每月总额一样。举个简单的例子，若每月等额还款 1000 元，第一个月还本息分别为 100 元、900 元，而第二个月还本息分别变为 200 元、800 元，依此类推。而市建行实行的是较便于市民理解的等本、等息、等额还款法。为不让市民首期还款时面对巨额利息为难，该行取了一个利息平均值，平摊到每个月中。上述两种算法都是人民银行许可的。

值得一提的是，小程夫妇的麻烦已引起了央行的重视，为规范个人住房贷款计息办法，央行重新明确了个人住房贷款的利息计算方法。从1999年1月1日起，除保留每月等额本息偿还法外，又推出了利随本清的等本不等息递减还款法公式：

每月还款额={(贷款本金÷贷款期月数)+(本金－已还本金累计额)×月利率}

同一笔贷款按这两种方法计算还款，偿还总金额相同。

请回答下面的问题：

(1)省建行的“每月等额本息偿还法(先还息后还本原则)”中的每月还款额是怎样算出来的?

(2)央行推出的“利随本清、等本、不等息偿还法”的每月还款额是怎样算出来的?并用市建行的结果进行计算。

(3)市建行的“等本、等息、等额还款法”是怎样得到的?

(4)试分析这三种算法的不同之处及利弊。

5.老张临搬家前，站在自己大衣柜旁发愁，担心这大衣柜搬不进新居，站在一旁的小李马上拿了一把尺子出去了，不一会儿，小李对老张说：“从量得的电梯前楼道和单元前楼道宽度看，绝对没问题。”请问小李的根据是什么?

6.甲乙两个粮食经销店同时在某一个粮食生产基地按同一批发价购进粮食，他们每年都要购粮3次，由于季节因素，每次购粮的批发价均不相同。为了规避价格风险，甲每次购粮10000 kg，乙每次购粮款为10000元。试比较甲乙两个经销店哪种购粮方式更为经济合算。

7.某人平时下班总是在固定的时间到达某处，然后由他的妻子开车接他回家。有一天，他比平时提早了30分钟到达该处，于是此人就沿着妻子来接他的方向步行回去并在途中遇到了妻子。这一天，他比平时提前了10分钟回到家，问此人总共步行了多长时间?

8.某校行政大楼有4部电梯，上下班时间非常拥挤，试制定合理的运行计划。包括需要哪些数据资料，要做什么观察，以及建立什么样的数学模型。

9.双层玻璃的功效不仅体现在保温节能方面，在科技飞速发展的今天，城市交通和城市建设等带来的噪音污染也变得日益严重，双层玻璃在减少噪音方面也起到了不小的作用，请建立数学模型研究其减噪功效。

10.海面上东风劲吹，帆船要从A点驶向正东方向的B点，试给出必要的假设，建立数学模型，确定起航时的航向θ(与正东方向的夹角)及帆的朝向α(帆面与航向的夹角)。

第3章 微积分模型

3.1 通信卫星覆盖面积

人造地球卫星是指环绕地球飞行并在空间轨道运行一圈以上的无人航天器，已被广泛应用于科学探测和研究通信、导航、天气预报、工农业生产等领域。其中，在地球轨道上作为无线电通信中继站的人造地球卫星被称为“通信卫星”。通信卫星绕地心运动的角速度与地球自转的速度相同，从地面上看，它总在某地的正上方，因此也叫地球同步卫星。通信卫星可以传输电话、电报、传真、数据和电视等信息，使覆盖区内的任何地面、海上、空中的通信站能同时相互通信。试计算一颗同步卫星发出的电磁波所能覆盖地球的范围，若要实现全球通信，最少需要几颗同步卫星？

1.问题分析

由于地球同步卫星的轨道位于地球的赤道平面内，因此可近似认为是圆形轨道；地球同步卫星运行的角速度与地球自转的角速度相同；卫星绕地球做圆周运动时万有引力提供向心力。结合牛顿第二定律，即可确定卫星的高度。当卫星距离地面高度已知时，其覆盖面积可用球冠面积来确定或者利用曲面积分来计算。

2.模型建立与求解

首先计算卫星距地面的高度，然后计算一颗卫星的覆盖面积。

(1)计算卫星距地面的高度。

设卫星距地面的高度为 h，运行的角速度为 ω，记地球的质量为 M，半径为 R，卫星的质量为 m，万有引力常数为 G，则卫星所受的万有引力为 $G\dfrac{Mm}{(R+h)^2}$，卫星所受的向心力为 $m\omega^2(R+h)$，根据牛顿第二定律，得

$$G\frac{Mm}{(R+h)^2}=m\omega^2(R+h) \tag{3-1}$$

若把卫星放在地球表面，则卫星所受的万有引力就是所受重力，有

$$G\frac{Mm}{R^2}=mg \tag{3-2}$$

式中：g 为重力加速度常数。

由式(3-1)、式(3-2)消去万有引力常数 G，得

$$(R+h)^3=g\frac{R^2}{\omega^2} \tag{3-3}$$

由式(3-3)解得 h，并将 $g=9.8$，$R=6400000$，$\omega=\dfrac{2\pi}{24\times3600}$ 代入，则有

$$h=\sqrt[3]{\frac{gR^2}{\omega^2}}-R=\sqrt[3]{9.8\times\frac{6400000^2\times24^2\times3600^2}{4\pi^2}}-6400000$$
$$=35940000\ \text{m}=35940\ \text{km}$$

即地球同步卫星距地面高度为 35940 km。

(2)计算卫星的覆盖面积。

取地心为坐标原点,地心与卫星中心的连线为 z 轴,建立如图 3-1 所示三维空间右手坐标系。

卫星的覆盖面积为

$$S=\iint_{\Sigma}\mathrm{d}S$$

式中:Σ 是上半球面 $z=\sqrt{R^2-x^2-y^2}$ 被圆锥角 α 所限定的曲面部分。

$$S=\iint_{D}\sqrt{1+z_x^2+z_y^2}\,\mathrm{d}x\,\mathrm{d}y=\iint_{D}\frac{R}{\sqrt{R^2-x^2-y^2}}\mathrm{d}x\,\mathrm{d}y$$

式中:$D=\{(x,y)\,|\,x^2+y^2\leqslant R^2\sin^2\beta\}$ 是 Σ 在 xOy 平面上的投影域。利用极坐标系下二重积分的计算,得

$$S=\int_0^{2\pi}\mathrm{d}\theta\int_0^{R\sin\beta}\frac{R}{\sqrt{R^2-r^2}}r\,\mathrm{d}r=2\pi R^2(1-\cos\beta)$$

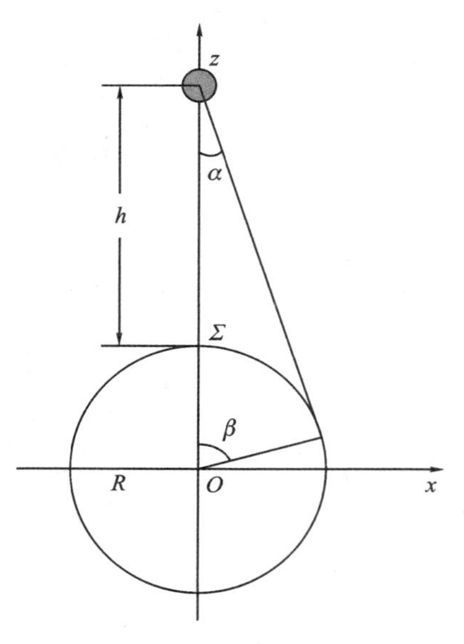

图 3-1 卫星覆盖地球面积示意图

由于 $\cos\beta=\sin\alpha=\dfrac{R}{R+h}$,代入上式,得

$$S=2\pi R^2\frac{h}{(R+h)}=4\pi R^2\frac{h}{2(R+h)}\tag{3-4}$$

将 $R=6400000$,$h=35940000$ 代入式(3-4),计算得

$$S=4\pi\times(6.4\times10^6)^2\times0.424=2.19\times10^8\ \text{km}^2$$

3.模型结论

一颗地球同步卫星对地球的实际覆盖面积约为 $2.19\times10^8\ \text{km}^2$。

注意到地球表面积为 $4\pi R^2$,可知因子 $\dfrac{h}{2(R+h)}$ 恰为卫星覆盖面积与地球表面积的比例系数,将 $R=6400000$,$h=35940000$ 代入得

$$\frac{h}{2(R+h)}=\frac{35940000}{2\times(6400000+35940000)}\approx0.4246$$

可见,一颗卫星覆盖了地球面积 42.46%。故使用三颗相互间为 $\dfrac{2}{3}\pi$ 的地球同步卫星,就可以覆盖几乎全部地球表面。

3.2 冰山运输

波斯湾地区水资源贫乏,不得不采用淡化海水的办法为当地居民提供用水,成本大约是

每立方米淡水0.1英镑。有些专家建议从相距9600 km之遥的南极用拖船运送冰山到波斯湾，取代淡化海水。请从经济角度研究冰山运输的可行性。

1.问题分析

选择船型(包括船速)，根据不同船型和船速以及装载的冰山体积，建立运输过程中冰山的融化规律，建立数学模型计算燃料费用、拖船租金费用，根据拖船上初始冰山体积及融化规律计算到达目的地时冰的体积，最终得到运送每立方米水的费用。将此费用与淡化海水的成本进行比较，得出其是否可行的结论。

2.模型准备

首先，通过市场调研，能够从南极托运冰山的拖船有大、中、小三种型号，他们的日租金和最大运量以及船员人数如表3-1所示，每个船员每天的工资是3英镑。

表3-1 日租金和最大运量

船型	小	中	大
日租金/英镑	4.0	6.2	8.0
最大运量/m^3	10^5	10^6	10^7
船员人数/人	3	5	7

船在航行过程中有燃料消耗，燃料消耗与船速和所装载冰山的体积有关，船型的影响可以忽略不计，每公里燃料消耗的费用如表3-2所示，空船燃料消耗如表3-3所示。

表3-2 燃料消耗 单位:英镑/km

船速/($km \cdot h^{-1}$)	冰山体积		
	10^5	10^6	10^7
1	8.4	10.5	12.6
3	10.8	13.5	16.2
5	13.2	16.5	19.8

表3-3 空船燃料消耗 单位:英镑/km

船速/($km \cdot h^{-1}$)	船型		
	小	中	大
1	4.5	5.5	6.6
2	5.3	6.2	7.3
3	5.9	6.9	8.2
4	6.5	7.6	9.0
5	7.0	8.3	9.9

其次，在运输过程中，由于冰山与海水、大气的接触，每天有一定厚度的冰融化为水而损失，其融化速率（每天融化的厚度）与船速有关，也和运输过程中冰山与南极的距离有关，这是由于冰山要从南极运往赤道附近的缘故。融化速率如表 3－4 所示。

表 3－4　融化速率　　单位：m/d

船速/($km \cdot h^{-1}$)	船与南极的距离/km		
	0	1000	>4000
1	0	0.1	0.3
3	0	0.15	0.45
5	0	0.2	0.6

根据建模目的和搜集到的有限资料，我们做如下的简化假设。

3.模型假设

（1）拖船航行过程中船速不变，且不考虑天气等因素的影响，总航行距离为 9600 km。

（2）冰山呈球形，球面各点融化速率相同。

（3）到达目的地后，每立方米冰可融化 $0.85m^3$ 水。

（4）拖船去南极时为空船。

4.模型建立

首先计算运载冰山返回波斯湾所需要的费用和冰山达到目的地时的体积；其次计算三种型号的拖船空载从波斯湾到南极的费用；最后计算单位体积水所需要的费用。为此，需要建立模型分析冰山体积在运输过程中的变化情况，计算运输过程中的燃料消耗。详细分为如下 7 步进行。

（1）冰山融化规律。

设船速为 u(km/h)，当拖船从南极出发第 t 天时，船与南极距离为 d(km)，此时冰山球面半径融化速率为 r(m/d)。

由表 3－4 可以看出，r 是 u 的线性函数，当 $d<4000$ 时，u 与 d 成正比；当 $d>4000$ 时，u 与 d 无关。因此可设

$$r=\begin{cases}a_1 d(1+bu), & 0\leqslant d\leqslant 4000\\ a_2(1+bu), & d>4000\end{cases} \tag{3-5}$$

式中：a_1、a_2、b 为待定参数。

利用表 3－4 的数据，进行非线性最小二乘拟合，得

$$a_1=7.5\times10^{-5},a_2=0.225,b=0.3333 \tag{3-6}$$

当拖船从南极出发第 t 天时，

$$d=24ut \tag{3-7}$$

将式(3－6)、式(3－7)代入式(3－5)得

$$r_t=\begin{cases}1.8\times 10^{-3}u(1+0.3333u)t, & 0\leqslant t\leqslant \dfrac{1000}{6u}\\ 0.225(1+0.3333u), & t>\dfrac{1000}{6u}\end{cases} \tag{3-8}$$

这就是速度为 u 的拖船从南极出发，第 t 天时冰山球面半径的融化速率。

(2)到达目的地时冰山体积。

设冰山初始半径为 R_0，体积为 V_0。航行 t 天时的半径为 R_t，体积为 V_t，则

$$R_t=R_0-\sum_{k=1}^{t}r_k \tag{3-9}$$

$$V_0=\frac{4\pi}{3}R_0^3, V_t=\frac{4\pi}{3}R_t^3 \tag{3-10}$$

由式(3-8)～式(3-10)可以看出，冰山体积是船速 u、初始体积 V_0 和航行天数 t 的函数，记作 $V(u,V_0,t)$，有

$$V(u,V_0,t)=\frac{4\pi}{3}\left(\sqrt[3]{\frac{3V_0}{4\pi}}-\sum_{k=1}^{t}r_k\right)^3 \tag{3-11}$$

式中：r_k 由式(3-8)表示。

从南极出发达到目的地波斯湾，总航行天数为

$$T=\frac{9600}{24u}=\frac{400}{u} \tag{3-12}$$

把 $t=T$ 代入式(3-11)，得冰山达到目的地时的体积为

$$V(u,V_0)=\frac{4\pi}{3}\left(\sqrt[3]{\frac{3V_0}{4\pi}}-\sum_{t=1}^{T}r_t\right)^3 \tag{3-13}$$

(3)拖船返程燃料消耗费用。

由表 3-2 给出的燃料消耗数据分析可以看出，燃料消耗费用与船速 u 和冰山体积 V 的对数 $\lg V$ 均呈线性增长关系。所以可设

$$q_1=c_1(u+c_2)(\lg V+c_3) \tag{3-14}$$

式中：c_1、c_2、c_3 为待定参数。

利用表 3-2 的数据，进行非线性最小二乘拟合，得

$$c_1=0.3,\ c_2=6,\ c_3=-1 \tag{3-15}$$

由式(3-13)～式(3-15)可以看出，拖船航行第 t 天的燃料消耗费用是船速 u、初始体积 V_0 和航行天数 t 的函数，记作 $q(u,V_0,t)$，且有

$$\begin{aligned}q(u,V_0,t)&=24u\cdot c_1(u+c_2)[\lg V(u,V_0,t)+c_3]\\&=7.2u(u+6)\left[\lg\frac{4\pi}{3}\left(\sqrt[3]{\frac{3V_0}{4\pi}}-\sum_{k=1}^{t}r_k\right)^3-1\right]\end{aligned} \tag{3-16}$$

从而得到整个返程燃料消耗总费用为

$$Q(u,V_0)=\sum_{t=1}^{T}q(u,V_0,t) \tag{3-17}$$

式中：$T=\dfrac{9600}{24u}=\dfrac{400}{u}$为拖船返程的总航行天数。

(4)拖船返程租金及船员费用。

设装载冰山初始体积 V_0 的拖船，其日租金和船员日工资之和为 $f(V_0)$（英镑），船速为 u，则航行总天数 $T=\frac{400}{u}$，拖船返程的租金费用

$$R(u,V_0)=f(V_0)\cdot\frac{400}{u} \tag{3-18}$$

其中

$$f(V_0)=\begin{cases}4.0+3\times3, & V_0\leqslant5\times10^5\\ 6.2+3\times5, & 5\times10^5<V_0\leqslant10^6\\ 8.0+3\times7, & 10^6<V_0\leqslant10^7\end{cases}=\begin{cases}13.0, & V_0\leqslant5\times10^5\\ 21.2, & 5\times10^5<V_0\leqslant10^6\\ 29.0, & 10^6<V_0\leqslant10^7\end{cases} \tag{3-19}$$

(5)空船从波斯湾到南极的费用。

空船从波斯湾到南极的费用包括租船费、船员工资和燃料费三部分。租船费用和船员工资与航行天数成正比，船速越大，航行天数越少，租船费和船员工资越少，但是船速越大，燃料费就越高。设速度为 u 可装载冰山初始体积 V_0 的拖船从波斯湾到南极的总费用为 $G(u,V_0)$，则

$$G(u,V_0)=f(V_0)\cdot\frac{400}{u}+9600\times q(u,V_0)$$

式中：$f(V_0)$为日租金和船员日工资之和，表达式如式(3-19)所示，$q(u,V_0)$是速度为 u、可装载冰山初始体积 V_0 的空船每千米燃料费，其值由表 3-3 给出。

例如，对于中型船，$5\times10^5<V_0\leqslant10^6$，当船速为 $u=3$ km/h 时，租金和船员工资为$(6.2+15)\times\frac{400}{3}=2826.7$(英镑)，燃料费用为 $9600\times6.9=66240$(英镑)，合计总费用为 $2826.7+66240=69066.7\approx69067$(英镑)。

容易算得不同速度下三种船型空载从波斯湾到南极的费用如表 3-5 所示。

表 3-5 空船从波斯湾到南极的费用 单位：英镑

船速/(km·h^{-1})	船型		
	小船	中船	大船
1	48400	61280	74960
2	53480	63760	75880
3	58373	69067	82587
4	63700	75080	89300
5	68240	81376	97360

由表 3-5 可以看出，对于三种型号的拖船，当船速为 1 km/h 时费用最低。因此，从经济学角度考虑，驶往南极时，拖船速度取 1 km/h，小、中、大三种船空载从波斯湾到南极的费用分别为 48400、61280、74960 英镑。

(6)冰山运输总费用。

冰山运输总费用为空船从波斯湾到南极的费用与拖船返程的燃料费及租金之和，而空船从波斯湾到南极的费用应以最小费用计算。因此冰山运输总费用

$$S(u,V_0)=Q(u,V_0)+R(u,V_0)+\begin{cases}48400, & V_0\leqslant 5\times 10^5\\ 61280, & 5\times 10^5<V_0\leqslant 10^6\\ 74960, & 10^6<V_0\leqslant 10^7\end{cases} \tag{3-20}$$

(7)每立方米水所需费用。

根据假设(4)，1 m^3 的冰可融化为 0.85 m^3 的水，由式(3-13)，冰山达到目的地时融化为水的体积为

$$W(u,V_0)=0.85\times V(u,V_0)=\frac{17\pi}{15}\left(\sqrt[3]{\frac{3V_0}{4\pi}}-\sum_{t=1}^{T}r_t\right)^3 \tag{3-21}$$

记冰山到达目的地后每立方米水所需要的费用为 $Y(u,V_0)$，则有

$$Y(u,V_0)=\frac{S(u,V_0)}{W(u,V_0)} \tag{3-22}$$

5.模型求解

由于去程最低费用已经确定，模型归结为确定返回时的船速 u 和冰山初始体积 V_0，使式(3-22)表示的费用 $Y(u,V_0)$ 最小。由于 $f(V_0)$ 是分段函数，只能固定一系列 V_0 值对 u 求解。又因为由调查数据表 3-2 和表 3-4 经过非线性最小二乘拟合得到的经验公式是非常粗糙的，对船速 u 的选取也不用太精细，所以没有必要用微分法求解这个极值问题。我们取几组 (u,V_0) 用枚举法计算，结果如表 3-6 所示。

表 3-6　不同 (u,V_0) 下返回时每立方米的费用　　单位:英磅

返回时的船速 $u/(\mathrm{km\cdot h^{-1}})$	初始体积 V_0/m^3			
	5×10^5(小船)	10^6(中船)	5×10^6(大船)	10^7(大船)
1	冰全部融化	冰全部融化	2841.2	1.9876
3	冰全部融化	44.7682	0.3804	0.1161
4	814.0055	11.6903	0.2943	0.1000
4.5	185.2310	7.9039	0.2676	0.0944
5	112.5310	6.8012	0.2622	0.0942

由表 3-6 可以看出，同一型号拖船，费用随着返程船速增大而减小；同一速度下，拖船越大，费用越低。因此，选择大船，装满冰山，去南极时船速 $u=1$ km/h，返回波斯湾时船速 $u=5$ km/h，得到的每立方米水的费用最小，最小值为 0.0942(英镑)。

6.模型结论

融化冰山得到相同体积的淡水的最小费用 0.0942 英镑虽然略小于海水淡化的费用(每立方米 0.1 英镑)，但是模型中未考虑影响航行的种种不利因素，这些不利因素会拖长航行时间，从而使冰山抵达目的地时剩余冰的体积远小于模型算得的体积，同时租金和人工费也

会增加，这些都会显著增加每立方米水的费用。因此采用冰山运输的办法获得淡水目前是不可行的。

3.3 易拉罐形状和尺寸的最优设计

我们只要稍加留意就会发现销量很大的饮料（例如饮料体积为355 mL的可口可乐、青岛啤酒等）的饮料罐（即易拉罐）的形状和尺寸几乎都是一样的。看来，这并非偶然，这应该是某种意义下的最优设计。当然，对于单个的易拉罐来说，这种最优设计节省的钱可能是很有限的，但是如果是生产几亿，甚至几十亿个易拉罐的话，节省的钱就很可观了。

请研究易拉罐的形状和尺寸的最优设计问题，完成以下任务。

(1)取一个饮料体积为355 mL的易拉罐，例如355 mL的可口可乐饮料罐，测量你们认为验证模型所需要的数据，例如易拉罐各部分的直径、高度、厚度等，并把数据列表加以说明；如果数据不是你们自己测量得到的，请注明出处。

(2)设易拉罐是一个正圆柱体。什么是它的最优设计？其结果是否可以合理地说明你们所测量的易拉罐的形状和尺寸，例如，半径和高之比，等等。

(3)设易拉罐的中心纵断面如图3－2所示，即上面部分是一个正圆台，下面部分是一个正圆柱体。

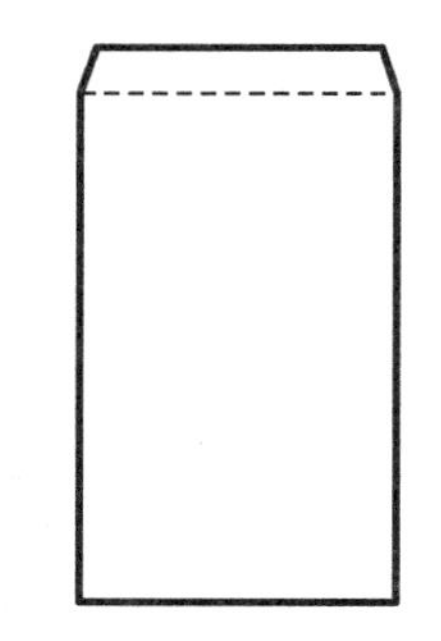

图3－2 易拉罐形状示意图

利用你们对所测量的易拉罐想象力，做出你们自己关于易拉罐形状和尺寸的最优设计。

1.问题分析

题目要求研究易拉罐的形状和尺寸的最优设计问题，对易拉罐的最优设计主要从用料最省的角度进行研究。同时，题目要求就易拉罐为圆柱体和组合体（圆柱体和圆台）两种情况进行研究。

(1)在对易拉罐的形状进行研究时，首先要分析出模型可能需要的数据，利用相应的工具多次测量，求平均值，确定出易拉罐各项尺寸的大小。

(2)易拉罐的形状为一正圆柱体时，并没有对各部分的壁厚做出说明，在求解的过程中可分易拉罐各面厚度相同和不同两种情况进行求解，确定出高度与半径的比值关系，并与实际测量数据进行比较，判断易拉罐设计的合理性。

(3)易拉罐的形状为组合体时，求解过程仍以材料最省为最优设计，同时要满足上、下顶面的强度要求，并要满足加工方面的要求，建立一个应用广泛的最优化模型。再依据假设的各种情况对模型进行逐步改进，最终求得既满足材料最省又满足其它方面（如强度、美观、易加工等）要求的易拉罐形状和尺寸，并与实际测量值进行比较，分析其设计的合理性。

(4)根据多面体中球体表面积与体积比值最小的基本原理，将易拉罐上部的圆台设计为球台。

2.模型假设

(1)所取易拉罐各面的厚度均匀。

(2)易拉罐的顶盖和下底盖都是规则的平面。

(3)易拉罐都是规则的多面体。

(4)易拉罐用同种材料制成。

(5)不考虑各种因素对测量仪器的影响。

3.模型的建立与求解

(1)数据准备。

验证模型需要的数据主要有罐的直径、罐高、罐壁厚、顶盖厚、罐底厚、圆台高、顶盖直径、圆柱体的高、罐内体积等。这些数据可以通过直接或间接测量得到。

易拉罐的直径、罐高、圆台高、顶盖直径、圆柱直径等数据,我们利用游标卡尺(50 分度)直接测量得到。游标卡尺是一种常用的度量工具,一般可以精确到 0.01 cm。

易拉罐壁厚、顶盖厚、罐底厚都较小,我们使用螺旋测微器进行测量。螺旋测微器又称千分尺(micrometer),是比游标卡尺更精密的测量长度的工具,用它测长度可以精确到 0.01 mm,测量范围为几个厘米。

易拉罐的罐内体积则使用一个 500 mL 的量筒和空的易拉罐,间接测量得到。

为减少误差,取 5 个易拉罐分别进行测量,求得其平均值作为测量数据。表 3-7 是直接或间接测量到的易拉罐的各项尺寸。

表 3-7　易拉罐(可口可乐)各项尺寸表

罐高 /mm	圆柱高 /mm	圆柱外直径 /mm	圆台高 /mm	顶盖直径 /mm	罐壁厚 /mm	顶盖厚 /mm	罐底厚 /mm	罐内容积 /cm^3
120.6	110.5	66.1	10.1	60.1	0.11	0.28	0.21	365

由表 3-7 可以看出,对于标注为 355 mL 的可口可乐易拉罐,它的实际罐体容量约为 365 mL。所以在题目的求解中,对于易拉罐的容积都以 365 mL 为标准进行计算。

(2)等厚度正圆柱体模型。

设易拉罐是一个等厚度正圆柱体,即顶、底盖厚度和侧面厚度相同。问题归结为求罐内体积给定时,用材最少的直圆柱罐的直径和高。

由于是等厚度,所以用材最省等价于表面积最小。设易拉罐的半径为 r,罐高为 h,罐内容积为 V,表面积为 S,于是有

$$S(r,h)=2\pi rh+\pi r^2+\pi r^2=2\pi r(h+r),V=\pi r^2 h$$

令 $g(r,h)=\pi r^2 h-V$,则用料最省的优化模型为

$$\begin{aligned}&\min_{r>0,h>0} S(r,h)=2\pi r(h+r)\\&\text{s.t. } g(r,h)=0\end{aligned}\tag{3-23}$$

式中:V 为给定的常数。

由约束 $g(r,h)=0$ 解出 $h=\dfrac{V}{\pi r^2}$代入目标函数,将约束优化问题(3-23)化为无约束优

化问题

$$\min_{r>0} S(r)=2V\frac{1}{r}+2\pi r^2 \tag{3-24}$$

由

$$\frac{\mathrm{d}S}{\mathrm{d}r}=-2V\frac{1}{r^2}+4\pi r=0$$

求得唯一驻点 $r=\sqrt[3]{\frac{V}{2\pi}}$，又 $S''(\sqrt[3]{\frac{V}{2\pi}})>0$，故 $r=\sqrt[3]{\frac{V}{2\pi}}$ 是函数 $S(r)=2V\frac{1}{r}+2\pi r^2$ 的最小值点。将 r 代入 $h=\frac{V}{\pi r^2}$，得

$$h=2\sqrt[3]{\frac{V}{2\pi}}=2r \tag{3-25}$$

结果表明，当易拉罐的直径和高相等时所用材料最省。审视日常所见的易拉罐，几乎没有这样的形状，因此这个模型不符合实际。这是为什么呢？

实际上，我们用手摸一下顶盖，就能感觉到它的硬度要比侧壁高，或者说顶盖要比侧壁厚，下面考虑易拉罐侧壁与顶、底盖厚度不同的正圆柱体模型。

(3)不等厚度正圆柱体模型。

考虑易拉罐是一个正圆柱体，但它的侧面厚度与顶、底盖厚度不相同。设易拉罐圆柱体部分内半径为 r，罐高为 h，侧壁厚度为 b，顶的厚度为 k_1b，底盖的厚度为 k_2b，罐内体积为 V，易拉罐用料总体积为 S。于是，罐的侧壁体积为

$$\begin{aligned}S_{侧}(r,h)&=[\pi(r+b)^2-\pi r^2](h+k_1b+k_2b)\\&=2\pi rhb+\pi b^2h+\pi b^3(k_1+k_2)\end{aligned}$$

由于侧壁厚度 b 远远小于罐的半径 r 和罐高 h，为简化模型，上式中含有 b^2 和 b^3 的项可忽略不计，即 $S_{侧}=2\pi rhb$。从而有

$$S(r,h)=2\pi rhb+\pi r^2(k_1b+k_2b)=2\pi rhb+\pi b(k_1+k_2)r^2$$

$$V=\pi r^2h$$

令 $g(r,h)=\pi r^2h-V$，则易拉罐尺寸最优设计归结为如下的约束优化问题

$$\begin{aligned}&\min_{r>0,h>0} S(r,h)=2\pi rhb+\pi b(k_1+k_2)r^2\\&\text{s.t. } g(r,h)=0\end{aligned} \tag{3-26}$$

式中：b、k_1、k_2、V 为已知常数。

将式(3-26)化为无约束优化问题，求得最优解为 $r=\sqrt[3]{\frac{V}{(k_1+k_2)\pi}}$，$h=\sqrt[3]{\frac{2V}{\pi}(k_1+k_2)^2}$。即

$$h=(k_1+k_2)\,r \tag{3-27}$$

这个结果表明，易拉罐高度是底面半径的多少倍，取决于罐底和罐盖的厚度比侧壁的厚度大多少。若顶盖和底的厚度都是侧壁厚度的 2 倍，即 $k_1=k_2=2$，则 $h=4r$，此时易拉罐的高是底面直径的 2 倍，显然，这与人们的直观认识是一致的。

根据表 3 - 7 中的测量数据，计算得

$$k_1 + k_2 = (0.28 + 0.21) \div 0.11 = 4.45$$

$$r = \frac{66.1}{2} - 0.11 = 32.94$$

从而

$$(k_1 + k_2)r = 4.45 \times 32.94 = 146.58$$

这与实际测量的 $h = 123.1$ mm 相差 23.58 mm，可以说已经非常接近了。模型结论大体上和现在的可口可乐易拉罐的尺寸一致，因此这个模型基本符合实际。

(4)圆台模型。

实际生活中，多数易拉罐顶部有一个小圆台，如图 3 - 2 所示。其上面部分是一个正圆台，下面部分是一个正圆柱体。设圆柱体的内半径、高度、侧壁和底部厚度仍采用圆柱模型的记号 r、h、b、$k_2 b$，圆台侧壁厚度与圆柱相同，高为 h_1，罐盖的半径为 r_1，厚度为 $k_1 b$，由圆柱和圆台组成的易拉罐所耗材料的体积为 V，易拉罐的容量为 V_1。

易拉罐用料主要包括四部分：圆柱侧面、下底面、上顶面、圆台侧面。由于易拉罐壁厚 b 远远小于 r_1、r_2、h、h_1，即 $b \ll r_1$，$b \ll r_2$，$b \ll h$，$b \ll h_1$；为简化计算，在求易拉罐用料体积 V 时，可近似看成各个面的面积与其厚度乘积之和，忽略各个面由于相交产生的体积的偏差。则有

$$V = 2\pi rhb + \pi r^2 k_2 b + \pi r_1^2 k_1 b + \pi\sqrt{(r - r_1)^2 + h_1^2}\,(r + r_1)b \tag{3-28}$$

$$V_1 = \pi r^2 h + \frac{\pi h_1 (r^2 + r_1^2 + r r_1)}{3} \tag{3-29}$$

式中：式(3 - 28)中最后一项是圆台的表面积与壁厚的乘积，式(3 - 29)右端第二项是圆台的体积；b、k_1、k_2、V_1 为已知常数，这里我们就用测量得到的数据，$b = 0.11$，$k_1 = \frac{0.28}{0.11} = 2.5$，$k_2 = \frac{0.21}{0.11} = 1.9$，$V_1 = 365000$。

对于约束条件式(3 - 29)，令

$$g(r, h, r_1, h_1) = \pi r^2 h + \frac{\pi h_1 (r^2 + r_1^2 + r r_1)}{3} - V_1$$

于是，耗材最省的易拉罐尺寸最优设计归结为如下的约束优化问题

$$\min V(r, h, r_1, h_1) = 2\pi rhb + \pi r^2 k_2 b + \pi r_1^2 k_1 b + \pi\sqrt{(r - r_1)^2 + h_1^2}\,(r + r_1)b$$

$$\text{s.t.} \begin{cases} g(r, h, r_1, h_1) = 0 \\ r > 0, h > 0, r_1 > 0, h_1 > 0 \end{cases} \tag{3-30}$$

式中：$b = 0.11$，$k_1 = 2.5$，$k_2 = 1.9$，$V_1 = 365000$。

这个优化问题，理论上可用拉格朗日乘子法求解，设

$$L(r, h, r_1, h_1, \lambda) = V(r, h, r_1, h_1) + \lambda g(r, h, r_1, h_1) \tag{3-31}$$

并令

$$\frac{\partial L}{\partial r} = 0, \quad \frac{\partial L}{\partial h} = 0, \quad \frac{\partial L}{\partial r_1} = 0, \quad \frac{\partial L}{\partial h_1} = 0, \quad \frac{\partial L}{\partial \lambda} = 0 \tag{3-32}$$

就可以求得最优解。但是由于这些方程的复杂性，由式(3-31)和式(3-32)难以求得解析解。因此，我们利用 MATLAB 软件编程直接求解优化问题(3-30)。程序如下：

```
%定义约束函数
function[c,ceq] = ylgys(x)
c = [];
ceq = 365000 - pi * x(2) * x(1)^3 - 1/3 * pi * x(4) * (x(1)^2 + x(3)^2 + x(1) * x(3));
%主程序
ylg = @(x)pi * (0.2 * x(1) * x(2) + x(1)^2 * 0.21 + 0.28 * x(3)^2 + 0.1 * (x(1) + x(3))
* sqrt((x(1) - x(3))^2 + x(4)^2)); %目标函数
Lb = [0;0;0;0]; %变量的下限
Ub = []; %变量的上限
x0 = [5;5;5;5]; %迭代初值
nonlcon = @ylgys; %约束函数
[x,V] = fmincon(ylg, x0,[],[],[],[],Lb,Ub,nonlcon)
运行结果为：
x =
  34.4352
  87.7136
    0.0003
  30.7993
V =
  3.1799e + 03
```

即最优解为 $r=34.4352, h=87.7136, r_1=0, h_1=30.7993$，所用材料为 $V=3179.9\ \mathrm{mm}^3$。最优解中 $r_1=0$，即易拉罐的顶部为一个圆锥，从理论上来说这是没有问题的，因为假设圆台和圆柱侧壁厚度相同，而圆台上底面的厚度是侧壁厚度的 2.5 倍，从节省材料的角度，自然要尽量减少圆台上底面的面积。但是这显然不合实际。

考虑到罐盖要安装拉环，圆台上底面的半径应该有一个下限，同时也考虑到工艺、美观等因素，圆台的高不宜太大，参考测量数据，不妨设 $26\leqslant r_1\leqslant 34, r\leqslant 34, h\leqslant 130, r_1\leqslant 34, h_1\leqslant 11$(单位：mm)，只要在程序中将变量的下限 Lb 和上限 Ub 改写为 Lb=[0;0;30;0]；Ub=[34;130;34;10]；重新计算，得到的最优解为 $r=34, h=91.11, r_1=26, h_1=12$(单位：mm)，所用材料为 $V=3728.3\ \mathrm{mm}^3$。

将模型最优值与测量值相比较，如表 3-8 所示。可以看出，模型得到的最优解和测量值还是比较接近的，基本上符合实际情况。差别较大的是模型得到的圆柱最优高度 90.7478 mm，比实际测量值 110.5 mm 小了将近 20 mm。分析其原因，可能是我们的模型和结果是在耗材最省这个唯一目标下得到的，而实际情况还要考虑易拉罐所受压力、工艺、美观以及使用方便等因素，因此这样一个误差也是很正常的。

表 3-8　模型最优值与测量值的比较　　单位：mm

	圆柱高	圆柱外直径	圆台高	顶盖直径
测量值	110.5	66.1	10.1	60.1
模型最优值	90.7478	68.2	11	60

通过对易拉罐的观察，容易发现，易拉罐的顶盖实际上不是平面，略有上拱，易拉罐的下底面也不是平面，是向里凹的，这些要求很可能是保证易拉罐厚的部分与薄的部分粘合牢固、耐压。所有这些都是物理、力学、工程或材料方面的要求，简单通过求材料最省是得不到满意的结果的。

(5)球台模型。

将圆台模型中顶部的小圆台改为球台，可以与下面的圆柱连接得更为光滑，并且符合体积一定下球体表面积最小的原则。设圆柱体的内半径、高度、侧壁和底部厚度仍采用圆柱模型的记号 r、h、b、k_2b，球台侧壁厚度与圆柱相同，高为 h_1，罐盖的半径为 r_1，厚度为 k_1b，由圆柱和球台组成的易拉罐所耗材料的体积为 V，易拉罐的容量为 V_1。则

$$V=2\pi rhb+\pi r^2k_2b+\pi r_1^2k_1b+\pi b\sqrt{4r^2h_1^2+(r^2-r_1^2-h_1^2)^2} \tag{3-33}$$

$$V_1=\pi r^2h+\frac{\pi h_1(3r^2+3r_1^2+h_1^2)}{6} \tag{3-34}$$

式(3-33)中最后一项是球台的表面积与壁厚的乘积，式(3-34)右端第二项是球台的体积，b,k_1,k_2,V_1 为已知常数。

对于约束条件式(3-34)，令

$$g(r,h,r_1,h_1)=\pi r^2h+\frac{\pi h_1(3r^2+3r_1^2+h_1^2)}{6}-V_1$$

于是，耗材最省的易拉罐尺寸最优设计归结为如下的约束优化问题

$$\min V(r,h,r_1,h_1)=2\pi rhb+\pi r^2k_2b+\pi r_1^2k_1b+\pi b\sqrt{4r^2h_1^2+(r^2-r_1^2-h_1^2)^2}$$

$$\text{s.t.}\begin{cases}g(r,h,r_1,h_1)=0\\ r>0,h>0,r_1>0,h_1>0\end{cases} \tag{3-35}$$

式中：$b=0.11,k_1=2.5,k_2=1.9,V_1=365000$。

其解法和圆台模型一样，留给读者自己完成。

参考文献

[1] 杨启帆，康旭升，赵雅囡.数学建模[M].北京：高等教育出版社，2005.

[2] 姜启源，谢金星，叶俊.数学模型[M].5 版.北京：高等教育出版社，2018.

[3] 叶其孝.微积分教学中融入数学建模的思想和方法[J].北京：高等数学研究，2014，17(4)：104-111.

研究课题

1.海洋公园中有一高为 a m 的美人鱼雕像，其底座高为 b m。为了达到最好的观赏效果，游客应该站在离底座多远的地方？

根据你的模型结论，下列雕像观看的最佳距离各是多少？

(1)美国纽约的自由女神像：像高 46.5 m，底座 46.5 m。

(2)巴西里约热内卢的救赎雕像：像高 39.6 m，底座 9.5 m。

(3)香港的天坛大佛雕像：像高 26.4 m，底座 7.599 m。

2.某油田计划在铁路线一侧建造两家炼油厂，同时在铁路线上增建一个车站，用来运送成品油。由于这种模式具有一定的普遍性，油田设计院希望建立管线建设费用最省的一般数学模型与方法。

(1) 针对两炼油厂到铁路线距离和两炼油厂间距离的各种不同情形，提出你的设计方案。在方案设计时，若有共用管线，应考虑共用管线费用与非共用管线费用相同或不同的情形。

(2)设计院目前需对一更为复杂的情形进行具体的设计。两炼油厂的具体位置如图 3 - 3所示，其中 A 厂位于郊区(图中的Ⅰ区域)，B 厂位于城区(图中的Ⅱ区域)，两个区域的分界线用图中的虚线表示。图中各字母表示的距离(单位：km)分别为 $a=5$，$b=8$，$c=15$，$l=20$。若所有管线的铺设费用均为每千米 7.2 万元。铺设在城区的管线还需增加拆迁和工程补偿等附加费用，为对此项附加费用进行估计，聘请三家工程咨询公司(其中公司一具有甲级资质，公司二和公司三具有乙级资质)进行了估算，估算结果如表 3 - 9 所示。请为设计院给出管线布置方案及相应的费用。

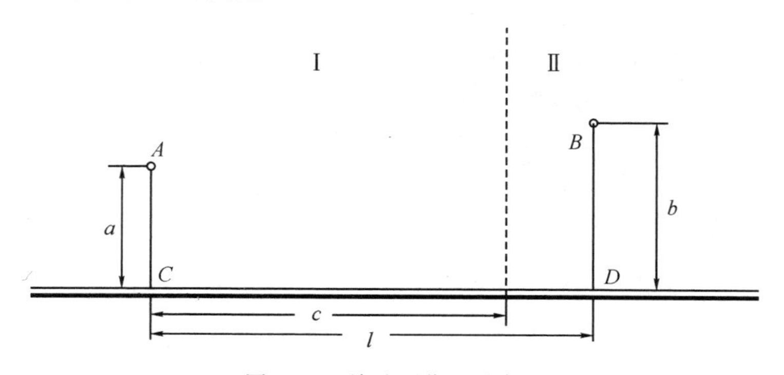

图 3 - 3 炼油厂位置示意图

表 3 - 9 附加费估算结果

工程咨询公司	公司一	公司二	公司三
附加费用(万元/千米)	21	24	20

(3) 在该实际问题中，为进一步节省费用，可以根据炼油厂的生产能力，选用相适应的

油管。这时的管线铺设费用将分别降为输送 A 厂成品油的每千米 5.6 万元，输送 B 厂成品油的每千米 6.0 万元，共用管线费用为每千米 7.2 万元，拆迁等附加费用同上。请给出管线最佳布置方案及相应的费用。

3.火箭是一种运输工具，它的任务是将具有一定质量的航天器送入太空。航天器在太空中的运行情况与它进入太空时的初始速度的大小和方向有关。一般地说，如果航天器进入飞行轨道的速度小于第一宇宙速度(7.91 km/s)，航天器将落回地面；如果航天器进入轨道的速度介于第一宇宙速度与第二宇宙速度(11.2 km/s)之间时，它在地球引力场内飞行，成为人造地球卫星；当航天器进入轨道的速度介于第二宇宙速度与第三宇宙速度(16.7 km/s)之间时，它就飞离地球成为太阳系内的人造行星；当航天器进入轨道的速度达到或超过第三宇宙速度时，它就能飞离太阳系。随着人类逐渐进入深空探测和空间飞行器的功能增多，要求火箭具有更大的运载能力，因而出现了多级火箭。多级火箭就是把几个单级火箭连接在一起形成的，其中的一个火箭先工作，工作完毕后与其它的火箭分离，然后第二个火箭接着工作，依此类推。由几个火箭组成的就称为几级火箭，如二级火箭、三级火箭等。多级火箭的优点是每过一段时间就把不再有用的结构抛弃掉，无需再消耗推进剂来带着它和有效载荷(航天器)一起飞行。因此，只要在增加推进剂质量的同时适当地将火箭分成若干级，最终就可以使火箭达到足够大的运载能力。然而，级数太多不仅费用增加，可靠性降低，火箭性能也会因结构质量增加而变坏。请建立数学模型，分析说明发射卫星为什么一般使用三级火箭系统?

4.2009 年全国大学生数学建模竞赛 C 题

卫星和飞船在国民经济和国防建设中有着重要的作用，对它们的发射和运行过程进行测控是航天系统的一个重要组成部分，理想的状况是对卫星和飞船(特别是载人飞船)进行全程跟踪测控。

测控设备只能观测到所在点切平面以上的空域，且在与地平面夹角 3°的范围内测控效果不好，实际上每个测控站的测控范围只考虑与地平面夹角 3°以上的空域。在一个卫星或飞船的发射与运行过程中，往往有多个测控站联合完成测控任务，如神舟七号飞船发射和运行过程中测控站的分布图见全国大学生数学建模竞赛官网 http://www.gov.cn/jrzg/2008-09/24/content_1104882.htm。

请利用模型分析卫星或飞船的测控情况，具体问题如下：

(1)在所有测控站都与卫星或飞船的运行轨道共面的情况下至少应该建立多少个测控站才能对其进行全程跟踪测控?

(2)如果一个卫星或飞船的运行轨道与地球赤道平面有固定的夹角，且在离地面高度为 H 的球面 S 上运行。考虑到地球自转时该卫星或飞船在运行过程中相继两圈的经度有一些差异，问至少应该建立多少个测控站才能对该卫星或飞船可能飞行的区域全部覆盖以达到全程跟踪测控的目的?

(3) 收集我国一个卫星或飞船的运行资料和发射时测控站点的分布信息，分析这些测控站点对该卫星所能测控的范围。

第 4 章　线性代数模型

对于工程技术和社会领域的众多问题，当不考虑时间因素的变化，而作为静态问题处理时，我们可以把思维扩展到线性空间，利用线性代数的基本知识建立模型，进而掌握事物的内在规律，预测其发展趋势。这些模型的基本特点：用相应的向量、矩阵、线性方程等代数模型和手段来刻画和分析实际问题。本章的基本任务是使大家体会怎样将线性代数的抽象概念运用到解决实际问题的过程中去。

4.1　代数模型在断层成像中的基本应用

1.断层成像问题

断层成像是指对被测物体进行横断面成像，即得到一个物体内部的截面图像。

为了了解其原理，我们先看这样一个有趣的数学题目。有一个 2×2 的矩阵，而矩阵中每个元素的数值暂时未知，分别设为 x_1、x_2、x_3、x_4。若已知第一行元素的和是 5，第二行元素的和是 4；第一列元素的和是 7，第二列元素的和是 2（图 4－1）。试问你可以算出这个矩阵吗？

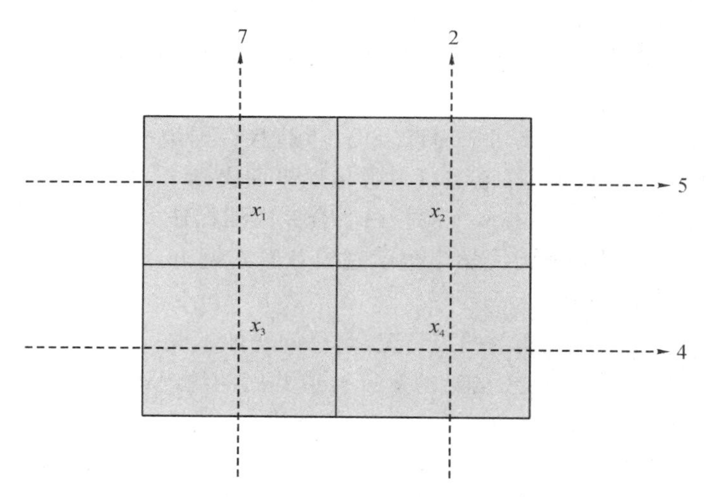

图 4－1　猜猜这个矩阵

这个问题可以用解方程组的方法解决。设那些矩阵元素为未知数，列一个线性方程组

$$\begin{cases} x_1+x_2=5 \\ x_3+x_4=4 \\ x_1+x_3=7 \\ x_2+x_4=2 \end{cases} \tag{4-1}$$

解这个方程组便得到 $x_1=3, x_2=2, x_3=4, x_4=0$。

以上就是用数学方法解决了一个断层成像问题。一般来说,断层成像都是用数学计算的手段来解决的,我们熟悉的 CT(Computed Tomography,计算机断层成像)就是计算出的断层成像。以上例子中矩阵每一行/每一列和的概念可以推广为一个图像的射线和、线积分以及投影数据的概念。从物体的投影数据得到物体的内部断层成像的过程就称之为图像重建。

2.投影的概念

为了体会投影的概念,我们看这样一个例子。考虑的物体是二维 $x-y$ 平面中的一个均匀圆盘。圆盘的圆心在坐标原点。圆盘的面密度函数是常数 ρ(图 4-2)。

图中的探测器用于检测投影数据 $p(s)$,这里的 s 是探测器上的一维坐标。该物体的投影值(即线积分值)就是弦长 t 乘以面密度 ρ(图 4-3)。其数学表达式为

$$p(s)=\begin{cases}\rho t=2\rho\sqrt{R^2-s^2}, & |s|<R\\ 0, & |s|\geqslant R\end{cases} \tag{4-2}$$

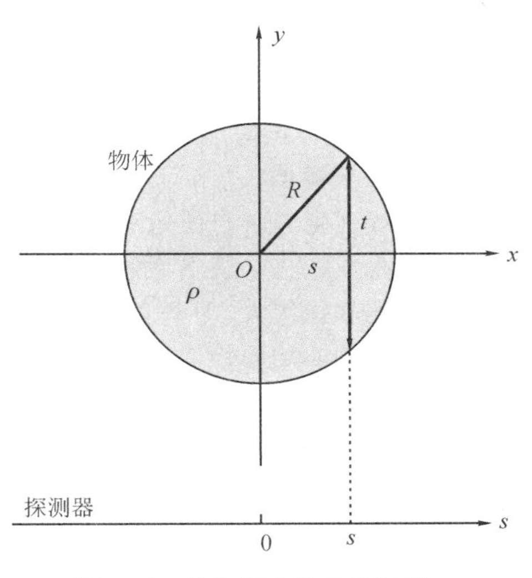

图 4-2　均匀圆盘的投影问题

在这个特例中,由于圆盘面密度是常数,圆盘的几何图形具有对称性,因此将探测器旋转一个与水平方向的夹角 θ,投影值 $p(s)$不改变。

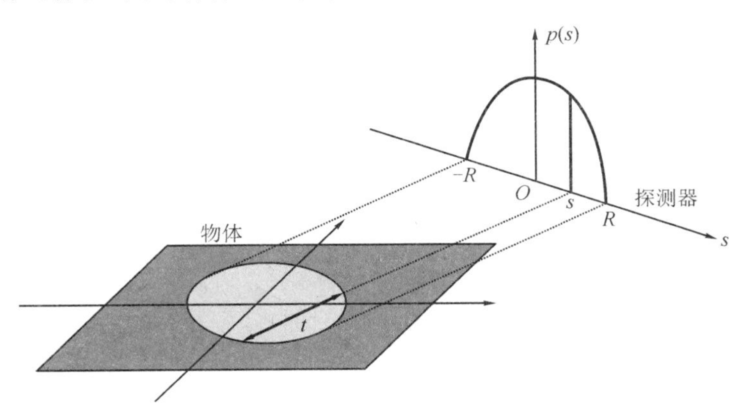

图 4-3　均匀圆盘的线积分等于弦长乘以圆盘的面密度

如果以上这些问题再复杂一点我们怎么办呢?如果我们考虑的矩阵远远大于两行两列,仅仅靠知道每一行及每一列的和,我们能解出原矩阵吗?如果圆盘问题的面密度不再是一个常数,那么仍用上面探测器相对于物体的旋转角度为固定值的处理方法,建立由该圆盘每点处的密度值和投影值之间的对应关系呢?一般来说,这些问题答案是否定的。那么,具体的解决方案又该是如何呢?答案是我们需要更多的数据。那么,这些数据从何而来呢?

它们可以是从更多不同的角度采集得到。类似于上面谈到的“猜猜矩阵”的问题，我们需要从不同的角度对矩阵求和。这样一来，就需要用到更复杂的数学来解决一个实际的断层成像问题。

3.图像重建的代数模型

上面所介绍的圆盘问题实际上就是传统的X射线成像过程。可以看到，X射线成像将物体重叠地直接投影到探测器(底片)上，呈现具有一定分辨率、但仍不够清晰的图像。

CT则在不同深度的断面上，从各个角度用探测器接收旋转的X光管发出、并由于穿过物体而使强度衰减的射线，再经过测量和计算，将物体各个部位的影像重新构建出来，称之为图像重建。以下我们将简要介绍X射线强度衰减与图像重建的数学原理，并给出图像重建的一个代数模型。

X射线强度衰减与图像重建的原理：X射线在穿过均匀材料的物质时，其强度的衰减率与强度本身成正比。当X射线的能量一定时，衰减系数随穿过的材料不同而改变，如骨骼的衰减系数比软组织大，即X射线的强度在骨骼中衰减更快。当X射线穿过由不同衰减系数的材料组成的非均匀物体，如人体内部的一个断面，我们可以建立一个线积分的形式得到X射线的穿行损失表达式。奥地利数学家Radon给出了相应积分变换的逆变换的形式，为图像重建提供了理论基础。但由于Radon逆变换需要无穷条直线上的线积分，这在实际中是无法实现的。以下，我们从离散化的角度，给出图像重建的一个代数模型。

图像重建的代数模型：将待测的截面分成若干小正方形，这些近似均匀的小正方形被称为像素。假设每一个像素对射线的衰减系数是常数。一定宽度的射线束从各个方向穿过这些像素。通过对多条穿过待测截面的射线强度的量测，确定各个像素的衰减系数。

在如图4-4所示的例子中，假设探测器由四个离散的探测元组成。设θ为X射线与水平射线的旋转角度，令每个向量元素$x_i(i=1,2,3,4)$代表一个均匀的像素的线密度数(衰减系数)值。矩阵图像的投影数据记为图像线积分数值$p(s,\theta)$。线积分的“线”在每个像素内的线段长度为a_{ij}(i是探测元的编号；j是像素的编号)，则有

$$p(i,\theta)=a_{i1}x_1+a_{i2}x_2+a_{i3}x_3+a_{i4}x_4 \tag{4-3}$$

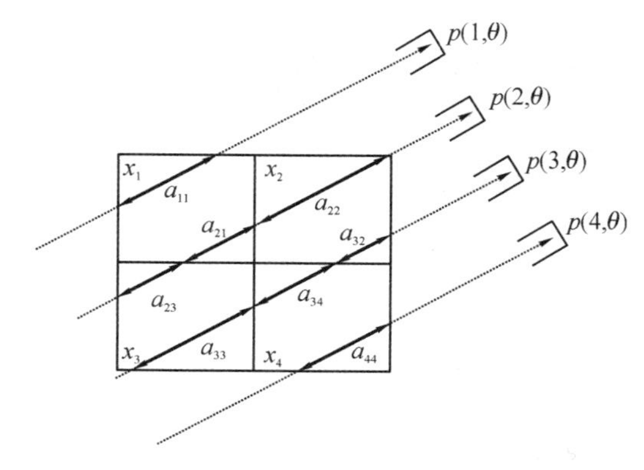

图4-4 投影值实际上是像素值的加权和；权函数是“线”在像素内的线段长度

以下给出具有3个并排的探测器在三个投影角度(共9个探测器)所得到的模型(图4-5)

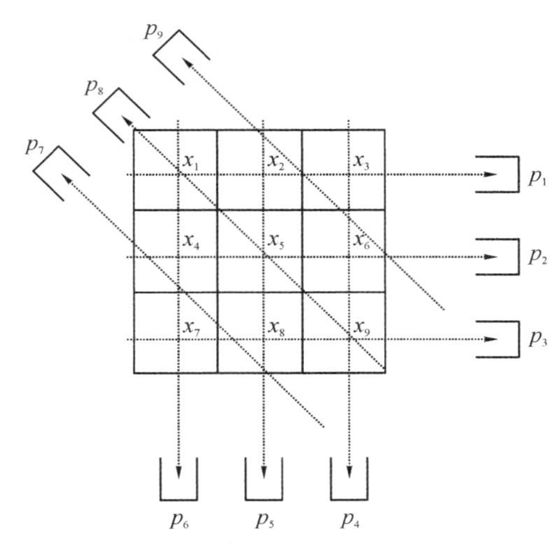

图 4-5　具有 3 个并排的探测器在 3 个投影角度所得到的模型

和投影方程，其中探测器 p_1、p_2、p_3 对应的旋转角度为 0°，p_4、p_5、p_6 对应的旋转角度为 270°，p_7、p_8、p_9 对应的旋转角度为135°。

$$\begin{cases} x_1+x_2+x_3=p_1 \\ x_4+x_5+x_6=p_2 \\ x_7+x_8+x_9=p_3 \\ x_3+x_6+x_9=p_4 \\ x_2+x_5+x_8=p_5 \\ x_1+x_4+x_7=p_6 \\ 2(\sqrt{2}-1)x_4+2(\sqrt{2}-1)x_7+2(\sqrt{2}-1)x_8=p_7 \\ \sqrt{2}x_1+\sqrt{2}x_5+\sqrt{2}x_9=p_8 \\ 2(\sqrt{2}-1)x_2+2(\sqrt{2}-1)x_3+2(\sqrt{2}-1)x_6=p_9 \end{cases} \tag{4-4}$$

从以上的讨论可以看到，图像重建问题实际上可以转化成一个求解线性方程组的问题。最终，我们可以利用代数方程 $\boldsymbol{Ax}=\boldsymbol{b}$ 来重建图像，即根据已知的矩阵 $\boldsymbol{A}$（线积分的“线”在每个像素内的线段长度）和测量的投影数据向量 $\boldsymbol{b}$，确定每个像素的衰减系数向量 $\boldsymbol{x}$，继而获知每个像素所对应的组织结构。

在实际应用中，像素数量和射线数量都很大，而前者通常大于后者，这会给求解线性方程组带来很大挑战。另外，测量误差和噪声影响不可忽视。此外，CT 重建可以通过 Radon 变换的逆变换进行求解，这其中的数学方法及稳定性、重建图像的清晰度以及积分的离散化等方面都有很多工作需要进一步探究。同时，图像重建问题在数学方法上的进展，都将为 CT 技术在各个领域成功和拓广应用提供必要条件。

4.2　植物基因的分布

设一农业研究所植物园中某种植物的基因型为 AA、Aa 和 aa。研究所计划采用 AA 型的植物与每一种基因型植物相结合的方案培育植物后代。问经过若干年后,这种植物的任意一代的三种基因型分布如何?

我们知道,基因对确定了植物的特征。而动、植物都会将本身的特征遗传给后代,这主要是因为后代继承了双亲的基因,形成了自己的基因对,基因对就确定了后代所表现的特征。常染色体遗传的规律是后代从每个亲体的基因对中各继承一个基因,形成自己的基因对,即基因型。如果考虑的遗传特征是由两个基因 A、a 控制的,那么就有三种基因对,记为 AA、Aa 和 aa;这里 AA、Aa 表示同一外部特征,我们认为基因 A 支配基因 a,即基因 a 对 A 来说是隐性的。例如,金鱼草花的颜色是由两个遗传因子决定的,基因型为 AA 的金鱼草开红花,Aa 型的开粉红花,而 aa 型的开白花。人类眼睛的颜色也是通过常染色体来控制的。基因型为 AA 型或 Aa 型的人眼睛颜色为棕色,而 aa 型的人眼睛颜色为蓝色。

记 $x_1(n)$为第 n 代中基因型 AA 的植物占植物总数的百分比;$x_2(n)$为第 n 代中基因型 Aa 的植物占植物总数的百分比;$x_3(n)$为第 n 代中基因型 aa 的植物占植物总数的百分比,则

$$x_1(n)+x_2(n)+x_3(n)=1 \tag{4-5}$$

由本题所给出的培育方式为 AA 型与其它三种基因型相结合的方案培育植物后代,可得相邻两代间基因转移关系如表 4-1 所示。

表 4-1 相邻两代间基因转移关系

	后代基因对	父体-母体的基因对		
		AA-AA	AA-Aa	AA-aa
概率	AA	1	1/2	0
	Aa	0	1/2	1
	aa	0	0	0

故第 n 代与 $n-1$ 代植物的基因型分布的关系为

$$\begin{aligned} x_1(n) &= x_1(n-1)+\frac{1}{2}x_2(n-1) \\ x_2(n) &= \frac{1}{2}x_2(n-1)+x_3(n-1) \\ x_3(n) &= 0 \end{aligned} \tag{4-6}$$

引入

$$\boldsymbol{L}=\begin{pmatrix} 1 & 1/2 & 0 \\ 0 & 1/2 & 1 \\ 0 & 0 & 0 \end{pmatrix},\boldsymbol{x}(n)=\begin{pmatrix} x_1(n) \\ x_2(n) \\ x_3(n) \end{pmatrix} \tag{4-7}$$

则第 n 代与 $n-1$ 代植物的基因型分布的关系的向量形式为

$$\boldsymbol{x}(n)=\boldsymbol{L}\boldsymbol{x}(n-1),\quad n=1,2,\cdots \tag{4-8}$$

由式(4-8)解得

$$\boldsymbol{x}(n)=\boldsymbol{L}^n\boldsymbol{x}(0),\ n=1,2,\cdots \tag{4-9}$$

进一步，利用线性代数中对角化的方法将 $\boldsymbol{L}$ 对角化，即求出可逆矩阵 $\boldsymbol{P}$ 和对角矩阵 $\boldsymbol{D}$，使得

$$\boldsymbol{L}=\boldsymbol{P}\boldsymbol{D}\boldsymbol{P}^{-1}$$

从而有

$$\boldsymbol{L}^n=\boldsymbol{P}\boldsymbol{D}^n\boldsymbol{P}^{-1}$$

利用特征值和特征向量的方法求得

$$\boldsymbol{D}=\begin{pmatrix}1 & 0 & 0\\ 0 & 1/2 & 0\\ 0 & 0 & 0\end{pmatrix},\ \boldsymbol{P}=\boldsymbol{P}^{-1}=\begin{pmatrix}1 & 1 & 1\\ 0 & -1 & -2\\ 0 & 0 & 1\end{pmatrix}$$

从而得

$$\boldsymbol{L}^n=\begin{pmatrix}1 & 1-(1/2)^n & 1-(1/2)^{n-1}\\ 0 & (1/2)^n & (1/2)^{n-1}\\ 0 & 0 & 0\end{pmatrix}$$

将 $\boldsymbol{L}^n$ 代入式(4-9)得

$$x_1(n)=x_1(0)+\left(1-\left(\frac{1}{2}\right)^n\right)x_2(0)+\left(1-\left(\frac{1}{2}\right)^{n-1}\right)x_3(0)$$

$$x_2(n)=\left(\frac{1}{2}\right)^n x_2(0)+\left(\frac{1}{2}\right)^{n-1}x_3(0)$$

$$x_3(n)=0$$

可以看出当 $n\to\infty$ 时，$x_1(n)\to 1$，$x_2(n)\to 0$，$x_3(n)\to 0$。最终，我们可以得到以下结论：培育的植物 AA 型基因所占的比例在不断增加，在极限状态下所有植物的基因型都会是 AA 型。

4.3　Durer 魔方

德国著名的艺术家 Albrecht Durer(1471—1521)于 1514 年铸造了一枚名为“Melen cotia I”的铜币。这枚铜币的画面上充满了数学符号、数字和几何图形。图 4-6 就是铜币右上角的图案。

其数字排列如为

$$\begin{bmatrix}16 & 3 & 2 & 13\\ 5 & 10 & 11 & 8\\ 9 & 6 & 7 & 12\\ 4 & 15 & 14 & 1\end{bmatrix}$$

图 4-6　铜币图案

细心的人们发现，图案中 4 行 4 列的数字，每一行之和、每一列之和、对角线(或次对角线)之和、田字小方块中的 4 个数字之和、四个顶角的数字之和，都是 34。在当时那个年代，这的确是个神奇的排列，很多人都想知道，这是怎么构造出来的呢？这种魔方是有限多个还是无限多个？是否可以

随心所欲构造这样的魔方呢？请建立数学模型，对这一问题进行详细的讨论。

1.模型假设

假设所讨论的魔方是由 4 行 4 列 16 个实数构成的 4×4 的数字方，它的每一行、每一列、每一对角线、田字小方块及四个顶角上的数字之和都是同一个实数，称这样的数字方为 Durer 魔方。

2.问题分析

根据 Durer 魔方的定义，容易验证

$$\begin{bmatrix} 1 & 10 & 17 & 20 \\ 11 & 26 & 5 & 6 \\ 16 & 3 & 14 & 15 \\ 20 & 9 & 12 & 7 \end{bmatrix}$$

是一个和为 48 的 Durer 魔方。对于任意的实数 a，全部数字都是 a 的 4×4 的数字方是和为 $4a$ 的 Durer 魔方。由此可知，Durer 魔方有无穷多个。如果所有 Durer 魔方构成的集合是实数域上的线性空间，那么找出这个线性空间的一个基，就可以随心所欲地构造 Durer 魔方了。

3.模型建立与求解

记所有 Durer 魔方构成的集合为 D，为方便起见，我们用 4 阶实方阵来表示 Durer 魔方。在集合 D 和实数域 $\mathbf{R}$ 上定义加法和数乘运算如下：

定义加法：$\forall \alpha=(a_{ij})_{4\times4}\in D,\beta=(b_{ij})_{4\times4}\in D$，定义 $\alpha+\beta=(a_{ij}+b_{ij})_{4\times4}$

定义数乘：$\forall \alpha=(a_{ij})_{4\times4}\in D,k\in\mathbf{R}$，定义 $k\alpha=(ka_{ij})_{4\times4}$

容易验证，$\alpha+\beta\in D,k\alpha\in D$，即 D 对定义的加法和数乘运算是封闭的。又因为集合 D 是全体 4 阶实矩阵在实数域 $\mathbf{R}$ 上构成的线性空间 $\mathbf{R}^{4\times4}$ 的子集，因此，所有 Durer 魔方构成的集合是实数域上的线性空间。根据线性代数的知识，要刻画一个线性空间只需要指出它的维数并求此线性空间的一个基即可。

(1)求 Durer 魔方空间的维数。

设 $Y=\begin{pmatrix} y_1 & y_2 & y_3 & y_4 \\ y_5 & y_6 & y_7 & y_8 \\ y_9 & y_{10} & y_{11} & y_{12} \\ y_{13} & y_{14} & y_{15} & y_{16} \end{pmatrix}$ 是一个 Durer 魔方，则由 Durer 魔方的定义，有

$$\begin{aligned} y_1+y_2+y_3+y_4 &= y_5+y_6+y_7+y_8=y_9+y_{10}+y_{11}+y_{12}=y_{13}+y_{14}+y_{15}+y_{16} \\ &= y_1+y_5+y_9+y_{13}=y_2+y_6+y_{10}+y_{14}=y_3+y_7+y_{11}+y_{15} \\ &= y_4+y_8+y_{12}+y_{16}=y_1+y_4+y_{13}+y_{16}=y_1+y_2+y_5+y_6 \\ &= y_3+y_4+y_7+y_8=y_9+y_{10}+y_{13}+y_{14}=y_{11}+y_{12}+y_{15}+y_{16} \\ &= y_1+y_6+y_{11}+y_{16}=y_4+y_7+y_{10}+y_{13} \end{aligned} \tag{4-10}$$

式(4-10)可等价地表示为齐次线性方程组

$$\left\{\begin{array}{l}
y_1+y_2+y_3+y_4-y_5-y_6-y_7-y_8=0\\
y_5+y_6+y_7+y_8-y_9-y_{10}-y_{11}-y_{12}=0\\
y_9+y_{10}+y_{11}+y_{12}-y_{13}-y_{14}-y_{15}-y_{16}=0\\
y_{13}+y_{14}+y_{15}+y_{16}-y_1-y_5-y_9-y_{13}=0\\
y_1+y_5+y_9+y_{13}-y_2-y_6-y_{10}-y_{14}=0\\
y_2+y_6+y_{10}+y_{14}-y_3-y_7-y_{11}-y_{15}=0\\
y_3+y_7+y_{11}+y_{15}-y_4-y_8-y_{12}-y_{16}=0\\
y_4+y_8+y_{12}+y_{16}-y_1-y_4-y_{13}-y_{16}=0\\
y_1+y_4+y_{13}+y_{16}-y_1-y_2-y_5-y_6=0\\
y_1+y_2+y_5+y_6-y_3-y_4-y_7-y_8=0\\
y_3+y_4+y_7+y_8-y_9-y_{10}-y_{13}-y_{14}=0\\
y_9+y_{10}+y_{13}+y_{14}-y_{11}-y_{12}-y_{15}-y_{16}=0\\
y_{11}+y_{12}+y_{15}+y_{16}-y_1-y_6-y_{11}-y_{16}=0\\
y_1+y_6+y_{11}+y_{16}-y_4-y_7-y_{10}-y_{13}=0
\end{array}\right. \qquad (4-11)$$

简记齐次线性方程组式

$$\boldsymbol{A}\boldsymbol{y}=\boldsymbol{0} \qquad (4-12)$$

这里，$\boldsymbol{A}$ 是一个 14×16 的实矩阵，$\boldsymbol{y}=(y_1,y_2,\cdots,y_{16})^{\mathrm{T}}$。

由以上分析可知，若

$$\boldsymbol{Y}=\begin{pmatrix} y_1 & y_2 & y_3 & y_4\\ y_5 & y_6 & y_7 & y_8\\ y_9 & y_{10} & y_{11} & y_{12}\\ y_{13} & y_{14} & y_{15} & y_{16}\end{pmatrix}$$

是一个 Durer 魔方，则向量 $\boldsymbol{y}=(y_1,y_2,\cdots,y_{16})^{\mathrm{T}}$ 就是齐次线性方程组(4－12)的一个解；反之，若 $\boldsymbol{y}=(y_1,y_2,\cdots,y_{16})^{\mathrm{T}}$ 是齐次线性方程组(4－12)的一个解，则 $\boldsymbol{Y}$ 就是一个 Durer 魔方。于是齐次方程组的解空间与 Durer 魔方空间存在一一映射的关系，从而这两个空间同构，故有相同的维数。

容易求得齐次线性方程组的系数矩阵的秩 $r(\boldsymbol{A})=9$，从而齐次线性方程组的解空间的维数为 $16-9=7$，故 Durer 魔方空间的维数为 7。齐次线性方程组的基础解系，就是解空间的一个基，将基础解系中的每一个解排成 4 阶矩阵，就得到 Durer 魔方空间的一个基。下面，我们给出求 Durer 魔方空间基的另一种方法。

(2)构造 Durer 魔方空间的基。

由于 Durer 魔方空间是 7 维线性空间，因此只要找出 7 个线性无关的 Durer 魔方，就得到了 Durer 魔方空间的一个基。类似于 n 维空间的基本单位向量组，下面我们首先利用 0 和 1 来构造和为 1 的最简单的 Durer 魔方，然后找出 7 个线性无关的即可。

由数字 0 和 1 来构成和为 1 的 Durer 魔方，因为每行、每列、每个对角线等都只有一个 1，其余元素全部是 0，不难看出，1 在第一行共有 4 种取法，当第一行的 1 取定后，第二行的 1 有两种取法，当第一行和第二行的 1 取定后，第三、四行的 1 就完全定位了。因此利用 0 和 1

构造的和为 1 的 Durer 魔方总共有 8 个，它们是

$$\boldsymbol{Q}_1=\begin{bmatrix}1&0&0&0\\0&0&1&0\\0&0&0&1\\0&1&0&0\end{bmatrix},\boldsymbol{Q}_2=\begin{bmatrix}1&0&0&0\\0&0&0&1\\0&1&0&0\\0&0&1&0\end{bmatrix},\boldsymbol{Q}_3=\begin{bmatrix}0&0&0&1\\1&0&0&0\\0&0&1&0\\0&1&0&0\end{bmatrix},\boldsymbol{Q}_4=\begin{bmatrix}0&0&0&1\\0&1&0&0\\1&0&0&0\\0&0&1&0\end{bmatrix}$$

$$\boldsymbol{Q}_5=\begin{bmatrix}0&0&1&0\\1&0&0&0\\0&1&0&0\\0&0&0&1\end{bmatrix},\boldsymbol{Q}_6=\begin{bmatrix}0&1&0&0\\0&0&1&0\\1&0&0&0\\0&0&0&1\end{bmatrix},\boldsymbol{Q}_7=\begin{bmatrix}0&0&1&0\\0&1&0&0\\0&0&0&1\\1&0&0&0\end{bmatrix},\boldsymbol{Q}_8=\begin{bmatrix}0&1&0&0\\0&0&0&1\\0&0&1&0\\1&0&0&0\end{bmatrix}$$

令

$$r_1\boldsymbol{Q}_1+r_2\boldsymbol{Q}_2+r_3\boldsymbol{Q}_3+r_4\boldsymbol{Q}_4+r_5\boldsymbol{Q}_5+r_6\boldsymbol{Q}_6+r_7\boldsymbol{Q}_7=\boldsymbol{0}$$

即

$$\begin{bmatrix}r_1+r_2&r_6&r_5+r_7&r_3+r_4\\r_3+r_5&r_4+r_7&r_1+r_6&r_2\\r_4+r_6&r_2+r_5&r_3&r_1+r_7\\r_7&r_1+r_3&r_2+r_4&r_5+r_6\end{bmatrix}=\begin{bmatrix}0&0&0&0\\0&0&0&0\\0&0&0&0\\0&0&0&0\end{bmatrix}$$

解得 $r_1=r_2=r_3=r_4=r_5=r_6=r_7=0$，故 $\boldsymbol{Q}_1$、$\boldsymbol{Q}_2$、$\boldsymbol{Q}_3$、$\boldsymbol{Q}_4$、$\boldsymbol{Q}_5$、$\boldsymbol{Q}_6$、$\boldsymbol{Q}_7$ 线性无关。

由于 n 维线性空间中任意 n 个线性无关的向量都是线性空间的一个基，故 $\boldsymbol{Q}_1$、$\boldsymbol{Q}_2$、$\boldsymbol{Q}_3$、$\boldsymbol{Q}_4$、$\boldsymbol{Q}_5$、$\boldsymbol{Q}_6$、$\boldsymbol{Q}_7$ 是 Durer 魔方空间的一个基。

(3)随心所欲构造 Durer 魔方。

由线性代数知识可知，基的任意线性组合都是线性空间中的向量，且线性空间中的任一向量都可由它的基线性表示。任取一组实数 $r_1, r_2, \cdots, r_7$

$$r_1\boldsymbol{Q}_1+r_2\boldsymbol{Q}_2+r_3\boldsymbol{Q}_3+r_4\boldsymbol{Q}_4+r_5\boldsymbol{Q}_5+r_6\boldsymbol{Q}_6+r_7\boldsymbol{Q}_7=\begin{bmatrix}r_1+r_2&r_6&r_5+r_7&r_3+r_4\\r_3+r_5&r_4+r_7&r_1+r_6&r_2\\r_4+r_6&r_2+r_5&r_3&r_1+r_7\\r_7&r_1+r_3&r_2+r_4&r_5+r_6\end{bmatrix} \tag{4-13}$$

就是一个 Durer 魔方。至此，我们就可以随心所欲构造 Durer 魔方了。

例 4-1 根据下表中的数字构造 Durer 魔方。

$$\begin{bmatrix}6&&&\\&&14&\\9&&48&\\8&7&&11\end{bmatrix}$$

解 因为任意一个 Durer 魔方都可以表示为式(4-13)的形式，令

$$\begin{bmatrix}6&&&\\&&14&\\9&&48&\\8&7&&11\end{bmatrix}=\begin{bmatrix}r_1+r_2&r_6&r_5+r_7&r_3+r_4\\r_3+r_5&r_4+r_7&r_1+r_6&r_2\\r_4+r_6&r_2+r_5&r_3&r_1+r_7\\r_7&r_1+r_3&r_2+r_4&r_5+r_6\end{bmatrix} \tag{4-14}$$

即 $r_1+r_2=6, r_4+r_6=9, r_7=8, r_1+r_3=7, r_1+r_6=14, r_3=48, r_5+r_6=11$，解得

$$r_1=-41, r_2=47, r_3=48, r_4=-46, r_5=-44, r_6=55, r_7=8$$

带入式(4-14)，得所求 Durer 魔方为

$$\begin{bmatrix} 6 & 55 & -36 & 2 \\ 4 & -38 & 14 & 47 \\ 9 & 3 & 48 & -33 \\ 8 & 7 & 1 & 11 \end{bmatrix}$$

由前面的讨论，我们知道 Durer 魔方空间的维数为 7。例 4-1 中，根据给定的 7 个数，我们确定出其它位置上的数字，从而确定了一个 Durer 魔方。读者自然就会提出这样的问题：是不是任给 7 个位置上的数字，都可以唯一确定一个 Durer 魔方？这个显然不是的，例如，根据式(4-15)中的 7 个数就不能确定一个 Durer 魔方。

$$\begin{bmatrix} 6 & 14 & 48 & 7 \\ 11 & & & \\ 9 & & & \\ 8 & & & \end{bmatrix} \tag{4-15}$$

这是因为第一行的和与第一列的和不相等，因此，无论其它数字是怎样的，都不能成为一个 Durer 魔方。下面我们讨论根据哪 7 个位置(称为自由变量位置)上的数字，一定能确定一个 Durer 魔方。

(4)Durer 魔方自由变量的位置。

由前面的讨论，我们知道

$$\boldsymbol{Y}=\begin{pmatrix} y_1 & y_2 & y_3 & y_4 \\ y_5 & y_6 & y_7 & y_8 \\ y_9 & y_{10} & y_{11} & y_{12} \\ y_{13} & y_{14} & y_{15} & y_{16} \end{pmatrix}$$

是 Durer 魔方，等价于 $\boldsymbol{y}=(y_1, y_2, \cdots, y_{16})^{\mathrm{T}}$ 是齐次线性方程组(4-12)的一个解。从而 Durer 魔方的自由变量位置问题就转化为齐次线性方程组(4-12)的自由未知量问题。也就是说，$y_1, y_2, \cdots, y_{16}$ 中哪 7 个变量可以作为齐次线性方程组(4-12)的自由未知量，那么这 7 个变量在 Durer 魔方中对应的位置就是 Durer 魔方的自由变量位置。

由线性方程组解的理论，方程组(4-12)的系数矩阵 $\boldsymbol{A}$ 的秩为 9，设 D 是系数矩阵 $\boldsymbol{A}$ 的一个最高阶(9 阶)非零子式，则 D 所在的列对应的 9 个未知量便可作为约束未知量，其余未知量就是自由未知量了。因此，判定自由未知量的问题可以通过判定约束未知量来解决。

由于 D 所在的列构成 $\boldsymbol{A}$ 的子矩阵的秩为 9，即 $\boldsymbol{A}$ 中与 9 个约束未知量对应的 9 个列向量组线性无关；反之，若 $\boldsymbol{A}$ 中某 9 个列向量线性无关，则这 9 列对应的 9 个未知量就可作为约束未知量。

例 4-2　根据下列数表中给定位置的数字可否确定一个 Durer 魔方？

$$\boldsymbol{Y}_1=\begin{pmatrix} y_1 & y_2 & y_3 & y_4 \\ y_5 & & & \\ y_9 & & & \\ y_{13} & & & \end{pmatrix},\boldsymbol{Y}_2=\begin{pmatrix} y_1 & y_2 & & \\ & y_6 & y_7 & \\ & & y_{11} & y_{12} \\ & & & y_{16} \end{pmatrix},\boldsymbol{Y}_3=\begin{pmatrix} & y_2 & y_3 & \\ y_5 & & & y_8 \\ & & y_{11} & \\ y_{13} & y_{14} & & \end{pmatrix}$$

解 对于$\boldsymbol{Y}_1$,就是要判定变量y_1、y_2、y_3、y_4、y_5、y_9、y_{13}是否可以作为方程组(4-12)的自由未知量,也就是要判定y_6、y_7、y_8、y_{10}、y_{11}、y_{12}、y_{14}、y_{15}、y_{16}是否可以作为方程组(4-12)的约束未知量。为此,只要判定$\boldsymbol{A}$的第6、7、8、10、11、12、14、15、16列构成的子矩阵的秩是否等于9。容易算得,该子矩阵的秩为8,故利用这些位置的数字不能唯一确定一个Durer魔方。

对于$\boldsymbol{Y}_2$,因为矩阵$\boldsymbol{A}$的第3、4、5、8、9、10、13、14、15列构成的子矩阵的秩等于9。因此y_3、y_4、y_5、y_8、y_9、y_{10}、y_{13}、y_{14}、y_{15}可以作为方程组(4-3)的约束未知量,从而y_1、y_2、y_6、y_7、y_{11}、y_{12}、y_{16}可以作为自由未知量,故利用这些位置的数字能唯一确定一个Durer魔方。

对于$\boldsymbol{Y}_3$,同理可以判定给定位置的数字不能唯一确定一个Durer魔方。

至此,当我们在报纸智力游戏板块看到一个给定7个数字让填写其余数字构造Durer魔方的问题时,我们不仅有办法求得其余数字,我们甚至可以判别这个题目是否有误,我们也可以出题让别人填写。

4.4 信息的加密与解密

信息安全本身包括的范围很大,大到国家军事、政治秘密的安全,小范围的当然还包括如防范商业、企业秘密泄露,个人信息的泄露等。网络环境下的信息安全体系是保证信息安全的关键,包括计算机安全操作系统、各种安全协议、安全机制(数字签名、信息认证、数据加密等),直至安全系统,其中任何一个安全漏洞便可以威胁全局安全。信息安全服务至少应该包括支持信息网络安全服务的基本理论,以及基于新一代信息网络体系结构的网络安全服务体系结构。

密码的设计和使用至少可以追溯到四千多年前的埃及、巴比伦、罗马和希腊,历史极为久远。古代隐藏信息的方法主要有两大类:其一为隐藏信息载体,采用隐写术等;其二为变换信息载体,使之无法为一般人所理解。

在密码学中,信息代码被称为密码,加密前的信息被称为明文,经加密后不为常人所理解的用密码表示的信息被称为密文,将明文转变成密文的过程称为加密,其逆过程则称为解密,而用以加密、解密的方法或算法则被称为密码体制。常见加密简化模型如图4-7所示。

记全体明文组成的集合为U,全体密文组成的集合为V,称U为明文空间,V为密文空间。加密常利用某一被称为密钥的方法来实现,它通常取自于一个被称为密钥空间的含有若干参数的集合K。按数学的观点来看,加密与解密均可被看成是一种变换:取一$\kappa\in K$,$\mu\in U$,令$\mu\xrightarrow{\kappa}v\in V$,即$v$为明文$\mu$在密钥$\kappa$下的密文,而解码则要用到$\kappa$的逆变换$\kappa^{-1}$。由此可见,密码体系虽然呈现千姿百态,但其关键还在于密钥的选取。

早在4000多年前,古希腊人就用一种名叫"天书"的器械来加密消息。该密码器械是用一条窄长的纸带缠绕在一个直径确定的圆筒上,明文逐行横写在纸带上,当取下纸带时,字

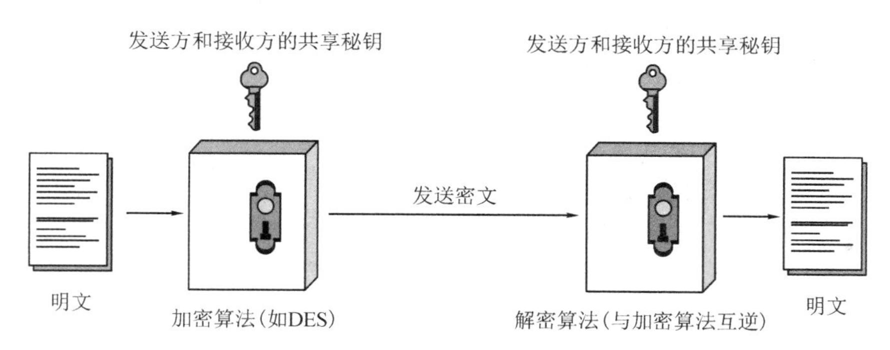

图 4-7　常见加密简化模型

母的次序就被打乱了,消息得以隐蔽。收方阅读消息时,要将纸带重新绕在直径与原来相同的圆筒上,才能看到正确的消息。在这里圆筒的直径起到了密钥的作用。

以下为一些常用的密码体制。

1.移位密码体制

移位密码采用移位法进行加密,明文中的字母重新排列,本身不变,只是位置改变了。

一种移位法是采用将字母表中的字母平移若干位的方法来构造密文字母表,传说这种方法是由古罗马皇帝凯撒最早使用的,故这种密文字母表被称为凯撒字母表。例如,将字母表向右平移 3 位构造密文字母表,可得:

明文字母表:ABCDEFGHIJKLMNOPQRSTUVWXYZ

密文字母表:DEFGHIJKLMNOPQRTSUVWXYZABC

因此“THANK YOU”→“WKDQN BRX”

以上移位较易被人破译。为打破字母表中原有的顺序还可采用所谓路线加密法,即把明文字母表按某种既定的顺序安排在一个矩阵中,然后用另一种顺序选出矩阵中的字母来产生密文表。

例如,对明文:THE HISTORY OF ZJU IS MORE THAN ONE HUNDRED YEARS.以 7 列矩阵表示如下:

THEHIST

ORYOFZJ

UISMORE

THANONE

HUNDRED

YEARS

再按事先约定的方式选出密文。例如,如按列选出,得到密文:

TOUTHYHRIHUEEYSANAHOMNDRIFOORSSZRNETJEED

对于移位密码体制而言,使用不同的顺序进行编写和选择,可以得到各种不同的路线加密体制。对于同一明文消息矩阵,采用不同的抄写方式,得到的密文也是不同的。此外,当明文超过规定矩阵的大小时,可以另加一矩阵。当需要加密的字母数小于矩阵大小时,可以在矩阵中留空位或以无用的字母来填满矩阵。

对窃听到的密文进行分析时，穷举法和统计法是移位法密码最基本的破译方法。

穷举分析法就是对所有可能的密钥或明文进行逐一试探，直至试探到“正确”的为止。此方法需要事先知道密码体制或加密算法(但不知道密钥或加密具体办法)。破译时需将猜测到的明文和选定的密钥输入给算法，产生密文，再将该密文与窃听来的密文比较。如果相同，则认为该密钥就是所要求的，否则继续试探，直至破译。以英文字母为例，当已知对方在采用代替法加密时，如果使用穷举字母表来破译，那么对于最简单的一种使用单字母表-单字母-单元代替法加密的密码，字母表的可能情况有26!种，可见，单纯地使用穷举法，在实际应用中几乎是行不通的，只能与其它方法结合使用。

统计法的原理是根据统计资料进行猜测。在一段足够长且非特别专门化的文章中，字母的使用频率是比较稳定的。在某些技术性或专门化文章中的字母使用频率可能有微小变化。

在上述两种加密方法中字母表中的字母是一一对应的，因此，在截获的密文中各字母出现的概率提供了重要的密钥信息。根据权威资料报道，可以将 26 个英文字母按其出现的频率大小较合理地分为以下五组：

(1) t, a, o, i, n, s, h, r;

(2) e;

(3) d, l;

(4) c, u, m, w, f, g, y, p, b;

(5) v, k, j, x, q, z。

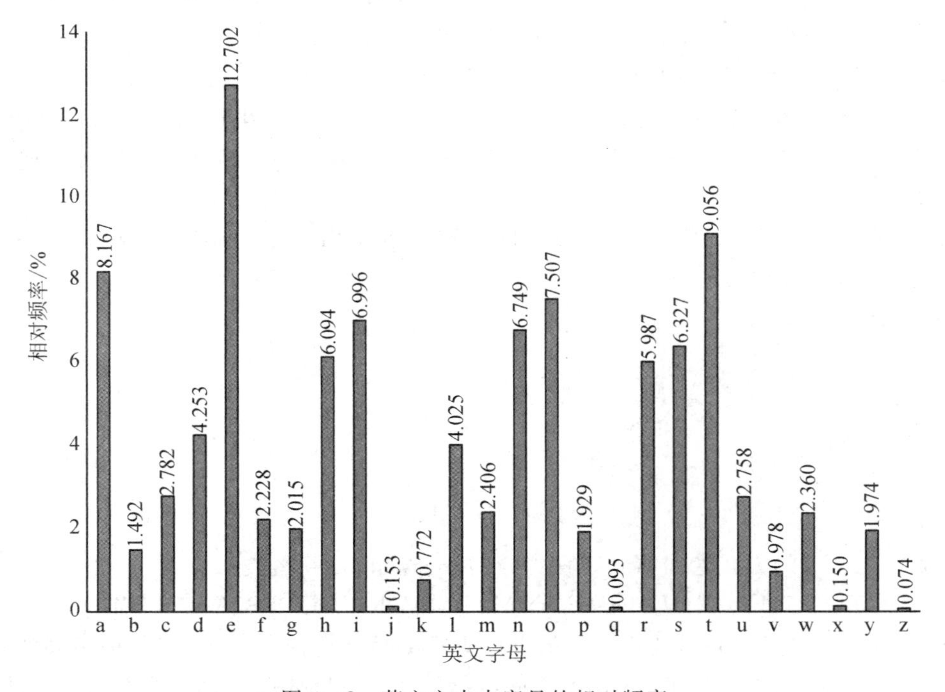

图 4-8 英文文本中字母的相对频率

不仅单个字母以相当稳定的频率出现，相邻字母对和三字母对同样如此。按频率大小，可将双字母排列如下：

th, he, in, er, an, re, ed, on, es, st, en, at, to, nt, ha, nd, ou, ea, ng, as, or, ti, is, er, it, ar, te, se, hi, of

使用最多的三字母按频率大小排列如下：

the, ing, and, her, ere, ent, tha, nth, was, eth, for, dth

此外，还有以下统计观察结果：

(1) 单词 the 在这些统计中有重要的作用；

(2) 以 e,s,d,t 为结尾的英语单词超过了一半；

(3) 以 t,a,s,w 为起始字母的英语单词约为一半。

对于(1)，如果将 the 从明文中删除，那么 t 的频率将要降到第二组中其它字母之后，而 h 将降到第三组中，并且 th 和 he 就不再是出现频率最高的字母对了。

以上对英语统计的讨论是在仅涉及 26 个字母的假设条件下进行的。实际上消息的构成还包括间隔、标点、数字等字符。总之，破译密码并不是件很容易的事。

移位密码的一个致命弱点是明文字符和密文字符有相同的使用频率，破译者可从统计出来的字符频率中找到规律，进而找出破译的突破口。要克服这一缺陷，提高保密程度就必须改变字符间的一一对应。这就有了以下的希尔密码体制。

2.希尔密码体制

1929 年，希尔利用线性代数中的矩阵运算，打破了字符间的对应关系，设计了一种被称为希尔密码的代数密码。为了便于计算，希尔首先将字符变换成数，例如，对英文字母，我们可以作如下变换：

将密文分成 n 个一组，用对应的数字代替，使其变成一个 n 维向量。如果取定一个 n 阶的非奇异矩阵 $\boldsymbol{A}$(此矩阵为主要密钥)，用 $\boldsymbol{A}$ 去乘每一个向量，即可起到加密的效果，解密也不麻烦，将密文也分成 n 个一组，同样变换成 n 维向量，只需用 $\boldsymbol{A}^{-1}$ 去乘这些向量，即可将它们变回原先的明文。在具体实施时，有两个问题需要解决。

其一，我们的英文字母是与 0～25 这 26 个整数一一对应的，如何使得变换或逆变换以后不产生这些数字以外的数字，而是将它们转化为 0～25 的整数以便于字母一一对应呢？

其二，如何保证密钥矩阵 $\boldsymbol{A}$ 或其逆矩阵 $\boldsymbol{A}^{-1}$ 是非负整数矩阵呢？这样的话，以 $\boldsymbol{A}$ 或 $\boldsymbol{A}^{-1}$ 乘以任一向量后所得结果仍为整向量，对该整向量的每个元素以 26 为模求同余运算即可使密文或解密后的密文为 0～25 的整数。

对于第一个问题，我们可以通过引入关于 26 取余的运算解决。对于第二个问题，要保证 $\boldsymbol{A}^{-1}$ 的每个分量仍然是非负整数，这就要对密钥矩阵的行列式 $\det(\boldsymbol{A})$ 增加一些限制。由线性代数可知

$$\boldsymbol{A}^{-1}=\frac{\boldsymbol{A}^{*}}{\det(\boldsymbol{A})}$$

式中：$\boldsymbol{A}^{*}$ 是 $\boldsymbol{A}$ 的伴随矩阵。但我们要保证 $\boldsymbol{A}^{-1}$ 的元素都是非负整数，克服这一困难的途径仍然是引入同余运算，即在同余意义上引入以下除法。

定义 4.1　若 $a\geqslant 0, b\geqslant 0$，满足 ab 除以 26 的余数为 1，即 $ab(\mathrm{mod}26)=1$，则称 b 为 a 在

同余意义上的逆元，记为 $a^{-1}=b(\mathrm{mod}26)$。

故若有 $(\det(\boldsymbol{A}))^{-1}=b_0(\mathrm{mod}26)$，则 $\boldsymbol{A}^{-1}=b_0\boldsymbol{A}^*$。那么，一个矩阵要成为密钥矩阵，它的行列式必须有逆元。

关于 0～25 的整数有无同余意义上的逆元有下面的定理。

定理 4.1 已知 $a\in\{0,1,\cdots,25\}$，若 $\exists a^{-1}\in\{0,25\}$，使得 $aa^{-1}=a^{-1}a=1(\mathrm{mod}26)$，则必有 $\gcd\{a,26\}=1$，其中 $\gcd\{a,26\}$ 为 a 与 26 的最大公因子。

此外，还可以证明，如果 a^{-1} 存在，那么它是唯一的。由定理 4.1，0～25 中除 13 以外的奇数均可取作这里的 a，它们的逆元如表 4－2 所示。

表 4－2 a 与 a^{-1}

a	1	3	5	7	9	11	15	17	19	21	23	25
a^{-1}	1	9	21	15	3	19	7	23	11	5	17	25

希尔密码加密过程的主要步骤如下：

(1)选择一个 n 阶可逆矩阵 $\boldsymbol{A}$ 作为加密矩阵；

(2)将明文字符按顺序排列分组，每组 n 个字符(如果最后一组字符的个数少于 n 个，则用某个约定的字母补全)；

(3)将明文字符对应一个整数，组成一组列向量；

(4)用加密矩阵左乘每一列向量；

(5)将新向量的每个分量关于模 m 取余运算；

(6)将新向量的每个整数对应于一个字符。

希尔密码解密过程如下。

用 $\boldsymbol{A}^{-1}$ 左乘求得的向量，即可还原为原来的向量。希尔密码是以矩阵乘法为基础的，明文与密文的对应由 n 阶矩阵 $\boldsymbol{A}$ 确定。矩阵 $\boldsymbol{A}$ 的阶数是事先约定的，与明文分组时每组字母的字母数量相同，如果明文所含字数与 n 不匹配，则最后几个分量可任意补足。$\boldsymbol{A}^{-1}$ 可以通过下面两步求得。

首先，利用公式 $\boldsymbol{A}^{-1}=\dfrac{\boldsymbol{A}^*}{\det(\boldsymbol{A})}$。例如，若取 $\boldsymbol{A}=\begin{bmatrix}1&2\\0&3\end{bmatrix}$，则 $\det(\boldsymbol{A})=3$，$\det(\boldsymbol{A})^{-1}=9$，$\boldsymbol{A}^{-1}=9\begin{bmatrix}3&-2\\0&1\end{bmatrix}(\mathrm{mod}26)$，即 $\boldsymbol{A}^{-1}=\begin{bmatrix}1&8\\0&9\end{bmatrix}$。

其次，利用初等行变换求逆矩阵。经过若干步的初等行变换，当把列分块矩阵 $(\boldsymbol{A},\boldsymbol{E})$ 中的矩阵 $\boldsymbol{A}$ 化成了单位阵 $\boldsymbol{E}$，则原先的 $\boldsymbol{E}$ 化成了 $\boldsymbol{A}^{-1}$。如：对于 $\left(\begin{bmatrix}1&2\\0&1\end{bmatrix},\begin{bmatrix}1&0\\0&1\end{bmatrix}\right)$，用 9 乘以第二行并取同余，得到 $\left(\begin{bmatrix}1&2\\0&1\end{bmatrix},\begin{bmatrix}1&0\\0&9\end{bmatrix}\right)$，第一行减去第二行的 2 倍并取同余，得 $\left(\begin{bmatrix}1&0\\0&1\end{bmatrix},\begin{bmatrix}1&8\\0&9\end{bmatrix}\right)$。左端矩阵已化为单位阵，故右端矩阵即为 $\boldsymbol{A}^{-1}$。

例 4-3　取 $A=3$ 用希尔密码体系加密语句 THANK YOU。

解　步 1　将 THANK YOU 转换成

$$(20 \quad 8 \quad 1 \quad 14 \quad 11 \quad 25 \quad 15 \quad 21)$$

步 2　每一分量乘以 $\boldsymbol{A}$ 并关于 26 取余得

$$(8 \quad 24 \quad 3 \quad 16 \quad 7 \quad 23 \quad 19 \quad 11)$$

密文为 HXCPG WSK。

现在我们已不难将方法推广到 n 为一般整数的情况。只需在乘法运算中结合应用取余,求逆矩阵时用逆元素相乘来代替除法即可。

例 4-4　取 $\boldsymbol{A}=\begin{bmatrix}1 & 2\\0 & 3\end{bmatrix}$,则 $\boldsymbol{A}^{-1}=\begin{bmatrix}1 & 8\\0 & 9\end{bmatrix}$,用 $\boldsymbol{A}$ 加密 THANK YOU,再用 $\boldsymbol{A}^{-1}$ 对密文解密。

解　(希尔密码加密)同上一例,用相应数字代替字符,并划分为两个元素一组表示为向量

$$\begin{bmatrix}20\\8\end{bmatrix},\begin{bmatrix}1\\14\end{bmatrix},\begin{bmatrix}11\\25\end{bmatrix},\begin{bmatrix}15\\21\end{bmatrix}$$

用矩阵 $\boldsymbol{A}$ 左乘各向量加密(关于 26 取余)得

$$\begin{bmatrix}10\\24\end{bmatrix},\begin{bmatrix}3\\16\end{bmatrix},\begin{bmatrix}9\\23\end{bmatrix},\begin{bmatrix}5\\11\end{bmatrix}$$

得到密文 JXCPI WEK。

此时 $\det(\boldsymbol{A})=3$,$\det(\boldsymbol{A})^{-1}=9$,$\boldsymbol{A}^{-1}=9\begin{bmatrix}3 & -2\\0 & 1\end{bmatrix}\pmod{26}$,即 $\boldsymbol{A}^{-1}=\begin{bmatrix}1 & 8\\0 & 9\end{bmatrix}$。利用 $\boldsymbol{A}^{-1}$ 左乘各密文向量解密(关于 26 取余)得

$$\begin{bmatrix}20\\8\end{bmatrix},\begin{bmatrix}1\\14\end{bmatrix},\begin{bmatrix}11\\25\end{bmatrix},\begin{bmatrix}15\\21\end{bmatrix}$$

此时明文为 THANK YOU。

3.希尔密码破译

希尔密码体系为破译者设置了多道关口,加大了破译难度。破译和解密是两个不同的概念,虽然两者同样是希望对密文加以处理而得到明文的内容,但是它们有一个最大的不同:破译密码时,解密必需用到的钥匙未能取得,破译密码的一方需要依据密文的长度、文字本身的特征以及行文习惯等各方面的信息进行破译。破译密码虽然需要技术,但更加重要的是“猜测”的艺术。“猜测”的成功与否直接决定着破译的结果。

破译希尔密码的关键是猜测文字被转换成几维向量、所对应的字母表是怎样的,更为重要的是要设法获取密钥矩阵 $\boldsymbol{A}$。由线性代数的知识可以知道,矩阵完全由一组基的变换决定,对于 n 阶矩阵 $\boldsymbol{A}$,只要猜出密文中线性无关的向量:$\boldsymbol{q}_i=\boldsymbol{A}\boldsymbol{p}_i\ (i=1,2,\cdots,n)$ 对应的明文 $\boldsymbol{p}_i\ (i=1,2,\cdots,n)$ 是什么,即可确定 $\boldsymbol{A}$,并将密码破译。

在实际计算中,可以利用以下方法。

令

$$\boldsymbol{P}=(\boldsymbol{p}_1,\boldsymbol{p}_2,\cdots,\boldsymbol{p}_n)^{\mathrm{T}},\boldsymbol{Q}^{\mathrm{T}}=\boldsymbol{A}(\boldsymbol{p}_1,\boldsymbol{p}_2,\cdots,\boldsymbol{p}_n)=\boldsymbol{A}\boldsymbol{P}^{\mathrm{T}}$$

则

$$\boldsymbol{Q}=\boldsymbol{P}\boldsymbol{A}^{\mathrm{T}},\ \boldsymbol{P}=\boldsymbol{Q}\ (\boldsymbol{A}^{\mathrm{T}})^{-1}$$

取矩阵$[\boldsymbol{Q}|\boldsymbol{P}]$,经过一系列初等行变换,将由密文决定的 n 阶矩阵 $\boldsymbol{Q}$ 化为 n 阶单位阵 $\boldsymbol{E}$ 的时候,由明文决定的矩阵 $\boldsymbol{P}$ 自动化为$(\boldsymbol{A}^{\mathrm{T}})^{-1}$,即

$$[\boldsymbol{Q}|\boldsymbol{P}]=[\boldsymbol{Q},\boldsymbol{Q}\ (\boldsymbol{A}^{\mathrm{T}})^{-1}]\xrightarrow{\text{(初等行变换)}}[\boldsymbol{Q}^{-1}\boldsymbol{Q},\boldsymbol{Q}^{-1}\boldsymbol{Q}\ (\boldsymbol{A}^{\mathrm{T}})^{-1}]=[\boldsymbol{E},(\boldsymbol{A}^{\mathrm{T}})^{-1}]$$

随着计算机与网络技术的迅猛发展,更多各具特色的密码体系不断涌现。离散数学、数论、计算复杂性、混沌等,许多相当高深的数学知识都已被用到,逐步形成了(并仍在迅速发展的)具有广泛应用面的现代密码学。密码体制仍是一个等待大家去探究的重要课题。

4.5 代数模型在聚类方法中的应用

聚类分析是对于数据进行统计分析的一门技术,在许多领域受到广泛应用。聚类是把相似的对象通过静态分类的方法分成不同的组别或者更多的子集,使在同一个子集中的成员对象都有相似的一些属性。聚类分析本质上来说是数理统计与线性代数的交叉,很多聚类算法的求解都会最终转化为与矩阵分析相关的问题。以谱聚类为例,该算法中涉及到的皆是矩阵分析中的内容,这就是一种典型的利用代数模型的相关概念进行聚类分析的算法。比起传统的一些聚类算法,谱聚类对数据分布的适应性更强,聚类效果也很优秀,同时聚类的计算量也小很多,而且实现起来也不复杂。在处理实际的聚类问题时,谱聚类是应该首先考虑的几种算法之一。下面我们来对谱聚类算法进行具体介绍。

谱聚类(Spectral Clustering, SC)是从图论中演化出来的算法,后来在聚类中得到了广泛的应用。它的主要思想是把所有的数据看作为空间中的点,这些点之间可以用边连接起来。距离较远的两个点之间的边权重值较低,而距离较近的两个点之间的边权重值较高,通过对所有数据点组成的图进行切图,让切图后不同的子图间边权重和尽可能的低,而子图内的边权重和尽可能的高,从而达到聚类的目的。谱聚类示意图如图 4 - 9 所示。

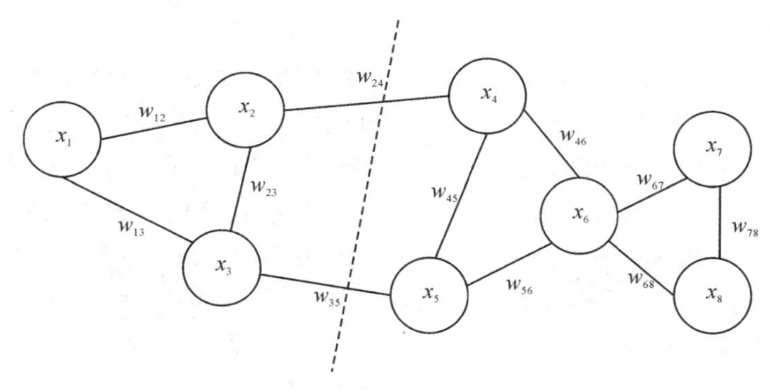

图 4 - 9 谱聚类示意图

1.无向权重图

谱聚类是基于图论的算法,对于一个图 G,我们一般用点的集合 V 和边的集合 E 来描

述，即 $G(V,E)$。其中 V 即为数据集里面所有的点$(x_1,x_2,\cdots,x_n)$。对于 V 中任意两个点，可以有边连接，也可以没有。定义权重 w_{ij} 表示点 x_i 和 x_j 之间的权重。如果 x_i 和 x_j 之间有边相连，则 $w_{ij}>0$；否则 $w_{ij}=0$。在无向图中有 $w_{ij}=w_{ji}$。

对于无向图中的任意一个点 x_i，它的度 d_i 为与其相连的所有边的权重之和，即

$$d_i=\sum\nolimits_j w_{ij} \tag{4-16}$$

相应地，定义一个 $n\times n$ 的度矩阵 $\boldsymbol{D}$ 为：$\boldsymbol{D}=\begin{bmatrix} d_1 & \cdots & 0 \\ \vdots & & \vdots \\ 0 & \cdots & d_n \end{bmatrix}$，其中，主对角线分别表示第 i 个顶点的度，其余元素为 0。

2.邻接矩阵

在谱聚类中，图的邻接矩阵 $\boldsymbol{W}$ 是一个 $n\times n$ 的矩阵，其中第 i 行第 j 列是权重 w_{ij} 的值。构建邻接矩阵 $\boldsymbol{W}$ 的方法有三类：ε -邻近法，K -近邻法和全连接法。

对于ε-邻近法，首先设置一个距离阈值 ε，然后用欧氏距离 s_{ij} 度量任意两个样本 x_i 和 x_j 之间的距离，然后根据 s_{ij} 和 ε 的大小关系来定义邻接矩阵 $\boldsymbol{W}$，如下所示

$$w_{ij}=\begin{cases} 0 & s_{ij}>\varepsilon \\ \varepsilon & s_{ij}\leqslant\varepsilon \end{cases}$$

但这种度量方法不是很精确，因此很少使用。

对于K-近邻法，利用该算法遍历所有的样本点，取每个样本最近的 k 个点作为近邻，只有和样本距离最近的 k 个点之间的权重 $w_{ij}>0$，但是这种方法会造成邻接矩阵 $\boldsymbol{W}$ 是非对称的。由于后面的算法需要对称的邻接矩阵，所以为了解决这个问题，一般采取下面两种方法之一。

(1)第一种是只要一个点在另一个点的K-近邻中，则保留 s_{ij}

$$w_{ij}=w_{ji}=\begin{cases} 0 & x_i\notin \mathrm{KNN}(x_j)\ \text{and}\ x_j\notin \mathrm{KNN}(x_i) \\ \exp\left(-\dfrac{\| x_i-x_j\|_2^2}{2\sigma^2}\right) & x_i\in \mathrm{KNN}(x_j)\ \text{or}\ x_j\in \mathrm{KNN}(x_i) \end{cases}$$

(2)第二种是只有两个点互为K-近邻，才能保留 s_{ij}

$$w_{ij}=w_{ji}=\begin{cases} 0 & x_i\notin \mathrm{KNN}(x_j)\ \text{or}\ x_j\notin \mathrm{KNN}(x_i) \\ \exp\left(-\dfrac{\| x_i-x_j\|_2^2}{2\sigma^2}\right) & x_i\in \mathrm{KNN}(x_j)\ \text{and}\ x_j\in \mathrm{KNN}(x_i) \end{cases}$$

式中：σ 为样本方差。对于全连接法，所有点的权重值都大于 0。可以选择不同的核函数来定义边权重，常用的有多项式函数、高斯函数和 sigmoid 函数。最常用的是高斯核函数 RBF，此时邻接矩阵和相似矩阵相同。

$$w_{ij}=s_{ij}=\exp\left(-\frac{\| x_i-x_j\|_2^2}{2\sigma^2}\right) \tag{4-17}$$

在实际的应用中，使用全连接法来建立邻接矩阵是最普遍的，而在全连接法中使用高斯径向

核函数 RBF 是最普遍的。

3.拉普拉斯(Laplacian)矩阵

图的 Laplacian 矩阵定义为 $\boldsymbol{L}=\boldsymbol{D}-\boldsymbol{W}$,其中 $\boldsymbol{D}$ 为度矩阵,$\boldsymbol{W}$ 为邻接矩阵。Laplacian 矩阵有如下的一些性质:

(1)Laplacian 矩阵是对称矩阵;

(2)由于 Laplacian 矩阵是对称矩阵,则它的所有特征值均是实数;

(3)Laplacian 矩阵是半正定的,且对应的 n 个实数特征值都大于等于 0;

(4)对于任意向量 $\boldsymbol{f}$ 有

$$\boldsymbol{f}^{\mathrm{T}}\boldsymbol{L}\boldsymbol{f}=\frac{1}{2}\sum_{i=1}^{n}\sum_{j=1}^{n}w_{ij}\ (f_i-f_j)^2 \tag{4-18}$$

4.无向图切图

对于无向图 G 的切图,我们的目标是将图 $G(V,E)$ 切成相互没有连接的 k 个子图。每个子图中顶点的集合为 $A_1,A_2,\cdots,A_k$,它们满足 $A_i\cap A_j=\varnothing$,并且 $A_1\cup A_2\cup\cdots\cup A_k=V$。对于任意两个子图点的集合 $A,B\subset V,A\cap B=\varnothing$,我们定义 A 和 B 之间的切图权重为:$W(A,B)=\sum\limits_{i\in A,j\in B}w_{ij}$。那么对于 k 个子图顶点的集合 $A_1,A_2,\cdots,A_k$,定义切图为

$$\mathrm{cut}(A_1,A_2,\cdots,A_k)=\frac{1}{2}\sum_{i=1}^{k}W(A_i,\bar{A}_i) \tag{4-19}$$

式中:$\bar{A}_i$ 为 A_i 的补集,即除子集 A_i 之外其它所有 V 的子集的并集。

5.RatioCut 切图

RatioCut 切图不光考虑最小化 $\mathrm{cut}(A_1,A_2,\cdots,A_k)$,还同时考虑最大化每个子图点的个数,即

$$\mathrm{cut}(A_1,A_2,\cdots,A_k)=\frac{1}{2}\sum_{i=1}^{k}\frac{W(A_i,\bar{A}_i)}{|A_i|}$$

这里我们首先引入指示向量 $\boldsymbol{h}_j\in\{h_1,h_2,\cdots,h_k\}$,对于任意一个 h_j,它是一个 n 维列向量(n 为样本数目),定义 $\boldsymbol{h}_{ij}$ 为

$$h_{ij}=\begin{cases}0 & x_i\notin A_j\\ \dfrac{1}{\sqrt{|A_{ij}|}} & x_i\in A_j\end{cases}$$

对于 $\boldsymbol{h}_i^{\mathrm{T}}\boldsymbol{L}\boldsymbol{h}_i$ 有

$$\begin{aligned}\boldsymbol{h}_i^{\mathrm{T}}\boldsymbol{L}\boldsymbol{h}_i&=\frac{1}{2}\sum_{m=1}\sum_{n=1}w_{mn}\ (h_{im}-h_{in})^2\\&=\frac{1}{2}\left(\sum_{m\in A_i,n\notin A_j}w_{mn}\left(\frac{1}{\sqrt{|A_i|}}-0\right)^2+\sum_{m\notin A_i,n\in A_j}w_{mn}\left(0-\frac{1}{\sqrt{|A_i|}}\right)^2\right)\\&=\frac{1}{2}\left(\sum_{m\in A_i,n\notin A_j}w_{mn}\frac{1}{|A_i|}+\sum_{m\notin A_i,n\in A_j}w_{mn}\frac{1}{|A_i|}\right)\end{aligned}$$

$$=\frac{1}{2}\left(\mathrm{cut}(A_i,\bar{A}_i)\frac{1}{|A_i|}+\mathrm{cut}(\bar{A}_i,A_i)\frac{1}{|A_i|}\right)$$

$$=\frac{\mathrm{cut}(A_i,\bar{A}_i)}{|A_i|}$$

对于某一子图 i，它的 RatioCut 函数对应于 $\boldsymbol{h}_i^{\mathrm{T}}\boldsymbol{L}\boldsymbol{h}_i$，所以全部 k 个子图对应的 RatioCut 函数为

$$\mathrm{RatioCut}(A_1,A_2,\cdots,A_k)=\sum_{i=1}^{k}\boldsymbol{h}_i^{\mathrm{T}}\boldsymbol{L}\boldsymbol{h}_i=\sum_{i=1}^{k}(\boldsymbol{H}^{\mathrm{T}}\boldsymbol{L}\boldsymbol{H})_{ii}=\mathrm{tr}(\boldsymbol{H}^{\mathrm{T}}\boldsymbol{L}\boldsymbol{H})$$

所以，RatioCut 切图实际上就是求使得 $\mathrm{tr}(\boldsymbol{H}^{\mathrm{T}}\boldsymbol{L}\boldsymbol{H})$ 最小时的 $\boldsymbol{H}$，注意到 $\boldsymbol{H}^{\mathrm{T}}\boldsymbol{H}=\boldsymbol{I}$，则优化目标变为

$$\begin{aligned}&\underset{H}{\mathrm{argmin}}\ \mathrm{tr}(\boldsymbol{H}^{\mathrm{T}}\boldsymbol{L}\boldsymbol{H})\\&\mathrm{s.t.}\ \boldsymbol{H}^{\mathrm{T}}\boldsymbol{H}=\boldsymbol{I}\end{aligned}\tag{4-20}$$

注意到 $\boldsymbol{H}$ 是个 $n\times k$ 维的矩阵，并且列向量是单位正交基，$\boldsymbol{L}$ 是对称矩阵，此时 $\boldsymbol{h}_i^{\mathrm{T}}\boldsymbol{L}h_i$ 的最大值为 $\boldsymbol{L}$ 的最大的特征值，最小值为 $\boldsymbol{L}$ 的最小的特征值。对于 $\mathrm{tr}(\boldsymbol{H}^{\mathrm{T}}\boldsymbol{L}\boldsymbol{H})$ 来说，目标就是找到 $\boldsymbol{L}$ 最小的 k 个特征值，通过这 k 个特征值可以得到对应的 k 个特征向量，这 k 个特征向量可以组成一个 $n\times k$ 维的矩阵 $\boldsymbol{H}$。一般需要对矩阵 $\boldsymbol{H}$ 按行做标准化，即

$$h_{ij}^{*}=\frac{h_{ij}}{\left(\sum_{t=1}^{k}h_{it}^{2}\right)^{\frac{1}{2}}}$$

一般在得到矩阵 $\boldsymbol{H}$ 之后，还需要对每一行进行一次传统的聚类，例如 K-Means 聚类。K-Means 聚类算法是一种迭代求解的聚类分析算法，其步骤是，预将数据分为 K 组，则随机选取 K 个对象作为初始的聚类中心，然后计算每个对象与各个种子聚类中心之间的距离，把每个对象分配给距离它最近的聚类中心，每分配一个样本，聚类的聚类中心会根据聚类中现有的对象被重新计算。这个过程将不断重复直到满足某个终止条件，终止条件可以是没有(或最小数目)对象被重新分配给不同的聚类，没有(或最小数目)聚类中心再发生变化，误差平方和局部最小。MATLAB 中有 K-means 聚类的函数，直接调用即可。

6.NCut 切图

把 RatioCut 切图的分母 $|A_i|$ 换成 $\mathrm{vol}(A_i)$($\mathrm{vol}(A_i)$表示子集 A_i 中所有边的权重之和)就得到了 NCut 切图，即

$$\mathrm{NCut}(A_1,A_2,\cdots,A_k)=\frac{1}{2}\sum_{i=1}^{k}\frac{W(A_i,\bar{A}_i)}{\mathrm{vol}(A_i)}$$

相应地，指示向量也做了变化，定义如下

$$h_{ij}=\begin{cases}0 & x_i\notin A_j\\ \dfrac{1}{\sqrt{\mathrm{vol}(A_{ij})}} & x_i\in A_j\end{cases}$$

同样地，对于 $\boldsymbol{h}_i^{\mathrm{T}}\boldsymbol{L}\boldsymbol{h}_i$ 有，$\boldsymbol{h}_i^{\mathrm{T}}\boldsymbol{L}\boldsymbol{h}_i=\dfrac{\mathrm{cut}(A_i,\bar{A}_i)}{\mathrm{vol}(A_i)}$，所以有

$$\mathrm{NCut}(A_1,A_2,\cdots,A_k)=\sum_{i=1}^{k}\boldsymbol{h}_i^{\mathrm{T}}\boldsymbol{L}\boldsymbol{h}_i=\sum_{i=1}^{k}(\boldsymbol{H}^{\mathrm{T}}\boldsymbol{L}\boldsymbol{H})_{ii}=\mathrm{tr}(\boldsymbol{H}^{\mathrm{T}}\boldsymbol{L}\boldsymbol{H})$$

但此时 $\boldsymbol{H}^{\mathrm{T}}\boldsymbol{H}\neq\boldsymbol{I}$，而是 $\boldsymbol{H}^{\mathrm{T}}\boldsymbol{D}\boldsymbol{H}=\boldsymbol{I}$，因此优化目标变为

$$\begin{aligned}&\underset{H}{\operatorname{argmin}}\ \mathrm{tr}(\boldsymbol{H}^{\mathrm{T}}\boldsymbol{L}\boldsymbol{H})\\&\text{s.t. } \boldsymbol{H}^{\mathrm{T}}\boldsymbol{D}\boldsymbol{H}=\boldsymbol{I}\end{aligned}\tag{4-21}$$

指示向量 $\boldsymbol{h}$ 不再是标准正交基，所以在 RatioCut 里的求特征值方法不能直接使用，但可以对指示向量做如下变换

$$\boldsymbol{H}=\boldsymbol{D}^{-\frac{1}{2}}\boldsymbol{F}$$

从而有

$$\begin{aligned}\boldsymbol{H}^{\mathrm{T}}\boldsymbol{L}\boldsymbol{H}&=\boldsymbol{F}^{\mathrm{T}}\boldsymbol{D}^{-\frac{1}{2}}\boldsymbol{L}\boldsymbol{D}^{-\frac{1}{2}}\boldsymbol{F}\\\boldsymbol{H}^{\mathrm{T}}\boldsymbol{D}\boldsymbol{H}&=\boldsymbol{F}^{\mathrm{T}}\boldsymbol{F}=\boldsymbol{I}\end{aligned}$$

所以优化目标变为

$$\begin{aligned}&\operatorname{argmin}\ \mathrm{tr}(\boldsymbol{F}^{\mathrm{T}}\boldsymbol{D}^{-\frac{1}{2}}\boldsymbol{L}\boldsymbol{D}^{-\frac{1}{2}}\boldsymbol{F})\\&\text{s.t. } \boldsymbol{F}^{\mathrm{T}}\boldsymbol{F}=\boldsymbol{I}\end{aligned}\tag{4-22}$$

可以发现这个式子和 RatioCut 基本一致，只是中间的 $\boldsymbol{L}$ 变成了 $\boldsymbol{D}^{-\frac{1}{2}}\boldsymbol{L}\boldsymbol{D}^{-\frac{1}{2}}$。这样就可以继续按照 RatioCut 的求解思路，求出 $\boldsymbol{D}^{-\frac{1}{2}}\boldsymbol{L}\boldsymbol{D}^{-\frac{1}{2}}$ 的最小的前 k 个特征值，然后求出对应的特征向量并标准化，得到特征矩阵 $\boldsymbol{F}$，最后对 $\boldsymbol{F}$ 进行一次传统的聚类即可。注意到，$\boldsymbol{D}^{-\frac{1}{2}}\boldsymbol{L}\boldsymbol{D}^{-\frac{1}{2}}$ 相当于对 $\boldsymbol{L}$ 做了一次标准化，即

$$\frac{L_{ij}}{\sqrt{d_i d_j}}$$

7.谱聚类的算法流程

谱聚类主要的注意点为相似度矩阵的生成方式、切图的方式以及最后的聚类方法。最常用的相似度矩阵的生成方式是基于高斯核距离的全连接方式，最常用的切图方式是 NCut，最常用的聚类方法为 K-means。下面以 NCut 为例阐述谱聚类的算法流程：

(1)根据样本的相似矩阵 $\boldsymbol{S}$ 构建邻接矩阵 $\boldsymbol{W}$；

(2)根据邻接矩阵 $\boldsymbol{W}$ 计算度矩阵 $\boldsymbol{D}$；

(3)计算 Laplacian 矩阵 $\boldsymbol{L}=\boldsymbol{D}-\boldsymbol{W}$；

(4)构建标准化后的 Laplacian 矩阵 $\boldsymbol{D}^{-\frac{1}{2}}\boldsymbol{L}\boldsymbol{D}^{-\frac{1}{2}}$；

(5)计算 $\boldsymbol{D}^{-\frac{1}{2}}\boldsymbol{L}\boldsymbol{D}^{-\frac{1}{2}}$ 最小的 k_1 个特征值所对应的特征向量；

(6)将这些特征向量所组成的矩阵按行标准化，最终得到 $n\times k_1$ 维的矩阵 $\boldsymbol{F}$；

(7)将 $\boldsymbol{F}$ 中的每一行作为一个 k_1 维的样本，共 n 个样本，进行聚类，聚类维度为 k_2；

(8)从而得到最终的簇划分 $\{C_1,C_2,\cdots,C_{k2}\}$。

例 4－5 利用谱聚类算法对表 4－3 所示的二维数据进行分类。

表 4-3　二维数据

x	4.8848	−2.8681	0.6969	4.9716	−1.2985	−4.8493	0.7024	−1.3674
y	1.0673	−4.0956	4.9512	0.5319	−4.8284	1.2182	−4.9504	4.8094
x	−1.5181	0.5733	−4.3832	−4.7152	−4.2404	−4.5369	−2.1619	−4.8585
y	−4.7640	−4.9670	−2.4058	−1.6634	−2.6494	−2.1015	4.5085	−1.1811
x	4.7854	3.8996	−0.5561	−2.9575	9.7921	−8.4303	8.8957	−4.4793
y	−1.4491	3.1294	4.9690	4.0315	−2.0286	5.3786	−4.5680	−8.9407
x	−9.1732	−8.8980	8.2141	5.5402	−9.7634	2.4367	−3.4128	3.3661
y	−3.9815	4.5634	−5.7034	−8.3250	2.1626	−9.6986	9.3996	−9.4164
x	−0.2576	9.6692	−7.9397	−5.7559	−1.4651	4.3449	−6.4241	9.9996
y	9.9967	−2.5507	6.0796	−8.1774	−9.8921	−9.0068	−7.6636	−0.0901
x	−9.8780	3.0273	4.1979	7.2136	−8.5106	8.9359	−7.3309	9.3538
y	−1.5573	9.5308	−9.0762	6.9256	5.2507	−4.4888	−6.8013	−3.5364
x	−9.9753	−5.8005						
y	0.7018	8.1458						

解　首先绘制原始数据散点图,如图 4-10 所示,可以看出,数据分布大致在两个圆周上。

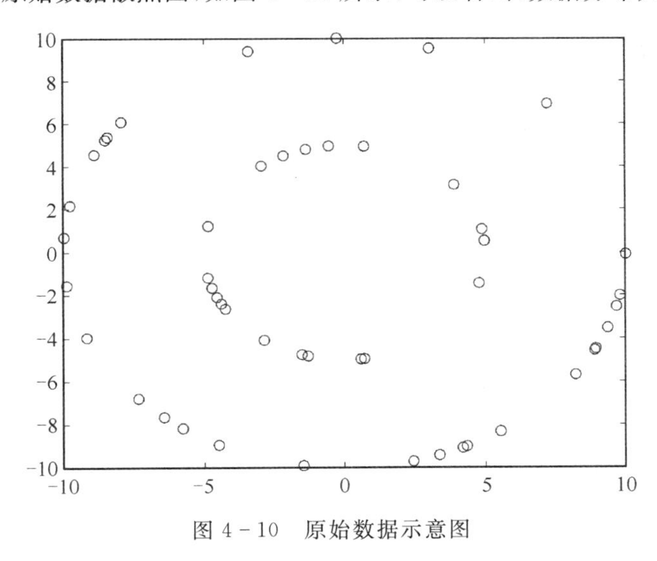

图 4-10　原始数据示意图

其次,利用全连接法构造邻接矩阵,使用 NCut 切图法以及 K-means 聚类方法构造谱聚类算法,在 MATLAB 中实现,代码如下。

```
data = [4.8848,1.0673; -2.8681, -4.0956;0.6969,4.9512;4.9716,0.5319; -1.2985,
        -4.8284; -4.8493,1.2182;0.7024, -4.9504; -1.3674,4.8094; -1.5181, -4.7640;
        0.5733, -4.9670; -4.3832, -2.4058; -4.7152, -1.6634;4.2404, -2.6494;
        -4.5369, -2.1015; -2.1619,4.5085; -4.8585, -1.1811;4.7854, -1.4491;3.8996,
```

```
        3.1294; - 0.5561,4.9690; - 2.9575,4.0315;9.7921, - 2.0286; - 8.4303, 5.3786;
        8.8957, - 4.5680; - 4.4793, - 8.9407; - 9.1732, - 3.9815; - 8.8980, 4.5634;
        8.2141, - 5.7034;5.5402, - 8.3250; - 9.7634,2.1626;2.4367, - 9.6986; - 3.4128,
        9.3996;3.3661, - 9.4164; - 0.2576,9.9967;9.6692, - 2.5507; - 7.9397,6.0796;
        - 5.7559, - 8.1774; - 1.4651, - 9.8921;4.3449, - 9.0068; - 6.4241, - 7.6636;
        9.9996, - 0.0901; - 9.8780, - 1.5573;3.0273,9.5308;4.1979, - 9.0762;7.2136,
        6.9256; - 8.5106, 5.2507;8.9359, - 4.4888; - 7.3309, - 6.8013;9.3538, - 3.5364;
        - 9.9753, 0.7018; - 5.8005, 8.1458]
%% step1:构图使用全连接法,即邻接矩阵W与相似矩阵相同,计算邻接矩阵W
sigsq = 0.9;   %高斯距离里面的方差
Aisq = data(:,1).^2 + data(:,2).^2
Dotprod = data * data'
m = length(data);
distmat = repmat(Aisq,1,m) + repmat(Aisq',m,1) - 2 * Dotprod;
Afast = exp( - distmat/(2 * sigsq));
W = Afast;
figure(2)
subplot(2,3,2);
imagesc(W);colorbar;
%% step2:计算拉普拉斯矩阵L
D = diag(sum(W));   %度矩阵 degree matrix
L = D - W;   %拉普拉斯矩阵
L = D^ - 0.5 * L * D^ - 0.5;   %标准化,切图我们用的是N - cut,所以要对拉普拉斯矩阵作标
                                 准化处理,使得量纲一致
subplot(2,3,3)
imagesc(L);colorbar;
%% step3:切图使用N - cut切图法。L = D^ - 0.5 * L * D^ - 0.5
[X,di] = eig(L);
[Xsort,Dsort] = eigsorts(X,di);   %将特征值按照从小到大的顺序排列,特征向量跟随
                                    做相应变化
Xuse = Xsort(:,1:2);   %取第一列与第二列,因为要分成k = 2,即要分成两类
subplot(2,3,4)
imagesc(Xuse);colorbar;
Xsq = Xuse. * Xuse;
divmat = repmat(sqrt(sum(Xsq')'),1,2);
Y = Xuse./divmat   %将Xuse标准化
subplot(2,3,5)
imagesc(Y);colorbar;
```

```
%% step4:用 k-means 均值聚类对 Y 进行聚类
[c,Dsum,z] = kmeans(Y,2);
c1 = find(c = = 1);
c2 = find(c = = 2);
subplot(2,3,6)
plot(data(c1,1),data(c1,2),'co')
hold on;
plot(data(c2,1),data(c2,2),'mo')
title('谱聚类');

function[Vsort,Dsort] = eigsorts(V,D)   %拉普拉斯矩阵的特征向量 V 与特征值 D
d = diag(D);
[Ds,s] = sort(d);   %从小到大排列
Dsort = diag(Ds);
M = length(D);
Vsort = zeros(M,M)
fori = 1:M
    Vsort(:,i) = V(:,s(i));
end
```

利用上面的程序对图 4-10 的数据进行谱聚类后，得到如图 4-11 所示聚类效果。可以看出通过谱聚类可以很好地将例题数据中的两个同心圆分为内外两类。

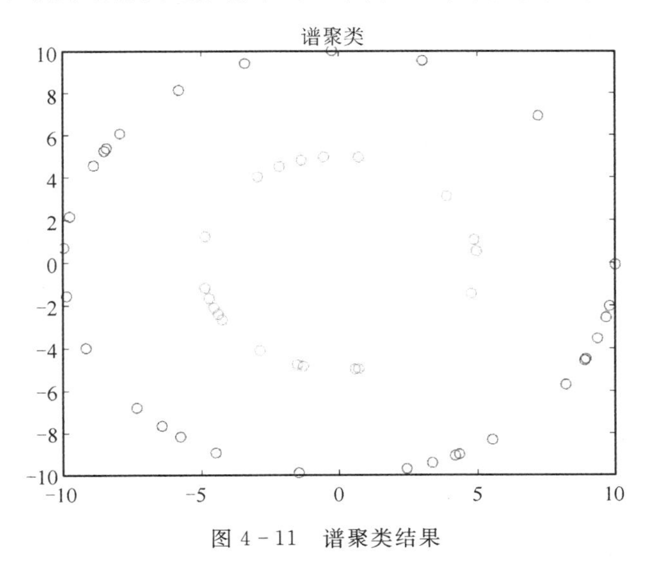

图 4-11　谱聚类结果

为了比较谱聚类与传统聚类方法的效果差异，下面我们直接利用 K-means 聚类方法对原始数据进行二分类并画出聚类效果。

```
%%画出k-means聚类对原数据聚类效果
[cc,Dsum2,z2] = kmeans(data,2);
subplot(2,3,1)
kk = cc;
c1 = find(cc = = 1);
c2 = find(cc = = 2);
plot(data(c1,1),data(c1,2),'bo')
hold on;
plot(data(c2,1),data(c2,2),'ro')
title('均值聚类');
```

聚类结果如图 4-12 所示。

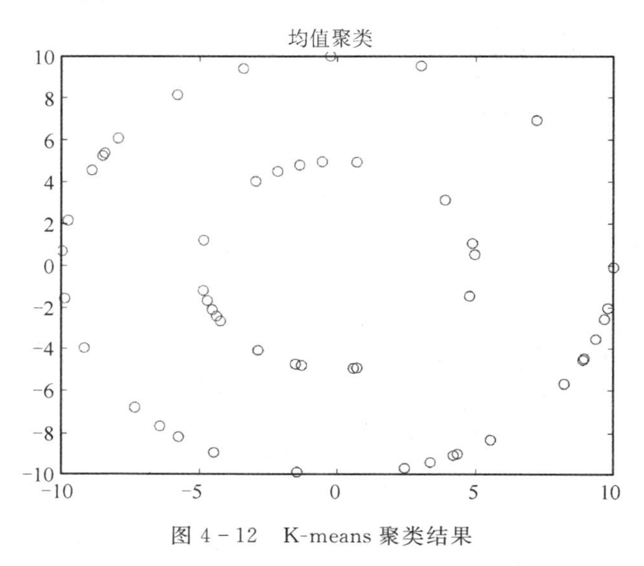

图 4-12 K-means 聚类结果

比较两种方法得到的聚类结果可以看出，在聚类时，当潜在簇的形状为大小相近的近似圆形，且每个簇之间聚类较明显时，K-means 聚类结果比较理想。但是，如果潜在的分类遵循一定的集合形状，比如上面例题中的两个同心圆，我们希望内外分成两类，但是使用 K-means的结果却是图 4-12 所示的分类结果。显然通过 K-means 的算法无法得出我们想要的结果，因此这种情况（聚类结果通过几何形状进行，而不是简单的横纵轴距离）下，就需要使用谱聚类。

参考文献

[1] 曾更生.医学图像重建入门[M].北京：高等教育出版社，2009.
[2] 方保.矩阵论[M].北京：清华大学出版社，2004.
[3] 乔纳森・卡茨，耶胡达・林德尔.现代密码学：原理和协议[M].北京：国防工业出版

社，2011.

[4] SHI J, MALIK J M .Normalized Cuts and Image Segmentation[J].IEEE Transactions on Pattern Analysis and Machine Intelligence, 2000,22:888－905.

[5] NG A Y, JORDAR M I, WEISS Y. On Spectral Clustering: Analysis and an Algorithm. Proceedings of the 14th International Conference on Neural Information Processing Systems: Natural and Synthetic[M]. Massachusetts:MIT Press, 2001.

研究课题

1.在 4.2 节中若不选用 AA 型植物与每种植物结合的方案，而是采用将相同基因型植物相结合，则情形怎样？

2.遗传性疾病是常染色体的基因缺陷由父母代传给子代的疾病。常染色体遗传的正常基因记为 A，不正常的基因记为 a，并以 AA、Aa、aa 分别表示正常人、隐性患者、显性患者的基因型。若第一代人口中 AA、Aa、aa 型基因的人所占百分比分别为 a_0、b_0、c_0，分别讨论在下列情况下第 n 代中三类基因型人口所占的比例：

(1)采用控制结合的手段：显性患者不能生育后代，且为了使每个儿童至少有一个正常的父亲或母亲，正常人、隐性患者必须与一个正常人结合生育后代。

(2)若采用随机结合的方式，各基因型的分布及变化趋势如何？在美国，以镰状细胞性贫血为例。如果黑人中有 10％的人是隐性患者，在随机结合的情况下，计算隐性患者的概率从 25％降到 10％需要多少代？在控制结合下，经过这么多代，隐性患者的概率相应下降到多少？

在中国的婚姻政策中有一项控制近亲(直系血亲和三代以内的旁系血亲)结婚的限制。试用常染色体的隐性病模型分析这项政策的深远意义。

3.血友病是一种遗传疾病，得这种病的人由于体内没有能力生产血凝块因子而不能使出血停止。虽然男人和女人都会得这种病，但只有女人才有通过遗传传递这种缺损的能力。若已知某时刻的男人和女人的比例为 1∶1.2，试建立一个预测这种遗传疾病逐代扩散的数学模型。

4.假设某地人口总数保持不变，每年有 $A\%$的农村人口流入城镇，有 $B\%$的城镇人口流入农村，但人口的流动性始终保持在 5％以下，并且农村人口流入城镇比例大于城镇人口流入农村的比例，即($B<A<5$)。试建立城镇人口以及农村人口之间的关系，计算第 i 年人口的关系式，进一步得到该地区城镇人口与农村人口分布的最终状态，并分析当 A、B 取不同值时对最终结果的影响。

5.取 $\boldsymbol{A}=\begin{bmatrix}1 & 2\\0 & 3\end{bmatrix}$，用 $\boldsymbol{A}$ 加密 meet，再求其逆矩阵对其解密。

6.有密文如下：goqbxcbuglosnfal，根据英文的行文习惯以及获取密码的途径和背景，猜测是两个字母为一组的希尔密码，前四个明文字母是 dear，试破译这段密文。

第 5 章 差分方程模型

本章通过体重控制计划、人口年龄结构的预测以及"猪周期"现象分析和虫口变化问题，介绍经典的莱斯利(Leslie)模型、蛛网模型及虫口模型，同时引入差分方程的相关定义和主要结论，对模型进行定性和定量分析。

5.1 具有年龄结构的人口预测问题与 Leslie 矩阵模型

1.人口年龄结构的预测问题

国际上通常把 60 岁以上的人口占总人口比例达到 10%，或者 65 岁以上人口占总人口的比例达到 7%作为国家和地区进入老龄化的标准。如果 65 岁以上人口所占比例达到 15%以上，则为"超老年型"社会。依此标准，我国自 2000 年已进入老龄化社会。以 65 岁及以上占总人口比例的数据为参考，通过人口增长机理，请建立数学模型，预测我国老龄化的程度并与表 5-1 中 2014 至 2018 年的实际统计值(数据源自《中国统计年鉴》)进行比较。

表 5-1 我国 2014—2018 年 65 岁及以上人口占比统计值

年份	2014	2015	2016	2017	2018
统计/%	10.1	10.5	10.8	11.4	11.9

2.种群增长的 Leslie 模型

鉴于所要解决的问题是预测我国人口老龄化程度，依据国际上关于国家或地区老龄化的定义，需要估计出未来 65 岁及以上人口数占总人口的比例。因此我们首先介绍经典的按年龄分组的种群增长的 Leslie 模型，该模型由 P.H.Leslie 于 20 世纪 40 年代提出。一般来讲，种群的数量是通过雌性个体的繁殖而增长的，所以用雌性个体数量的变化比较合适。若雌雄数量的比例已知，则可以得到种群全体数量的变化。下面提到的种群均指其中的雌性。

(1)模型假设。

假设 1　假设同一年龄的雌性个体有同样生育能力和死亡机会。

假设 2　假设繁殖出的种群可以存活到下一个年龄段。

(2)模型建立。

将种群按年龄大小等距地分成 n 个年龄组，研究对象的最大年龄为 m 岁，则这 n 个年龄组的年龄区间是$[(i-1)\frac{m}{n}, i\frac{m}{n})$，$i=1, 2, \cdots, n$。由于时间的流逝往往伴随着年龄的同步增长，所以与年龄的离散化对应，时间也离散化为时段 t_k，$k=0, 1, 2, \cdots$，并且时段的间隔与年龄区间的长度相等。譬如，若以每 3 岁为一个年龄组，那么就以每 3 年为一个时段。

记时段 t_k 第 i 年龄组的种群雌性数量为 $x_i(k)$，第 i 年龄组的繁殖率为 b_i，死亡率为 d_i，则其存活率 $p_i=1-d_i$。其中 b_i 和 d_i 一般均可由统计资料直接或间接估计获得。记

$$\boldsymbol{x}(k)=[x_1(k),\ x_2(k),\ \cdots,\ x_n(k)]^{\mathrm{T}}$$

则 $\boldsymbol{x}(k)$ 的变化规律如下：

$$x_1(k+1)=\sum_{i=1}^{n}b_ix_i(k) \tag{5-1}$$

$$x_{i+1}(k+1)=p_ix_i(k),\ i=1,\ 2,\ \cdots,\ n-1 \tag{5-2}$$

将等式(5-1)和式(5-2)写成矩阵向量形式为

$$\boldsymbol{x}(k+1)=\boldsymbol{L}\boldsymbol{x}(k),\ k=0,1,2,\cdots \tag{5-3}$$

其中

$$\boldsymbol{L}=\begin{bmatrix} b_1 & b_2 & \cdots & b_{n-1} & b_n \\ p_1 & 0 & \cdots & 0 & 0 \\ 0 & p_2 & \cdots & 0 & 0 \\ \vdots & \vdots & & \vdots & \vdots \\ 0 & 0 & \cdots & p_{n-1} & 0 \end{bmatrix} \tag{5-4}$$

称矩阵 $\boldsymbol{L}$ 为 Leslie 矩阵，式(5-1)和式(5-2)或式(5-3)给出的模型称为 Leslie 模型。这种基于递推形式的数学模型，我们一般称之为差分方程模型。下面我们给出它的严格定义。

定义 5.1 设 f 是一个函数，称

$$x(k+1)=f(x(k),\ x(k-1),\ \cdots,x(k-n),\ k)$$

为 $n+1$ **阶差分方程**。有时也表示为 $x_{k+1}=f(x_k,x_{k-1},\cdots,x_{k-n},k)$。

若 f 不显含 k 时，即

$$x(k+1)=f(x(k),\ x(k-1),\ \cdots,x(k-n))\text{或 } x_{k+1}=f(x_k,x_{k-1},\cdots,x_{k-n})$$

称之为**自治差分方程**，否则称为**非自治差分方程**。

当 $f(x(k),\ x(k-1),\ \cdots,x(k-n),\ k)$ 关于 $x(k),\ x(k-1),\ \cdots,x(k-n),k$ 是线性函数时，称为**线性差分方程**。否则，称为**非线性差分方程**。

根据定义 5.1，我们可以看出 Leslie 模型是一阶线性自治差分方程(组)模型。

(3)模型求解。

当矩阵 $\boldsymbol{L}$ 和按年龄组的初始分布向量 $\boldsymbol{x}(0)$ 已知时，由递推式(5-3)，可以预测任意时段 t_k 种群按年龄组的分布向量为

$$\boldsymbol{x}(k)=\boldsymbol{L}^k\boldsymbol{x}(0),\ k=1,\ 2,\ \cdots \tag{5-5}$$

因此，t_k 时段种群的雌性数量 m_k 为

$$m_k=\sum_{i=1}^{n}x_i(k) \tag{5-6}$$

具体实现时，运用软件依据递推式(5-3)和式(5-6)进行简单编程就可以得到 t_k 时段种群的雌性数量 m_k。显然从式(5-5)可以看出，种群数量的增长规律完全由矩阵 $\boldsymbol{L}$ 确定。

当需要研究时间充分长时种群的年龄结构和数量变化规律时，可以通过研究矩阵 $\boldsymbol{L}$ 的特征值来分析。我们称之为解的渐近性态分析或稳态分析。矩阵 $\boldsymbol{L}$ 的特征多项式为

$$\phi_n(\lambda)=|\boldsymbol{L}-\lambda\boldsymbol{I}|=\begin{vmatrix}\lambda-b_1 & b_2 & b_3 & \cdots & b_{n-1} & b_n\\ p_1 & \lambda & 0 & \cdots & 0 & 0\\ 0 & 0 & \lambda & \cdots & 0 & 0\\ \vdots & \vdots & \vdots & & 0 & 0\\ 0 & 0 & 0 & 0 & p_{n-1} & \lambda\end{vmatrix} \tag{5-7}$$

将式(5－7)按照最后一列展开，得

$$\phi_n(\lambda)=\lambda\phi_{n-1}(\lambda)+(-1)^{n+1}b_np_1p_2\cdots p_{n-1}$$

递推得

$$\phi_n(\lambda)=(-1)^{n+1}(\lambda^n-b_1\lambda^{n-1}-p_1b_2\lambda^{n-2}-p_1p_2b_3\lambda^{n-3}-\cdots-p_1p_2\cdots p_{n-1}b_n) \tag{5-8}$$

对应的特征方程为

$$\phi_n(\lambda)=0$$

即

$$\lambda^n-b_1\lambda^{n-1}-p_1b_2\lambda^{n-2}-p_1p_2b_3\lambda^{n-3}-\cdots-p_1p_2\cdots p_{n-1}b_n=0 \tag{5-9}$$

由式(5－9)可以观察出 $\lambda\neq0$，两端同时除以 λ^n，得

$$\frac{p_1p_2\cdots p_{n-1}b_n}{\lambda^n}+\frac{p_1p_2\cdots p_{n-2}b_{n-1}}{\lambda^{n-1}}+\cdots+\frac{p_1b_2}{\lambda^2}+\frac{b_1}{\lambda}=1 \tag{5-10}$$

记 $f(\lambda)=\dfrac{p_1p_2\cdots p_{n-1}b_n}{\lambda^n}+\dfrac{p_1p_2\cdots p_{n-2}b_{n-1}}{\lambda^{n-1}}+\cdots+\dfrac{p_1b_2}{\lambda^2}+\dfrac{b_1}{\lambda}$，由式 (5－10)可知，若 $\lambda>0$，则 $f(\lambda)$单调递减，且有

$$\lim_{\lambda\to\infty}f(\lambda)=0,\lim_{\lambda\to0}f(\lambda)=+\infty$$

所以 $f(\lambda)=1$ 有且只有一个正特征值，记为 λ_1。计算出其对应的特征向量为

$$\begin{aligned}\boldsymbol{x}^*&=\left[1,\ \frac{p_1}{\lambda_1},\ \frac{p_1p_2}{\lambda_1^2},\ \cdots,\ \frac{p_1p_2\cdots p_{n-1}}{\lambda_1^{n-1}}\right]^{\mathrm{T}}\\&=[\lambda_1^{n-1},\ p_1\lambda_1^{n-2},\ p_1p_2\lambda_1^{n-3},\ \cdots,\ p_1p_2\cdots p_{n-1}]^{\mathrm{T}}\end{aligned}$$

若存在负的特征值 λ，使得 $f(\lambda)=1$，其模一定满足 $|\lambda|\leqslant\lambda_1$。因为如果存在 $|\lambda|\geqslant\lambda_1$，则根据特征值满足的式(5－10)以及 $f(\lambda)$单调递减，就有 $1=f(\lambda_1)\geqslant f(|\lambda|)=1$，故矛盾。并且当矩阵 $\boldsymbol{L}$ 第一行有两个相邻的元素 b_i、b_{i+1} 都大于零，则不等号严格成立，此时我们称 λ_1 为严格优势特征值或主特征值。

若 Leslie 矩阵 $\boldsymbol{L}$ 可对角化，则

$$\boldsymbol{L}=\boldsymbol{P}\mathrm{diag}(\lambda_1,\lambda_2,\cdots,\lambda_n)\boldsymbol{P}^{-1}$$

其中，$\boldsymbol{P}=(\boldsymbol{x}_1,\boldsymbol{x}_2,\cdots,\boldsymbol{x}_n)$，$\boldsymbol{x}_i$ 为对应于特征值 λ_i 的特征向量，记其逆矩阵为

$$\boldsymbol{P}^{-1}=(\boldsymbol{x}'_1,\ \boldsymbol{x}'_2,\cdots,\boldsymbol{x}'_n)$$

则有

$$\lim_{k\to\infty}\frac{\boldsymbol{x}(k)}{\lambda_1^k}=\lim_{k\to\infty}\frac{\boldsymbol{L}^k\boldsymbol{x}(0)}{\lambda_1^k}=\lim_{k\to\infty}\frac{(\boldsymbol{P}\mathrm{diag}(\lambda_1,\lambda_2,\cdots,\lambda_n)\boldsymbol{P}^{-1})^k\boldsymbol{x}(0)}{\lambda_1^k}$$

$$=\lim_{k\to\infty}\frac{\boldsymbol{P}\operatorname{diag}(\lambda_1^k,\lambda_2^k,\cdots,\lambda_n^k)\boldsymbol{P}^{-1}\boldsymbol{x}(0)}{\lambda_1^k}$$

$$=\lim_{k\to\infty}\boldsymbol{P}\operatorname{diag}\left(1,\left(\frac{\lambda_2}{\lambda_1}\right)^k,\cdots,\left(\frac{\lambda_n}{\lambda_1}\right)^k\right)\boldsymbol{P}^{-1}\boldsymbol{x}(0)$$

$$=\boldsymbol{P}\operatorname{diag}(1,0,\cdots,0)\boldsymbol{P}^{-1}\boldsymbol{x}(0)$$

将可逆变换矩阵 $\boldsymbol{P}$ 代入，则

$$\lim_{k\to\infty}\frac{\boldsymbol{x}(k)}{\lambda_1{}^k}=(\boldsymbol{x}_1,\boldsymbol{x}_2,\cdots,\boldsymbol{x}_n)\operatorname{diag}(1,0,\cdots,0)(\boldsymbol{x}'_1,\boldsymbol{x}'_2,\cdots,\boldsymbol{x}'_n)\boldsymbol{x}(0)=c\boldsymbol{x}_1=c\boldsymbol{x}^*$$

式中：c 是由 b_i、p_i 和 $\boldsymbol{x}(0)$决定的常数。

若 Leslie 矩阵 $\boldsymbol{L}$ 是更一般的情形，其结论和对角化情形一致。因为需要用到若当标准型，这里就不再展开。我们将以上分析的结论凝练成定理 5.1 和 5.2。

定理 5.1　$\boldsymbol{L}$ 矩阵有唯一的正特征值λ_1，且它是单重的，λ_1 对应的特征向量为

$$\boldsymbol{x}^*=\left[1,\ \frac{p_1}{\lambda_1},\ \frac{p_1p_2}{\lambda_1^2},\ \cdots,\ \frac{p_1p_2\cdots p_{n-1}}{\lambda_1^{n-1}}\right]^{\mathrm{T}}$$

$\boldsymbol{L}$ 矩阵的其它 $n-1$ 个特征值 $\lambda_i(i=2,\ 3,\ \cdots,\ n)$都满足：

$$|\lambda_i|\leqslant\lambda_1,\ i=2,\ 3,\ \cdots,\ n \tag{5-11}$$

定理 5.2　若 $\boldsymbol{L}$ 矩阵第一行有两个相邻的元素 b_i、b_{i+1}都大于零，则式(5－11)中的不等号严格成立，即

$$|\lambda_i|<\lambda_1,\ i=2,\ 3,\ \cdots,\ n \tag{5-12}$$

且由式(5－5)计算出的 $\boldsymbol{x}(k)$满足：

$$\lim_{k\to\infty}\frac{\boldsymbol{x}(k)}{\lambda_1^k}=c\boldsymbol{x}^* \tag{5-13}$$

式中：c 是由 b_i、p_i 和 $\boldsymbol{x}(0)$决定的常数。

需要说明的是，对于种群增长来说，定理 5.2 的条件通常是满足的。故依据该定理，当 k 充分大时，有

$$\boldsymbol{x}(k)\approx c\lambda_1^k\boldsymbol{x}^* \tag{5-14}$$

这表明时间充分长之后，种群按年龄组的分布 $\boldsymbol{x}(k)$趋于稳定，其各年龄组的数量所占总量的比例，与特征向量$\boldsymbol{x}^*$中对应分量所占总量的比例是一样的。因此，$\boldsymbol{x}^*$就表示了种群按年龄组的分布状况，它称为稳定分布，与初始分布 $\boldsymbol{x}(0)$无关。

由式(5－14)，可以发现：

$$\boldsymbol{x}(k+1)\approx\lambda_1\boldsymbol{x}(k)$$

再由式(5－6)知，种群的雌性数量 m_k 满足：

$$m_{k+1}\approx\lambda_1 m_k$$

因此，当 $\lambda_1>1$ 时，种群的数量增加；当 $\lambda_1<1$ 时，种群的数量减少；当 $\lambda_1=1$ 时，种群的数量保持不变。因此，种群的增长完全由 $\boldsymbol{L}$ 矩阵的唯一的正特征值λ_1 决定，它称为固有增长率。图 5－1 给出了种群的数量变化与 $\boldsymbol{L}$ 矩阵最大特征值的关系。

当 $\lambda_1=1$ 时，根据式(5－10)，有

$$b_1+b_2p_1+\cdots+b_{n-1}p_1p_2\cdots p_{n-2}+b_np_1p_2\cdots p_{n-1}=1 \tag{5-15}$$

将式(5－15)的左端记为

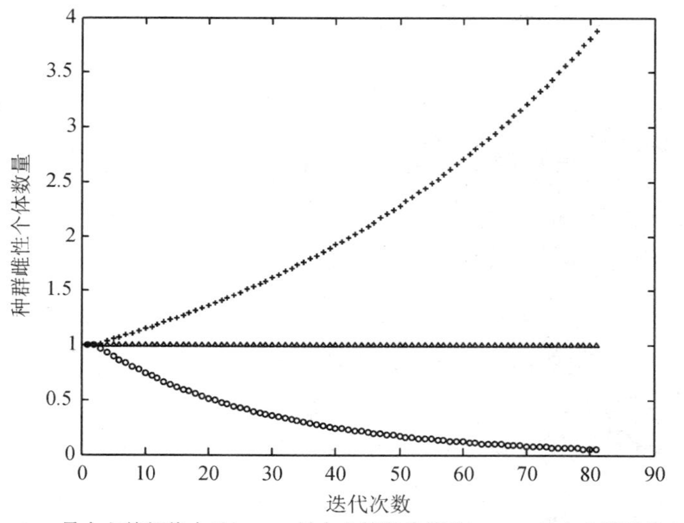

图 5-1 种群的数量变化与 $\boldsymbol{L}$ 矩阵最大特征值的关系

$$R=b_1+b_2p_1+\cdots+b_{n-1}p_1p_2\cdots p_{n-2}+b_np_1p_2\cdots p_{n-1} \tag{5-16}$$

由式(5-16)可以看出,R 表示一个雌性个体在整个存活期内繁殖的平均数量,称为总和繁殖率。依据定理 5.1 以及 $f(\lambda)$的特点,可以得出,若总和繁殖率 $R>1$,则 $\lambda_1>1$,种群数量增长,时间充分长时,趋于无穷;若总和繁殖率 $R<1$,则 $\lambda_1<1$,种群数量减少,时间充分长时趋于 0;若 $R=1$ 时,则 $\lambda_1=1$,种群雌性的数量保持不变,此时的稳定分布为

$$\boldsymbol{x}^*=[1,p_1,p_1p_2,\cdots,p_1p_2\cdots p_{n-1}]^{\mathrm{T}}$$

在实际中,可以通过调节或控制各年龄组的繁殖率 b_i 和存活率 p_i 来改变总和繁殖率 R,从而达到对种群增长变化规律的控制。

3.基于 Leslie 模型预测人口年龄结构

利用 Leslie 模型的建模思想,同样可以近似模拟人口的增长规律。将人群按年龄进行划分,假设同样年龄的女性具有相同的生育率,同样年龄的个体具有相同的死亡率。

在实际应用中,时间单位一般取年,生育率和死亡率一般用千分率来表示。设 $x_k(t)$为第 t 年年龄为 k 岁的人口数量,$k=1,2,\cdots,100$,由于在实际统计数据中将百岁及以上的人口统计在一起,所以我们假设最大的年龄为 100,其对应的数据也是百岁及以上的人口数。用 b_k 表示 k 岁妇女的生育率(每位妇女平均生育的婴儿数),通常人口的生育区间一般取为 15~49 岁,即当 $k=1,2,\cdots,14$ 和 $k=50,51,\cdots,100$ 时 $b_k=0$。记 k 岁人口的死亡率为 d_k,存活率 p_k 记为 $1-d_k$,用 l_k 表示 k 岁人口的女性比。于是第 t 年出生的婴儿数为 $\sum_{k=1}^{100}b_kl_kx_k(t)$,那么婴儿存活到下一年即一岁年龄段的人数为

$$x_1(t+1)=p_0\sum_{k=1}^{100}b_kl_kx_k(t) \tag{5-17}$$

其它年龄段的演化符合关系式

$$x_{k+1}(t+1)=p_k x_k(t),\quad k=1,2,\cdots,99 \tag{5-18}$$

将等式(5-17)和式(5-18)写成矩阵向量形式为

$$\boldsymbol{x}(t+1)=\boldsymbol{L}\boldsymbol{x}(t),\quad t=0,1,2,\cdots \tag{5-19}$$

其中

$$\boldsymbol{x}(t)=[x_1(t),\ x_2(t),\ \cdots,\ x_n(t)]^{\mathrm{T}}$$

$$\boldsymbol{L}=\begin{bmatrix} p_0b_1l_1 & p_0b_2l_2 & \cdots & p_0b_{99}l_{99} & p_0b_{100}l_{100} \\ p_1 & 0 & \cdots & 0 & 0 \\ 0 & p_2 & \cdots & 0 & 0 \\ \vdots & \vdots & & \vdots & \vdots \\ 0 & 0 & \cdots & p_{99} & 0 \end{bmatrix} \tag{5-20}$$

选取国家统计局 2000 年第五次人口普查的数据作为模型(5-19)中的初值和参数，将这些数据代入模型(5-19)递推计算，就可以得到每年各年龄组的人口数。从而可以计算出我国 65 岁以上老人在总人口中的占比，将计算结果绘制图形，如图 5-2 所示。

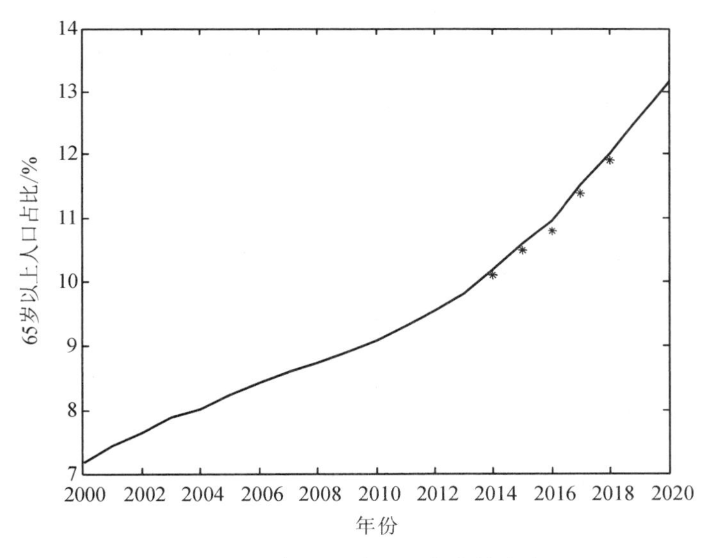

图 5-2　我国 65 岁以上老人的占比

在图 5-2 中，实线表示的是基于模型(5-19)预测出的不同年份下年龄在 65 岁以上老人在总人口中的比例，5 个星状点代表的是 2014—2018 年《中国统计年鉴》中所给出的 65 岁以上人口的比例值。从图 5-2 的预测值曲线可以看出，我国 65 岁以上人口比例从 2000 年至 2020 年均在 7% 以上，且比例值在逐年升高，说明我国人口老龄化程度一直在增加，2014—2018 年的预测值和实际统计值比较吻合但偏高。其可能的主要原因是在预测过程中，我们始终用 2000 年的生育率和死亡率代替以后各年的生育率和死亡率，因此可以对该模型进行改进，如考虑生育率和死亡率的变化、性别比的增加、生育政策的调整等因素。有兴趣的同学可以尝试去做。

5.2 体重控制计划的差分方程模型

1.体重控制计划问题

爱美之心人皆有之，每个人都希望自己能拥有一个健美的身材。许多医生和专家的建议是，通过控制饮食和适当的运动，可以在不伤害身体的前提下，达到控制并维持合理体重的目的。小王同学现欲通过饮食控制和运动等多种方式来实施科学减重。他当前体重100 kg，身高为1.7 m，BMI达到34.6。每周吸收20000 kcal(1 kcal=4184 J)热量，体重保持不变，欲控制体重至75 kg。请在不运动的情况下安排一个两阶段计划：第一阶段，每周减肥1 kg，每周吸收热量逐渐减少，直至达到下限(10000 kcal)；第二阶段，每周吸收热量保持下限，达到控制体重的目标。进一步，若要加快进程，第二阶段应增加运动，试安排相应计划。最后，试给出达到目标后维持体重的方案。

2.体重控制的差分方程模型

(1)模型假设。

通常，体重变化是由体内能量守恒破坏引起的，饮食(吸收热量)引起体重增加，代谢和运动(消耗热量)引起体重减少。参考有关生理数据，做出以下假设。

假设1　体重增加正比于吸收的热量，平均每8000 kcal增加体重1 kg。

假设2　正常代谢引起的体重减少正比于体重。每周每kg体重消耗一般在200 kcal至320 kcal(因人而异)，相当于70 kg的人每天消耗2000～3200 kcal。

假设3　运动引起的体重减少正比于体重，且与运动形式有关。

假设4　为了安全与健康，每周体重减少不宜超过1.5 kg，每周吸收热量不要小于10000 kcal。

(2)模型建立。

设$w(k)$为第k周(末)体重；$c(k)$为第k周吸收的热量，热量转化系数记为α，新陈代谢消耗系数记为β，依据体重变化的机理，就可以建立基本模型

$$w(k+1)=w(k)+\alpha c(k+1)-\beta w(k) \tag{5-21}$$

依据假设1可以得出热转化系数$\alpha=1/8000$ kg/kcal，新陈代谢消耗系数β因人而异。

以下分别考虑在不进行运动和进行运动两种情况下的两阶段的体重控制计划，以及当达到目标体重后如何保持体重的方案。

①不运动情况的两阶段控制体重计划。

原问题中，小王同学每周吸收20000 kcal，其体重$w=100$ kg不变，相当于小王同学每周每千克体重消耗20000/100=200 kcal用于正常的新陈代谢。从假设2中可看出小王同学的代谢是比较慢的。如果想要体重减轻，需要减少热量的摄入。另外，消耗系数β未知，需先进行确定。小王同学由于每周吸收20000 kcal，其体重$w=100$ kg不变，故依据模型(5-21)有

$$w=w+\alpha c-\beta w$$

进而

$$\beta=\frac{\alpha c}{w}=\frac{20000}{8000\times 100}=0.025$$

以下考虑第一阶段：体重 $w(k)$ 每周减 1 kg，每周吸收的热量 $c(k)$ 减至下限 10000 kcal。

根据第一阶段的要求可知

$$w(k)-w(k+1)=1 \tag{5-22}$$

代入式(5-21)，得到

$$c(k+1)=\frac{1}{\alpha}(\beta w(k)-1)$$

由式(5-22)可知

$$w(k)=w(0)-k$$

继而解得

$$c(k+1)=\frac{\beta}{\alpha}w(0)-\frac{1}{\alpha}(1+\beta k)$$

将 $\alpha=1/8000$ 和 $\beta=0.025$ 代入上式，得

$$c(k+1)=12000-200k$$

要使得

$$c(k+1)\geqslant 10000$$

需

$$k\leqslant 10$$

故得第一阶段的方案为：第一阶段 10 周，每周减 1 kg，第 10 周末体重 90 kg。每周吸收的热量公式为

$$c(k+1)=12000-200k,\quad k=0,1,\cdots,9$$

考虑第二阶段：每周 $c(k)$ 保持 10000 kcal，$w(k)$ 减至 75 kg。

由基本模型

$$w(k+1)=w(k)+\alpha c(k+1)-\beta w(k)$$

得到

$$w(k+1)=(1-\beta)w(k)+\alpha c_m$$

其中，$c_m=10000$，进而

$$w(k+n)=(1-\beta)^n w(k)+\alpha c_m[1+(1-\beta)+\cdots+(1-\beta)^{n-1}]$$

$$=(1-\beta)^n\left[w(k)-\frac{\alpha c_m}{\beta}\right]+\frac{\alpha c_m}{\beta}$$

将 $\alpha=1/8000$，$\beta=0.025$ 及 $c_m=10000$ 代入上式，得

$$w(k+n)=0.975^n[w(k)-50]+50$$

现在的问题转化成：已知 $w(k)=90$ 且 $w(k+n)=75$，求 n。由于

$$75=0.975^n[90-50]+50$$

可得

$$n=\frac{\lg(25/40)}{\lg 0.975}=19$$

故得第二阶段的方案为：第二阶段 19 周，每周吸收热量保持 10000 kcal，体重按

$$w(n)=40\times 0.975^n+50,\quad n=1,2,\cdots,19$$

减少至 75 kg。

②增加运动的第二阶段控制体重计划。

通过查阅资料可以得到不同运动方式对应的每小时每千克体重消耗的热量 γ (kcal)如表 5-2 所示。

表 5-2　各项运动每小时每千克体重消耗热量

运动	跑步	跳舞	乒乓球	自行车(中速)	游泳(50 m/min)
热量消耗/kcal	7.0	3.0	4.4	2.5	7.9

根据体重变化机理，使体重减轻的不仅有新陈代谢的消耗，还有运动的消耗，故建立模型

$$w(k+1)=w(k)+\alpha c(k+1)-\beta' w(k) \tag{5-23}$$

式中：$\beta'=\beta+\alpha\gamma t$，$t$ 为每周运动时间(小时)。

假设每周跳舞 8 小时，即取 $\gamma t=24$，代入 $\alpha=1/8000$ 和 $\beta=0.025$，则

$$\beta'=0.025+0.003=0.028$$

进而

$$w(k+n)=(1-\beta')^n\left[w(k)-\frac{\alpha c_m}{\beta'}\right]+\frac{\alpha c_m}{\beta'}$$

代入所求，得

$$75=0.972^n(90-44.6)+44.6$$

解得 $n=14$。

可以看出：运动 $\gamma t=24$(比如：每周跳舞 8 小时或自行车大约 10 小时)，14 周可达到目标。如果进行同样时间的游泳或跑步，减重目标会提前完成。当然运动还要根据自身情况，不宜过度运动。从另外一个角度看，增加运动相当于提高代谢消耗系数 β，而新陈代谢系数从 $\beta=0.025$ 到 $\beta'=\beta+\alpha\gamma t=0.028$，只需提高 12%；同时所需时间从 19 周降至 14 周，时间上则减少了 25%。从以上分析可以看出：以上所建立模型的结果对代谢消耗系数 β 很敏感。此外，应用该模型时要仔细确定代谢消耗系数 β(比如：对不同的人，对同一人在不同的环境等)。

③目标体重 75 kg 维持不变的简易方案。

假设每周吸收的热量 $c(k)$ 保持常数 C，使体重 w 不变。依据模型(5-23)

$$w(k+1)=w(k)+\alpha c(k+1)-(\beta+\alpha\gamma t)w(k)$$

利用方案假设，可得：

$$w=w+\alpha C-(\beta+\alpha\gamma t)w$$

进而

$$C=\frac{(\beta+\alpha\gamma t)w}{\alpha}$$

依上可知：

当不运动时，$C=8000\times0.025\times75=15000$ kcal；

当运动时，$C=8000\times0.028\times75=16800$ kcal。

由此可以得出方案：达到目标体重 75 kg 后，欲保持体重不变，在不运动的情况下，每周保持 15000 kcal 的热量摄入；在保持约每周 8 小时跳舞或者骑自行车 10 小时的运动情形下，每周保持 16800 kcal 的热量摄入。这只是一个维持体重比较简单的方案，实际中还可以为小王同学提出其它更多的方案。

5.3 “猪周期”现象与蛛网模型

1.“猪周期”现象分析问题

“猪周期”是一种经济现象，具体表现为：肉价上涨—母猪存栏大增—生猪供应增加—肉价下跌—大量淘汰母猪—生猪供应减少—肉价上涨。“猪周期”是市场价值价格规律在养猪业的具体体现。所谓价值价格规律就是指在商品交易过程中，商品的市场价格受供给和需

求的影响，围绕商品的自然价格(即价值)上下波动，在没有外界干扰的情况下，这种波动现象会反复出现。这只看不见的“手”能有效调节商品的供需平衡，从而配置资源。猪肉是我国传统饮食的重要部分，猪肉消费在城乡居民的肉类消费中占据主导地位，而生猪养殖业也在农村和农业经济中占有重要地位，过度的价格波动既不利于生猪养殖业的健康发展，也会对居民的肉食消费造成不良影响，因此科学分析和运用这只“手”对宏观调控政策的制定起到重要的指导作用。请建立数学模型，定量地分析“猪周期”现象。

2.问题分析与模型假设

针对这种价格波动现象，我们可以考虑经济学中经典的蛛网模型。蛛网理论最早在 1930 年由美国的舒尔茨、意大利的里奇和荷兰的丁伯根提出，因在该理论中，价格和产量变化的路径形成蜘蛛网似的图形，1934 年由英国的卡尔多命名为蛛网模型(Cobweb Model)。经典的蛛网模型通常将时间依据商品的生产周期进行分段，然后分析不同时间段下，商品的价格和商品的生产数量关系。其模型的建立一般会基于下面的假设。

假设 1　在同一个生产周期内，商品的价格取决于商品的数量，商品的数量多价格低。

假设 2　下一个生产周期的商品数量仅依赖上一个周期的商品价格，上一期的价格高，下一期生产的商品数量多，反之，上一期的价格低，下一期生产的商品数量少。

假设 3　商品在同一生产周期内，供给和需求均衡。

3.基于蛛网模型的“猪周期”现象模型建立与求解

依据假设，我们先将时间离散化分段，一个时间段相当于商品的生产周期。对于猪肉来说，生猪生产，即生猪产品形成有效供给，一般需要猪选育、仔猪扩繁和商品猪育肥三个环节。每个环节都需要正常的生长周期，其中选育环节耗时在 8 个月左右，仔猪扩繁耗时 4 个月左右，商品猪育肥大约 6 个月，所以整个生产周期为 1.5 年左右。记第 k 时间段商品的数量为 x_k，其价格为 y_k。由假设 1，不妨令

$$y_k = f(x_k) \tag{5-24}$$

且 $f(x_k)$为 x_k 的单调减函数。它反映了消费者对该商品的需求关系，故称 $f(x_k)$为需求函数。

根据假设 2，可以设第 $k+1$ 时间段的商品数量为

$$x_{k+1} = g(y_k) \tag{5-25}$$

且 $g(y_k)$为 y_k 的单调增函数。它反映了生产者根据前期的价格提供该商品数量的供应关系，故称 $g(y_k)$为供应函数。

由式(5-24)和式(5-25)得

$$x_{k+1} = g(f(x_k)) \tag{5-26}$$

式(5-26)就是商品数量的差分方程模型。同理也可以建立关于商品价格的差分方程模型。为了后面叙述方便，我们给出差分方程的平衡点(也称不动点、平衡态、平衡解)的定义及主要结论。

定义 5.2　若有 x^*，使得 $x^* = f(x^*)$，则称 x^* 为差分方程 $x_{k+1} = f(x_k)$的**平衡点**(也称不动点、平衡态、平衡解)。记 $x_k(x_0)$为差分方程 $x_{k+1} = f(x_k)$从初始值 x_0 开始迭代的解，若对 $\forall \varepsilon > 0$，都有 $\delta > 0$，使得当 $|x_0 - x^*| < \delta$ 时，对任意的 $k \geqslant 1$，均有 $|x_k(x_0) - x^*| < \varepsilon$ 成

立，则称不动点 x^* 是**稳定**的，否则称该点为不稳定的。

关于差分方程不动点的稳定性，有下面的结论。

当 $|f'(x^*)|<1$ 时，不动点 x^* 是稳定的；

当 $|f'(x^*)|>1$ 时，不动点 x^* 是不稳定的。对于不稳定的不动点，只要初值不精确地落在该点上，则无论初始偏差多么小，迭代值将越来越远离该点。

当 $|f'(x^*)|=1$ 时，不动点 x^* 稳定性的判别相对复杂，需要用到高阶导数的信息，感兴趣的读者可参看参考文献[1]。

为了从直观上分析价格和产量的关系，我们在同一个直角坐标系上做出函数 $f(x)$ 和 $g(x)$ 的示意图（见图 5-3）。设两条曲线相交于点 $P_0(x_0,y_0)$，该点称为平衡点。因为若在某一个时段 $x_k=x_0$，则由式(5-23)、式(5-24)可知，$y_k=y_0$，$x_{k+1}=x_0$，$y_{k+1}=y_0$，…，时段 k 以后各时段商品的数量和价格始终保持在点 $P_0(x_0,y_0)$。但实际生活中，商品的价格和数量不会恰好停止在平衡点 $P_0(x_0,y_0)$，不妨设刚开始时商品的数量 x_1 偏离 x_0，如图 5-3 所示。

给定商品数量 x_1，价格 y_1 就由曲线 f 上的 P_1 点所决定，下一个时间段的商品数量 x_2 由曲线 g 上的 P_2 点所决定，这样就得到一系列的点 P_1，P_2，P_3，…，如图 5-3 所示。这些点会按箭头方向趋向于点 $P_0(x_0,y_0)$，说明点 P_0 是稳定平衡点。这意味着市场经济条件下该商品的数量和价格趋向于稳定。这种情形称之为收敛型蛛网模型。

但如果供应函数 g 和需求函数 f 的图形如图 5-4 所示时，同理进行分析，点 P_1，P_2，P_3，…会按箭头方向远离点 $P_0(x_0,y_0)$，即 P_0 是不稳定平衡点。这意味着市场经济条件下该商品的数量和价格将出现越来越大的波动，此时如果没有适当政策的干预，会对经济造成非常不利的影响。这种情形称之为发散型蛛网模型。

如果供应函数 g 和需求函数 f 的图形如图 5-5 所示时，不同时间段的商品价格和数量会始终围绕平衡点 P_0，既不会趋近，也不会远离。这种情形称之为封闭型蛛网模型。

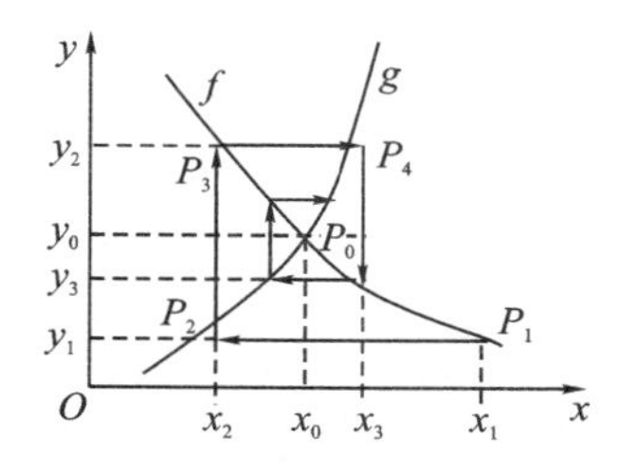

图 5-3　收敛型蛛网模型

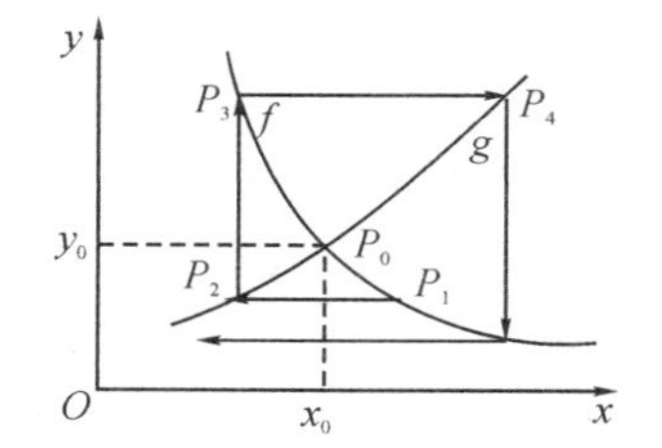

图 5-4　发散型蛛网模型

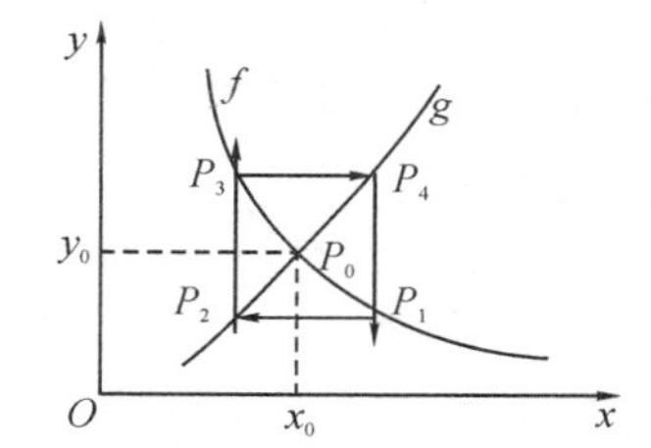

图 5-5　封闭型蛛网模型

实际上，需求函数和供应函数的具体形式通常根据各个时段商品的数量和价格的一系列统计资料得到。一般来讲，需求函数依赖于消费者对该商品的需求程度和消费水平，而供应函数会与生产者的生产能力、经营水平等因素有关。对于猪肉来说，如果没有猪瘟等特殊事件发生，我国一般在 9—10 月以及 1—2 月的中秋节和春节期间，对猪肉的需求程度会明显增高，我们也会直观感受到价格有一定程度的上涨。而每年在 4—5 月份，由于天气变暖，居民对猪肉的消费有所减少，而此时往往本年度饲养的生猪大量出栏，所以我们也会感受到猪肉的价格有明显回落。

当需求函数与供应函数被确定后，商品数量和价格是否趋向于稳定，就可以由所对应曲线在平衡点附近的形状决定。传统的蛛网模型采取的是用过平衡点的线性函数代替在平衡点附近的需求函数和供应函数的曲线。设式(5-24)和式(5-25)分别近似为

$$y_k - y_0 = -K_1(x_k - x_0),\ K_1 > 0 \tag{5-27}$$

$$x_{k+1} - x_0 = K_2(y_k - y_0),\ K_2 > 0 \tag{5-28}$$

从而可以得到

$$x_{k+1} - x_0 = -K_1K_2(x_k - x_0),\ K_1, K_2 > 0,\ k = 1,2,\cdots \tag{5-29}$$

式(5-29)是一阶自治线性差分方程，也是传统的蛛网差分模型。由平衡点的定义 5.2 有

$$x^* - x_0 = -K_1K_2(x^* - x_0)$$

故得平衡点 $x^* = x_0$，从而 $y^* = y_0$，这就是图 5-3 至图 5-5 中的平衡点 P_0。再根据稳定性的主要结论，平衡点 P_0 的稳定性主要取决于 $|-K_1K_2| = K_1K_2$ 与 1 的关系：$K_1K_2 < 1$，平衡点 P_0 稳定；$K_1K_2 > 1$，平衡点 P_0 不稳定；事实上，对于模型(5-29)，只需对 k 递推，就可得到解的表达

$$x_{k+1} - x_0 = (-K_1K_2)^k(x_1 - x_0)$$

通过对 k 取极限，我们可以发现

①若 $K_1K_2 < 1$，即 $K_1 < \frac{1}{K_2}$，也就是 f 的斜率小于 g 的斜率，则有

$$\lim_{k \to \infty} x_k = x_0$$

上述极限表明 P_0 点是稳定的，这就是图 5-3 所示情形。

②若 $K_1K_2 > 1$，即 $K_1 > \frac{1}{K_2}$，也就是 f 的斜率大于 g 的斜率，则有

$$x_k \to \infty, \quad k \to \infty \text{时}$$

P_0 点是不稳定的，这就是图 5-4 所示情形。

③若 $K_1K_2 = 1$，即 $K_1 = \frac{1}{K_2}$，也就是 f 的斜率等于 g 的斜率，则商品的数量和价格呈现周期性波动。这就是图 5-5 所示情形。

下面我们从实际背景解释所得的结论。首先来看 K_1 的含义，由式(5-26)可以看出，K_1 表示当商品供应量减少 1 个单位时价格的上涨程度，也就是说，K_1 反映出消费者对商品的敏感程度。比如对于生活必需品，商品稍一缺乏，人们通常会立即抢购，K_1 会大；K_2 表示当价格上涨 1 个单位时，下一期商品供应的增长程度，也就是说，K_2 反映出生产者对价格的敏感程度。当价格稍有上涨，生产者为了逐利可能就会扩大生产，这样 K_2 就会大。当我们固定供应函数 g 中的 K_2 时，需求函数中的 K_1 越小，即消费者对于价格变动的敏感程度越小，越有利于稳定市场；当我们固定需求函数 f 中的 K_1 时，供应函数中的 K_2 越小，即生产者更理智地组织生产，对价格敏感程度越小，越有利于市场稳定；该商品的价格和数量最终会稳定到平衡点 P_0。相反，如果消费者和生产者对于价格的敏感程度都大，就不利于市场稳定，商品的价格和数量会出现越来越大的波动，越来越远离平衡点 P_0。当产品的生产者和消费者对于价格变动的敏感程度一致时，商品的数量和价格呈现周期性波动。

综上，蛛网模型能够从本质上反映市场经济下价格波动的形成，定量地分析“猪周期”现

象背后的那只无形的“手”。根据上面的分析我们还能发现，要想保持市场稳定，就需要式 $K_1<1/K_2$ 尽可能成立。我们可以采取尽量减小 K_1 的方式，实际上对应了政府控制物价的干预措施；或者尽量减少 K_2 的方式，相当于对应了政府控制商品数量的干预措施，比如通过尽快组织生产，或通过跨区域调拨和进口等方式增加商品供应。

当然传统的蛛网模型从它的假设以及其采取的线性化形式就有其局限性，因此很多改进的蛛网模型被提出和研究。比如，对于成熟的生产者来讲，生产数量的确定不仅仅只考虑上一期的价格，而是会考虑前几期的价格；对于实际的供应函数和需求函数往往是非线性的，因此会采取非线性函数情形进行研究；传统的蛛网模型在同一生产期默认供求是均衡的，但实际中往往也会产生差异，所以下一期的价格不仅依赖于上一期的价格，还会依赖于当前的供求差异等。对于“猪周期”现象更实际情形的刻画和分析也有很多进一步的研究成果，有兴趣的同学可以参考相关方面的文献。

5.4 虫口模型

前面我们考虑的差分方程模型都是自治线性的，这一节通过经典的虫口模型来展现出简单的自治非线性差分方程模型所产生的非常复杂的性态。

虫口模型是 1976 年数学生态学家 R. May 在英国的《自然》杂志上发表的一篇文章中提出的。主要针对一定生存条件下昆虫在不发生世代交叠的状况下，其数目(即“虫口”)的变化情况。

1.问题分析与模型假设

在种群生态中考虑蚕、蝉等昆虫，我们发现这种类型的昆虫只在一定季节中生存，一代和一代之间没有交叠。成虫产卵后，当年全部死亡。到第二年的合适季节，每个虫卵孵化成一个幼虫。考虑到周围环境所能提供的空间与食物有限，虫口受传染病以及虫子天敌等因素的影响，虫口的增长会受到抑制。

为方便讨论，我们做出如下假设。

假设 1　每年每个成虫平均产卵并孵化成幼虫 c 个。

假设 2　虫口受到环境等因素的抑制作用为非线性的，与虫口的平方成正比。

2.模型建立

设第 k 年的虫口为 p_k，根据假设 1 和 2，则第 $k+1$ 年的虫口 p_{k+1} 满足

$$p_{k+1}=cp_k-bp_k^2(k=1,2,\cdots) \tag{5-30}$$

式中：$b>0$ 称为阻滞系数，$c\geqslant 0$。差分方程(5-30)是描述阻滞增长的常用模型，也称为逻辑斯谛(Logistic)差分模型。若 $c=0$，则该昆虫将会灭绝。不妨设 $c\neq 0$，将等式(5-30)两端同时乘以 $\frac{b}{c}$，得

$$\frac{b}{c}p_{k+1}=bp_k-\frac{b^2}{c}p_k^2=c\left[\frac{b}{c}p_k-\left(\frac{b}{c}p_k\right)^2\right] \tag{5-31}$$

令 $x_k=\frac{b}{c}p_k$，则有

$$x_{k+1}=cx_k(1-x_k) \quad k=0,1,\cdots \tag{5-32}$$

$$0\leqslant x_0\leqslant 1,\ 0\leqslant c\leqslant 4 \tag{5-33}$$

由式(5-32)和式(5-33)共同构成经典的虫口模型。这是一阶自治非线性差分方程的初值问题。这里的 c 通常称作控制参数。该模型的连续情形在第 6 章的微分方程模型中会有相应的介绍,同学们可以进行类比学习。

3.模型求解

由于该差分方程模型是非线性的,所以不容易求出模型的解。

首先,研究 x_k 的取值范围,考虑到 $c>0$,$x_{k+1}\geqslant 0$,由式(5-32)得 $x_k\in[0,1]$,$k=0,1,2,\cdots$。

其次,通过观察,容易看出 $x_k=0$ 是方程(5-32)的解。

最后,我们利用数值模拟或定性分析方法求模型的解。由于模型中含有参数,而参数的变化会引起解的复杂变化。为了叙述方便,我们引入下面的定义。

定义 5.3　设 x^* 是差分方程 $x_{k+1}=f(x_k)$ 的平衡点,如果有正数 η,使得满足 $|x_0-x^*|<\eta$ 的解 $x(k,x_0)$ 有 $\lim\limits_{k\to\infty}x(k,x_0)=x^*$,则称平衡点 x^* 是吸引的。当 η 是无穷大时,即在所考虑的区域中初值 x_0 可以任意取值时,称 x^* 是全局吸引的。如果 x^* 既稳定,又吸引,则称 x^* 是渐近稳定的。如果 x^* 既稳定,又全局吸引,则称 x^* 为全局渐近稳定的。

下面分别就 $0<c\leqslant 1$ 和 $c>1$ 两种情形进行讨论。

(1)$0<c\leqslant 1$ 的情形。

为了对虫口模型的解有直观的认识,分别对给定参数、选取不同的初值以及选取不同的参数、给定相同初值这两种情形进行数值模拟,模拟结果如图 5-6 所示。图 5-6(a)对应的是选定参数 $c=0.4$,然后让初值以 0.1 的步长从 0.2 开始取值到 0.8,分别以这 7 个值作为初值,代入虫口模型得到 7 个解序列点,这些点在图中以星状点出现。从图中可看出,这些解序列点会很快就收敛到零,即虽然初始的虫口规模不同,但最终该昆虫会灭绝。图 5-6(b)对应的就是让参数 c 以 0.1 的步长从 0.1 开始取值到 0.9,分别取这 9 个不同的参数,它们均小于 1,以 $x_0=0.5$ 作为初值,代入虫口模型得到 9 个解序列点,同样发现,这些解序列点会

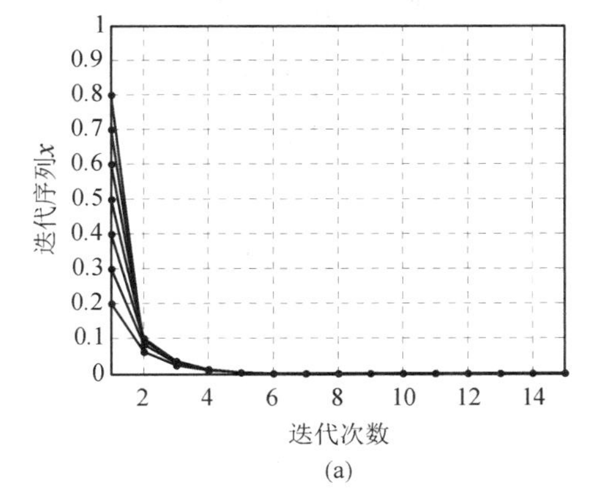

(a)

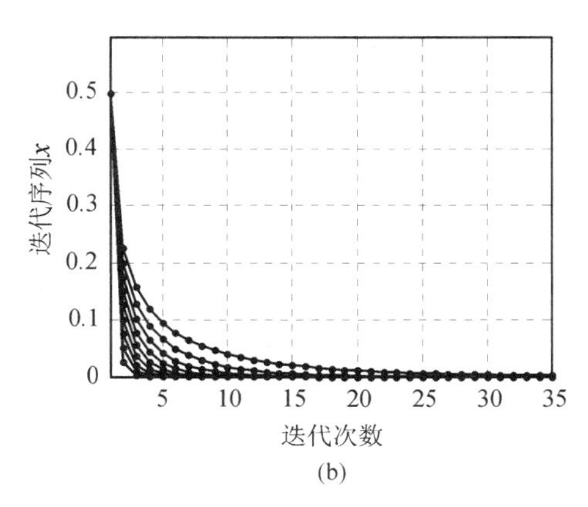

(b)

图 5-6　参数 $c<1$ 情形

很快就收敛到零，即虽然参数 c 不同，但只要小于 1，该昆虫也会灭绝。

下面我们从理论上证明，上述的直观结果事实上对于任何的 $c\leqslant 1$ 都是成立的。无论初值 $x_0\in[0,1]$ 如何选取，差分方程(5-32)只有唯一的零平衡点。事实上，由于

$$x_{k+1}=cx_k(1-x_k)\leqslant cx_k\leqslant c^2x_{k-1}(1-x_{k-1})\leqslant c^2x_{k-1}\leqslant\cdots\leqslant c^{k+1}x_0$$

故 $\lim\limits_{k\to\infty}x_k\to 0$，这意味着该昆虫最终灭绝。零平衡点是渐近稳定的，由于初值 $x_0\in(0,1)$ 可任意选取，零平衡点是全局渐近稳定的。

(2) $c>1$ 的情形。

首先利用数值模拟，对解有个直观感受。分别取参数 $c=1.56, 2.9, 3.4, 3.5$，对应不同的参数 c，选取四个不同的初值 0.2、0.4、0.6 和 0.8，代入虫口模型进行迭代，画出解序列点图。它们分别对应的是图 5-7 至图 5-10。

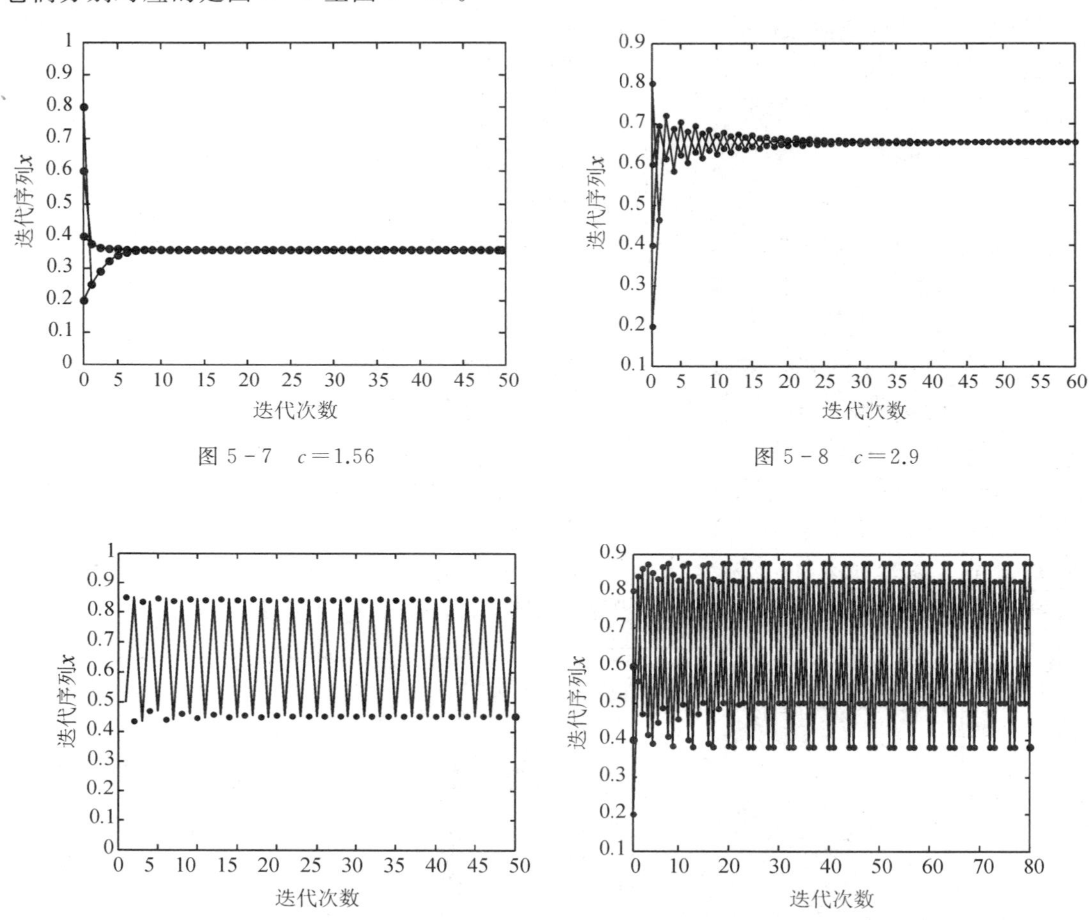

图 5-7　$c=1.56$

图 5-8　$c=2.9$

图 5-9　$c=3.4$

图 5-10　$c=3.5$

从图 5-7 和图 5-8 可以看出，此时模型的 4 个解序列最终会收敛到一个正数解，也就是说虫口会最终稳定在某一个水平上。当 $c=1.56$ 时，基本稳定在 0.35；当 $c=2.9$ 时，基本稳定在 0.655。更具体的值可以看表 5-3 和表 5-4。

表5-3　一个正平衡点情形($c=1.56$)

$c=1.56$	$x(1)=0.2$	$x(1)=0.4$	$x(1)=0.6$	$x(1)=0.8$
$x(30)$	0.3589743590	0.3589743590	0.3589743590	0.3589743590
$x(31)$	0.3589743590	0.3589743590	0.3589743590	0.3589743590
$x(32)$	0.3589743590	0.3589743590	0.3589743590	0.3589743590
$x(33)$	0.3589743590	0.3589743590	0.3589743590	0.3589743590
$x(34)$	0.3589743590	0.3589743590	0.3589743590	0.3589743590
$x(35)$	0.3589743590	0.3589743590	0.3589743590	0.3589743590

表5-4　一个正平衡点情形($c=2.9$)

$c=2.9$	$x(1)=0.2$	$x(1)=0.4$	$x(1)=0.6$	$x(1)=0.8$
$x(205)$	0.6551724138	0.6551724138	0.6551724138	0.6551724138
$x(206)$	0.6551724138	0.6551724138	0.6551724138	0.6551724138
$x(207)$	0.6551724138	0.6551724138	0.6551724138	0.6551724138
$x(208)$	0.6551724138	0.6551724138	0.6551724138	0.6551724138
$x(209)$	0.6551724138	0.6551724138	0.6551724138	0.6551724138
$x(210)$	0.6551724138	0.6551724138	0.6551724138	0.6551724138

从图5-9和图5-10发现，当$c=3.4,3.5$时，模型的4个解序列呈现周期情形，周期的形状也不同。当$c=3.4$时，有两个较稳定的态出现；而当$c=3.5$时，有四个较稳定的态出现。

下面我们试着从理论的角度对上述情形进行分析。当$c>1$时，差分方程(5-32)有$x^*=0$和$x^*=1-\frac{1}{c}$两个平衡点。由于

$$f'(0)=\left.\frac{\mathrm{d}(cx(1-x))}{\mathrm{d}x}\right|_{x=0}=c>1$$

可知零平衡点$x^*=0$不稳定。而

$$f'(1-\frac{1}{c})=\left.\frac{\mathrm{d}(cx(1-x))}{\mathrm{d}x}\right|_{x=1-\frac{1}{c}}=2-c$$

若$|2-c|<1$，即$c\leqslant 3$时，则正平衡点$x^*=1-\frac{1}{c}$是稳定的，若$|2-c|>1$，即$c>3$时，则正平衡点$x^*=1-\frac{1}{c}$是不稳定的。

事实上利用分析的方法，我们可以证明：若$1<c<2$，正平衡点$x^*=1-\frac{1}{c}$是全局渐近稳定的。由于

$$|x_{k+1}-x^*|=c|x_k(1-x_k)-x^*(1-x^*)|=c|x_k-x^*||1-x_k-x^*| \tag{5-34}$$

将正平衡点 $x^*=1-\frac{1}{c}$ 代入式(5-34)，则有

$$|x_{k+1}-x^*|=|x_k-x^*||1-cx_k| \tag{5-35}$$

由于 $x_k\in[0,1]$，$k=0,1,2,\cdots$，$1<c<2$，故 $|1-cx_k|<1$，因此可得，无论初值 $x_0\in(0,1)$ 如何选取，$\lim\limits_{k\to\infty}x_k=x^*=1-\frac{1}{c}$。

用类似上述分析的方法，还可以证明：若 $2<c<\frac{8}{3}$，正平衡点也是全局渐近稳定的。事实上可以利用几何方法证明，若 $1<c<3$，$\lim\limits_{k\to\infty}x_k=x^*=1-\frac{1}{c}$ 仍然成立。具体的证明过程不再详细展开，可以参考文献[1]。

综上所述，我们有以下结论：若 $1<c<3$，虫口模型存在唯一正平衡点 $x^*=1-\frac{1}{c}$，而且是全局渐近稳定的。

既然 $c>3$ 时，正平衡点不稳定，虫口方程的解序列 $x_k\in[0,1]$，$k=0,1,2,\cdots$，是否还具备其它规律？从数值模拟得到的图 5-9 和图 5-10 发现，此时虫口模型解序列会出现周期现象。下面我们继续试着从理论的角度再进行分析。

现考虑 $3<c\leqslant1+\sqrt{6}$，此时，容易判别：$x^*=0$ 和 $x^*=1-\frac{1}{c}$ 都是不稳定的平衡态。然而，此时有新的现象发生。取任意的初值 $x_0\in(0,1)$ 进行迭代，当 $k\to\infty$ 时，由差分方程(5-32)给出的点列在如下两个点 x_1^* 和 x_2^* 之间振荡

$$x_1^*=\frac{1+c+\sqrt{(c+1)(c-3)}}{2c},\quad x_2^*=\frac{1+c-\sqrt{(c+1)(c-3)}}{2c}$$

这两个点满足 $\xi=f(f(\xi))$，$\xi\neq f(\xi)$。由此，我们给出差分方程周期点(解)的概念。

定义 5.4 对于一个由差分方程 $x_{k+1}=f(x_k)$ 表示的动力系统，若存在正整数 $k>1$ 和 η，使得 $\eta=\underbrace{f(f\cdots(f(\eta)))}_{k\text{个}f}$，但 $\eta\neq\underbrace{f(f\cdots(f(\eta)))}_{j\text{个}f}$，$(0\leqslant j\leqslant k-1)$，则称 η 为一个 k 周期点。

可以证明：x_1^* 和 x_2^* 都是稳定的 2 周期点。事实上就是将模型(5-32)的方程迭代两次，即

$$x_{k+2}=c^2x_k(1-x_k)(1-cx_k(1-x_k))$$

虫口模型的 2 周期解满足 $x_{k+2}=x_k$，即满足方程

$$x=c^2x(1-x)(1-cx(1-x)) \tag{5-36}$$

由于平衡点必是 2 周期解，故方程(5-36)必含有 0 和 $1-\frac{1}{c}$ 的因子。对其分解因式得到

$$cx\left(x-1+\frac{1}{c}\right)(c^2x^2-(c^2+c)x+1+c)=0 \tag{5-37}$$

令式(5-37)中的最后因子 $c^2x^2-(c^2+c)x+1+c=0$，其两个根就是 x_1^* 和 x_2^*，是两个 2 周期点。至于周期点(解)的稳定性我们不再深入证明，有兴趣的同学可以参考相关文献。

若把 $1<c<3$ 时唯一的稳定正平衡点看作是周期为 1 的解。那么当 $3<c\leqslant 1+\sqrt{6}$ 时，差分方程(5－32)的稳定平衡点由周期 1 变为周期 2，如图 5－11 所示，这是一个一分为二的过程。因此，$c=3$ 是一个分支点，跨越这一数值，系统的性质发生突变。类似的，当 $1+\sqrt{6}<c\leqslant 3.544090$ 时，发生了二分为四的现象，如图 5－12 所示。进而，当 c 继续变大时，将依次发生四分为八、八分为十六……的一系列分支(分岔)现象，相应的周期分别为 2^3，2^4，…，称之为周期倍分岔。表 5－5 给出了前八次分支的情况。

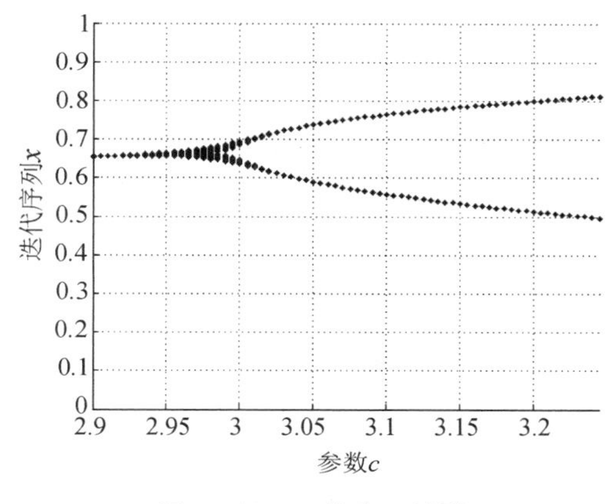

图 5－11　一分为二情形

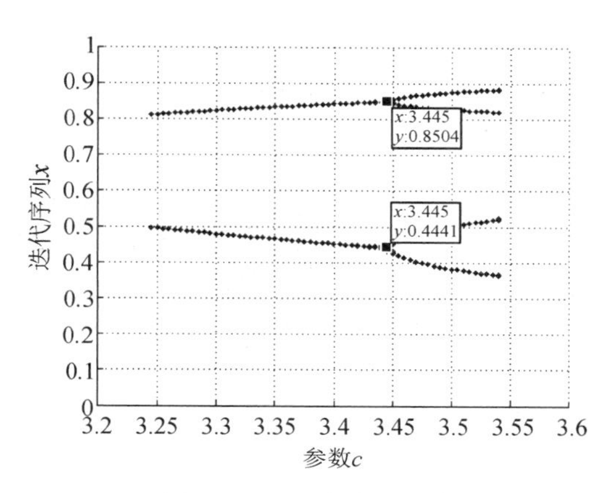

图 5－12　二分为四情形

表 5－5　前八次分支的情况

n	分支情况	分支点 c_n	$(c_n-c_{n-1})/(c_{n+1}-c_n)$
1	一分为二	3.000000	—
2	二分为四	3.449489	4.7514
3	四分为八	3.544090	4.6562
4	八分为十六	3.564407	4.6682
5	十六分为三十二	3.568759	4.6687
6	三十二分为六十四	3.569691	4.6691
7	六十四分为一百二十八	3.569891	4.6692
8	一百二十八分为二百五十六	3.569934	4.6692

从表 5－5 可以看出，这一系列的分岔点 c_n 有极限存在，事实上，这一极限 $c_\infty=3.569945672\cdots$。当参数 c 达到这一极限时，系统有周期为 2^∞ 的稳定“周期点”。实际上，无穷多个“周期点”不是周期点。通常的说法是，当参数 c 连续变化达到 c_∞ 时，差分方程(5－32)经由倍分岔途径进入“混沌”状态。混沌态既不是一个不动点，也不是一个周期点，它是一个奇怪的“吸引子”。对于它的定义和判断方法我们不做深入解释，仅从数值模拟的角度观察它呈现的现象和特征。

此外，从表 5－5 还可以看出

$$\lim_{n\to\infty}\frac{c_n - c_{n-1}}{c_{n+1} - c_n} = \delta \tag{5-38}$$

式中：$\delta=4.669201609\cdots$，这个数值称为费根鲍姆(Feigenbaum)普适常量，它对于由单峰映射确定的动力系统是“普适”的，也就是说，当这些系统经由倍分岔途径进入混沌时，按式(5－38)得到的极限值都是 δ，它是和 π、e 一样具有特殊意义的常数。

图 5－13 和图 5－14 给出了 $c=3.4$，3.5 时出现的 2 稳定周期点和 4 稳定周期点的情形，星状点表示的是虫口模型解序列点，可以发现最终在 2 个稳定值或 4 个稳定值中来回振荡。表 5－6 和表 5－7 分别给出了更具体的值。

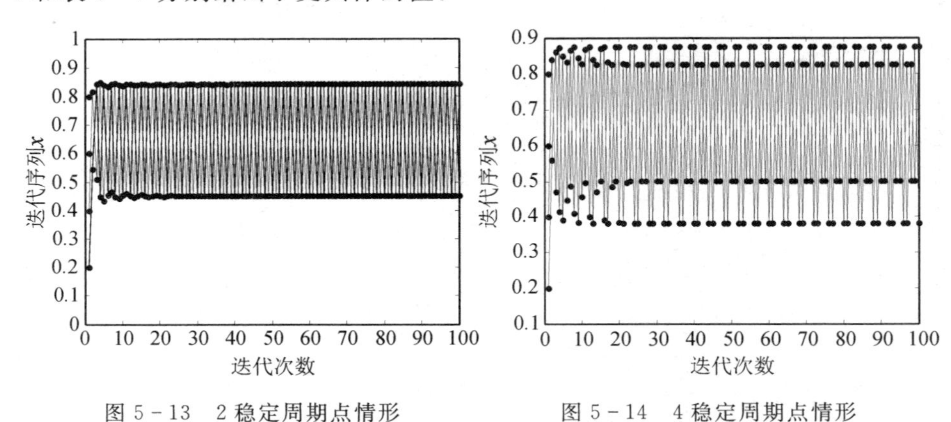

图 5－13　2 稳定周期点情形　　图 5－14　4 稳定周期点情形

表 5－6　2 稳定周期点情形(c=3.4)

c=3.4	$x(1)$=0.2	$x(1)$=0.4	$x(1)$=0.6	$x(1)$=0.8
$x(150)$	0.8421543994	0.4519632477	0.4519632477	0.8421543994
$x(151)$	0.4519632476	0.8421543994	0.8421543994	0.4519632476
$x(152)$	0.8421543994	0.4519632476	0.4519632476	0.8421543994
$x(153)$	0.4519632476	0.8421543994	0.8421543994	0.4519632476
$x(154)$	0.8421543994	0.4519632476	0.4519632476	0.8421543994
$x(155)$	0.4519632476	0.8421543994	0.8421543994	0.4519632476

表 5－7　4 稳定周期点情形(c=3.5)

c=3.5	$x(1)$=0.2	$x(1)$=0.4	$x(1)$=0.6	$x(1)$=0.8
$x(200)$	0.8269407066	0.3828196830	0.3828196830	0.8269407066
$x(201)$	0.5008842103	0.8269407066	0.8269407066	0.5008842103

续表 5-7

$c=3.5$	$x(1)=0.2$	$x(1)=0.4$	$x(1)=0.6$	$x(1)=0.8$
$x(202)$	0.8749972636	0.5008842103	0.5008842103	0.8749972636
$x(203)$	0.3828196830	0.8749972636	0.8749972636	0.3828196830
$x(204)$	0.8269407066	0.3828196830	0.3828196830	0.8269407066
$x(205)$	0.5008842103	0.8269407066	0.8269407066	0.5008842103
$x(206)$	0.8749972636	0.5008842103	0.5008842103	0.8749972636
$x(207)$	0.3828196830	0.8749972636	0.8749972636	0.3828196830

虫口模型周期倍分岔过程还会展示出非常有趣的自相似现象。图 5-15 显示的是参数 $2.7<c<4$ 和解 $0<x_k<1$ 时稳定的平衡点(解)或周期点(解)。而图 5-16 显示的是参数 $3.54<c<3.59$ 和解在 $0.87<x_k<0.898$ 时稳定的平衡点(解)或周期点(解)上的部分点,相当于是图 5-15 的局部放大,但我们会发现它们及其相似。

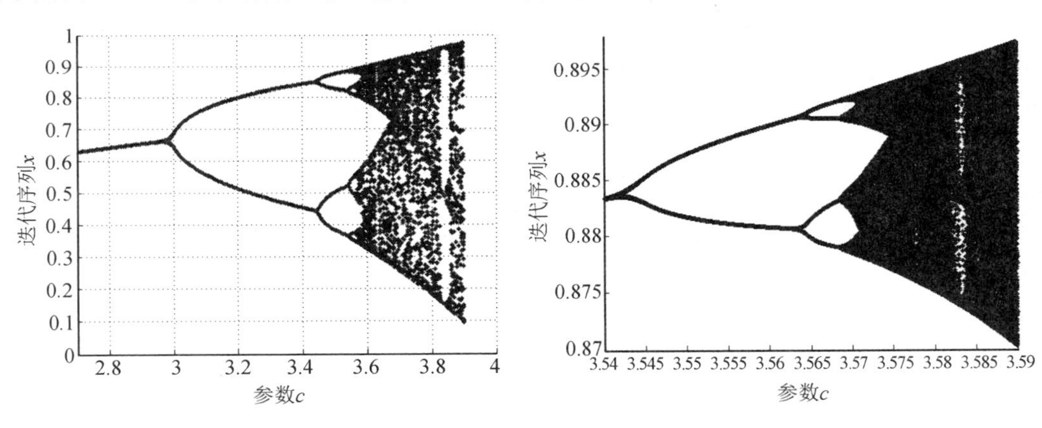

图 5-15　参数变化时倍分岔现象　　图 5-16　参数变化时倍分岔现象

当参数越来越大时,取 $c=3.98$ 和 $c=4$ 时,分别都取初值 $x_0=0.1$ 和 $x_0=0.100001$,通过数值模拟,其结果如图 5-17 和图 5-18 所示,从图中可以看出,虽然初值相差了10^{-6},但

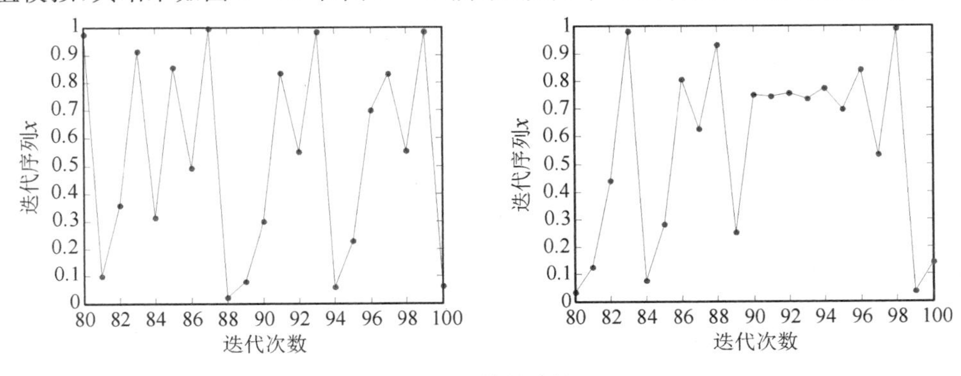

图 5-17　解对初值敏感性($c=3.98$)

其解序列点却大不相同。可以发现,当参数越来越大以后,解对初值非常敏感。

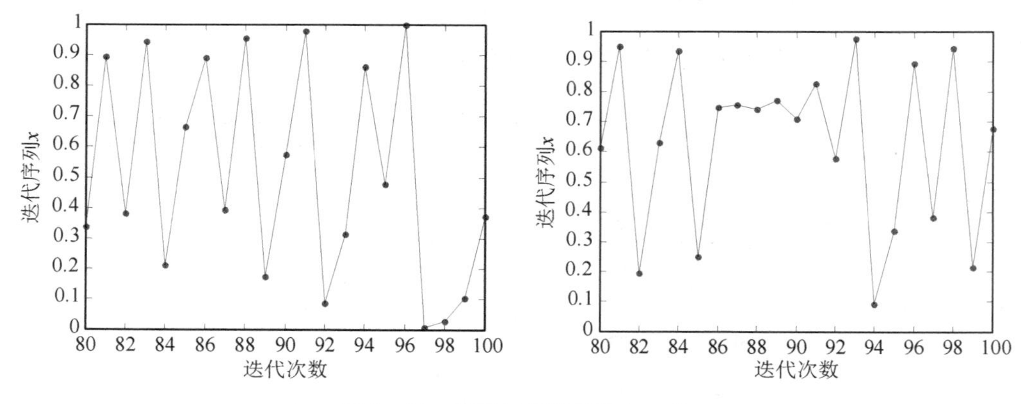

图 5-18　解对初值敏感性($c=4$)

实际问题中,任何初值都是在依据某种测量或统计的方式下给出的,总是会与精确值存在一定误差。因此,当模型解对初值非常敏感的情况下,我们就无法预知迭代映射的长期行为。发生混沌现象时,会存在这样的初始点,它的历次迭代值均在有界范围内,但从没有周期现象发生。尽管这一过程由确定性映射决定,然而在结果上与随机运动无法区分。这一现象说明,“可计算”的事物并不一定是“可预知”的,长时间的确定性动力行为与随机运动无法区分。

参考文献

[1] 周义仓,曹慧,肖燕妮.差分方程及其应用[M].北京:科学出版社,2014.

[2] 雷功炎.数学模型讲义[M].北京:北京大学出版社,2009.

[3] 阮炯.差分方程和常微分方程[M].上海:复旦大学出版社,2002.

[4] 杨启帆,谈之奕,何勇.数学建模[M].杭州:浙江大学出版社,2010.

[5] 姜启源.数学模型[M].北京:高等教育出版社,2011.

[6] 丁琳琳,孟军.猪肉供求和价格波动关系的实证分析[J].统计与决策,2016,15(409):143-145.

研究课题

1.地高辛是医治心脏病的药物,医生要求病人每天服用 0.1 mg,经过一天的时间,病人体内的药物残存量为服入量的一半。建立数学模型,解决下列问题:

(1)计算病人体内每天的药物量。

(2)病人体内地高辛总量的发展趋势如何?

2.温带节足动物的生长过程描述是一个不连续的模型,考虑有密度制约的情形,其对应的方程为

$$x_{k+1}=x_k\exp\left[r\left(1-\frac{x_k}{C}\right)\right]$$

计算以上差分方程的平衡点，并讨论其稳定性。

3.某投资者拟在甲、乙两城市间开设一家汽车租赁公司，租赁者可在两城中任意租借或归还汽车。在运营中发现，在甲城中租车的顾客约有 60％在本城归还，而有 40％在乙城归还；在乙城中租车的顾客约有 70％在本城归还，而有 30％在甲城归还。请预测该公司的汽车流向。

4.养老是重要的民生问题，与每个人的切身利益息息相关，养老保险是保险中的一个重要险种。保险公司将提供不同的保险方案。例如每月缴费 200 元至 60 岁开始领取养老金，男子若 25 岁开始投保，届时每月可领取养老金 2000 元；如 35 岁投保，届时每月可领取养老金 1000 元；请建立数学模型分析保险公司为兑付保险责任，每月的投资收益率应至少为多少？

5.王先生家要购买一套商品房，需要贷款 50 万元，其中公积金贷款 30 万，分 12 年还清，商业性贷款 20 万，分 10 年还清。每种贷款都采取了等额本息还款方式，也就是每月还款额是固定的。依据现行的公积金和商业贷款利率，请通过数学建模，回答王先生的问题：(1)他每个月应还款多少？(2)每年年底他的欠款有多少？(3)在第 10 年他还清了商业贷款后，如果他想一次性把公积金贷款还清，应还多少？

6.某个试验中观测得到的酵母菌数量随时间增长的数据如表 5－7 所示，请建立数学模型描述酵母菌数量的变化规律。

表 5－7　酵母菌增长的统计数据

时间/h	0	1	2	3	4	5	6	7	8
数量	9.6	18.3	29	47.2	71.1	119.1	174.6	257.3	350.7
时间/h	9	10	11	12	13	14	15	16	17
数量	441.0	513.3	559.7	594.8	629.4	640.8	651.1	655.9	659.6
时间/h	18								
数量	661.8								

7.渔民的捕捞行为会影响海中鱼类的数量，假设我们将所关注海域中的鱼类分为小鱼和大鱼两种，表 5－8 给出了一个港口从 1914 年到 1923 年所收购鱼类中大鱼所占的比例。试建立数学模型描述鱼类的数量变化规律，并对这个比例的变化给出解释。

表 5－8　1914—1923 年大鱼比例的统计值

年份	1914	1915	1916	1917	1918	1919	1920	1921	1922
大鱼百分比/%	11.9	21.4	22.1	21.1	36.4	27.3	16.0	15.0	14.8
年份	1923								
大鱼百分比/%	10.7								

第 6 章　常微分方程模型

微分方程是包含连续变化的自变量、未知函数及其变化率的方程式。当研究对象涉及某个过程或物体随时间连续变化的规律时，通常会建立微分方程模型。本章借助人口预测问题、新耐用品销售问题、传染病问题、导弹击打舰艇问题、油画真伪鉴定问题，一方面介绍经典的 Malthus（马尔萨斯）模型、Logistic 模型、Bass（巴斯）模型、Kermack-McKendrick（K－M）的 SIR（Susceptible Infected Recovered）模型，另一方面由简单到复杂，将较抽象的数学概念与实际问题的背景意义联系起来，阐释如何给出模型的合理假设，如何建立常微分方程（组）模型定量刻画所研究对象的变化规律，进而解决实际问题。

6.1　人口预测与 Malthus 模型及 Logistic 模型

1.人口预测问题

我国 1982 年至 2015 年的年末人口总数的统计数据如表 6－1 所示，请根据已有统计数据，建立数学模型，对我国人口数量进行预测，并与实际统计数据比较。

表 6－1　我国人口统计值

年份	1982	1983	1984	1985	1986	1987	1988	1989	1990
统计/亿	10.1654	10.3008	10.4357	10.5851	10.7507	10.9300	11.1026	11.2704	11.4333
年份	1991	1992	1993	1994	1995	1996	1997	1998	1999
统计/亿	11.5823	11.7171	11.8517	11.9850	12.1121	12.2389	12.3626	12.4761	12.5786
年份	2000	2005	2010	2015					
统计/亿	12.6743	13.0756	13.4091	13.7462					

2.人口预测的 Malthus 模型

要建立人口数量的数学模型，首先可以考虑最经典的人口预测模型——Malthus 模型。Malthus 模型出自英国经济学家、人口学家 Thomas Robert Malthus（1766—1834）于 1798 年发表的《人口原理》，该模型是 Malthus 对百余年的人口统计资料进行分析研究后提出的，并且利用当时的欧洲人口数据对模型进行了验证。下面首先介绍 Malthus 模型，然后再利用该模型预测我国人口数量。

（1）模型假设。

人口相对增长率是常数，即单位时间内人口的增长量与当时的人口成正比。

(2)模型建立。

设 t 时刻的人口数量为 $x(t)$，当考察一个国家或一个地区的人口数量时，由于出生和死亡每时每刻都可能发生，难以有分明的界限，同时为了利用微积分这一工具，一般将 $x(t)$ 看成是连续可微的函数。记初始时刻 t_0 的人口数量为 x_0，人口相对增长率为 r。于是在时间 $[t,t+\Delta t]$ 内的人口增量为

$$x(t+\Delta t)-x(t)=rx(t)\Delta t$$

由上式两端同除以 Δt，令 $\Delta t \to 0$ 得

$$\lim_{\Delta t \to 0}\frac{x(t+\Delta t)-x(t)}{\Delta t}=rx(t) \tag{6-1}$$

式(6-1)等号的左边即是导数 $\mathrm{d}x/\mathrm{d}t$，由于初始时刻人口数量为 x_0，故有

$$\begin{cases}\dfrac{\mathrm{d}x}{\mathrm{d}t}=rx(t)\\ x(t_0)=x_0\end{cases} \tag{6-2}$$

式(6-2)就是著名的 Malthus 人口模型。

(3)模型求解。

利用分离变量法容易求解(6-2)，得

$$x(t)=x_0\mathrm{e}^{r(t-t_0)} \tag{6-3}$$

由式(6-3)可以看出，当 $r>0$ 时，人口数量 $x(t)$ 将随时间呈指数增长，因此 Malthus 模型也称为指数增长模型。在实际应用中，一般以年为间隔考察人口的变化情况，即取 $t-t_0=0,1,2,\cdots,n,\cdots$ 这样就得到以后各年人口的总数为

$$x_0\mathrm{e}^{r},x_0\mathrm{e}^{2r},\cdots,x_0\mathrm{e}^{nr},\cdots$$

这是一个公比为 e^r 的等比级数，表明人口以等比级数的速度增长，这就是 Malthus 提出的“人口以几何级数增长”的理论基础。

模型中相对增长率 r 这一参数，一般可以利用已知的若干年人口数据拟合而得，也可以用已知的若干年的年自然增长率的平均值来近似替代，或利用已知的若干年的年自然增长率的数据拟合估计等。当然，也可以利用式(6-3)，两边取对数得

$$\ln x(t)=\ln x_0+r(t-t_0)=a+r(t-t_0)$$

式中：$a=\ln x_0$，然后可以利用已知的若干年人口数据拟合出参数 a 和 r，从而可以确定出初值 x_0 以及参数 r，进而预测其它年份的人口量。

3.基于 Malthus 模型预测人口数量

查阅国家统计局官网，1982 年我国的出生率为 22.28‰，死亡率为 6.60‰，自然增长率为 $r=15.68‰$。我们这里就简单地以 1982 年的自然增长率近似代替参数 r，取 1982 年末人口普查统计的人口总数 $x_0=10.1654$ 亿为初值，$t_0=1982$，代入式(6-3)，得

$$x(t)=10.1654\mathrm{e}^{0.01568(t-1982)} \tag{6-4}$$

用式(6-4)预测 1982 年以后各年我国总人口的变化，其结果如表 6-2 所示。

表 6－2　用 Malthus 模型预测的我国人口数量

年份	1982	1983	1984	1985	1986	1987	1988	1989	1990
统计值/亿	10.1654	10.3008	10.4357	10.5851	10.7507	10.9300	11.1026	11.2704	11.4333
预测值/亿	10.1654	10.3260	10.4892	10.6550	10.8234	10.9944	11.1682	11.3447	11.5240
误差	0	0.0025	0.0051	0.0066	0.0068	0.0059	0.0059	0.0066	0.0079
年份	1991	1992	1993	1994	1995	1996	1997	1998	1999
统计值/亿	11.5823	11.7171	11.8517	11.9850	12.1121	12.2389	12.3626	12.4761	12.5786
预测值/亿	11.7061	11.8911	12.0790	12.2699	12.4638	12.6608	12.8609	13.0641	13.2706
误差	0.0107	0.0148	0.0192	0.0238	0.0290	0.0345	0.0403	0.0471	0.0550
年份	2000	2005	2010	2015					
统计值/亿	12.6743	13.0756	13.4091	13.7462					
预测值/亿	13.4803	14.5797	15.7687	17.0548					
误差	0.0636	0.1150	0.1760	0.2407					

图 6－1 是式(6－4)预测的人口增长曲线,其中实线为 Malthus 人口模型的预测值,“ * ”表示问题中所给出的相应年份的人口实际统计值。

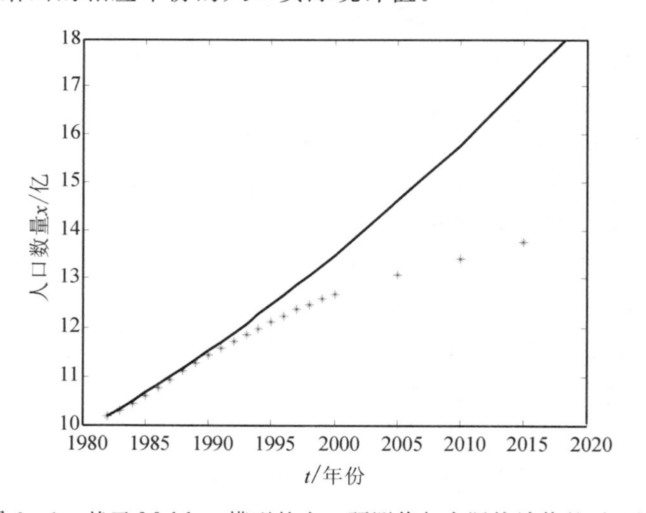

图 6－1　基于 Malthus 模型的人口预测值与实际统计值的对比图

由表 6－2 和图 6－1 可以看出,短期的预测值与实际统计值吻合得很好。在 1983 年到 1992 年中,用 Malthus 模型预测人口数量的相对误差最高不到 1.5%,表明了该模型在短期内能比较准确地预测出人口数量的变化规律。但随着时间的增加,预测值与实际统计值偏差越来越大。到 2010 年,其预测的相对误差已超过 12%,显然用其做中长期预测是不合适的。

由以上内容可以看出,Malthus 模型简单实用。历史上,应用 Malthus 模型的预测值与十九世纪以前欧洲一些国家人口统计数据可以很好地吻合，Malthus 也正是利用当时的数据验证了该模型的有效性。但是由式(6－4)可以看出，当 $t\to\infty$时，$x(t)\to\infty$，表明 Malthus 模型预测的人口数量将会无限增长，这与实际不相符合，因此需要对模型进行改进。

4.人口预测的 Logistic 模型

从 Malthus 模型对我国人口数量的预测值可以看出，该模型具有一定的局限性。为了建立更符合实际情况的人口增长模型，必须对模型的基本假设进行修改。事实上，1838 年比利时人口统计学家 Verhulst 已对 Malthus 模型进行了修正。他认为随着人口数量的增加，资源供给的因素是不容忽视的。所以人口的相对增长率 r 不是一成不变的常数，应该受人口数量的影响。鉴于此，他提出如下的模型假设。

(1)由于所处环境自然资源的约束，人口存在一个最大的环境容纳量 x_m。

(2)人口相对增长率 r 不是常数，而是随人口增加而减少。它具有以下性质：当人口数量 $x(t)$很小且远小于 x_m 时，人口以固定增长率 r_0（称为内禀增长率）增加；当 $x(t)=x_m$ 时，增长率为零。

满足上述性质的人口相对增长率 r 采用了如下线性递减函数形式

$$r(x)=r_0\left(1-\frac{x}{x_m}\right) \tag{6-5}$$

将式(6－5)定义的人口相对增长率 r 代入 Malthus 模型(6－2)，则有

$$\begin{cases}\dfrac{dx}{dt}=r_0x\left(1-\dfrac{x}{x_m}\right)\\ x(t_0)=x_0\end{cases} \tag{6-6}$$

式(6－6)称为 Logistic 模型，也称为阻滞增长模型。

运用分离变量法求解常微分方程初值问题(6－6)，得

$$x(t)=\frac{x_mx_0}{x_0+(x_m-x_0)e^{-r_0(t-t_0)}} \tag{6-7}$$

从 Logistic 模型解的表达式(6－7)可以得出：

(1)$\lim\limits_{t\to\infty}x(t)=x_m$ 的人口学含义是，不管开始时人口处于什么状态，当时间无限增加时，人口总数都会趋于其环境容纳量；

(2)当 $x(t)>x_m$ 时，$\dfrac{dx}{dt}<0$；当 $x(t)<x_m$ 时，$\dfrac{dx}{dt}>0$。其人口学含义为，当人口数量 $x(t)$超过环境容纳量 x_m 时，人口的数量将减少；当人口数量 $x(t)$小于环境容纳量 x_m 时，人口数量将增加。

图 6－2(a)和(b)分别描述了人口增长率$\dfrac{dx}{dt}$与人口数量 $x(t)$，人口数量 $x(t)$与时间 t 的关系。图 6－2(a)表明了人口增长率的最大值在 $x=\dfrac{x_m}{2}$处，图 6－2(b)反映了人口数量 $x(t)$ 随着时间 t 呈现饱和式增长，在 $x=\dfrac{x_m}{2}$处出现拐点，且$\lim\limits_{t\to\infty}x(t)=x_m$。

利用 Logistic 模型对我国人口进行估计预测，不仅需要确定内禀增长率 r_0 的值，而且需要给出环境容纳量 x_m 的值。我们仍取 1982 年的人口总数 $x_0=10.1654$ 亿为初值，内禀

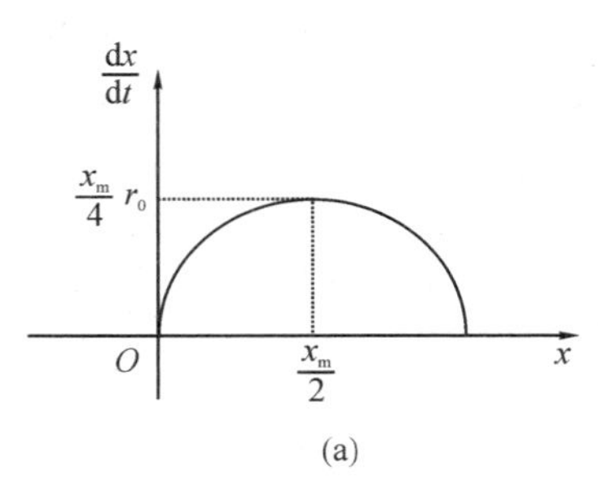

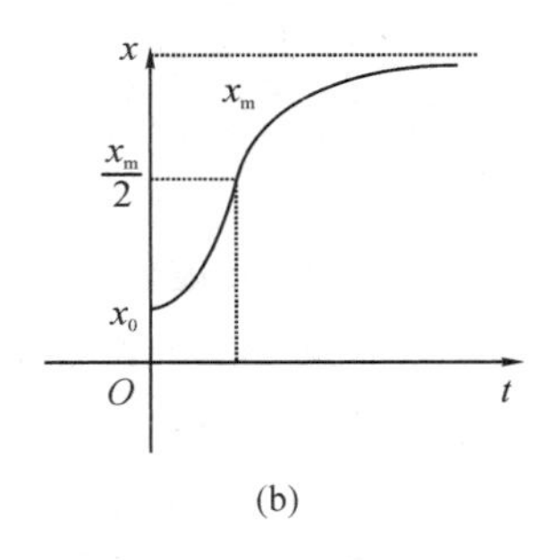

图 6-2 人口增长率和人口数量曲线示意图

增长率取为当年的自然增长率 $r_0=15.68‰$。利用已给数据，采用非线性最小二乘估计方法，调用 MATLAB 中的非线性拟合命令 nlinfit，可以估计出环境容纳量 $x_m=39.4754$ 亿。

将 $x_m=39.4754$ 亿代入式(6-7)，得

$$x(t)=\frac{39.4754}{1+(\frac{39.4754}{10.1654}-1)e^{-0.01568(t-t_0)}} \tag{6-8}$$

用式(6-8)估计以后各年我国总人口的变化，图 6-3 给出了其预测结果(虚线)和 Malthus模型预测结果(实线)以及实际统计人口值(星状点)。

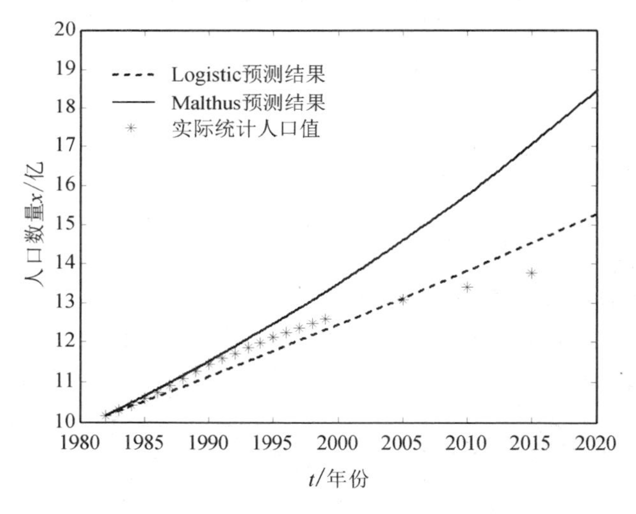

图 6-3 模型预测值与实际统计值

从图 6-3 可以看出，在短期预测中，Malthus 模型和 Logistic 模型预测效果相差不多，但做中长期预测时，Logistic 模型显然比 Malthus 模型的效果更好一些。

Logistic 模型中增加了环境容纳量 x_m 这个参数，实际问题中环境容纳量 x_m 是比较难确定的。中国科学院 1991 年《中国土地资源生产能力及人口承载研究》提出，我国最大可能环境承载力(容纳量)约 16 亿人。但土地承载力(容纳量)含义的多重性和主要参数估算的不确定性，导致环境容纳量(容纳量)很难一致。参数的估值往往会影响模型的预测结果。

考虑到实际情况，事实上上述模型还有很多可以改进的方面，比如不论是 Malthus 模型

还是 Logistic 模型，都忽略了人口的异质性，默认了不同年龄的人口具有同样的出生率和死亡率，也忽略了人口迁移带来的变化等。考虑到这些因素，已有很多学者建立并研究了其它不同类型的人口模型。考虑年龄结构的 Leslie 人口模型在本书第 5 章中已介绍，其它模型本书就不再进一步深入介绍了，感兴趣的读者可以查阅相关文献。

6.2　单一耐用新产品的销售问题与 Bass 模型

1.我国新能源汽车保有量的预测问题

近年来随着我国环境保护力度增强，消费者环保意识的不断提升，我国新能源汽车市场也在逐步兴起。从 2011 年到 2018 年我国新能源汽车保有量的统计值如表 6－3 所示。

表 6－3　我国新能源汽车的保有量统计值　　单位：万辆

年份	2011 年	2012 年	2013 年	2014 年	2015 年	2016 年	2017 年	2018 年
保有量	1.27	4.71	11.81	25.15	49.05	90.82	162.67	284.85

上述数据来源于中国汽车工业协会年销售量数据累加，其中不含进口新能源汽车销售量。请建立数学模型，预测未来年份我国新能源汽车的保有量，在 2020 年是否能突破 500 万辆的目标？

2.问题分析

在上一节，我们应用 Malthus 和 Logistic 模型来对我国人口数量进行估计预测，发现我们的研究对象“我国的人口数量或密度”非常明确，可以直接将其作为常微分方程模型中的状态变量。而本问题涉及的新能源汽车是属于新开发的居民耐用品，也就意味着购买者短期内不会更换，所以在一定周期内可以将“商品的销售数量”这一研究对象间接地用购买者的数量反映出来。耐用新产品进入市场后，通常会经历一个销售量不断增加然后又逐渐下降的过程，人们称之为产品的生命周期(Product Life Cycle，PLC)，在理论上其曲线呈传统的“钟”形(见图6－4)，因此我们建立的数学模型一定要能够反映出这样的实际现象。1969 年普渡大学(Purdue University)的 Frank M. Bass 教授在 *Management Science* 上发表了“消费耐用品的新产品增长模型”，他根据产品信息传播的途径，把消费者总体分成了“革新者(innovators)”和“模仿者(imitators)”，对于“革新者”，其购买行为往往取决于产品本身的信息——经营者或厂家提供的产品信息及广告，实体店亲自体验商品本身等来自消费者以外的信息；而对于“模仿者”促使他们进行购买的途径一般取决于已购买者的反馈——当一部分人购买产品并使用后，对产品有所评价并传播开来，使其周围的人们得到了有关产品的信息，这是来自消费者内部的信息。通过对购买者数量增量的分析，从而刻画出新耐用商品的销售规律。

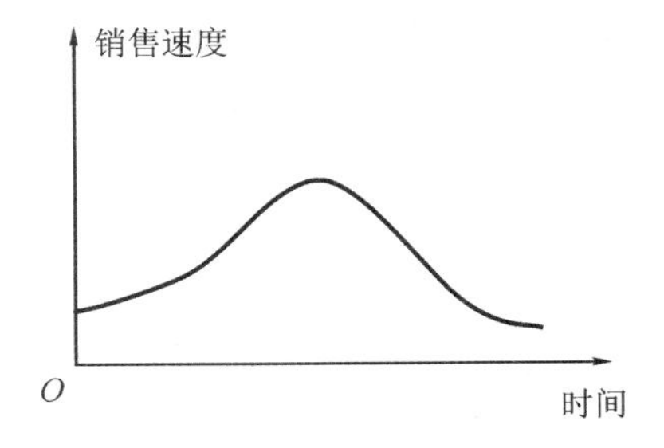

图 6－4　产品生命周期线示意图

3.模型假设

(1)市场潜力不随时间而改变。

(2)产品性能不随时间而改变。

(3)一种创新独立于其它创新。

(4)不存在供给约束。

(5)“革新者”的增量仅与未购买者(未采纳者)的数量成正比,“模仿者”的增量与未购买者(未采纳者)数量以及已购买者(采纳者)数量的积成正比。

4.耐用新产品销售的 Bass 模型

设 K 为潜在的消费者总数或市场潜力,$n(t)$为 t 时刻购买了该产品的人数。Δn 表示时间段$[t,t+\Delta t]$中购买者增量,其中一部分增量是“革新者”Δn_1,另一部分增量是“模仿者”Δn_2。依据模型假设,得

$$\Delta n_1 = a(K - n(t))\Delta t$$

其中,$a>0$ 为外部影响的比例系数,称为创新系数。

$$\Delta n_2 = bn(t)(K - n(t))\Delta t$$

其中,$b>0$ 为内部影响的比例系数。

故在时间段 Δt 内,购买者总的增量为

$$\Delta n(t) = a(K - n(t))\Delta t + bn(t)(K - n(t))\Delta t$$

上式两端同除 Δt,并令 $\Delta t \to 0$,得

$$\frac{\mathrm{d}n}{\mathrm{d}t} = (K - n(t))(a + bn(t)) \tag{6-9}$$

因为是新产品,可认为在销售最初始,已购买者的数量为零,即

$$n(0) = 0 \tag{6-10}$$

由式(6-9)和式(6-10)构成的微分方程模型,称为 Bass 模型。

对于模型(6-9)和(6-10),利用变量分离法求解,得

$$n(t) = K\frac{1 - \mathrm{e}^{-(a+bK)t}}{1 + \frac{bK}{a}\mathrm{e}^{-(a+bK)t}} = K\frac{1 - \mathrm{e}^{-(p+q)t}}{1 + \frac{q}{p}\mathrm{e}^{-(p+q)t}} \tag{6-11}$$

式中:$p = a > 0$ 为创新系数;$q = bK > 0$ 称为模仿系数,K 为首次购买的最大市场潜力。

将式(6-11)两端对 t 求导,并记$\frac{\mathrm{d}n(t)}{\mathrm{d}t} = m(t)$,则有

$$m(t) = K\frac{p(p+q)^2\mathrm{e}^{-(p+q)t}}{(p + q\mathrm{e}^{-(p+q)t})^2} \tag{6-12}$$

因为 $p,q>0$,由式(6-12)我们可以看出 $m(t)>0$,故 $n(t)$为增函数。再将式(6-12)两端对 t 求导,则

$$m'(t) = K\frac{p(p+q)^3(p + q\mathrm{e}^{-(p+q)t})\mathrm{e}^{-(p+q)t}(q\mathrm{e}^{-(p+q)t} - p)}{(p + q\mathrm{e}^{-(p+q)t})^4}$$

存在唯一的极值点。从式(6-11)可以看出,当 t 趋向于正无穷时,其极限为 K。因此函数 $n(t)$递增、有界且有拐点,形状如字母 s。我们经常也把式(6-11)称为 Bass 模型的“s”形累

积曲线形式。

从另外一个角度分析，由 $m(t)$ 与 p、q 的定义及式(6-9)，可知

$$m(t)=\frac{\mathrm{d}n(t)}{\mathrm{d}t}=(K-n(t))(a+bn(t)) \tag{6-13}$$

故

$$m(t)=pK+(q-p)n(t)-\frac{q}{K}(n(t))^2 \tag{6-14}$$

式(6-14)也是Bass模型的一种形式，用来描述单位时间的销售量或销售速度。事实上，我们由式(6-14)可以看出，其曲线就是开口向下的抛物线，有一个峰值，这也是产品生命周期"钟"形曲线的由来。式(6-13)还可以改写为

$$\frac{m(t)}{K\left(1-\frac{n(t)}{K}\right)}=a+bn(t) \tag{6-15}$$

令

$$f(t)=\frac{m(t)}{K},F(t)=\frac{n(t)}{K}$$

则式(6-15)可以表示为

$$\frac{f(t)}{1-F(t)}=p+qF(t)$$

即

$$f(t)=(1-F(t))(p+qF(t)) \tag{6-16}$$

式(6-16)是Bass模型的基本表达形式，其表达的含义是在 t 时刻将要购买者(采纳者)的比例与累积已经购买者(采纳者)的比例成线性关系。

Bass模型的意义在于它提出市场动态变化的规律，为企业在不同时期对市场容量及其变化趋势做出科学有效的估计。Bass模型虽然在理论上比较完善，但是只适用于已经在市场中存在一定时期的新产品的市场预测，而往往新产品上市的时候，其质量和性能对顾客来讲相当陌生，企业无法对Bass模型中的创新系数和模仿系数做出可靠的估计。而且针对Bass模型本身的假设，它存在很多局限性，比如Bass模型没有考虑营销策略对产品销售的影响，也没有考虑供需的约束，比如没有考虑重复购买的情况等，此时需要对Bass模型做出一定改进和补充。关于改进的Bass模型，我们不再深入展开。

5.基于Bass模型的新能源汽车的保有量预测

现在我们基于Bass模型，利用表6-3的数据，对我国未来新能源汽车的保有量进行预测。模型参数的估计是我们进行预测的重要部分，这里采用非线性最小二乘法进行估算，当然还可以用其它的参数估计方法，比如极大似然法等。采用Bass模型时，数据点的起始点数值一般要大于最大市场潜力 K 和创新系数 p 的乘积。但在进行拟合前这两个参数是未知的，有两种获取这两个参数的途径。其一是参考同类产品的参数值，其二是先进行数据拟合，得到参数的估值后，再进行起始点的选取。由于2011年到2013年，是新能源汽车的初步推广期，充电桩等行驶保障的基础设施没有配套，因此导致这段时期的汽车保有量的增长不具备规律性，所以取起始点为2014年。基于非线性最小二乘法，采用式(6-11)的Bass

模型累积曲线函数形式，调用 MATLAB 中的 nlinfit 命令，分别拟合出 $p+q=0.6$，$\frac{q}{p}=0.9208$，$K=2274$。进一步预测出未来我国新能源汽车的销售速度（年销售量）和新能源汽车的保有量（累积已购买量），其结果如图 6－5 所示。

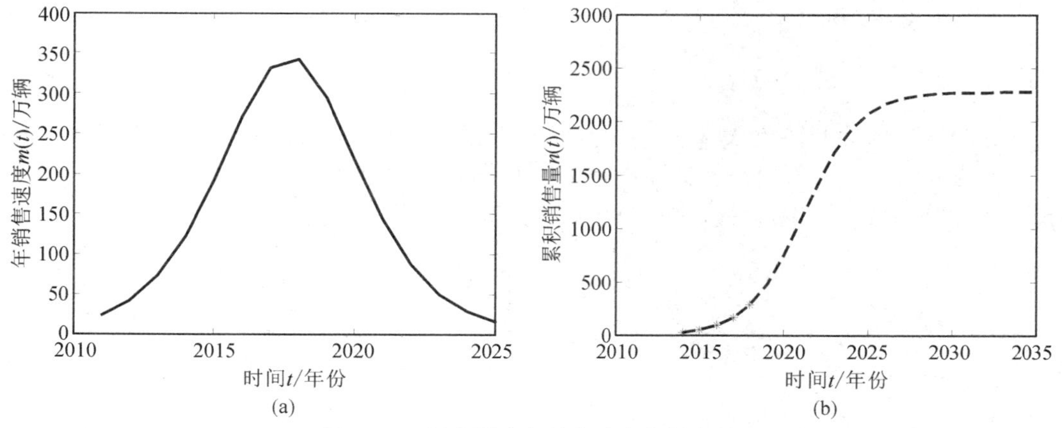

图 6－5 新能源汽车销售速度和保有量

由图 6－5(a)所示可以看出年销售量呈“钟”形曲线，符合一般新产品的销售规律。图 6－5(b)中“ * ”表示 2014 到 2018 年的保有量的实际统计值，“——”表示我国新能源汽车保有量的预测曲线，可以看出，新能源汽车的保有量呈现“s”形递增，最大市场潜力达到 2274 万辆，在 2020 年，即图中的第 10 年时，累积保有量达 746.6 万辆，可以提前完成《汽车与新能源汽车产业发展规划(2012—2020 年)》中“到 2020 年，新能源汽车累积产销 500 万辆”的目标。如果考虑重复购买，保有量的数值还会更高。

6.3 Eyam(伊姆)村庄鼠疫与 Kermack-McKendrick 的 SIR 模型

1.Eyam 村庄鼠疫传染病问题

1666 年英格兰 Sheffield 附近的 Eyam 村庄突然遭受腺鼠疫（淋巴结病变为主，又称黑死病）的侵袭，350 人中仅有 83 人幸免于难。根据保存的详细资料，从 1666 年 5 月中旬到 10 月中旬为第一次流行期，最初染病人数为 7 人，易感者（对某种传染病缺乏特异性免疫力的人称为易感者）人数为 254 人，最后剩下没有感染该病的易感者人数为 83 人。根据这些数据能否估计出疾病流行最高峰时染病者的人数？

2.问题分析

传染病的预防和控制是关系到人类健康和国计民生的重大问题，对疾病流行规律的定量研究是防控工作的重要依据。传染病研究的难点是无法得到准确的数据，人们不可能去做传染病传播的试验，从医疗卫生部门得到的资料也是不完全和不充分的，所以通常主要是依据机理分析的方法建立模型。不同的传染病传播机理和过程是各不相同的。这里通过 Eyam 村庄的黑死病，介绍一类 Kermack-McKendrick 的 SIR 模型（最早的“仓室(compartment)模型")。该模型是由Kermack和McKendrick在1926年研究1665—1666年黑死病在伦敦的流行规律及1906年瘟疫在孟买的流行规律构造出来的,由此来感受一下微分方程数学模型在传染病研究中的应用。

为了估计最高峰的染病者人数,首先需要研究这个疾病的流行规律。对于传染病来说,传染源、传播途径和易感者是必要条件。Kermack-McKendrick把所研究的人群进行分类:易感者(susceptibles)类,即在这个村庄所有未感染者的全体,简记为s,这一类人若与染病者有效接触,就容易受传染而得病;染病者(infectives)类,即在此村庄已感染传染病且仍在发病期的人的全体,简记为i,这一类人若与易感者类的人有效接触,就容易把病传染给易感者;以及移出者(removed)类,即表示此村庄内因为染病而死亡或病愈有免疫能力的全体,简记为r,这一类人不再受染病者的传染而重新得病,也不会把疾病传染给易感者。SIR模型就是取这三个字母命名的。每一类群体可视为处于一个仓室状态,不同仓室的人群在疾病传播过程中会发生仓室状态的改变,导致不同仓室的数量或密度发生变化。

3.模型假设

K-M的SIR模型建立是基于以下三个基本假设。

(1)不考虑人口的出生、死亡、迁移等因素。考虑到当时黑死病在小村庄的传播情况,相当于在一个封闭的环境中进行,其变化速度要显著于出生、死亡等带来的变化,从而可以忽略不计这些因素。也就是说该环境的总人口是保持不变的,即$s(t)+i(t)+r(t)=N$(N为常数)。在实际处理中,我们也可以把$s(t)$、$i(t)$、$r(t)$分别取作他们在t时刻所占总人口的比例,则$s(t)+i(t)+r(t)=1$。

(2)一个病人一旦与易感者接触就必然具有一定的传染力。假设t时刻单位时间内,一个病人能传染的易感者数目与此环境内易感者总数成正比,比例系数为$\beta>0$,从而在时刻t单位时间内被所有病人传染的人数(即新病人数)为$\beta s(t)i(t)$,$\beta>0$称作传染率。

(3)t时刻单位时间内,从染病者类移出的人数与病人数量成正比,比例系数为$\gamma>0$,从而单位时间内移出者的数量为γi。显然,$\gamma>0$是单位时间内移出者在病人中所占的比例,称为移出率系数,有时简称为移出率。

4.Eyam村庄鼠疫传染病问题的SIR模型

设$s(t)$为时刻t未染病但有可能被该类疾病传染的人数或比例;$i(t)$为时刻t已被感染成病人且具有传染力的人数或比例;$r(t)$为时刻t从染病者类移出的人数或比例,包括病愈免疫或因病死亡的;记$N(t)$为时刻t的总人口数或比例,s_0和i_0分别为最初的易感者人数和染病者人数。根据假设1,有

$$s(t)+i(t)+r(t)=N(t)\text{(或}=1\text{)}$$

为了方便分析$s(t)$、$i(t)$、$r(t)$之间的关系,通过上面的分析假设,K-M的SIR模型的流程图如图6-6所示,我们可以从每个仓室的输入和输出因素角度去思考分析,下面以易感者类人群s这个仓室为例来分析。使s仓室的易感者人数增加的输入因素一般来讲应该包含新出生的人群(不考虑存在母婴传播情况,新生儿都是易感者),从外部其它地方迁入的易感者等因素,但基于假设1的考虑,我们忽略了这些输入因素;使s仓室的易感者人数减少的输出因素通常包含因自然死亡而减少,从该地迁出到其它地方而减少,以及由于接触了染

病者而患上该疾病，变成染病者类人群 i 而减少等因素，但基于假设 1，这里仅考虑了由于被传染而变成了 i 类仓室人群的输出因素。至于其它的仓室都可以进行类似分析。从仓室角度分析建立微分方程模型，具有一定的通用性。

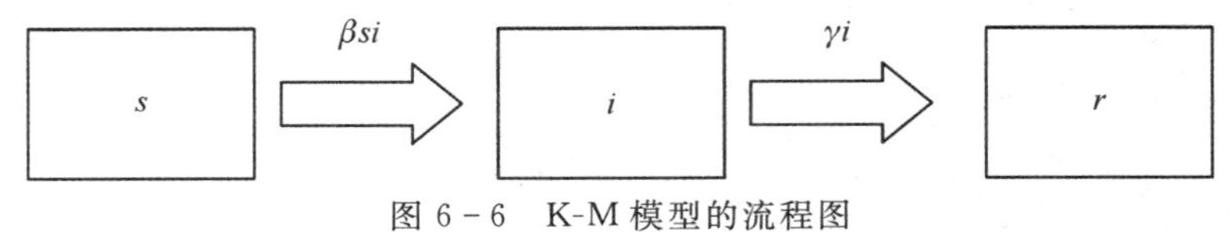

图 6－6　K-M 模型的流程图

根据假设 2，在时刻 t 单位时间内被传染的人数（即新病人数）为 $\beta s(t)i(t)$，即易感者人数 $s(t)$ 减少的速率为 $\beta s(t)i(t)$，从而有

$$\frac{\mathrm{d}s}{\mathrm{d}t}=-\beta is$$

式中：$\beta>0$，表示传染率。

依据流程图 6－6，利用每一个仓室人数或比例的变化率等于其输入率和输出率之差来建立方程，就可以得出以下常微分方程组模型：

$$\begin{cases}\dfrac{\mathrm{d}s}{\mathrm{d}t}=-\beta is\\[2mm]\dfrac{\mathrm{d}i}{\mathrm{d}t}=\beta is-\gamma i\\[2mm]\dfrac{\mathrm{d}r}{\mathrm{d}t}=\gamma i\end{cases}\tag{6-17}$$

5.模型求解与结论

对于式(6－17)所示的常微分方程组，无法求得其解析解。下面采取定性分析的方式分析解的性态，从而得到传染病的流行规律。

首先将式(6－17)中的三个方程两端分别相加，得到

$$\frac{\mathrm{d}(s+i+r)}{\mathrm{d}t}=0$$

从而有 $s(t)+i(t)+r(t)=N$（或$=1$），可以看出所建立的模型(6－17)与假设 1 吻合。

由于式(6－17)中的前两个方程中都不含 r，因此我们先讨论前两个方程，即

$$\begin{cases}\dfrac{\mathrm{d}s}{\mathrm{d}t}=-\beta is\\[2mm]\dfrac{\mathrm{d}i}{\mathrm{d}t}=(\beta s-\gamma)i\end{cases}\tag{6-18}$$

因为$\dfrac{\mathrm{d}s}{\mathrm{d}t}<0$，故 $s(t)$ 单调递减且有下界（下界为 0），从而极限

$$\lim_{t\to\infty}s(t)=s_\infty\text{ 存在，且对于任意 }t>0,\ s(t)\leqslant s_0$$

再由式(6－18)的第二个方程，可以看出当 $s_0<\dfrac{\gamma}{\beta}$时，$s(t)<\dfrac{\gamma}{\beta}$，有

$$\frac{\mathrm{d}i}{\mathrm{d}t}<0,\ t>0$$

当 $s_0>\frac{\gamma}{\beta}$时，$\left.\frac{\mathrm{d}i}{\mathrm{d}t}\right|>0$，再将式(6－18)中的两式相比，可得

$$\frac{\mathrm{d}i}{\mathrm{d}s}=-1+\frac{\rho}{s},\quad 其中\ \rho=\frac{\gamma}{\beta} \tag{6－19}$$

可见，当 $s=\rho$ 时，i 达到最大值。从而在相平面(s,i)上不难画出系统(6－19)的轨线分布示意图，如图 6－7 所示。由图 6－7 可看出，当初始时刻易感者数量 $s_0>\rho$ 时，随着时间增加，染病者数量 $i(s)$将先增加到最大值 $i(\rho)$，然后再逐渐减少而最终消亡。

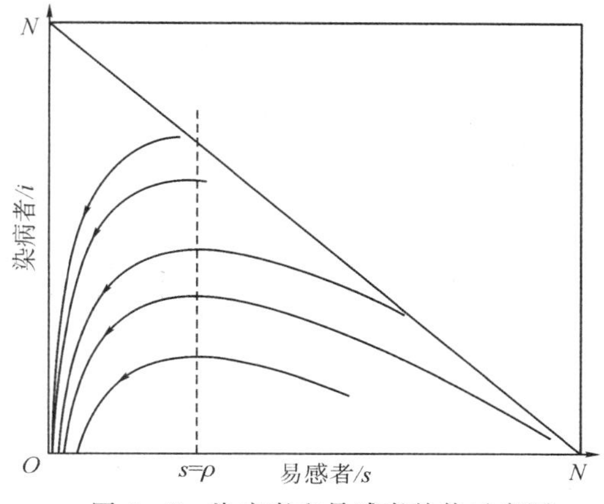

图 6－7　染病者和易感者趋势示意图

要估计疾病流行最高峰时的染病者人数 $i_{\max}$，我们求解方程(6－19)，就可以得到

$$i-i_0=-(s-s_0)+\rho\ln\frac{s}{s_0} \tag{6－20}$$

若令

$$R_0=\beta\frac{1}{\gamma}s_0=\frac{s_0}{\rho} \tag{6－21}$$

并且注意到 $i_0+s_0=N$，由式(6－19)我们已分析出当 $s=\rho$ 时，i 达到最大值 $i_{\max}$，故令式(6－20)中的 $s=\rho$，就得出

$$i_{\max}=i_0+s_0-\rho+\rho\ln\frac{\rho}{s_0}=N-\rho(1+\ln R_0) \tag{6－22}$$

因此要估计出 $i_{\max}$，就需要知道最初的染病者的数量 i_0，最初的易感者的数量 s_0，还有 ρ 的值或者 R_0 的值。从问题所给的数据，我们可以知道 $i_0=7$，$s_0=254$，$s_\infty=83$(在实际中 s_0、s_∞ 是可以测定的，例如可以通过血清检查测定)，故 $N=261$。下面通过一种近似估计 ρ 和 R_0 的方法，最终估计出 $i_{\max}$的值。

从图 6－7 分析可以看出，$t\to\infty$时，$i(t)\to 0$，$s(t)\to s_\infty$，将其代入式(6－20)，可以得出

$$N-s_\infty+\rho\ln\frac{s_\infty}{s_0}=0 \tag{6－23}$$

由式(6－23)得

$$\frac{\gamma}{\beta}=\rho=\frac{N-s_\infty}{\ln s_0-\ln s_\infty} \tag{6－24}$$

将 $s_0=254$，$s_\infty=83$，$N=261$ 代入式(6-24)，求得 $\rho=153$。再由 $R_0=\frac{s_0}{\rho}$确定出 $R_0=1.66$。将求得的 R_0 和 ρ 值代入式(6-22)，得

$$i_{\max}=261-153(1+\ln 1.66)\approx 31$$

也就是说，疾病流行最高峰时，感染人数约为 31 人。

通过上述问题的解决，我们不仅可以学习经典仓室模型的建模思想，还可以发现，当模型无法求出解析解时，运用定性分析理论和方法也可以达到探究模型解的性态的目标。

6.4 导弹击打舰艇问题

1.导弹击打舰艇问题

某舰在巡逻中发现正前方 40 km 处有一艘敌舰，其正沿着与我舰连线的夹角呈 120°的方向匀速航行，航行速度为 90 km/h。根据情报，这种敌舰能在我军舰发射导弹后 6 min 作出反应并摧毁导弹，若我方导弹飞行速度为 450 km/h，请建立数学模型，判断敌舰是否在我舰导弹的打击范围内？根据建立的数学模型，对导弹系统进行改进，使其能自动计算出敌舰是否在有效打击范围之内，并作出是否打击的决策。

2.问题分析

目前的导弹系统能迅速测出敌舰的种类、位置以及敌舰航行速度和方向，导弹自动制导系统能保证在导弹发射后任一时刻都能对准目标。

假设敌舰能在我军舰发射导弹后 T min 作出反应并摧毁导弹。问题就变为根据敌舰反应时间、导弹速度、敌舰的航速、敌舰的方向、我军舰与敌舰的距离，计算敌舰是否在有效打击范围之内。

3.模型假设

(1)假设敌舰和导弹速度不变。

(2)敌舰航行方向不变。

(3)导弹的速度方向始终指向敌舰。

4.模型建立

记 $P(X(t),Y(t))$ 为敌舰在 t 时刻所在位置；$Q(x(t),y(t))$ 为我军舰所发射导弹在 t 时刻所处的位置；d 表示初始时我军舰与敌舰的距离；a 表示敌舰航行速度；b 表示导弹飞行速度；θ 表示敌舰航行方向，敌舰反应时间为 T。

设我舰发射导弹时位置在坐标原点，以我舰和敌舰的连线为 x 轴，建立直角坐标系，如图 6-8 所示，敌舰在 x 轴正向 d km 处，其航行速度为 a km/h，方向与 x 轴夹角为 θ，导弹飞行线速度为 b km/h。

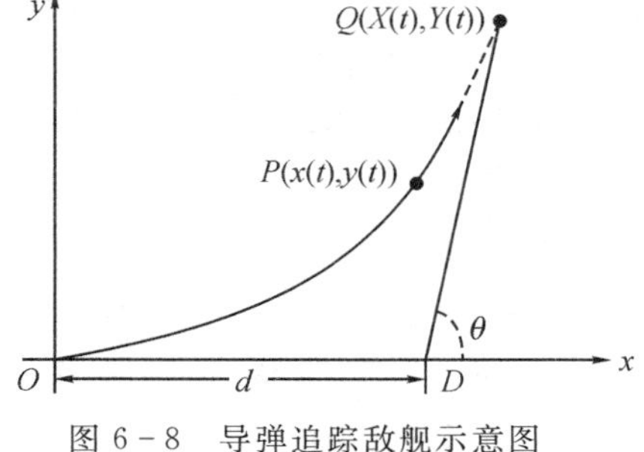

图 6-8 导弹追踪敌舰示意图

导弹在 t 时刻的飞行速度 b 可以由其位移导数来表示，即

$$\sqrt{\left(\frac{\mathrm{d}x}{\mathrm{d}t}\right)^2+\left(\frac{\mathrm{d}y}{\mathrm{d}t}\right)^2}=b \tag{6-25}$$

而 t 时刻敌舰所在位置 $Q(x(t),y(t))$ 可以表示为

$$\begin{cases}X(t)=d+at\cos\theta\\Y(t)=at\sin\theta\end{cases} \tag{6-26}$$

为了保持导弹始终对准目标，所以导弹飞行轨迹的切线方向应该满足

$$\begin{cases}\dfrac{\mathrm{d}x}{\mathrm{d}t}=\lambda(X-x)\\[2mm]\dfrac{\mathrm{d}y}{\mathrm{d}t}=\lambda(Y-y)\end{cases} \tag{6-27}$$

式中：λ 为常数。联立式(6-25)和式(6-27)，消去 λ 后可求得

$$\begin{cases}\dfrac{\mathrm{d}x}{\mathrm{d}t}=\dfrac{b}{\sqrt{(X-x)^2+(Y-y)^2}}(X-x)\\[2mm]\dfrac{\mathrm{d}y}{\mathrm{d}t}=\dfrac{b}{\sqrt{(X-x)^2+(Y-y)^2}}(Y-y)\end{cases} \tag{6-28}$$

其初值条件满足 $x(0)=0, y(0)=0$。

由于敌舰能在我军舰发射导弹后 Tmin 作出反应并摧毁导弹，因此，对于给定的 a、b、d、θ，若存在时间 $\tilde{t}<T$，使得 $x(\tilde{t})=X(\tilde{t})=d+a\tilde{t}\cos\theta$ 或 $x(T)>d+aT\cos\theta$，则可以判定敌舰在导弹打击范围内，否则在打击范围外。

5.模型求解

由式(6-26)—(6-28)联立的常微分方程组数学模型，无法求其解析解。这里我们采用数值求解的办法。由题设 $T=0.1, a=90, b=450, \theta=\dfrac{2\pi}{3}, d=40$，基于龙格库塔算法，调用 MATLAB 软件中的 ode45 命令进行简单编程实现。

首先，给出常微分方程的函数文件，这里要注意的是在使用 ode45 命令时，常微分方程一定要表示成一阶显式导数格式，我们的模型恰好符合，所以可以直接写出其函数名文件为

```
function fun = modeling49(t,y)
d = 40;a = 90;b = 450;T = 0.1;theta = 2 * pi/3;
fun = [b * ((d + a. * t * cos(theta)) - y(1))./sqrt((d + a. * t * cos(theta) - y(1))^2 + (a.
    * t * sin(theta) - y(2))^2);b * (a. * t * sin(theta) - y(2))./sqrt((d + a. * t *
    cos(theta) - y(1))^2 + (a. * t * sin(theta) - y(2))^2)]
```

其次，调用 ode45 命令进行求解并画图，其主程序为

```
clc;clear;
d = 40;a = 90;b = 450;T = 0.1;theta = 2 * pi/3;
[t,y] = ode45(@modeling49,[0 6],[0 0]);
plot(y(:,1),y(:,2),'b -','Linewidth',2)
holdon
```

```
t = 0:0.5:6;
plot(d + a.*t*cos(theta),a.*t*sin(theta),'r--','Linewidth',2)
axis([0 40 0 7]);
boxon
```

执行程序后，导弹飞行与敌舰航行的轨迹如图 6-9 所示。

由图 6-9 可以看出，导弹可以击中敌舰。击中敌舰的位置约为 $Q(36.2404,6.4428)$，从而可知击中的时间约为 0.0832 h。当然对于该模型的求解也可以利用仿真途径，这里不再赘述。在实际工作中，一方面可以对所有可能的 d 和 θ 计算击中所需时间，从而对不同 θ 得出 d 的临界值，具体应用时直接查表判断；另一方面，也可以对导弹系统进行改进，使其能自动计算出敌舰是否在有效打击范围之内，并作出是否打击的决策。通过该问题的解决，我们可以看到，当无法求出模型的解析解时，数值求解的方式是一种有效途径。

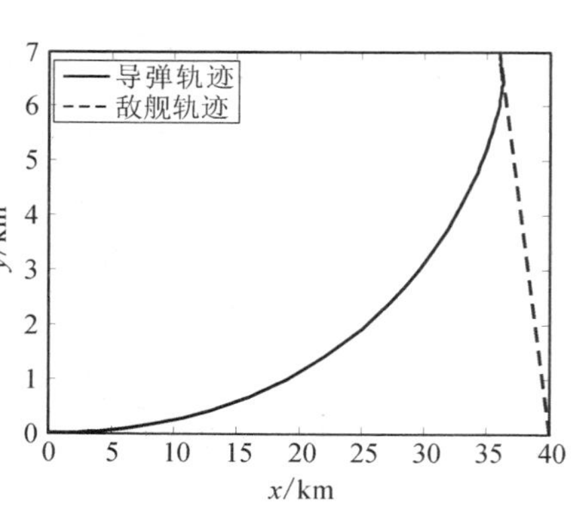

图 6-9　导弹与敌舰的轨迹

6.5　名画伪造案的侦破问题

1.名画伪造案的侦破问题

二战后期，比利时解放后，当局以通敌罪逮捕了三流画家范·梅格伦，理由是他曾将 17 世纪荷兰名画家扬·弗米尔的油画《捉奸》卖给了德国的中间人戈林。可是，范·梅格伦在同年 7 月 12 日在狱中宣布，他从未把《捉奸》卖给戈林。而且，他还说，这一幅画和众所周知的油画《在埃牟斯的门徒》以及其它四幅冒充弗米尔的油画和两幅冒充胡斯(17 世纪荷兰画家)的油画，都是他自己的作品。

这事震惊了全世界。因为油画《在埃牟斯的门徒》早已被鉴定家认为是真迹，并以 17 万美元的高价被荷兰一学会买下。为了证明他自己是一个伪造者，他在狱中开始伪造弗米尔的油画《耶稣在医生们中间》。当这项工作接近完成时，梅格伦获悉，荷兰当局将以伪造罪起诉他，于是，他没有将油画完成，以免留下罪证。

为了审理这一案件，法庭组织了一个由著名的化学家、物理学家和艺术学家组成专门的国际小组查究这一案件。他们用 X 射线检验画布上是否曾经有过别的画。此外，他们还分析了油彩中的拌料。终于，科学家们在其中的几幅画中发现了现在颜料钴兰的痕迹；此外，还发现了 20 世纪才发明的酚醛类人工树脂。

根据这些证据，1947 年 10 月，梅格伦被判伪造罪，判刑一年。可是他于当年 12 月因心脏病发作，在狱中死去。然而，事情到此并没有结束。人们还是不相信著名的油画《在埃牟斯的门徒》是伪造的。专家小组对怀疑者的回答是梅格伦因他在艺术界没有地位而苦恼，于是决心绘制油画《在埃牟斯的门徒》，来证明他的水平高于第三流画家。当创作出这幅杰作后，他的志气消退了。而且，当他看到油画《在埃牟斯的门徒》如此容易卖掉后，他在炮制后来的伪造品时就不太用心了。这种解释不能使人满意。人们要求用科学的方法来证明油画《在埃牟斯的门徒》的确是一个伪造品。直到 1967 年，卡内基梅隆大学的科学家们通过建立数学模型，并利用测得的一些数据，无可置疑地证实了上述所谓的名画确实是赝品，从而使这一悬案得以告破。那么，科学家们是怎么用数学建模的方法来证实该画作是赝品的呢？

2.问题分析

艺术家们应用铅白作为颜料之一，已有 2000 年以上的历史。铅白（碱式碳酸铅）中含有少量放射性元素铅（^{210}Pb）和更少量的镭（^{226}Ra），而这两种重金属元素都会发生衰变。因此可以通过测定油画中放射性元素的年龄以辨真伪，如果是真品，年龄至少应在 300 年及以上。

我们知道，放射性元素的原子是不稳定的，它们会不断地有原子自然衰变而成为新元素的原子，这种衰变的原子数目与放射性物质中该物质的原子数成正比。

铅白是由铅金属产生的，而铅金属是经过熔炼从铅矿中提取来出的，而 90%～95% 的镭以及其衰变的元素会当成废渣剔除。这样 ^{210}Pb 从处于放射性平衡状态的矿中提取出来时，其绝大多数来源被切断，因而会迅速衰变，直到 ^{210}Pb 与少量的镭 ^{226}Ra 再度处于放射平衡。

根据著名物理学家卢瑟福（Rutherford）指出的物理原理：物质的放射性正比于现存物质的原子数。设 t 时刻该物质的原子数为 $N(t)$，则有

$$\begin{cases}\dfrac{\mathrm{d}N(t)}{\mathrm{d}t}=-\lambda N(t)\\ N\big|_{t=t_0}=N_0\end{cases}$$

式中：λ 为物质的衰变常数。解此微分方程，得

$$N(t)=N_0\mathrm{e}^{-\lambda(t-t_0)} \tag{6-29}$$

令 $N(t)=\dfrac{N_0}{2}$，代入式（6－29），解得 $t-t_0=\dfrac{\ln 2}{\lambda}$，这就是我们常说的半衰期，用 T 表示，即

$$T=\frac{\ln 2}{\lambda}$$

许多物质的半衰期都已测定，比如 ^{14}C 的半衰期为 5730 a，^{239}U 的半衰期是 45 亿 a，^{210}Pb 的半衰期是 22 a 等。图 6－10 给出与本问题相关的铀到铅的衰变过程和相应的半衰期。

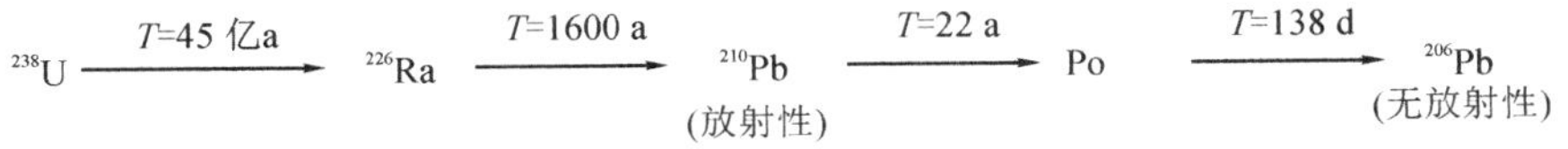

$$^{238}U \xrightarrow{T=45\text{亿a}} {}^{226}Ra \xrightarrow{T=1600\text{ a}} {}^{210}Pb \xrightarrow{T=22\text{ a}} Po \xrightarrow{T=138\text{ d}} {}^{206}Pb$$

（放射性）　（无放射性）

图 6－10　衰变流程和半衰期

根据测定的半衰期就可以确定衰变常数 λ，而 $N(t)$ 通常能测出来，只要知道 N_0，依据

$$t-t_0=\frac{1}{\lambda}\ln\frac{N_0}{N(t)}$$

就可测定物质的年龄了。若油画为真品，它应该是 17 世纪的作品，油画颜料应有 300 a 左右

或 300 a 以上的历史。若油画中放射性物质的年龄远小于 300 a,则可以鉴定为赝品。

3.模型假设

(1)由于镭(^{226}Ra)的半衰期为 1600 a,我们要鉴定该油画是否是 17 世纪所创作,时经 300 多年,利用式(6-29)不难计算出铅白中的镭至少还保留着原先数量的 90%。因此为简单起见,不妨假设每克铅白中每分钟镭的衰变数是一个常数。

(2)钋的半衰期为 138 d,铅(^{210}Pb)的半衰期为 22 a,对要鉴别的 300 多年的颜料来说,每克铅白中每分钟钋的衰变数与^{210}Pb的衰变数可视为相等。因钋的半衰期较短,容易测量,因此以每分钟钋的衰变数代替^{210}Pb的衰变数。

(3)假设已测出油画中单位时间内镭的衰变量(衰变原子数)为 0.8 万,目前油画中每克铅白所含^{210}Pb单位时间内的分解数(衰变原子数)为 8.5 万。

(4)相比于 300 a,铅白从岩石中提炼出来到制作颜料的时间很短,假设为同一时间。

4.模型建立与求解

设 t 时刻每克铅白中含^{210}Pb的数量为 $y(t)$,油画制造时刻 t_0 每克铅白中含^{210}Pb的数量为 y_0,^{210}Pb的衰变常数为 λ,每克铅白中每分钟镭的衰变量为 r。

根据假设及铅(^{210}Pb)的衰变原理,有

$$\begin{cases}\dfrac{dy}{dt}=-\lambda y+r\\ y(t_0)=y_0\end{cases}\tag{6-30}$$

解常微分方程(6-30),得

$$y(t)=\frac{r}{\lambda}[1-e^{-\lambda(t-t_0)}]+y_0e^{-\lambda(t-t_0)}\tag{6-31}$$

由假设和 $y(t)$的可测性,只要知道 y_0 就可以求得 $t-t_0$,即油画的年龄。但 y_0 的值很难获得。所以我们采取通过估计油画制作时铅白中铅的衰变率来进行判断。由式(6-31)得

$$\lambda y_0=\lambda y(t)e^{\lambda(t-t_0)}-r[e^{\lambda(t-t_0)}-1]\tag{6-32}$$

若画作是真品,则存在的时间约为 300 a,即

$$t-t_0\approx 300$$

代入式(6-32),则有

$$\lambda y_0\approx\lambda y(t)e^{300\lambda}-r[e^{300\lambda}-1]\tag{6-33}$$

由于^{210}Pb的半衰期为 22 a,故 $\lambda=\dfrac{\ln 2}{22}$,以及

$$e^{300\lambda}=e^{\frac{300\ln 2}{22}}=2^{\frac{150}{11}}$$

由假设(3),镭单位时间内的衰变量为 0.8 万,即镭的衰变率 $r=0.8$ 万,单位时间铅的衰变量 $\lambda y=8.5$。将以上数值代入式(6-33),得

$$\lambda y_0\approx 2^{\frac{150}{11}}\times 8.5-0.8\times(2^{\frac{150}{11}}-1)=9.8050\text{ 万}$$

结果表明,油画制作时,颜料铅白中每克^{210}Pb每分钟的衰变量约为 9.805 万,即 98050 个。由于颜料中的铅白是从岩石中提炼出来的,提炼前岩石中的铀系是处于放射性平衡的,故铀和铅在单位时间里的分解数相同。根据假设(4),用于提炼铅白的岩石中铀在单位时间

里的分解数也是 98050 个。即

$$\lambda_U u_0 \approx 98050 \tag{6-34}$$

式中：λ_U 为铀的衰变常数，u_0 为当时岩石中铀的含量。将

$$\lambda_U=\frac{\ln 2}{T_U}, T_U=4.5\times10^{10}(\mathrm{a})=4.5\times10^{10}\times365\times24\times60(\mathrm{min})$$

代入式(6-34)，计算得

$$u_0\approx3.334\times10^{20}(\text{个})$$

这些铀约重

$$\frac{3.334\times10^{20}}{6.02\times10^{23}}\times238=0.0923(\mathrm{g})$$

即每克铅白约含 0.0923 g 铀，含量超过 9%，这是不可能的。因为各地采集的岩石中铀的含量差异很大，但从未发现含量高过 3%的铀矿，由此可以断定油画为赝品。

5.模型结论

由前面的模型求解结果，可以证实油画《在埃牟斯的门徒》是赝品。运用同样的原理，卡内基梅隆大学的科学家们对其它有疑问的作品也做了鉴定。

利用放射性原理，还可以对其它文物的年代进行鉴定。例如，对动植物遗体，考古学上目前流行的测定方法是^{14}C 测定法，这种方法具有较高的精度。有兴趣的读者，可以查阅相关文献。从中我们也可以发现，直接利用已有的原理、实验定律等是建立微分方程模型的一类重要依据。

本章，我们从不同领域的问题出发，结合经典的常微分方程模型，对问题进行解决。不仅领略了微分方程模型在解决实际问题中所释放出的魅力，而且体会了解决问题的整个过程。我们可以将其总结为七个步骤。

第一步，明确研究对象，确定状态变量。研究对象和状态变量并不一定一致，比如在耐用品的销售问题中，研究对象是商品销售数量，但我们却用购买者数量来间接反映，从而将购买者的数量作为状态变量。状态变量可以是多个，比如 Eyam 村庄鼠疫传染病问题，此时不能把人群一概而论，至少要分出易感者类和染病者类，否则无法体现疾病的传播机理，也无益于研究传播规律。所以此时状态变量不再是一维。

第二步，把每个状态变量看作一个"仓室"。针对每一个"仓室"，分析判断与其数量或密度变化有关系的因素。比如在人口预测问题中，与人口增量有关系的因素有出生、死亡、迁入、迁出等。

第三步，基于何种角度或假设，确定影响每个仓室状态变量变化的关键因素。比如 Eyam 村庄鼠疫问题，疾病在一个小村庄的传播，相当于在一个封闭的环境中，疾病的蔓延变化速度显著于出生、死亡等带来的变化，从而可以忽略不计自然出生和死亡的因素，抓住关键因素。

第四步，在第三步的假设前提下，确定状态变量的变化与这些关键因素之间的关系。建立这些关系时，可以直接利用在工程物理等背景下已有的定律或规律等，比如在油画伪造案的侦破问题中，就利用了放射性元素的衰变规律；也可以通过微元分析方法来进行分析，比如人口预测问题中 Malthus 模型的导出；也可以模拟实际现象，比如耐用品的销售问题中，

考虑到“模仿者”的购买行为不仅与未购买者的数量有关,也会与已购买者的反馈有关,所以假设在单位时间内的增量,与已购买者数量和未购买者数量的乘积成正比。

第五步,基于第四步的关系,给出易于分析的数学表达。直接利用每个仓室状态变量的变化率等于输入率与输出率之差给出微分方程模型。

第六步,模型中的相应参数确定后,进行求解。在模型求解过程中,有时候可以直接求解析解,比如 Malthus 模型、Logistic 模型、油画伪造案的侦破问题的模型;若无法直接求出解析解,可利用数学的理论方法,定性地给出解的变化情况,如 Eyam 村庄鼠疫问题中的数学模型;或进行数值求解,如导弹击打舰艇问题的模型求解。认真思考模型中参数的实际背景意义以及依据实际数据确定参数的方法,在模型求解中非常重要。比如在 Logistic 模型中环境容纳量(承载力)的估计,参数确定的数值不同,模型的结果可能会不同。

第七步,将数学模型的求解结果返回到原问题进行分析、解释,从而验证模型的有效性。如果不合理,需要改进模型。模型的改进往往从假设的局限性入手,这个可以从 Logistic 模型的建立过程中去体会。

参考文献

[1] 姜启源.数学模型[M].北京:高等教育出版社,2011.

[2] 周义仓,赫孝良.数学建模实验[M].西安:西安交通大学出版社,2007.

[3] 马知恩.种群生态学的数学建模与研究[M].合肥:安徽教育出版社,1996.

[4] 马知恩,周义仓,王稳地,等.传染病动力学的数学建模与研究[M].北京:科学出版社,2004.

[5] 陈兰荪,孟新柱,焦建军.生物动力学[M].北京:科学出版社,2009.

[6] 彭华.中国新能源汽车产业发展及空间布局研究[D].长春:吉林大学,2019.

[7] 杨敬辉.Bass 模型及其两种扩展型的应用研究[D].大连:大连理工大学,2005.

研究课题

1.某天晚上 23:00 时,在一住宅内发现一受害者的尸体,法医于 23:35 赶到现场,立即测量死者体温是 30.8 ℃,一小时后再次测量死者体温是 29.1 ℃,法医还注意到当时室温是 28 ℃,试估计受害者的死亡时间。

2.设一个化工厂每立方米的废水中含有 3.08 kg 盐酸,这些废水经过一条河流流入一个湖泊中,废水流入湖泊的体积流量是 20 m^3/s。开始时湖中有水 4000000 m^3,河流中流入湖泊的不含盐酸的水是 1000 m^3,湖泊中混合均匀的水流出体积流量是 1000 m^3/s。求该厂排污开始 1 年时,湖泊水中盐酸的含量。

3.根据经验,当一种新商品投入市场后,随着人们对它的拥有量的增加,其销售量下降的速度与销售量成正比。广告宣传可给销售量添加一个增长速度,它与广告费成正比,但广告只能影响这种商品在市场上未饱和的部分。试建立一个销售的模型,若广告宣传只进行有限时间,且广告费为常数,问销售量如何变化?

4.1972年发掘长沙市东郊马王堆一号汉墓时，对其棺外主要用以防潮吸水用的木炭分析了它含^{14}C的量约为大气中的0.7757倍，据此，你能推断出此尸体下葬的年代吗？

5.一战机要去执行任务，途中遇到雷暴区，假设战机飞行高度不变，若已知雷暴区的气压函数为$p(x,y)=x^2+2y^2$，战机现位于点$P_0(1,2)$，如何制定战机的规避路线？

6.考虑在一个人口数量为N的孤岛上，有一种高传染性的病在蔓延。由于是一部分到岛外旅游的居民回来使该岛感染了这种疾病，现用模型

$$\frac{dX}{dt}=kX(N-X)$$

预测在某时刻将会被感染的人数，其中$k>0$为常数。

(1) 列出这个模型所隐含的两条主要假设。这些假设有什么依据？

(2) 把X作为t的函数，求解此模型；

(3) 设岛上的人口有5000人。在传染期的不同时刻被感染人数如表6-4所示，试利用此数据估计模型中的常数k，并预测$t=12$天时被感染的人数。

表6-4　传染期的不同时刻被感染人数

天数/d	2	6	10
被感染的人数X/个	1887	4087	4853
$\ln(X/(N-X))$	-0.5	1.5	3.5

7.小马大学毕业后被招聘到一个度假村做总经理助理。该度假村为吸引更多的游客来度假村游玩，决定建一个人工池塘并在其中投放活的鳟鱼和鲈鱼供游人垂钓。若将两种鱼一起投放，这两种鱼是否能一直在池塘中共存？若不能共存，怎样做才能不出现池中只有一种鱼的情况？请你用数学建模的方法来帮助小马解决该问题。

8.1968年，介壳虫偶然从澳大利亚传入美国，威胁着美国的柠檬生产。随后，美国又从澳大利亚引入了介壳虫的天然捕食者——澳洲瓢虫。后来，DDT被普遍用来消灭害虫，柠檬园主想利用DDT进一步杀死介壳虫。谁料，DDT同样杀死了澳洲瓢虫。结果，介壳虫增加起来，澳洲瓢虫却减少了。试建立数学模型解释这个现象。

9.蓝鲸和长须鲸是两个生活在同一海域的形似的种群，蓝鲸的内禀增长率每年估计为5%，长须鲸为8%。蓝鲸的环境承载力(海域能够支持的鲸鱼的最大数量，也可称环境容纳量)估计为150000条，长须鲸为400000条。目前蓝鲸大约5000条，长须鲸大约70000条。如果不考虑捕捞，两种鲸鱼种群回到自然水平需要多长时间？

10.中国是一个人口大国，人口问题始终是制约我国发展的关键因素之一。近年来中国的人口发展出现了一些新的特点，例如，老龄化进程加速、出生人口性别比持续升高以及乡村人口城镇化等因素，这些都影响着中国人口的增长。试从中国的实际情况和人口增长的上述特点出发，建立中国人口增长的数学模型，并由此对中国人口增长的中短期和长期趋势做出预测；并指出你的模型优点与不足之处。

第7章 最优化模型

在生活和工作中，只要解决问题的方法不是唯一的，就存在最优化问题。最优化方法就是专门研究从多个方案中科学合理地提取出最佳方案的科学。所谓最优化问题，从数学上讲，就是求一个函数的最大或最小值问题，由于求最大值可以转化为求最小值，所以最优化问题的一般形式为

$$\min f(x)$$
$$\text{s.t.} \begin{cases} g_i(x) \leqslant 0, & i=1,2,\cdots,m \\ h_j(x)=0, & j=1,2,\cdots,n \end{cases}$$

式中：$x \in \mathbf{R}^n$ 是决策变量；$f(x)$称为目标函数；$g_i(x) \leqslant 0\ (i=1,2,\cdots,m)$，$h_j(x)=0\ (j=1,2,\cdots,n)$称为约束函数。没有约束的优化问题称为无约束优化问题，否则称为约束优化问题。

特别地，如果目标函数和约束函数都是决策变量的线性函数，这样的优化问题称为线性规划；如果决策变量的一部分或全部限制为整数，这样的优化问题称为整数规划；如果决策变量只取0和1，这样的优化问题称为0-1规划；如果目标函数是决策变量的二次函数，约束函数是决策变量的线性函数，这样的优化问题称为二次规划。

本章通过三个实例，介绍最优化模型建立的过程和求解方法。最后介绍求解常见的最优化问题的MATLAB函数。

7.1 森林管理问题

某森林种植了10000棵生长期为6年的树木，森林主每年都要砍伐一批出售。为了使这片森林不被耗尽且每年有稳定的收获，每当砍伐一棵树时，就会补种一棵幼苗，使森林树木的总数保持不变。被出售的树木，其价值取决于树木的高度。由于树木生长存在差异，经一年的生长期后，有一定比例的树木还滞留在上一年的高度范围。假设第1年至第5年滞留比例分别为0.72、0.68、0.75、0.77、0.63，达到第2年至第6年高度要求的树木，其出售价格分别为50、100、150、200、250(元/棵)。请解决下列问题：

(1)在无砍伐情况下，建立数学模型描述树木自然生长的高度状态变化规律。

(2)在有砍伐和补种的情况下，建立砍伐量应满足的数学关系式。

(3)帮助森林主确定一个砍伐方案，使其在维持稳定收获的前提下获得最大的经济价值。

1.问题分析

在无砍伐情况下，每年都有一定比例的树木正常生长，高度达到下一年的高度级别，据此就可以建立树木自然生长的高度状态变化规律。

在有砍伐和补种的情况下，考虑到要有稳定的收获，砍伐完毕留下的树木和补种的幼

苗，经过一年的生长期后，与上一次砍伐前的高度状态应相同，据此建立砍伐量应满足的关系式。

确定砍伐方案，就是确定每年砍哪些树木，目的是在维持收获的前提下获得最大的经济价值，这是一个最优化问题。决策变量是被砍伐的树木种类和数量，目标函数是被砍伐树木的经济价值，约束条件为持续收获、树木总量不变。

2.模型假设

(1)开始时，森林中有各种高度的树木。

(2)每年对森林中树木砍伐一次，留下的树木和补种的幼苗，经过一年的生长期后，与上一次砍伐前的高度状态相同。

(3)树木都能存活，且在一年的生长期内树木最多只能生长一个高度级。

(4)被砍伐的树木都能卖出获得经济价值。

3.模型建立

我们把森林中的树木按照高度分为 n 类。高度在区间$[h_{k-1},h_k]$的树木称为第 k 类$(1\leqslant k<n)$，其经济价值为 p_k 元/每棵。特别地，第 1 类为幼苗，高度为$[0,\ h_1]$，经济价值 $p_1=0$，第 n 类的高度区间为$[h_{n-1},\infty]$。

设第 t 年砍伐第 i 类树木的数量为 $y_i(t)(i=1,2,\cdots,n)$，砍伐并补种幼苗后第 i 类树木的数量为 $x_i(t)(i=1,2,\cdots,n)$，并设森林中树木的总数是 s，则有

$$x_1(t)+x_2(t)+\cdots+x_n(t)=s \tag{7-1}$$

这里 s 是根据土地面积和每棵树木所需空间预先可以确定的常数。

下面，首先考虑没有砍伐时的情形，建立无砍伐情形树木生长规律。

(1)无砍伐时树木高度状态规律。

由假设(3)，每一棵树木种植以后都能存活，且在一年的生长期内最多只能生长一个高度级，即第 k 类的树木可能进入 $k+1$ 类，也可能留在 k 类。设 g_k 为第 k 类树木经一年的生长期后进入 $k+1$ 类的比例，则有

$$\begin{cases} x_1(t+1)=(1-g_1)x_1(t) \\ x_2(t+1)=g_1x_1(t)+(1-g_2)x_2(t) \\ x_3(t+1)=g_2x_2(t)+(1-g_3)x_3(t) \\ \quad\vdots \\ x_n(t+1)=g_{n-1}x_{n-1}(t)+x_n(t) \end{cases} \tag{7-2}$$

式(7-2)就是没有砍伐时，森林中树木的高度状态规律。

记

$$\boldsymbol{x}(t)=\begin{pmatrix} x_1(t) \\ x_2(t) \\ x_3(t) \\ \vdots \\ x_n(t) \end{pmatrix},\ \boldsymbol{G}=\begin{pmatrix} 1-g_1 & 0 & 0 & \cdots & 0 & 0 \\ g_1 & 1-g_2 & 0 & \cdots & 0 & 0 \\ 0 & g_2 & 1-g_3 & \cdots & 0 & 0 \\ \vdots & \vdots & \vdots & & \vdots & \vdots \\ 0 & 0 & 0 & \cdots & 1-g_{n-1} & 0 \\ 0 & 0 & 0 & \cdots & g_{n-1} & 1 \end{pmatrix} \tag{7-3}$$

则式(7－2)可以用矩阵形式表示为

$$x(t+1)=Gx(t) \tag{7-4}$$

式中:向量 $\boldsymbol{x}(t)$ 称为树木的高度状态向量;矩阵 $\boldsymbol{G}$ 称为树木生长矩阵。

然后,在有砍伐和补种的情形下,建立砍伐量应满足的数学关系式。

(2)砍伐量满足的约束条件。

根据问题要求和假设(2),要保证持续收获,每年对森林中树木砍伐一次,留下的树木和补种的幼苗,经过一年的生长期后,与上一次砍伐前的高度状态相同,即 $x_i(t+1)=x_i(t)$ $(i=1,2,\cdots,n)$。于是,可以建立下列关系式

$$\begin{cases}(1-g_1)x_1(t)-y_1+z=x_1(t)\\ g_1x_1(t)+(1-g_2)x_2(t)-y_2=x_2(t)\\ g_2x_2(t)+(1-g_3)x_3(t)-y_3=x_3(t)\\ \quad\vdots\\ g_{n-1}x_{n-1}(t)+x_n(t)-y_n=x_n(t)\end{cases} \tag{7-5}$$

式中:z 为补种的幼苗数;$y_i(i=1,2,\cdots,n)$为每年砍伐第 i 类树木的数量。

由题设,每年补种的树木总数等于砍伐总数,即

$$z=y_1+y_2+\cdots+y_n \tag{7-6}$$

将式(7－6)代入式(7－5),并考虑到 $x_i(t)(i=1,2,\cdots,n)$与时间 t 无关,从而将 $x_i(t)$ 简记为 $x_i(i=1,2,\cdots,n)$,则有

$$\begin{cases}(1-g_1)x_1+y_2+y_3+\cdots+y_n=x_1\\ g_1x_1+(1-g_2)x_2-y_2=x_2\\ g_2x_2+(1-g_3)x_3-y_3=x_3\\ \quad\vdots\\ g_{n-1}x_{n-1}+x_n-y_n=x_n\end{cases}$$

对上式变形,并考虑到幼苗的经济价值为 0,因此对幼苗的砍伐量 $y_1=0$。得

$$\begin{cases}y_1=0\\ y_2+y_3+\cdots+y_n=g_1x_1\\ y_2=g_1x_1-g_2x_2\\ y_3=g_2x_2-g_3x_3\\ \quad\vdots\\ y_{n-1}=g_{n-2}x_{n-2}-g_{n-1}x_{n-1}\\ y_n=g_{n-1}x_{n-1}\end{cases} \tag{7-7}$$

式(7－7)即为砍伐量 $y_i(i=1,2,\cdots,n)$应满足的数学关系式。

(3)最优砍伐模型。

在有砍伐和补种的情况下,确定每年第 i 类树木的砍伐量 $y_i(i=2,3,\cdots,n)$,使得出售树木获得的总价值

$$f=p_2y_2+p_3y_3+\cdots+p_ny_n$$

达到最大。上式中 $p_i(i=2,3,\cdots,n)$为一棵第 i 类树木的价值。于是,目标函数为

$$\max f=p_2y_2+p_3y_3+\cdots+p_ny_n$$

约束包含砍伐量 $y_i(i=1,2,\cdots,n)$ 应满足的数学关系式(7-7),$y_i\geqslant 0(i=1,2,\cdots,n)$ 且为整数,以及 $x_1+x_2+\cdots+x_n=s$。

综上所述,在维持稳定收获的前提下,如何砍伐树木才能获得最大的经济价值问题,归结为如下的最优化数学模型

$$\max f=p_2y_2+p_3y_3+\cdots+p_ny_n$$

$$\text{s.t.}\begin{cases}y_2+y_3+\cdots+y_n=g_1x_1\\y_2=g_1x_1-g_2x_2\\y_3=g_2x_2-g_3x_3\\\quad\vdots\\y_{n-1}=g_{n-2}x_{n-2}-g_{n-1}x_{n-1}\\y_n=g_{n-1}x_{n-1}\\x_1+x_2+x_3+\cdots+x_n=s\\y_i\geqslant 0,i=1,2,\cdots,n\\y_i\in N,i=1,2,\cdots,n\end{cases}\tag{7-8}$$

在优化模型式(7-8)中,$y_i(i=2,3,\cdots,n)$ 是决策变量,$x_1,x_2,\cdots,x_n$ 可由 $y_2,\cdots,y_n$ 表示。为方便求解,我们将 $y_2,\cdots,y_n$ 用 $x_1,x_2,\cdots,x_n$ 表示,从而将优化模型(7-8)等价地转化为决策变量为 $x_1,x_2,\cdots,x_n$ 的优化模型

$$\max f=p_2g_1x_1+(p_3-p_2)g_2x_2+\cdots+(p_n-p_{n-1})g_{n-1}x_{n-1}$$

$$\text{s.t.}\begin{cases}x_1+x_2+x_3+\cdots+x_n=s\\-g_1x_1+g_2x_2\leqslant 0\\-g_2x_2+g_3x_3\leqslant 0\\\quad\vdots\\-g_{n-2}x_{n-2}+g_{n-1}x_{n-1}\leqslant 0\\-g_{n-1}x_{n-1}\leqslant 0\\x_i\geqslant 0,i=1,2,\cdots,n\\x_i\in N,i=1,2,\cdots,n\end{cases}\tag{7-9}$$

可以看出,式(7-9)是一个整数线性规划模型。

(4)模型求解与结论。

对于开始提出的森林管理问题,由于种植了10000棵生长期为6年的树木,所以 $n=6$,$s=10000$,将 $p_2=50,p_3=100,\ p_4=150,\ p_5=200,p_6=250,g_1=0.28,g_2=0.32,g_3=0.25,g_4=0.23,\ g_5=0.37$ 代入式(7-9),利用MATLAB软件编程求解,得 $x_1=5334,x_2=4666,x_3=0,x_4=0,x_5=0,x_6=0$。代入式(7-7),得最优砍伐量

$$y_1=0,y_2=0,y_3=1493,y_4=0,y_5=0,y_6=0\tag{7-10}$$

每年获得的最大价值约为 $f=149300$ 元。

由计算结果式(7-10)可以看出,在保持稳定收获的前提下,每年仅砍伐第3类树木1493棵,即可获得最大收益149300元。

4.模型验证

由问题的实际情况可知,在每年砍伐数量一定的情况下,砍伐的树木越高,获得的经济

效益越好。树木高度达到某一类别，就被砍伐出售，可获得最大收益。利用这一结论，每年被砍伐的树木只能为某一类，设被砍伐的树木为第 k 类，则

$$y_k > 0, y_j = 0, (j \neq k, j = 1, 2, \cdots, n) \tag{7-11}$$

获得的经济价值为

$$f_k(y_2, y_3, \cdots, y_n) = p_k y_k \tag{7-12}$$

下面确定 k 为何值时，$f_k = p_k y_k$ 取得最大值。由于 k 和 y_k 都不知道，因此我们对目标函数进行变形。

森林从幼苗开始长到第 k 年为止就被砍伐出售，砍伐并补种后树木高度分布为初始分布。因此，森林中没有高于或等于 k 类高度的树木，即

$$x_k = 0, x_{k+1} = 0, \cdots, x_n = 0 \tag{7-13}$$

由式(7-7)得

$$\begin{cases} y_2 = g_1 x_1 - g_2 x_2 \\ y_3 = g_2 x_2 - g_3 x_3 \\ \quad \vdots \\ y_{n-1} = g_{n-2} x_{n-2} - g_{n-1} x_{n-1} \\ y_n = g_{n-1} x_{n-1} \end{cases} \tag{7-14}$$

将式(7-11)和式(7-13)代入式(7-14)，得

$$\begin{cases} g_2 x_2 = g_1 x_1 \\ \quad \vdots \\ g_{k-1} x_{k-1} = g_{k-2} x_{k-2} \\ y_k = g_{k-1} x_{k-1} \end{cases} \tag{7-15}$$

由式(7-15)得

$$y_k = g_1 x_1 \tag{7-16}$$

以及

$$x_2 = \frac{g_1}{g_2} x_1, x_3 = \frac{g_1}{g_3} x_1, \cdots, x_{k-1} = \frac{g_1}{g_{k-1}} x_1 \tag{7-17}$$

将式(7-17)、式(7-13)代入式(7-1)，解得

$$x_1 = \frac{s}{1 + \frac{g_1}{g_2} + \frac{g_1}{g_3} + \cdots + \frac{g_1}{g_{k-1}}} \tag{7-18}$$

将式(7-18)代入式(7-16)，再将式(7-16)代入式(7-12)，得

$$f_k = \frac{p_k s}{\frac{1}{g_1} + \frac{1}{g_2} + \frac{1}{g_3} + \cdots + \frac{1}{g_{k-1}}} \tag{7-19}$$

欲求使 f_k 取得最大值的 k，当森林中各参数给定时，分别计算 f_k 的值，再比较选出最大的即可。

分别取 $k=2、3、4、5、6$，将 $p_2=50, p_3=100$，$p_4=150$，$p_5=200, p_6=250, g_1=0.28$，$g_2=0.32, g_3=0.25, g_4=0.23$，$g_5=0.37$ 代入式(7-19)，计算得

$$f_2 = 14.0s, f_3 = 14.7s, f_4 = 13.9s, f_5 = 13.2s, f_6 = 14.0s \tag{7-20}$$

由式(7－20)可见，f_3 最大，因此当 $k=3$，即每年砍伐全部第3类树木时，可以取得最大的经济价值。这个结论和前面模型结论一致。

7.2　人力资源规划问题

某企业正经历一系列变化，这将影响到企业未来几年的人力资源安排。由于企业装备了新机器，对不熟练工的需求相对减少，对熟练工和半熟练工的需求相对增加；同时，预计下一年度的贸易量将下降，从而减少对各类人力的需求。现有人数及对未来三年人力需求的估计数如表7－1所示。

表7－1　现有人数及对未来三年人力需求的估计数

分类	不熟练工	半熟练工	熟练工
现有人数	2000	1500	1000
第一年需求	1000	1400	1000
第二年需求	500	2000	1500
第三年需求	0	2500	2000

因工人自动离职和其它原因，存在自然减员问题。有不少人在受雇后干不满一年就自动离职；干满一年后，离职的情况就减少了。考虑到这一因素，设自然减员率如表7－2所示。

表7－2　自然减员率

分类	不熟练工	半熟练工	熟练工
工作不满一年	25%	20%	10%
工作一年以上	10%	5%	5%

假设现有的工人均已受雇一年以上。未来对于招工、再培训、解雇、超员雇用，有以下的说明。

关于招工：每年新招的熟练工和不熟练工均不超过500人，半熟练工不超过800人。

关于再培训：每年总培训人数不超过所培训岗位当时熟练工人数的四分之一，且最多可培训200名不熟练工。假设培训一名不熟练工使其成为半熟练工的费用是400元，培训一名半熟练工使其成为熟练工的费用是500元。

可以将工人降低熟练等级使用，这虽然不需要企业支付什么费用，但这样的工人有50%将离职(这一减员要另外加到上述的自然减员上)。

关于解雇：解雇一名不熟练工需支付费用1000元。解雇一名半熟练工或熟练工需支付费用1500元。

关于超员雇用：整个企业每年可超需要多雇用150人。额外费用每人每年：不熟练工20000元；半熟练工30000元；熟练工40000元。

请解决以下两个问题：

(1)以解雇人数最少为目标，确定未来三年招工、人员培训、解雇和超员雇用的决策方案。

(2)以企业支付费用最少为目标，确定未来三年招工、人员培训、解雇和超员雇用的决策方案。

1.问题分析

问题(1)要求以解雇人数最少为目标，制定未来三年招工、人员培训、解雇和超员雇用的决策方案。这是一个典型的最优化问题。为此，我们首先确定决策变量，其次将目标和约束均表示为决策变量的函数，即建立目标函数和约束表达式，最后写出优化模型并求解。问题(2)和问题(1)仅是目标函数不同，决策变量和约束关系式完全一样。因此，我们主要解决问题(1)。

2.模型假设

(1)各工种人数以人力计划数计算，人力资源市场能完全满足公司的用人需要。

(2)工种一年只改变一次，每次培训只可上升一个级别，降级也只能降一级。

(3)不熟练工 、半熟练工 、熟练工工种的改变只受培训或降级的影响，不因工作时间长短而改变。

(4)假设工人创造的价值可抵消工资的支出，因此工人工资不会增加公司支付费用，只考虑额外支出。

(5)解雇只在某种级别的工人人数超过了下年度的需求时才发生。

3.以解雇人数最少为目标建立优化模型

(1)确定决策变量。

未来三年，每年解雇、新招、培训、降级使用、超员雇用不熟练工、半熟练工、熟练工的人数都是需要确定的量，因此他们都是决策变量，下面用符号表示这些变量。为表述方便，记不熟练工、半熟练工、熟练工分别为工种1、工种2、工种3。

设第 i 年解雇工种 j 的人数为 $J_{ij}(i=1,2,3;j=1,2,3)$，第 i 年新招工种 j 的人数为 $X_{ij}(i=1,2,3;j=1,2,3)$，第 i 年培训工种 j 使其成为工种 $j+1$ 的人数为 $P_{ij}(i=1,2,3;j=1,2)$，第 i 年工种 j 降级使用的人数为 $D_{ij}(i=1,2,3;j=2,3)$，第 i 年超员雇用工种 j 的人数为 $C_{ij}(i=1,2,3;j=1,2,3)$，决策变量共计39个。

(2)建立目标函数。

未来三年解雇人数总和为 $f=\sum_{i=1}^{3}\sum_{j=1}^{3}J_{ij}$，欲求其最小值，即

$$\min f=\sum_{i=1}^{3}\sum_{j=1}^{3}J_{ij}$$

可以看出，目标函数是决策变量的线性函数。

(3)建立约束关系式。

首先，39个决策变量都表示人数，因此全部是非负整数。

其次，每年新招的熟练工与不熟练工总共不超过500人，半熟练工不超过800人，则有

$$X_{11}+X_{13}\leqslant 500 \tag{7-21}$$
$$X_{21}+X_{23}\leqslant 500 \tag{7-22}$$
$$X_{31}+X_{33}\leqslant 500 \tag{7-23}$$
$$X_{12}\leqslant 800 \tag{7-24}$$
$$X_{22}\leqslant 800 \tag{7-25}$$
$$X_{32}\leqslant 800 \tag{7-26}$$

每年可培训 200 名不熟练工使其成为半熟练工，费用 400 元/名，半熟练工培训为熟练工所需费用为 500 元/名，培训总人数不超过熟练工人数的 1/4。假设熟练工以人力计划数计算，则有

$$P_{11}\leqslant 200 \tag{7-27}$$
$$P_{21}\leqslant 200 \tag{7-28}$$
$$P_{31}\leqslant 200 \tag{7-29}$$
$$P_{11}+P_{12}\leqslant \frac{1}{4}\times 1000 \tag{7-30}$$
$$P_{21}+P_{22}\leqslant \frac{1}{4}\times 1500 \tag{7-31}$$
$$P_{31}+P_{32}\leqslant \frac{1}{4}\times 2000 \tag{7-32}$$

每年可超员雇用 150 人，即有

$$C_{11}+C_{12}+C_{13}\leqslant 150 \tag{7-33}$$
$$C_{21}+C_{22}+C_{23}\leqslant 150 \tag{7-34}$$
$$C_{31}+C_{32}+C_{33}\leqslant 150 \tag{7-35}$$

每年各工种人员流动情况如图 7-1 所示。

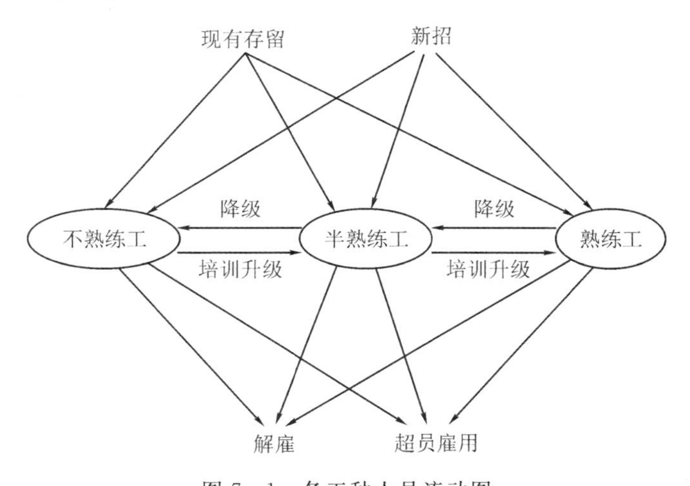

图 7-1　各工种人员流动图

第 1 年不熟练工人数＝现有存留的不熟练工人数×(1－满一年的不熟练工自然减员率)＋第 1 年新招不熟练工人数×(1－新招不熟练工自然减员率)＋半熟练工降至不熟练工

的人数－不熟练工培训升至半熟练工的人数－解雇的不熟练工人数－超员雇用的不熟练工人数，即

$$1000 = 2000(1-10\%) + X_{11}(1-25\%) + \frac{1}{2}D_{12} - P_{11} - J_{11} - C_{11} \tag{7-36}$$

第 1 年半熟练工人数＝现有存留的半熟练工人数×(1－满一年的半熟练工自然减员率)＋不熟练工培训升至半熟练工的人数＋第 1 年新招半熟练工人数×(1－新招半熟练工自然减员率)＋熟练工降至半熟练工人数－半熟练工降至不熟练工人数－半熟练工培训升至熟练工人数－解雇的半熟练工人数－超员雇用的半熟练工人数，即

$$1400 = 1500(1-5\%) + P_{11} + X_{12}(1-20\%) + \frac{1}{2}D_{13} - D_{12} - P_{12} - J_{12} - C_{12} \tag{7-37}$$

第 1 年熟练工人数＝现有熟练工人数×(1－满一年熟练工自然减员率)＋半熟练工培训升至熟练工的人数＋第 1 年新招熟练工人数×(1－新招熟练工自然减员率)－降级使用的熟练工人数－解雇的熟练工人数－超员雇用的熟练工人数，即

$$1000 = 1000(1-5\%) + P_{12} + X_{13}(1-10\%) - D_{13} - J_{13} - C_{13} \tag{7-38}$$

同理，对于第 2 年和第 3 年，有下面的约束关系式

$$500=1000(1-10\%)+X_{21}(1-25\%)+\frac{1}{2}D_{22}-P_{21}-J_{21}-C_{21} \tag{7-39}$$

$$2000=1400(1-5\%)+P_{21}+X_{22}(1-20\%)+\frac{1}{2}D_{23}-D_{22}-P_{22}-J_{22}-C_{22} \tag{7-40}$$

$$1500=1000(1-5\%)+P_{22}+X_{23}(1-10\%)-D_{23}-J_{23}-C_{23} \tag{7-41}$$

$$0=500(1-10\%)+X_{31}(1-25\%)+\frac{1}{2}D_{32}-P_{31}-J_{31}-C_{31} \tag{7-42}$$

$$2500=2000(1-5\%)+P_{31}+X_{32}(1-20\%)+\frac{1}{2}D_{33}-D_{32}-P_{32}-J_{32}-C_{32} \tag{7-43}$$

$$2000=1500(1-5\%)+P_{32}+X_{33}(1-10\%)-D_{33}-J_{33}-C_{33} \tag{7-44}$$

综上所述，目标函数是决策变量的线性函数，不等式约束有 9 个，等式约束有 9 个，变量上限约束有 6 个。所有不等式约束和等式约束函数均是决策变量的线性函数，而且所有的决策变量均为非负整数。因此，这是一个整数线性规划模型，可以利用 MATLAB 软件求解。

将 39 个决策变量依次记为 $x_1, x_2, \cdots, x_{39}$，表 7－3 是原符号与记号之间的对应关系。将式(7－21)～式(7－23)，式(7－30)～式(7－35)所示的 9 个不等式约束表示为矩阵形式 $\boldsymbol{A}_1\boldsymbol{x} \leqslant \boldsymbol{b}_1$，将式(7－36)～式(7－44)所示的 9 个等式约束表示为矩阵形式 $\boldsymbol{A}_2\boldsymbol{x} = \boldsymbol{b}_2$，这里 $\boldsymbol{x} = (x_1, x_2, \cdots, x_{39})^{\mathrm{T}}$，$\boldsymbol{A}_1$ 和 $\boldsymbol{A}_2$ 均是 9 行 39 列的矩阵，$\boldsymbol{b}_1$ 和 $\boldsymbol{b}_2$ 均是 39 维列向量，将式(7－24)～式(7－29)看作是决策变量的上限约束。于是，以解雇人数最少为目标的人力资源优化模型可表述为标准形式

$$\begin{aligned} &\min f = \boldsymbol{c}^{\mathrm{T}}\boldsymbol{x} \\ &\text{s.t.}\quad \boldsymbol{A}_1\boldsymbol{x} \leqslant \boldsymbol{b}_1 \\ &\qquad\ \ \boldsymbol{A}_2\boldsymbol{x} = \boldsymbol{b}_2 \\ &\qquad\ \ \boldsymbol{lb} \leqslant \boldsymbol{x} \leqslant \boldsymbol{ub} \end{aligned} \tag{7-45}$$

式中：$\boldsymbol{lb}=\boldsymbol{0}$ 是 39 维列向量；$\boldsymbol{ub}$ 是 39 维列向量，其中第 11、14、17 分量为 800，第 19、21、23 分量为 200，其余分量均为无穷大。编程时，结合实际问题，考虑到 39 个变量表示的人数均不可能超过当年的总人数，因此其上限也可以取为 5000。

表 7－3　原符号与记号之间的关系

记号	x_1	x_2	x_3	x_4	x_5	x_6	x_7	x_8	x_9
原符号	J_{11}	J_{12}	J_{13}	J_{21}	J_{22}	J_{23}	J_{31}	J_{32}	J_{33}
记号	x_{10}	x_{11}	x_{12}	x_{13}	x_{14}	x_{15}	x_{16}	x_{17}	x_{18}
原符号	X_{11}	X_{12}	X_{13}	X_{21}	X_{22}	X_{23}	X_{31}	X_{32}	X_{33}
记号	x_{19}	x_{20}	x_{21}	x_{22}	x_{23}	x_{24}	x_{25}	x_{26}	x_{27}
原符号	P_{11}	P_{12}	P_{21}	P_{22}	P_{31}	P_{32}	D_{12}	D_{13}	D_{22}
记号	x_{28}	x_{29}	x_{30}	x_{31}	x_{32}	x_{33}	x_{34}	x_{35}	x_{36}
原符号	D_{23}	D_{32}	D_{33}	C_{11}	C_{12}	C_{13}	C_{21}	C_{22}	C_{23}
记号	x_{37}	x_{38}	x_{39}						
原符号	C_{31}	C_{32}	C_{33}						

（4）模型求解与结论。

编程求解模型（7－45），得到未来三年，以解雇人数最少为目标的最优方案如表 7－4 所示，最少解雇人数为 688 人。

表 7－4　以解雇人数最少为目标的最优方案

		第 1 年	第 2 年	第 3 年
不熟练工	解雇人数	537	50	100
	新招人数	0	0	0
	培训人数	200	200	200
	超员雇用人数	150	150	150
半熟练工	解雇人数	1	0	0
	新招人数	0	735	690
	培训人数	50	118	152
	降级人数	174	0	0
	超员雇用人数	0	0	0
熟练工	解雇人数	0	0	0
	新招人数	0	480	470
	降级人数	0	0	0
	超员雇用人数	0	0	0

4.以企业支付费用最少为目标建立优化模型

这个问题与上一问题的唯一区别在于目标函数不同,决策变量与约束关系式完全与上一问题相同。

由于计划内工人的工资是企业必须支付的固定不变的费用,因此企业支付费用最少,等同于企业额外支出的费用最少,即培训费、解雇费、超员雇用费之和最少。记 P_{c_j} 为培训一名工种 j 人员的费用,J_{c_j} 为解雇一名工种 j 人员的费用,C_{c_j} 为超员雇用一名工种 j 人员的费用。于是,目标函数为

$$\text{Min}Z=\sum_{i=1}^{3}\sum_{j=1}^{2}P_{ij}\cdot P_{c_j}+\sum_{i=1}^{3}\sum_{j=1}^{3}J_{ij}\cdot J_{c_j}+\sum_{i=1}^{3}\sum_{j=1}^{3}C_{ij}\cdot C_{c_j} \tag{7-46}$$

将目标函数表示为变量 $x_1,x_2,\cdots,x_{39}$ 的函数,有

$$\begin{aligned}Z=&(P_{11}+P_{21}+P_{31})\cdot P_{c_1}+(P_{12}+P_{22}+P_{32})\cdot P_{c_2}+\\&(J_{11}+J_{21}+J_{31})\cdot J_{c_1}+(J_{12}+J_{22}+J_{32})\cdot J_{c_2}+(J_{13}+J_{23}+J_{33})\cdot J_{c_3}+\\&(C_{11}+C_{21}+C_{31})\cdot C_{c_1}+(C_{12}+C_{22}+C_{32})\cdot C_{c_2}+(C_{13}+C_{23}+C_{33})\cdot C_{c_3}\\=&(x_{19}+x_{21}+x_{23})\cdot P_{c_1}+(x_{20}+x_{22}+x_{24})\cdot P_{c_2}+\\&(x_1+x_4+x_7)\cdot J_{c_1}+(x_2+x_5+x_8)\cdot J_{c_2}+(x_3+x_6+x_9)\cdot J_{c_3}+\\&(x_{31}+x_{34}+x_{37})\cdot C_{c_1}+(x_{32}+x_{35}+x_{38})\cdot C_{c_2}+(x_{33}+x_{36}+x_{39})\cdot C_{c_3}\end{aligned}$$

由题设 $P_{c_1}=400,P_{c_2}=500,J_{c_1}=1000,J_{c_2}=J_{c_3}=1500,C_{c_1}=20000,C_{c_2}=30000,C_{c_3}=40000$。可见,目标函数是决策变量的线性函数,因此,以企业支付费用最少为目标的数学模型是线性整数规划模型。

编程求解模型,得到未来三年,以费用支出最少为目标的最优方案如表 7-5 所示,最少费用为 1646000 元。

表 7-5 以支付费用最少为目标的最优方案

		第 1 年	第 2 年	第 3 年
不熟练工	解雇人数	714	201	252
	新招人数	0	0	0
	培训人数	199	200	199
	超员雇用人数	0	0	0
半熟练工	解雇人数	0	0	0
	新招人数	0	715	660
	培训人数	0	100	125
	降级人数	226	2	2
	超员雇用人数	0	0	0
熟练工	解雇人数	0	0	0
	新招人数	60	500	500
	降级人数	4	0	0
	超员雇用人数	0	0	0

7.3 公务员招聘问题

2004年全国大学生数学建模竞赛D题

我国公务员制度已实施多年,1993年10月1日颁布施行的《国家公务员暂行条例》规定:“国家行政机关录用担任主任科员以下的非领导职务的国家公务员,采用公开考试、严格考核的办法,按照德才兼备的标准择优录用。”目前,我国招聘公务员的程序一般分三步进行:公开考试(笔试)、面试考核、择优录取。

现有某市直属单位因工作需要,拟向社会公开招聘8名公务员,具体的招聘办法和程序如下。

(一)公开考试:凡是年龄不超过30周岁,大学专科以上学历,身体健康者均可报名参加考试,考试科目有三个部分:综合基础知识、专业知识、行政职业能力测验。每科满分为100分。根据考试总分的高低排序按1∶2的比例(共16人)选择进入第二阶段的面试考核。

(二)面试考核:面试考核主要考核应聘人员的知识面、对问题的理解能力、应变能力、表达能力等综合素质。按照一定的标准,面试专家组对每个应聘人员的各个方面都给出一个等级评分,从高到低分成A、B、C、D四个等级,具体结果如表7-6所示。

表7-6 招聘公务员笔试成绩、专家面试评分及个人志愿

应聘人员	笔试成绩	申报类别志愿		专家组对应聘者特长的等级评分			
				知识面	理解能力	应变能力	表达能力
人员1	290	(2)	(3)	A	A	B	B
人员2	288	(3)	(1)	A	B	A	C
人员3	288	(1)	(2)	B	A	D	C
人员4	285	(4)	(3)	A	B	B	B
人员5	283	(3)	(2)	B	A	B	C
人员6	283	(3)	(4)	B	D	A	B
人员7	280	(4)	(1)	A	B	C	B
人员8	280	(2)	(4)	B	A	A	C
人员9	280	(1)	(3)	B	B	A	B
人员10	280	(3)	(1)	D	B	A	C
人员11	278	(4)	(1)	D	C	B	A
人员12	277	(3)	(4)	A	B	C	A
人员13	275	(2)	(1)	B	C	D	A
人员14	275	(1)	(3)	D	B	A	B
人员15	274	(1)	(4)	A	B	C	B
人员16	273	(4)	(1)	B	A	B	C

（三）由招聘领导小组综合专家组的意见、笔（初）试成绩以及各用人部门需求确定录用名单，并分配到各用人部门。

该单位拟将录用的 8 名公务员安排到所属的 7 个部门，并且要求每个部门至少安排一名公务员。这 7 个部门按工作性质可分为四类：(1)行政管理、(2)技术管理、(3)行政执法、(4)公共事业，如表 7－7 所示。

招聘领导小组在确定录用名单的过程中，本着公平、公开的原则，同时考虑录用人员的合理分配和使用，有利于发挥个人的特长和能力。招聘领导小组将 7 个用人单位的基本情况（包括福利待遇、工作条件、劳动强度、晋升机会和学习深造机会等）和四类工作对聘用公务员的具体条件和希望达到的要求都向所有应聘人员公布（见表 7－7）。每一位参加面试人员都可以申报两个自己的工作类别志愿（见表 7－6）。请研究下列问题：

(1)如果不考虑应聘人员的意愿，择优按需录用，试帮助招聘领导小组设计一种录用分配方案；

(2)在考虑应聘人员意愿和用人部门的希望要求的情况下，请你帮助招聘领导小组设计一种录用分配方案；

(3)你的方法对于一般情况，即 N 个应聘人员 M 个用人单位时，是否可行？

表 7－7　用人部门的基本情况及对公务员的期望要求

<table>
<tr><th rowspan="2">用人部门</th><th rowspan="2">工作类别</th><th colspan="5">各用人部门的基本情况</th><th colspan="4">各部门对公务员的特长希望达到的要求</th></tr>
<tr><th>福利待遇</th><th>工作条件</th><th>劳动强度</th><th>晋升机会</th><th>深造机会</th><th>知识面</th><th>理解能力</th><th>应变能力</th><th>表达能力</th></tr>
<tr><td>部门 1</td><td>(1)</td><td>优</td><td>优</td><td>中</td><td>多</td><td>少</td><td>B</td><td>A</td><td>C</td><td>A</td></tr>
<tr><td>部门 2</td><td>(2)</td><td>中</td><td>优</td><td>大</td><td>多</td><td>少</td><td rowspan="2">A</td><td rowspan="2">B</td><td rowspan="2">B</td><td rowspan="2">C</td></tr>
<tr><td>部门 3</td><td>(2)</td><td>中</td><td>优</td><td>中</td><td>少</td><td>多</td></tr>
<tr><td>部门 4</td><td>(3)</td><td>优</td><td>差</td><td>大</td><td>多</td><td>多</td><td rowspan="2">C</td><td rowspan="2">C</td><td rowspan="2">A</td><td rowspan="2">A</td></tr>
<tr><td>部门 5</td><td>(3)</td><td>优</td><td>中</td><td>中</td><td>中</td><td>中</td></tr>
<tr><td>部门 6</td><td>(4)</td><td>中</td><td>中</td><td>中</td><td>中</td><td>多</td><td rowspan="2">C</td><td rowspan="2">B</td><td rowspan="2">B</td><td rowspan="2">A</td></tr>
<tr><td>部门 7</td><td>(4)</td><td>优</td><td>中</td><td>大</td><td>少</td><td>多</td></tr>
</table>

1.问题分析

在招聘公务员的过程中，如何综合专家组的意见、应聘者不同条件和用人部门的需求做出合理的录用分配方案，是我们要解决的主要问题。

问题(1)要求不考虑应聘人员个人意愿，择优按需录用 8 名公务员进入 7 个部门。“择优”就是综合考虑所有应聘者的初试和复试成绩，尽可能录用成绩较高者；“按需”就是根据用人部门的需求，即各用人部门对应聘人员的要求和评价，尽可能录用评价分数较高者。由于复试成绩没有明确给定具体分数，仅仅是专家组给出的主观评价分，因此，首先应根据专家组的评价量化复试成绩，综合考虑初试、复试分数得出每个应聘者的综合成绩；然后以“满意度”来刻画各部门对每个应聘者的评价；最后将问题转化为有约束的双目标 0－1 规划模型,以确定录取名单,并按需分配给各用人部门。

对于问题(2),既要考虑应聘人员的个人意愿,又要考虑用人部门的希望要求,实际上就是要综合考虑双方的“满意度”。首先,假设公务员和用人部门的基本情况都是透明的,在双方都相互了解的前提下,考虑每个人的志愿,量化每一个应聘者对各部门的“满意度”;其次,根据双方的“满意度”,确定综合满意度。最后,以综合“满意度”最大为目标建立优化模型,确定录用分配方案。

对于问题(3),把问题(1)和问题(2)的方法直接推广到一般情况下就可以了。

下面的解答是当年命题人韩中庚教授给出的参考解答,选自本章参考文献[3]。

2.模型假设

(1)专家组对应聘者的评价是公正的。

(2)题中所给各部门和应聘者的相关数据都是透明的,即双方都是知道的。

(3)应聘者的 4 项特长指标在综合评价中的地位都是等同的。

(4)用人部门的五项基本条件对应聘人员的影响地位是等同的。

(5)对于问题(1),假设“择优”和“按需”同等重要。

3.符号说明

设A_j 表示第 j 个应聘者的初试得分,B_j 表示第 j 个应聘者的复试得分,C_j 表示第 j 个应聘者的最后综合得分,S_{ij}表示第 i 个部门对第 j 个应聘者的满意度,T_{ji}表示第 j 个应聘者对第 i 个部门的满意度,D_{ij}表示第 i 个部门与第 j 个应聘者之间的相互综合满意度,其中 $i=1,2,\cdots,7$; $j=1,2,\cdots,16$。

4.问题(1)的模型建立与求解

问题(1)不考虑应聘人员的意愿,采取“择优按需录用”的原则,确定录用分配方案。“择优”就是选择综合分数尽可能高的应聘者,“按需”就是用人单位尽可能录取到满意度高的应聘者。问题转化为在 16 个应聘者中选择 8 人分配至 7 个部门,每个部门至少 1 人,使得录取人员综合分数之和尽可能高,各部门对录取人员的满意度之和尽可能大。

记C_j 为第 j 个应聘者的综合得分,S_{ij}为第 i 个部门对第 j 个应聘者的满意度,用 x_{ij} 表示决策变量,令

$$x_{ij}=\begin{cases}1,\text{当录用第 } j \text{ 个应聘者,并将其分配给第 } i \text{ 个部门时}\\0,\text{当不录用第 } j \text{ 个应聘者,或不分配给第 } i \text{ 个部门时}\end{cases}$$

$$(i=1,2,\cdots,7;\ j=1,2,\cdots,16)$$

则录取人员的综合分数之和为

$$\sum_{i=1}^{7}\sum_{j=1}^{16} C_j x_{ij}$$

各部门对录取人员的满意度之和为

$$\sum_{i=1}^{7}\sum_{j=1}^{16} S_{ij} x_{ij}$$

于是问题(1)就转化为下面的最优化问题

$$\max z=\left(\sum_{i=1}^{7}\sum_{j=1}^{16} C_j x_{ij},\sum_{i=1}^{7}\sum_{j=1}^{16} S_{ij} x_{ij}\right)$$

$$\text{s.t.}\begin{cases}\sum_{i=1}^{7}\sum_{j=1}^{16}x_{ij}=8\\ \sum_{i=1}^{7}x_{ij}\leqslant 1\ (j=1,2,\cdots,16)\\ 1\leqslant\sum_{j=1}^{16}x_{ij}\leqslant 2\ (i=1,2,\cdots,7)\\ x_{ij}=0\text{ 或 }1\ (i=1,2,\cdots,7;\ j=1,2,\cdots,16)\end{cases}\tag{7-47}$$

上式中，第一个等式约束表示录取 8 人，约束 $\sum_{i=1}^{7}x_{ij}\leqslant 1(j=1,2,\cdots,16)$ 表示每一位应聘者最多被一个部门录取，约束 $1\leqslant\sum_{j=1}^{16}x_{ij}\leqslant 2(i=1,2,\cdots,7)$ 表示每一个部门最少录取一位、最多录取两位应聘者。

式(7 - 47)是一个双目标 0 - 1 线性规划问题，假设择优和按需同等重要，利用加权求和可以将其转化为下面的单目标 0 - 1 线性规划。

$$\max z=\sum_{i=1}^{7}\sum_{j=1}^{16}C_jx_{ij}+\sum_{i=1}^{7}\sum_{j=1}^{16}S_{ij}x_{ij}$$

$$\text{s.t.}\begin{cases}\sum_{i=1}^{7}\sum_{j=1}^{16}x_{ij}=8\\ \sum_{i=1}^{7}x_{ij}\leqslant 1\ (j=1,2,\cdots,16)\\ 1\leqslant\sum_{j=1}^{16}x_{ij}\leqslant 2\ (i=1,2,\cdots,7)\\ x_{ij}=0\text{ 或 }1\ (i=1,2,\cdots,7;\ j=1,2,\cdots,16)\end{cases}\tag{7-48}$$

下面，我们首先量化应聘者的复试分数，计算第 j 个应聘者的综合得分 $C_j\ (j=1,2,\cdots,16)$；其次，计算第 i 个部门对第 j 个应聘者的满意度 $S_{ij}\ (i=1,2,\cdots 7;j=1,2,\cdots,16)$；最后将 C_j 和 S_{ij} 代入式(7 - 48)求解优化模型，得到录取分配方案。

(1)应聘者复试成绩的量化。

专家组对应聘者的 4 项指标评分为 A、B、C、D 四个等级，不妨设相应的评语集为{很好，好，一般，差}，对应的数值分别为 5、4、3、2。根据实际情况取偏大型柯西分布隶属函数

$$f(x)=\begin{cases}[1+\alpha\ (x-\beta)^{-2}]^{-1}, & 1\leqslant x\leqslant 3\\ a\ln x+b, & 3<x\leqslant 5\end{cases}\tag{7-49}$$

式中：α、β、a、b 均为待定常数。当评价为“很好”时，隶属度为 1，即 $f(5)=1$；当评价为“一般”时，隶属度为 0.8，即 $f(3)=0.8$；当评价为“很差”时(在这里没有此评价)，则认为隶属度为 0.01，即 $f(1)=0.01$。于是，可以确定出 $\alpha=1.1086$，$\beta=0.8942$，$a=0.3915$，$b=0.3699$。将其代入式(7 - 49)，得到隶属函数为

$$f(x)=\begin{cases}[1+1.1086\ (x-0.8942)^{-2}]^{-1}, & 1\leqslant x\leqslant 3\\ 0.3915\ln x+0.3699, & 3<x\leqslant 5\end{cases}$$

其图形如图 7－2 所示。

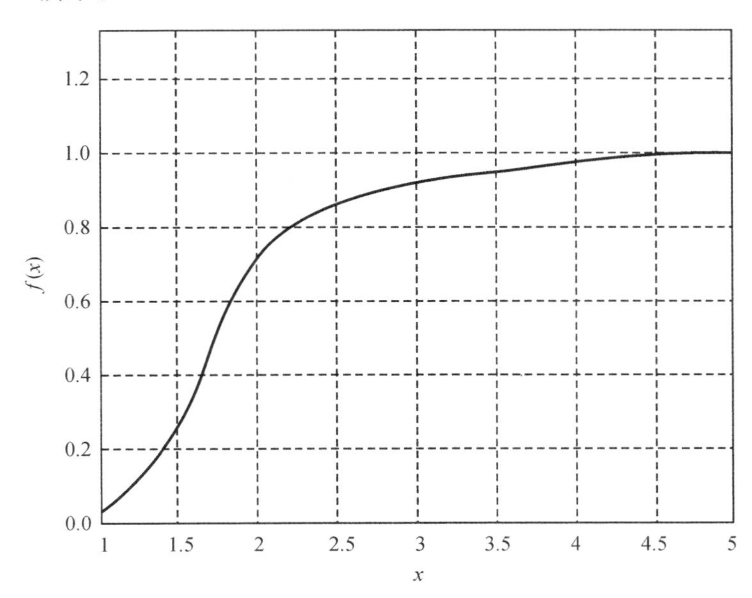

图 7－2　偏大型柯西分布隶属函数的图形

计算得 $f(2)=0.5245$，$f(4)=0.9126$，从而得到专家组对应聘者各单项指标评价 {A,B,C,D}={很好，好，一般，差}的量化值为(1,0.9126,0.8,0.5245)。根据表 7－6 的数据可以得到专家组对每一个应聘者的 4 项指标的评价值。例如，专家组对第 1 个应聘者的评价为(A,A,B,B)，则其量化值为(1,1,0.9126,0.9126)。专家组对于 16 个应聘者都有相应的评价量值，即得到一个评价矩阵，记为 $\boldsymbol{R}=(r_{ji})_{16\times4}$，其中 $r_{ji}(j=1,2,\cdots,16;i=1,2,3,4)$ 是专家组对应聘者 j 第 i 项指标的打分量化值。由假设(3)，应聘者的 4 项指标在综合评价中的地位是等同的，故 16 个应聘者的综合复试成绩可以表示为

$$B_j=\frac{1}{4}\sum_{i=1}^{4}r_{ji}\ (j=1,2,\cdots,16) \tag{7-50}$$

经过计算，得到 16 名应聘者的复试成绩如表 7－8 所示。

表 7－8　应聘者的复试成绩

应聘者	1	2	3	4	5	6	7	8
复试成绩	0.9563	0.9282	0.8093	0.9345	0.9063	0.8374	0.9063	0.9282
应聘者	9	10	11	12	13	14	15	16
复试成绩	0.9345	0.8093	0.8093	0.9282	0.8093	0.8374	0.9063	0.9063

(2)初试分数与复试分数的规范化。

为便于初试成绩与复试成绩的综合，分别将 16 位应聘者的初试成绩 A_j $(j=1,2,\cdots,16)$ 和复试成绩 B_j $(j=1,2,\cdots,16)$ 进行规范化处理，得

$$A'_j = \frac{A_j - \max\limits_{1\leqslant j\leqslant 16} A_j}{\max\limits_{1\leqslant j\leqslant 16} A_j - \min\limits_{1\leqslant j\leqslant 16} A_j} = \frac{A_j - 273}{290 - 273} \quad (j = 1,2,\cdots,16)$$

$$B'_j = \frac{B_j - \max\limits_{1\leqslant j\leqslant 16} B_j}{\max\limits_{1\leqslant j\leqslant 16} B_j - \min\limits_{1\leqslant j\leqslant 16} B_j} = \frac{B_j - 0.8093}{0.9653 - 0.8093} \quad (j = 1,2,\cdots,16)$$

经过计算得到具体的结果。

(3)确定应聘人员的综合分数。

不同的用人单位对待初试和复试成绩的重视程度可能会不同,在这里用参数 $\alpha(0<\alpha\leqslant 1)$ 表示用人单位对初试成绩的重视程度的差异,即取初试成绩和复试成绩的加权和作为应聘者的综合分数。第 j 个应聘者的综合分数为

$$C_j = \alpha A'_j + (1-\alpha) B'_j \quad (0 < \alpha \leqslant 1; j = 1,2,\cdots,16) \tag{7-51}$$

由实际数据,取适当的参数 $\alpha(0<\alpha\leqslant 1)$ 可以计算出每一个应聘者的综合分数,根据实际需要可以分别对 $\alpha=0.4$、0.5、0.6、0.7 来计算。在这里不妨取 $\alpha=0.5$,计算得到 16 位应聘人员的综合分数及排序如表 7-9 所示。

表 7-9 应聘者的综合分数及排序

应聘者	1	2	3	4	5	6	7	8
综合分数	1	0.8454	0.4412	0.7787	0.6241	0.3899	0.5358	0.6101
排序	1	2	9	3	5	10	7	6
应聘者	9	10	11	12	13	14	15	16
综合分数	0.6316	0.2059	0.1471	0.5219	0.0588	0.1546	0.3594	0.3300
排序	4	13	15	8	16	14	11	12

(4)计算各部门对应聘者的满意度。

对于问题(1),首先注意到,作为用人单位一般不会看重应聘人员之间初试成绩的少量差异,可能更注重应聘者的特长,因此,用人单位评价一个应聘者主要依据四个方面特长。根据每个用人部门的期望要求条件和每个应聘者的实际条件(专家组的评价)差异,每个用人部门客观地对每个应聘者都存在一个相应的评价指标,称为"满意度"。

从心理学的角度,用人部门对应聘者的每一项指标都有一个期望"满意度",反映用人部门对某项指标的要求与应聘者实际水平差异的程度。将用人部门对应聘者的某项指标的满意程度分为"很不满意、不满意、不太满意、基本满意、比较满意、满意、很满意"七个等级,构成评语集 $V=\{v_1,v_2,v_3,v_4,v_5,v_6,v_7\}$,并赋予相应的数值 1,2,3,4,5,6,7。

若应聘者的某项指标等级与用人部门相应的要求一致,则认为用人部门为基本满意,即满意程度为 v_4;当应聘者的某项指标等级比用人部门相应的要求高一级时,则用人部门的满意度上升一级,即满意程度为 v_5;当应聘者的某项指标等级与用人部门相应要求的等级低一级,则用人部门的满意度下降一级,即满意程度为 v_3;依此类推,则可以得到用人部门对应聘者的满意程度的关系,如图 7-3 所示。其中列表示应聘者的指标等级,行表示用人部门的期望等级。由此可以计算出 7 个用人部门对 16 个应聘者各项指标的满意程度。例如专家

组对应聘者1的评价指标集为(A,A,B,B),部门1的期望要求指标集为(B,A,C,A),则部门1对应聘者1的满意程度为(v_5,v_4,v_5,v_3)。

	A	B	C	D
A	v_4	v_3	v_2	v_1
B	v_5	v_4	v_3	v_2
C	v_6	v_5	v_4	v_3
D	v_7	v_6	v_5	v_4

图7-3 满意程度关系图

为了得到"满意度"的量化指标,注意到,人们对不满意程度的敏感远远大于对满意程度的敏感,即用人部门对应聘者的满意程度降低一级可能导致用人部门极大地抱怨,但对满意程度增加一级只能引起满意程度的少量增长。根据这样的一个基本事实,则可以取偏大型柯西分布隶属函数

$$f(x)=\begin{cases}[1+\alpha\ (x-\beta)^{-2}]^{-1}, & 1\leqslant x\leqslant 4\\ a\ln x+b, & 4<x\leqslant 7\end{cases}$$

式中:α、β、a、b 均为待定常数。当"很满意"时,则"满意度"的量化值为1,即 $f(7)=1$;当"基本满意"时,则"满意度"的量化值为0.8,即 $f(4)=0.8$;当"很不满意"时,"满意度"的量化值为0.01,即 $f(1)=0.01$。于是可以确定出 $\alpha=2.4944$,$\beta=0.8413$,$a=0.1787$,$b=0.6523$。故

$$f(x)=\begin{cases}[1+2.4944\ (x-0.8413)^{-2}]^{-1}, & 1\leqslant x\leqslant 4\\ 0.1787\ln x+0.6523, & 4<x\leqslant 7\end{cases}$$

计算得 $f(2)=0.3499$,$f(3)=0.6514$,$f(5)=0.9399$,$f(6)=0.9725$,故用人部门对应聘者各单项的评语集$\{v_1,v_2,v_3,v_4,v_5,v_6,v_7\}$的量化值为0.01,0.3499,0.6514,0.8,0.9399,0.9725,1。例如,用人部门1对应聘人员1的各项指标的满意程度为(v_5,v_4,v_5,v_3),其量化值为

$$(S_{11}^{(1)},S_{11}^{(2)},S_{11}^{(3)},S_{11}^{(4)})=(0.9399,0.8,0.9399,0.6514)$$

根据专家组对16名应聘者四项特长评分(见表7-3)和7个部门的期望要求(见表7-4),就可以计算出7个部门对16个应聘者的四项指标的满意度的量化值为

$$(S_{ij}^{(1)},S_{ij}^{(2)},S_{ij}^{(3)},S_{ij}^{(4)})\ (i=1,2,\cdots,7;j=1,2,\cdots,16)$$

由假设(3),应聘者的4项特长指标在用人部门对应聘者的综合评价中有同等的地位,因此,第 i 个部门对第 j 个应聘者的综合评分(满意度)为

$$S_{ij}=\frac{1}{4}\sum_{l=1}^{4}S_{ij}^{(l)}\ (i=1,2,\cdots,7;j=1,2,\cdots,16) \tag{7-52}$$

具体计算结果及排序如表7-10所示。

表 7-10　各用人部门对应聘者的综合评分及排序

应聘者	1	2	3	4	5	6	7	8
部门 1 的评分与排序	0.9328	0.7284	0.6503	0.7950	0.7225	0.6085	0.7607	0.7306
	1	8	12	3	9	15	5	7
部门 2、3 的评分与排序	0.8700	0.8350	0.6853	0.8350	0.7978	0.7203	0.7978	0.8328
	1	2	12	3	7	11	8	4
部门 4、5 的评分与排序	0.8120	0.7656	0.5681	0.8038	0.7284	0.7607	0.7284	0.7656
	2	4	16	3	9	7	10	5
部门 6、7 的评分与排序	0.8410	0.7306	0.6449	0.8060	0.7574	0.7203	0.7688	0.7924
	1	11	16	3	9	13	6	5
应聘者	9	10	11	12	13	14	15	16
部门 1 的评分与排序	0.7688	0.5809	0.6099	0.7978	0.6503	0.6563	0.7607	0.7225
	4	16	14	2	13	11	6	10
部门 2、3 的评分与排序	0.8328	0.6375	0.6085	0.8060	0.6563	0.6724	0.7978	0.7978
	5	15	16	6	14	13	9	10
部门 4、5 的评分与排序	0.8328	0.6853	0.7279	0.7656	0.6375	0.7607	0.7284	0.7284
	1	14	13	6	15	8	11	12
部门 6、7 的评分与排序	0.8328	0.6853	0.7257	0.8060	0.6853	0.7607	0.7688	0.7574
	2	14	12	4	15	8	7	10

(5)模型求解。

将表 7-9 所示的应聘者的综合分数C_j 和表 7-10 所示的各部门对应聘者的满意度S_{ij}代入模型(7-48),利用 MATLAB 软件编程求解,得到录用及分配方案如表 7-11 所示。

表 7-11　录用及分配方案

部门	1	2	3	4	5	6	7
应聘者	1	2、5	8	9	4	7	12
综合分数	1	0.8454、0.6241	0.6101	0.6316	0.7787	0.5359	0.5219
部门评分	0.8328	0.8350、0.7978	0.8328	0.8328	0.8038	0.7688	0.8060

由表 7-11 可以看出,序号为 1、2、4、5、7、8、9、12 的应聘者被录用,由表 7-9 可知,这 8 位应聘者恰是综合成绩前 8 名,可见模型结论符合择优。

5.问题(2)的模型建立与求解

对于问题(2),在充分考虑应聘人员的意愿和用人部门的期望要求的情况下,寻求更好的录用分配方案。前面已计算出用人部门对应聘人员的满意度S_{ij}如表 7-10 所示。下面我们首先计算应聘人员对用人部门的满意度，其次给出双方的综合满意度，最后建立优化模型确定录取分配方案。

(1)计算应聘者对用人部门的满意度。

应聘者对用人部门的满意度主要与用人部门的基本情况有关，同时也与应聘者所喜好的工作类别有关。各部门的基本情况由其福利待遇、工作条件、劳动强度、晋升机会和深造机会 5 项指标来度量，这些指标基本能客观反映人们对部门的满意程度。我们以此作为基本满意度，然后以志愿强度作为权重，计算应聘者对每个部门的“满意度”。

首先根据志愿确定权重。对工作类型来说，主要看是否符合自己想从事的工作，符合第一、二志愿的分别为“满意、基本满意”，不符合志愿的为“不满意”，即{满意，基本满意，不满意}，实际中根据人们对待工作类别志愿的敏感程度的心理变化，在这里取隶属函数为

$$f(x)=b\ln(a-x)$$

并令 $f(1)=1$，$f(3)=0$，即符合第一志愿时，满意度权重为 1，不符合任一个志愿时满意度权重为 0，简单计算解得 $a=4$，$b=0.9102$，即

$$f(x)=0.9102\ln(4-x)$$

于是当用人部门的工作类别符合应聘者的第二志愿时，满意度权重为 $f(2)=0.6309$，即得到评语集{满意，基本满意，不满意}的量化值为{1，0.6309，0}。这样每一个应聘者对每一个用人部门就有一个满意度权重 w_{ij} $(i=1,2,\cdots,7;j=1,2,\cdots,16)$，即满足第一志愿取权值为 1，满足第二志愿取权值为 0.6309，不满足志愿时取权值为 0。

其次，计算每个部门的客观评价值。类似于上面确定用人部门对应聘者的满意度的方法，确定用人部门基本情况的客观指标值。应聘者对 7 个部门的 5 项指标中的“优、小、多”级别认为很满意，其隶属度为 1；“中”级别认为满意，其隶属度为 0.6；“差、多、少”级别认为不满意，其隶属度为 0.1。由表 7-7 的实际数据可以得到应聘者对每个部门的各单项指标的满意度量化值，即用人部门的客观水平的评价值 $T_i=(T_{i1},T_{i2},T_{i3},T_{i4},T_{i5})$ $(i=1,2,\cdots,7)$，具体结果如表 7-12 所示。

表 7-12　用人部门的基本情况的量化指标

指标	部门						
	部门 1 T_{1k}	部门 2 T_{2k}	部门 3 T_{3k}	部门 4 T_{4k}	部门 5 T_{5k}	部门 6 T_{6k}	部门 7 T_{7k}
1	1	0.6	0.6	1	1	0.6	1
2	1	1	1	0.1	0.6	0.6	0.6
3	0.6	0.1	0.6	0.1	0.6	0.6	0.1
4	1	1	0.1	1	0.6	0.6	0.1
5	0.1	0.1	1	1	0.6	1	1

最后，计算每个应聘者对各部门的“满意度”。16 位应聘者对每 7 个部门的 5 个单项指标的满意度应为该部门的客观水平评价值与应聘者对该部门的满意度权值 w_{ji} $(i=1,2,\cdots,7;j=1,2,\cdots,16)$ 的乘积，即

$$\bar{T}_{ji}=w_{ji}(T_{i1},T_{i2},T_{i3},T_{i4},T_{i5})=(T_{ji}^{(1)},T_{ji}^{(2)},T_{ji}^{(3)},T_{ji}^{(4)},T_{ji}^{(5)})$$
$$(i=1,2,\cdots,7;\ j=1,2,\cdots,16)$$

例如,应聘者 1 对部门 5 的单项指标满意度为

$$\begin{aligned}\bar{T}_{15}&=(T_{15}^{(1)},T_{15}^{(2)},T_{15}^{(3)},T_{15}^{(4)},T_{15}^{(5)})\\&=0.6309(1,0.6,0.6,0.6,0.6)\\&=(0.6309,0.3785,0.3785,0.3785,0.3785)\end{aligned}$$

由假设(3),用人部门的 5 项指标在应聘者对用人部门的综合评价中地位同等,为此可取第 j 个应聘者对第 i 个部门的满意度为

$$T_{ji}=\frac{1}{5}\sum_{k=1}^{5}T_{ji}^{(k)}\ (i=1,2,\cdots,7;j=1,2,\cdots,16)$$

(2)确定双方的相互综合满意度。

根据上面的讨论,每一个用人部门与每一个应聘者之间都有相应的单方面的满意度,双方的相互满意度应由各自的满意度来确定,这里取双方各自满意度的几何平均值为双方相互综合满意度,即

$$D_{ij}=\sqrt{S_{ij}\cdot T_{ji}}\ (i=1,2,\cdots,7;j=1,2,\cdots,16) \tag{7-53}$$

(3)建立模型确定合理的录用分配方案。

设决策变量为

$$x_{ij}=\begin{cases}1,\text{当录用第 } j \text{ 个应聘者,并将其分配给第 } i \text{ 个部门时}\\0,\text{当不录用第 } j \text{ 个应聘者或不分配给第 } i \text{ 个部门时}\end{cases}$$
$$(i=1,2,\cdots 7;j=1,2,\cdots,16)$$

最优的录用分配方案应该是使得所有用人部门和录用的公务员之间的相互综合满意度之和最大。于是问题(2)可以归结为下面的约束最优化模型

$$\max z=\sum_{i=1}^{7}\sum_{j=1}^{16}D_{ij}x_{ij}$$

$$\text{s.t.}\begin{cases}\sum\limits_{i=7}^{7}\sum\limits_{j=1}^{16}x_{ij}=8\\\sum\limits_{i=7}^{7}x_{ij}\leqslant 1(j=1,2,\cdots,16)\\1\leqslant\sum\limits_{j=1}^{16}x_{ij}\leqslant 2(i=1,2,\cdots,7)\\x_{1,1}=x_{1,4}=x_{1,5}=x_{1,6}=x_{1,8}=x_{1,12}=0\\x_{i,2}=x_{i,4}=x_{i,6}=x_{i,7}=x_{i,9}=x_{i,10}=x_{i,11}=x_{i,12}=x_{i,14}=x_{i,15}=x_{i,16}=0,i=2,3\\x_{i,3}=x_{i,7}=x_{i,8}=x_{i,11}=x_{i,13}=x_{i,15}=x_{i,16}=0,i=4,5\\x_{i,1}=x_{i,2}=x_{i,3}=x_{i,5}=x_{i,9}=x_{i,10}=x_{i,13}=x_{i,14}=0,i=6,7\\x_{ij}=0\text{ 或 }1,i=1,2,\cdots,7;\ j=1,2,\cdots,16\end{cases} \tag{7-54}$$

其中第 1 个条件是录取 8 名,第 2 个条件是限制一个应聘者最多被一个部门录用,第 3 个条

件是保证给每一个用人部门至少录用1名、至多录用2名公务员，第4～7个条件是应聘者没报从而不可能分配的部门约束。

该模型为一个线性0－1规划，用MATLAB编程求解得录用分配方案如表7－13所示，总满意度$z=5.7631$。

表7－13　问题2最终的录用分配方案

部门序号	1	2	3	4	5	6	7
应聘者序号	9、15	8	1	12	2	4	7
综合满意度	0.7543、0.7503	0.6829	0.7577	0.7000	0.7215	0.7403	0.6561

6.模型的推广与应用

上面讨论的是7个部门录取8名公务员的问题，对于N个应聘人员和$M(M<N)$个用人单位的情况，如上的方法都是实用的，只是两个优化模型(7－48)和(7－54)的规模将会增大，给求解带来一定的困难。实际中用人单位的个数M不会太大，当应聘人员的个数N大到一定程度时，可以分步处理。

对问题(1)而言，取所有应聘人员综合成绩的均值与各部门对应聘人员综合评分的均值，即由式(7－51)和式(7－52)得

$$\bar{C}=\frac{1}{N}\sum_{j=1}^{N}C_j \text{ 和 } \bar{S}=\frac{1}{NM}\sum_{i=1}^{M}\sum_{j=1}^{N}S_{ij}$$

满足$C_j<\bar{C}$或$\frac{1}{M}\sum_{i=1}^{M}S_{ij}<\bar{S}(j=1,2,\cdots,N)$的应聘人员淘汰掉，对剩下的应聘者重新编号，再用上述方法求解，确定录用分配方案。如果剩下的人数仍然很多，则可以类似地进一步淘汰。

对于问题(2)处理的方法类似，只是根据应聘人员的综合分数式(7－51)和双方综合满意度式(7－53)来择优。

7.4　求解优化问题的MATLAB函数

1.求解线性规划的MATLAB函数

MATLAB软件提供了求解线性规划的函数linprog，使用者可以根据所建立的模型复杂程度选择不同的调用格式。常用的调用格式及功能如下。

调用格式1：x＝linprog(C, A, b) 或[x, fval]＝linprog(C, A, b)

功能：用于求解线性规划模型

$$\min f=\boldsymbol{C}^{\mathrm{T}}\boldsymbol{X}$$
$$\text{s.t. } \boldsymbol{AX}\leqslant\boldsymbol{b}$$

其中，输出结果$\boldsymbol{x}$为最优解向量，fval为最优值。下同。

调用格式2：x＝linprog(C, A, b, Aeq, beq) 或[x, fval]＝linprog (C, A, b, Aeq, beq)

功能：用于求解线性规划模型

$$\min \boldsymbol{f}=\boldsymbol{C}^{\mathrm{T}}\boldsymbol{X}$$

$$\text{s.t.}\begin{cases}\boldsymbol{AX}\leqslant \boldsymbol{b}\\ \boldsymbol{AeqX}=\boldsymbol{beq}\end{cases}$$

调用格式 3：x=linprog(C, A, b, Aeq, beq, lb, ub) 或[x, fval]=linprog(C, A, b, Aeq, beq, lb, ub)

功能：用于求解线性规划模型

$$\min \boldsymbol{f}=\boldsymbol{C}^{\mathrm{T}}\boldsymbol{X}$$

$$\text{s.t.}\begin{cases}\boldsymbol{AX}\leqslant \boldsymbol{b}\\ \boldsymbol{AeqX}=\boldsymbol{beq}\\ \boldsymbol{lb}\leqslant \boldsymbol{X}\leqslant \boldsymbol{ub}\end{cases}$$

可见，调用格式 3 用于求解一般的线性规划问题，若约束条件中没有不等式约束，则令 $\boldsymbol{A}=[\ ]$，$\boldsymbol{b}=[\ ]$；若约束条件中没有等式约束，则令 $\boldsymbol{Aeq}=[\ ]$，$\boldsymbol{beq}=[\ ]$。

调用格式 4：[x,fval,exitflag,output]=linprog(C, A, b, Aeq, beq,lb, ub)

该调用格式与调用格式 3 解决同样的线性规划问题，不同之处是多了两个输出结果。关于输出结果解释如下：

$\boldsymbol{x}$ 为最优解向量；fval 为最优值；exitflag 描述 linprog 的终止条件：若为正值，表示目标函数收敛于解 x 处；若为负值，表示目标函数不收敛；若为零值，表示已经达到函数评价或迭代的最大次数。

output 为返回优化算法信息的一个数据结构：output.iterations 表示迭代次数；output.algorithm 表示所采用的算法；output.funcCount 表示函数评价次数。

例 7－1 求解线性规划问题

$$\max Z=2x_1+x_2+3x_3+2x_4+2x_5+4x_6+3x_7+4x_8+2x_9$$

$$\text{s.t.}\begin{cases}x_1+x_4+x_7=40\\ x_2+x_5+x_8=15\\ x_3+x_6+x_9=35\\ x_1+x_2+x_3\leqslant 50\\ x_4+x_5+x_6\leqslant 30\\ x_7+x_8+x_9\leqslant 10\\ x_i\geqslant 0(i=1,2,\cdots,9)\end{cases}$$

分析 此线性规划模型是求目标函数的最大值问题，为了调用指令求解，应将其转化为求最小值问题。由于当 $-Z=-(2x_1+x_2+3x_3+2x_4+2x_5+4x_6+3x_7+4x_8+2x_9)$ 取得最小值时，Z 就取得最大值，因此首先求解下列线性规划，对求得的最优值取负，则得 Z 的最大值。

$$\min Y=-2x_1-x_2-3x_3-2x_4-2x_5-4x_6-3x_7-4x_8-2x_9$$

$$
\text{s.t.}\begin{cases}x_1+x_4+x_7=40\\x_2+x_5+x_8=15\\x_3+x_6+x_9=35\\x_1+x_2+x_3\leqslant 50\\x_4+x_5+x_6\leqslant 30\\x_7+x_8+x_9\leqslant 10\\x_i\geqslant 0\ (i=1,2,\cdots,9)\end{cases}
$$

这个线性规划既有不等式约束，也有等式约束，而且变量有下限的约束。因此，首先写出不等式约束 $\boldsymbol{Ax}\leqslant\boldsymbol{b}$ 中的 $\boldsymbol{A}$、$\boldsymbol{b}$，等式约束 $\boldsymbol{Aeq}\ \boldsymbol{x}=\boldsymbol{beq}$ 中的系数矩阵 $\boldsymbol{Aeq}$ 和列向量 $\boldsymbol{beq}$，调用指令：x=linprog(C, A, b, Aeq, beq, lb, ub)求解即可。这里要注意，决策变量是 9 个，等式约束是 3 个，因此 $\boldsymbol{Aeq}$ 是 3 行 9 列的矩阵，同理，$\boldsymbol{A}$ 也是 3 行 9 列的矩阵。

程序如下：

```
clear % 删除定义过的变量
c = ( - 1) * [2,1,3,2,2,4,3,4,2]; % 这里 c 写成行向量、列向量都可以，即逗号换成分号也可以
a(1,:) = [1,1,1,0,0,0,0,0,0]; % 这是第 1 个不等式约束的系数向量，也就是矩阵 A 的第 1 行
a(2,:) = [0,0,0,1,1,1,0,0,0];
a(3,:) = [0,0,0,0,0,0,1,1,1];
b = [50;30;10];
aeq(1,:) = [1,0,0,1,0,0,1,0,0]; % 这是第 1 个等式约束的系数向量，也就是 Aeq 的第 1 行
aeq(2,:) = [0,1,0,0,1,0,0,1,0];
aeq(3,:) = [0,0,1,0,0,1,0,0,1];
beq = [40;15;35];
vlb = zeros(9,1);
vub = [];
[x,Y] = linprog(c,a,b,aeq,beq,vlb,vub)
Z = - Y
```

运行结果为

```
x =
      40
      5
      5
      0
      0
      30
```

```
        0
        10
        0
Y =
        - 260
Z =
        260
```

结果表明,该线性规划的最优解为 $\boldsymbol{x}=(40,5,5,0,0,30,0,10,0)^{\mathrm{T}}$,最优值为 $Z=260$。

2.求解整数线性规划的 MATLAB 函数

整数线性规划的一般形式为

$$\min z=c_1x_1+c_2x_2+\cdots+c_nx_n$$

$$\text{s.t.}\begin{cases}x_i(i\in \text{intcon})\text{ 为整数}\\ \boldsymbol{Ax}\leqslant \boldsymbol{b}\\ \boldsymbol{Aeq}\cdot\boldsymbol{x}=\boldsymbol{beq}\\ \boldsymbol{lb}\leqslant\boldsymbol{x}\leqslant\boldsymbol{ub}\end{cases}$$

式中:intcon 表示整数变量的角标集合,例如 intcon=[1,2,5],就表示 x_1、x_2、x_5 是整数变量。

求解整数线性规划的 MATLAB 函数是 intlinprog,常用格式及功能介绍如下。

调用格式 1:x=intlinprog(C,intcon,A,b),或[x,fval]=intlinprog(C,intcon,A,b)

功能:用于求解整数线性规划模型

$$\min \boldsymbol{z}=\boldsymbol{C}^{\mathrm{T}}\boldsymbol{x}$$

$$\text{s.t.}\begin{cases}x_i(i\in \text{intcon})\text{ 为整数}\\ \boldsymbol{Ax}\leqslant \boldsymbol{b}\end{cases}$$

式中:输出结果 $\boldsymbol{x}$ 为最优解向量,fval 为最优值。下同。

调用格式 2:x=intlinprog(f,intcon,A,b,Aeq,beq);

[x,fval]=intlinprog(f,intcon,A,b,Aeq,beq)

功能:用于求解整数线性规划模型

$$\min \boldsymbol{z}=\boldsymbol{C}^{\mathrm{T}}\boldsymbol{x}$$

$$\text{s.t.}\begin{cases}x_i(i\in \text{intcon})\text{ 为整数}\\ \boldsymbol{Ax}\leqslant \boldsymbol{b}\\ \boldsymbol{Aeqx}=\boldsymbol{beq}\end{cases}$$

调用格式 3:x=intlinprog(f,intcon,A,b,Aeq,beq,lb,ub) ;

[x,fval]=intlinprog(f,intcon,A,b,Aeq,beq,lb,ub)

功能:用于求解线性规划模型

$$\min z = \boldsymbol{C}^{\mathrm{T}}\boldsymbol{x}$$

$$\text{s.t.}\begin{cases} x_i\ (i \in \text{intcon})\ \text{为整数} \\ \boldsymbol{Ax} \leqslant \boldsymbol{b} \\ \boldsymbol{Aeqx} = \boldsymbol{beq} \\ \boldsymbol{lb} \leqslant \boldsymbol{x} \leqslant \boldsymbol{ub} \end{cases}$$

调用格式3用于求解一般的整数线性规划问题,若约束条件中没有不等式约束,则令 $\boldsymbol{A}=[\ ]$, $\boldsymbol{b}=[\ ]$;若约束条件中没有等式约束,则令 $\boldsymbol{Aeq}=[\ ]$, $\boldsymbol{beq}=[\ ]$。

其它调用格式请在MATLAB命令行窗口键入:doc intlinprog,查看帮助。

例7-2 求解整数线性规划

$\min z = -3x_1 - 2x_2 - x_3$

$$\text{s.t.}\begin{cases} x_3\text{取}0\text{或}1 \\ x_1, x_2 \geqslant 0 \\ x_1 + x_2 + x_3 \leqslant 7 \\ 4x_1 + 2x_2 + x_3 = 12 \end{cases}$$

程序:

```
f = [-3; -2; -1];
intcon = 3;
A = [1,1,1];
b = 7;
Aeq = [4,2,1];
beq = 12;
lb = zeros(3,1);
ub = [Inf;Inf;1];
[x,z] = intlinprog(f,intcon,A,b,Aeq,beq,lb,ub)
```

运行结果为

```
x =
         0
    5.5000
    1.0000
z =
  -12
```

结果表明,该线性规划的最优解为 $\boldsymbol{x}=(0,\ 5.5,1)^{\mathrm{T}}$,最优值为 $z=-12$。

3.求解0-1线性规划的MATLAB函数

决策变量只能取0或1的最优化问题称为0-1规划问题,0-1线性规划的一般形式为

$$\min z = c_1x_1 + c_2x_2 + \cdots + c_nx_n$$

$$\text{s.t.} \begin{cases} \boldsymbol{Ax} \leqslant \boldsymbol{b} \\ \boldsymbol{Aeq} \cdot \boldsymbol{x} = \boldsymbol{beq} \\ x_i = 0 \text{ 或 } 1, i = 1,2,\cdots,n \end{cases}$$

式中:$\boldsymbol{x}=(x_1,x_2,\cdots,x_n)^{\mathrm{T}}$ 为决策变量;$\boldsymbol{A}$、$\boldsymbol{Aeq}$ 分别为不等式约束和等式约束方程组的系数矩阵(已知);$\boldsymbol{b}$,$\boldsymbol{beq}$ 为已知的列向量。

0-1线性规划属于特殊的整数线性规划,因此求解整数线性规划的指令 intlinprog 也可以用于求解 0-1 线性规划问题,使用指令时,只要将变量的下限设为 0,上限设为 1,所有变量都取整数即可。

例 7-3 求解 0-1 规划

$$\max z = 193x_1 + 191x_2 + 187x_3 + 186x_4 + 180x_5 + 185x_6$$

$$\text{s.t.} \begin{cases} \sum_{j=1}^{6} x_j = 3 \\ x_5 + x_6 \geqslant 1 \\ x_2 + x_5 = 1 \\ x_1 + x_2 \leqslant 1 \\ x_2 + x_6 \leqslant 1 \\ x_4 + x_6 \leqslant 1 \\ x_j \in \{0,1\} \end{cases}$$

这是一个求最大值的 0-1 线性规划问题,需要将其转化为等价的求最小值问题,才可以调用函数 bintprog 求解。

程序:

```
c = (-1) * [193,191,187,186,180,185];
intcon = 1:6;
a1 = zeros(4,6);
a1(1,5:6) = -1;a1(2,1:2) = 1;a1(3,2) = 1;a1(3,6) = 1;a1(4,4) = 1;a1(4,6) = 1;
b1 = [-1;1;1;1];
a2 = [1 1 1 1 1 1;0 1 0 0 1 0];   % 等式约束系数矩阵
b2 = [3;1];
lb = zeros(6,1);
ub = ones(6,1);
[x,fm] = intlinprog(c,intcon,a1,b1,a2,b2,lb,ub);
x               % 最优解
z = -fm         % 最优值
```

运行结果为

```
x =
     1
```

```
    0
    1
    0
    1
    0
z =
    560
```

结果表明,该0-1线性规划的最优解为$\boldsymbol{x}=(1,0,1,0,1,0)^{\mathrm{T}}$,最优值为$z=560$。

4.求解无约束最优化的MATLAB函数

对于无约束最优化问题

$$\min_{x} f(x)$$

MATLAB中提供了两个函数fminunc和fminsearch可供调用,调用格式如下:

$$x = \text{fminunc(fun,x0)}$$
$$x = \text{fminsearch (fun,x0)},$$
$$[\text{x,fval}] = \text{fminunc(fun,x0)}$$
$$[\text{x,fval}] = \text{fminsearch (fun,x0)}$$

其作用是给定初值$x0$,求得fun函数的局部极小点x和局部极小值fval。

例7-4 求解无约束优化问题:$\min f=4x^2+5xy+2y^2$。

方法1:利用函数文件创建目标函数,调用fminsearch求最优值。

首先创建函数文件ff1.m

```
function f = ff1(x)
  f = 4 * x(1)^2 + 5 * x(1) * x(2) + 2 * x(2)^2;    % 目标函数
```

然后编写主程序调用fminsearch,求点(1,1)附近ff1函数的最小值

```
x0 = [1,1];
    [x,fval] = fminsearch (@ff1,x0)
```

方法2:利用inline建立目标函数,调用fminsearch求最优值。

```
f = inline('4 * x(1)^2 + 5 * x(1) * x(2) + 2 * x(2)^2') ; % 目标函数
[x,fval] = fminsearch (f,[1,1])
```

两种方法运行结果相同:

```
x =
          1.0e - 04  *
      - 0.4945      0.5283
fval =
        2.3014e - 09
```

结果表明,当$x=-0.4945\times10^{-4}$,$y=0.5283\times10^{-4}$时,函数取得最小值$f=2.3014\times10^{-9}$。

求解无约束优化问题还有其它的调用格式，由于涉及到最优化理论，所以这里不再介绍，有兴趣的读者可以参阅 MATLAB 优化工具箱。

5.求解最大最小化问题的 MATLAB 函数

通常我们遇到的都是目标函数的最大化和最小化问题，但是在某些情况下，则要求使最大值最小化才有意义。例如在对策论中，我们常遇到这样的问题：在最不利的条件下，寻求最有利的策略；在投资规划中要确定最大风险的最低限度；在城市规划中，要确定急救中心的位置，使其到所有地点最大距离为最小。为此，对每个 x，我们先求出目标值 $F_i(x)$ 的最大值，然后再求这些最大值中的最小值。

最大最小化问题的数学模型为

$$\min_{x} \max_{\{F_i\}} \{F_1(x), \cdots, F_m(x)\}$$

$$\text{s.t.}\begin{cases} c(x) \leqslant 0 \\ ceq(x) = 0 \\ \boldsymbol{Ax} \leqslant \boldsymbol{b} \\ \boldsymbol{Aeqx} = \boldsymbol{beq} \\ \boldsymbol{lb} \leqslant \boldsymbol{x} \leqslant \boldsymbol{ub} \end{cases}$$

式中：$c(x)\leqslant 0$ 为非线性不等式约束；$ceq(x)=0$ 为非线性等式约束；$\boldsymbol{Ax}\leqslant\boldsymbol{b}$ 为线性不等式约束；$\boldsymbol{Aeq}\ \boldsymbol{x}=\boldsymbol{beq}$ 为线性等式约束；$\boldsymbol{lb}\leqslant\boldsymbol{x}\leqslant\boldsymbol{ub}$ 为变量上下限约束；$\boldsymbol{x}$、$\boldsymbol{b}$、$\boldsymbol{beq}$、$\boldsymbol{lb}$、$\boldsymbol{ub}$ 为向量；$\boldsymbol{A}$、$\boldsymbol{Aeq}$ 为矩阵；$c(x)$、$ceq(x)$、$F_1(x), \cdots, F_m(x)$ 为函数。

求解最大最小化问题的 MATLAB 函数为 fminimax。其调用格式如下：

```
x = fminimax(F,x0,)
x = fminimax(F,x0,A,b)
x = fminimax(F,x0,A,b,Aeq,beq)
x = fminimax(F,x0,A,b,Aeq,beq,lb,ub)
x = fminimax(F,x0,A,b,Aeq,beq,lb,ub,nonlcon)
x = fminimax(F,x0,A,b,Aeq,beq,lb,ub,nonlcon,options)
```

或

```
[x,fval] = fminimax(…)
[x,fval,maxfval] = fminimax(…)
[x,fval,maxfval,exitflag,output] = fminimax(…)
```

说明：F 为目标函数；$x0$ 为初值；$\boldsymbol{A}$、$\boldsymbol{Aeq}$ 分别为线性不等式约束和等式约束的系数矩阵；$\boldsymbol{b}$、$\boldsymbol{beq}$ 分别为线性不等式约束和等式约束的向量；$\boldsymbol{lb}$、$\boldsymbol{ub}$ 为变量 x 的下限和上限；nonlcon 为定义非线性不等式约束函数 $c(x)$ 和等式约束函数 $ceq(x)$；options 为设置优化参数。

x 返回最优解；fval 返回解 x 处的目标函数值；maxfval 返回解 x 处的最大函数值；exitflag 描述计算的退出条件；output 返回包含优化信息的输出参数。

例 7－5 求解下列最大最小化问题：

$$\min \max[f_1(x),\ f_2(x),\ f_3(x),\ f_4(x)]$$

其中
$$f_1(x)=3x_1^2+2x_2^2-12x_1+35$$
$$f_2(x)=5x_1x_2-4x_2+7$$
$$f_3(x)=x_1^2+6x_2$$
$$f_4(x)=4x_1^2+9x_2^2-12x_1x_2+20$$

解　首先编写函数文件 ff2.m，创建目标函数。

```
function f = ff2(x)
f(1) = 3 * x(1)^2 + 2 * x(2)^2 - 12 * x(1) + 35;
f(2) = 5 * x(1) * x(2) - 4 * x(2) + 7;
f(3) = x(1)^2 + 6 * x(2);
f(4) = 4 * x(1)^2 + 9 * x(2)^2 - 12 * x(1) * x(2) + 20;
```

然后，输入初值 $x0=(1,1)$，并调用优化函数求最优值。

```
x0 = [1 1];
[x,fval] = fminimax(@ff2,x0)
```

运行结果如下：

```
x =
        1.7637      0.5317
fval =
        23.7331     9.5622      6.3010   23.7331
```

结果表明，当 $x_1=1.7637$，$x_2=0.5317$ 时，4 个函数的最大函数值达到最小。此时 $f_1=23.7331$，$f_2=9.5622$，$f_3=6.3010$，$f_4=23.7331$。

6.求解二次规划的 MATLAB 函数

二次规划(Quadratic Programming)的数学形式为

$$\min_{x\in\mathbf{R}^n} f(x)=\frac{1}{2}\boldsymbol{x}^{\mathrm{T}}A\boldsymbol{x}+\boldsymbol{b}^{\mathrm{T}}\boldsymbol{x}+c$$
$$\text{s.t.}\ \begin{cases}\boldsymbol{A}_1\boldsymbol{x}\leqslant\boldsymbol{b}_1\\ \boldsymbol{A}_2\boldsymbol{x}=\boldsymbol{b}_2\end{cases}$$

式中：$\boldsymbol{A}$、$\boldsymbol{A}_1$、$\boldsymbol{A}_2$ 为矩阵；$\boldsymbol{b}$、$\boldsymbol{b}_1$、$\boldsymbol{b}_2$ 为向量；c 为常数。

利用 MATLAB 优化工具包求解二次规划时必须先化为如下形式：

$$\min\ z=\frac{1}{2}\boldsymbol{x}^{\mathrm{T}}\boldsymbol{H}\boldsymbol{x}+\boldsymbol{c}^{\mathrm{T}}\boldsymbol{x}$$
$$\text{s.t.}\quad \boldsymbol{A}_1\boldsymbol{x}\leqslant\boldsymbol{b}_1,\boldsymbol{A}_2\boldsymbol{x}=\boldsymbol{b}_2,\boldsymbol{v}_1\leqslant\boldsymbol{x}\leqslant\boldsymbol{v}_2$$

求二次规划的 MATLAB 函数为 quadprog。其调用格式如下：

```
[x,z] = quadprog(H,c,A1,b1)
[x,fval,exitflag,output,lambda] = quadprog(H,c,A1,b1,A2,b2,v1,v2,x0,options)
```

例 7-6 求解二次规划

$$\min f(x)=2x_1^2-4x_1x_2+4x_2^2-6x_1-3x_2$$

$$\text{s.t.}\begin{cases}x_1+x_2\leqslant 3\\4x_1+x_2\leqslant 9\\x_1,x_2\geqslant 0\end{cases}$$

解 编写如下程序

```
h=[4,-4;-4,8];
f=[-6;-3];
a=[1,1;4,1];
b=[3;9];
[x,value]=quadprog(h,f,a,b,[],[],zeros(2,1))
```

运行结果为

```
x =
    1.9500
    1.0500
value =
   -11.0250
```

结果表明,当 $x_1=1.95$,$x_2=1.05$ 时,函数 f 取得最小值 $f_{\min}=-11.025$。

参考文献

[1] FRANK R G, WILLAM P F, STEVENB H. 数学建模[M].叶其孝,姜启源,译.北京:机械工业出版社.

[2] 李志林,欧宜贵.数学建模竞赛的培训和优化模型训练[J]. 海南大学学报(自然科学版),2004,22(3):276-281.

[3] 韩中庚.数学建模方法及其应用[M].2 版.北京:高等教育出版社,2009.

[4] 周义仓,赫孝良.数学建模实验[M].西安:西安交通大学出版社,2007.

研究课题

1. 随着汽油成本的上升,消费者面对汽油价格不断上涨,可能会考虑利用添加剂改善汽油的性能。假设有甲、乙两种添加剂,使用它们必须遵循的一些限制条件是:首先,每辆汽车使用添加剂乙的添加量,加上两倍的添加剂甲的添加量,必须至少是 0.5 磅(约 0.227 kg)。其次,每添加 1 磅(约 0.454 kg)添加剂甲将使每箱油增加 10 单位的辛烷,每添加 1 磅添加剂乙将使每箱油增加 20 单位的辛烷,辛烷的增加总量不能超过 6 单位。已知每磅添加剂甲的成本是 1.53 美元,每磅添加剂乙的成本是 4.00 美元。建立一个线性规划模型,确定每种添加剂的数量,满足上述限制条件并使成本最小。

2. 钢管零售商所进的原料钢管长度都是 19 m，销售时零售商需要按照客户的要求进行切割。现有一客户需要 50 根长 4 m、20 根长 6 m 和 15 根长 8 m 的钢管，应如何下料最节省？

3. 加工一种食用油需要精炼若干种原料油并把它们混合起来。原料油的来源有两类共 5 种：植物油 VEG1、植物油 VEG2，非植物油 OIL1、非植物油 OIL2、非植物油 OIL3。购买每种原料油的价格（英镑/t）如表 7－14 所示，最终产品以 150 英镑/t 的价格出售。植物油和非植物油需要在不同的生产线上进行精炼。每月能够精炼的植物油不超过 200 t，非植物油不超过 250 t。在精炼过程中，重量没有损失，精炼费用可忽略不计。最终产品要符合硬度的技术条件。按照硬度计量单位，它必须在 3～6 范围内。假定硬度的混合是线性的，而原材料的硬度如表 7－15 所示。为使利润最大，应该怎样指定它的月采购量和加工计划。

表 7－14　原料油价格

单位：英镑/t

原料油	VEG1	VEG2	OIL1	OIL2	OIL3
价格	110	120	130	110	115

注：1 英磅约等于 8.8652 元人民币。

表 7－15　原料油硬度表

原料油	VEG1	VEG2	OIL1	OIL2	OIL3
硬度值/($mol \cdot L^{-1}$)	8.8	6.1	2.0	4.2	5.0

4. 有一艘货船，分前、中、后三个舱位，它们的容积与最大允许载重量如表 7－16 所示。现有三种货物待运，已知有关数据列于表 7－17 中。为了航运安全，要求前、中、后舱在实际载重量上大体保持各舱最大允许载重量的比例关系。具体要求前舱或后舱分别与中舱之间载重量的比例偏差不超过 15%，前舱与后舱之间不超过 10%。问该货轮应装载 A、B、C 各多少件，能使运费收入最大？

表 7－16　最大允许载重量与容积

	前舱	中舱	后舱
最大允许载重量/t	2000	3000	1500
容积/m^3	4000	5400	1500

表 7－17　三种货物的相关数据

货物	数量/件	每件体积/m^3	每件重量/t	每件运费/元
A	600	10	8	1000
B	1000	5	6	700
C	800	7	5	600

5. 某校基金会有一笔数额为 M 元的基金，打算将其存入银行或购买国债。假设国债每年至少发行一次，发行时间不定。当前银行存款及各期国债的利率如表 7-18 所示。取款政策参考银行的现行政策。

校基金会计划在 n 年内每年用部分本息奖励优秀师生，要求每年的奖金额大致相同，且在 n 年末仍保留原基金数额。校基金会希望获得最佳的基金使用计划，以提高每年的奖金额。请你帮助校基金会在如下情况下设计基金使用方案，并对 $M=5000$ 万元，$n=10$ 年给出具体结果。

(1)只存款不购买国债。

(2)可存款，也可购买国债。

(3)学校在基金到位后的第 3 年要举行百年校庆，基金会希望这一年的奖金比其它年度多 20%。

表 7-18 银行利率与国债利率

	基准利率/%	国债年利率/%
活期	0.35	—
半年期	1.3	—
一年期	1.5	—
二年期	2.1	—
三年期	2.75	3.85
五年期	2.75	3.97

第 8 章 图与网络模型

图与网络是运筹学(Operations Research)的一个经典且重要的分支,所研究的问题涉及经济管理、工业工程、交通运输、计算机科学与信息技术、通信与网络技术等诸多领域。最短路问题、最小生成树问题、最大流问题、最小费用流问题和匹配问题等都是图与网络的基本问题。

本章首先从一些问题出发来了解网络优化模型,然后介绍图与网络的一些基本概念,最后介绍图与网络模型解决的几个主要问题。

8.1 几个网络优化问题

1.最短路问题(Shortest Path Problem,SPP)

一名货车司机接到任务,要求在最短的时间内将一车货物从甲地运往乙地。从甲地到乙地的公路网纵横交错,因此有多种行车路线,这名司机应选择哪条线路呢?假设货车的运行速度是恒定的,那么这一问题相当于需要找到一条从甲地到乙地的最短路径。

2.公路连接问题

某一地区有若干个主要城市,现准备修建高速公路把这些城市连接起来,使得从其中任何一个城市都可以经高速公路直接或间接到达另一个城市。假定已经知道了任意两个城市之间修建高速公路的成本,那么应如何决定在哪些城市间修建高速公路,使得总成本最小?

3.旅行商问题(Travelling Salesman Problem,TSP)

一名推销员准备前往若干个城市推销产品,然后回到出发地。给定各城市之间的距离后,应怎样计划他的旅行路线,使他能对每个城市恰好经过一次而总距离最小?这一问题的研究历史十分悠久,很多问题都可以归结为旅行商问题。

4.中国邮递员问题(Chinese Postman Problem,CPP)

一名邮递员负责投递某个街区的邮件,他从邮局出发,走完所管辖范围内的每一条街道至少一次,再返回邮局,如何选择一条尽可能短的路线?这个问题由中国学者管梅谷在1960年首先提出,并给出了解法,国际上称之为“中国邮递员问题”。

5.运输问题(Transportation Problem)

某种原材料有 M 个产地,现在需要将原材料从产地运到 N 个使用这些原材料的工厂。假定 M 个产地的产量和 N 家工厂的需要量已知,单位产品从任一产地到任一工厂的运费已知,那么如何安排运输方案可以使总运输成本最低?

上述问题都是从若干可能的安排或方案中寻求某种意义下的最优安排或方案,因此都是最优化(optimization)问题。同时,这些问题还有一个共同特点,就是它们都易于用图形的形式直观地描述和表达，数学上把这种与图相关的结构称为网络（network）。与图和网络相关的最优化问题称为网络最优化或称网络优化（Netwok Optimization）问题。所以上面介绍的问题都是网络优化问题。由于多数网络优化问题是以网络上的流（flow）为研究对象，因此网络优化又常常被称为网络流（Network Flows）或网络流规划。

8.2 图与网络的基本概念

图论中的图是由若干给定的顶点及连接两顶点的边所构成的图形，这种图形通常用来描述某些事物之间的某种特定关系，用顶点代表事物，用边表示相应两个事物间的某种关系。下面我们介绍与图有关的一些基本概念。

1.无向图与有向图

一个图 G 是由一组顶点（也称为节点）$v_1,v_2,\cdots,v_n$ 和一组能够将两个顶点相连的边集 $e_1,e_2,\cdots,e_m$ 组成的二元组，记为 $G=(V(G),E(G))$，简记为 $G=(V,E)$。其中 $V(G)=\{v_1,v_2,\cdots,v_n\}$是非空有限集，称为顶点集或节点集，$E(G)=\{e_1,e_2,\cdots,e_m\}$称为图 G 的边集。边集中的每一个元素 $e_k(k=1,2,\cdots,m)$是顶点集 $E(G)$中某两个元素 v_i,v_j 的无序或有序的元素对，记为 $e_k=v_iv_j$（无序）或 $e_k=(v_i,v_j)$（有序）。

若图 G 中的边均为有序对(v_i,v_j)，称 G 为有向图，称边 $e=(v_i,v_j)$为有向边或弧，v_i 与 v_j 分别称为 e 的起点和终点.

若图 G 中的边均为无序对，称 G 为无向图，称 $e=v_iv_j$ 为无向边，称 e 连接 v_i 和 v_j，顶点 v_i 和 v_j 称为 e 的端点，并称 v_i 与 v_j 相邻；边 e 称为与顶点 v_i,v_j 关联。如果某两条边至少有一个公共端点，则称这两条边在图 G 中相邻。

既有无向边又有有向边的图称为混合图。

端点重合为一点的边称为环（loop）。如果一个图既没有环也没有两条边连接同一对顶点，那么它称为简单图（simple graph）。

图 G 的顶点个数称为图 G 的阶（order），用$|V(G)|$表示，图 G 的边数用$|E(G)|$表示。如果一个图的顶点集和边集都是有限集，则称其为有限图。没有任何边的图称为空图，记作 ϕ。只有一个顶点的图称为平凡图，其它的所有图都称为非平凡图。

例 8-1　设 $G=(V,E)$，其中

$V=\{v_1,v_2,v_3,v_4\}$，$E=\{e_1,e_2,e_3,e_4,e_5,e_6\}$，

$e_1=v_1v_1$，$e_2=v_2v_3$，$e_3=v_1v_3$，$e_4=v_1v_4$，

$e_5=v_3v_4$，$e_6=v_3v_4$

则图 G 是具有 4 个顶点、8 条边的无向图，如图 8-1 所示。

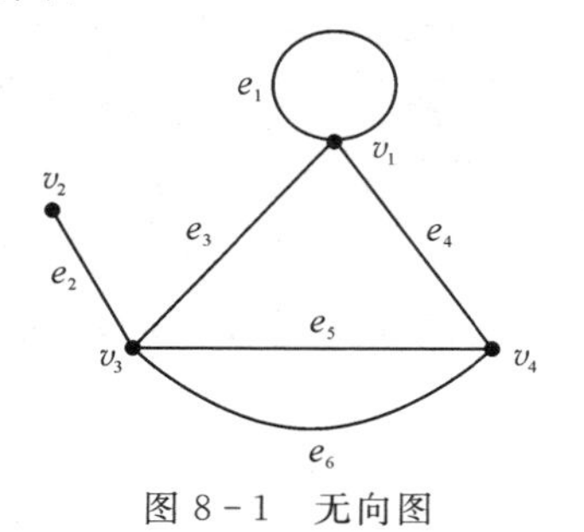

图 8-1　无向图

例 8-2　设 $H=(V,E)$，其中

$V=\{u_1,u_2,u_3,u_4,u_5\}$，

$E=\{a_1,a_2,a_3,a_4,a_5,a_6,a_7\}$，

$a_1=(u_1,u_2)$，$a_2=(u_2,u_2)$，$a_3=(u_4,u_2)$，

$a_4=(u_4,u_5)$，$a_5=(u_4,u_3)$，$a_6=(u_3,u_4)$，$a_7=(u_1,u_3)$ 则图 H 是一个有向图，如图 8-2 所示。

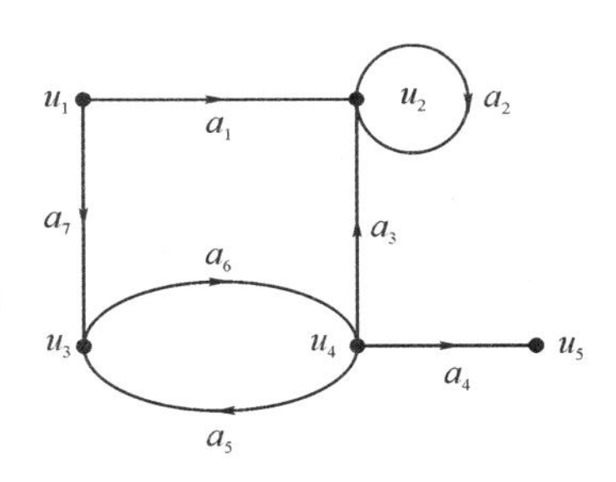

图 8-2　有向图

2.完全图、二分图与补图

任意两顶点都相邻的简单图称为完全图(Complete Graph)。n 个顶点的完全图记为 K_n。

若 $V(G)=X\cup Y$，$X\cap Y=\phi$，且 X 中任意两顶点不相邻，Y 中任意两顶点不相邻，则称 G 为二分图或偶图；若 X 中每一顶点皆与 Y 中一切顶点相邻，称 G 为完全二分图或完全偶图，记为 $K_{|X|,|Y|}$。

图 8-3 给出了几个完全图与完全二分图的示例。

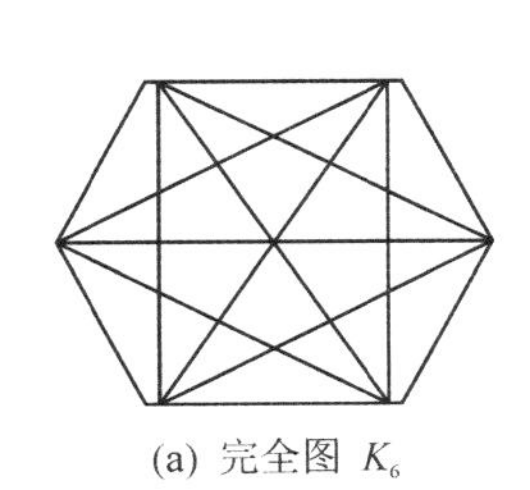
(a) 完全图 K_6

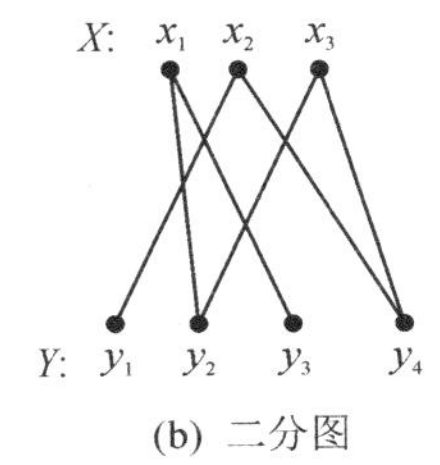

(b) 二分图

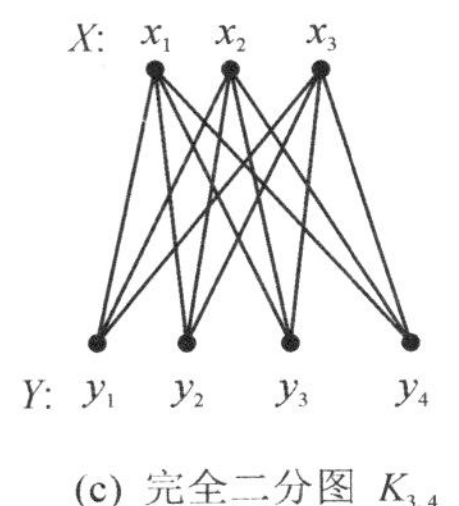

(c) 完全二分图 $K_{3,4}$

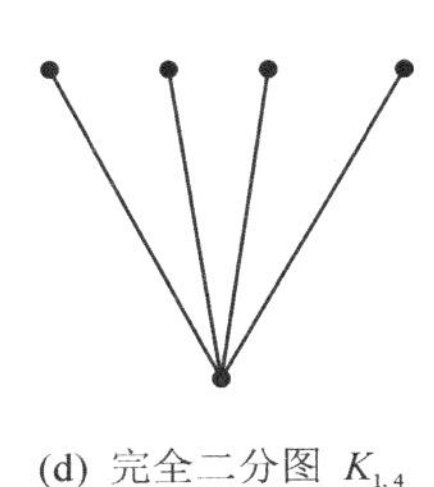
(d) 完全二分图 $K_{1,4}$

图 8-3　完全图与完全二分图示例

设 $G=(V,E)$ 为简单图，H 是一个以 $V(G)$ 为顶点集且顶点在 H 中相邻，当且仅当它们在 G 中不相邻，则称 H 为 G 的**补图**，记作 $H=\bar{G}$。

3.赋权图与子图

若图 $G=(V,E)$ 的每一条边 e 都赋以一个实数 $w(e)$，称 $w(e)$ 为边 e 的权，G 连同边上的权称为**赋权图。**

设 $G=(V,E)$ 和 $G'=(V',E')$ 是两个图。若 $V'\subseteq V$，$E'\subseteq E$，称 G' 是 G 的一个**子图**，记为 $G'\subseteq G$；若 $V'=V$，$E'\subseteq E$，则称 G' 是 G 的**生成子图**(也称为**支撑子图**)；若 $V'\subseteq V$ 且 $V'\neq\varnothing$，以 V' 为顶点集，以两端点均在 V' 中的全体边为边集的图 G 的子图，称为由 V' 导出的**导出子图**，记为 $G[V']$；若 $E'\subseteq E$ 且 $E'\neq\varnothing$，以 E' 为边集，以 E' 的端点集为顶点集的图 G 的子图，称为由 E' 导出的**导出子图**，记为 $G[E']$。

4.顶点的度

在无向图 G 中，与顶点 v 关联的边数(环算两次)，称为 v 的度数，记作 $d(v)$。

在有向图中，以 v 为起点的边数称为 v 的出度，记为 $d^+(v)$，以 v 为终点的边数称为 v 的入度，记为 $d^-(v)$，称 $d(v)=d^+(v)+d^-(v)$ 为顶点 v 的度数。

若 $d(v)$ 是奇数，称 v 是奇顶点(odd point)；若 $d(v)$ 是偶数，称 v 是偶顶点(even point)。关于顶点的度，有如下结论：

(1)握手定理：任一图中，顶点的度数总和等于边数的二倍，即 $\sum\limits_{v\in V(G)} d(v)=2|E|$；

(2)任意一个图的奇顶点的个数是偶数。

5.图的矩阵表示

网络优化的研究对象是网络上的各种优化模型与算法。为了在计算机上实现网络优化的算法,首先需要找到一种方法在计算机上来描述图与网络。一般来说,算法的好坏与网络的具体表示方法以及中间结果的操作方案是有关系的。这里我们介绍计算机上用来描述图与网络的两种常用表示方法:邻接矩阵表示法、关联矩阵表示法。

在下面的讨论中,均假设图 $G=(V,E)$ 为简单图,并记 $|V|=n$,$|E|=m$。

(1)邻接矩阵表示法。

邻接矩阵表示法是将图以邻接矩阵(adjacency matrix)的形式存储在计算机中。下面分别给出无向图、有向图、有向赋权图的邻接矩阵定义。

无向图 $G=(V,E)$ 的**邻接矩阵**定义为

$$\boldsymbol{A}=(a_{ij})_{n\times n}$$

其中

$$a_{ij}=\begin{cases}1, & v_iv_j\in E\\0, & v_iv_j\notin E\end{cases}$$

例 8-3 对于图 8-4 所示的无向图,可用邻接矩阵表示为

$$\boldsymbol{A}=\begin{bmatrix}0&1&1&0&0\\1&0&1&0&0\\1&1&0&1&1\\0&0&1&0&0\\0&0&1&0&0\end{bmatrix}$$

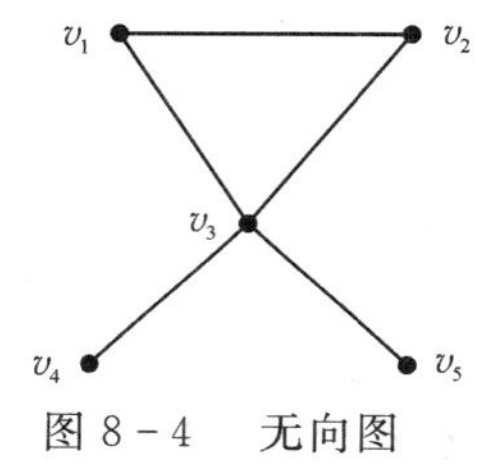

图 8-4 无向图

可以看出,无向图的邻接矩阵是对称矩阵。

有向图 $G=(V,E)$ 的邻接矩阵定义为

$$\boldsymbol{A}=(a_{ij})_{n\times n}$$

其中

$$a_{ij}=\begin{cases}1, & (v_i,v_j)\in E\\0, & (v_i,v_j)\notin E\end{cases}$$

例 8-4 对于图 8-5 所示的有向图,可用邻接矩阵表示为

$$\boldsymbol{A}=\begin{bmatrix}0&1&1&1\\0&0&0&0\\0&1&0&0\\0&0&1&0\end{bmatrix}$$

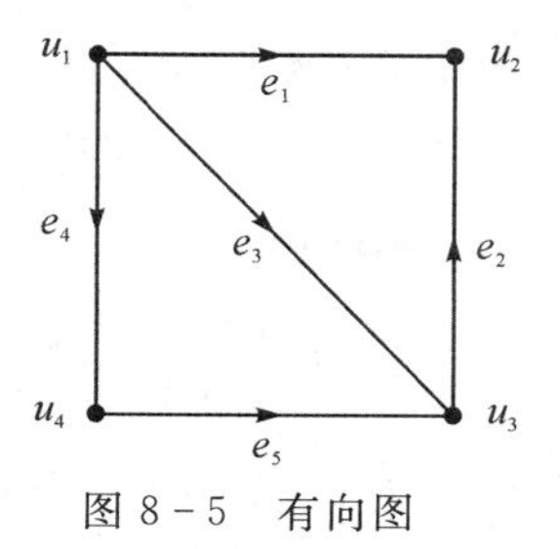

图 8-5 有向图

有向赋权图 $G=(V,E)$ 的邻接矩阵定义为

$$\boldsymbol{A}=(a_{ij})_{n\times n}$$

其中

$$a_{ij}=\begin{cases}w_{ij}, & 若(v_i,v_j)\in E,且\ w_{ij}为其权\\0, & i=j\\\infty, & 若(v_i,v_j)\notin E\end{cases}$$

例 8－5　对于图 8－6 所示的有向赋权图，可用邻接矩阵表示为

$$\boldsymbol{A}=\begin{bmatrix}0 & 3 & 7 & 8\\\infty & 0 & \infty & \infty\\\infty & 6 & 0 & \infty\\\infty & \infty & 4 & 0\end{bmatrix}$$

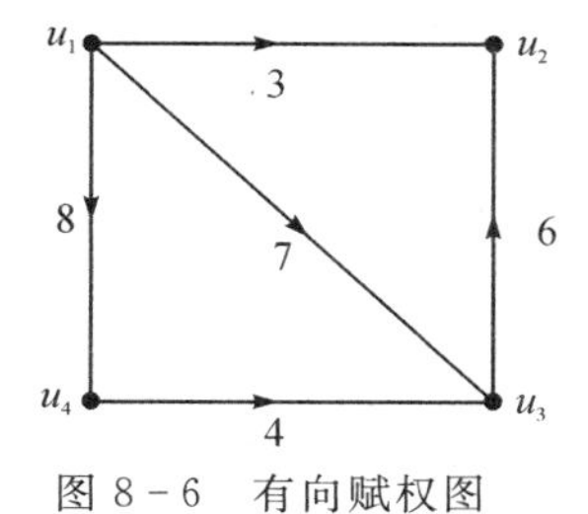

图 8－6　有向赋权图

对于无向赋权图的邻接矩阵可类似定义。

(2)关联矩阵表示法。

关联矩阵表示法是将图以关联矩阵(incidence matrix)的形式存储在计算机中。下面分别给出无向图和有向图的关联矩阵的定义。

无向图 $G=(V,E)$ 的关联矩阵定义为

$$\boldsymbol{M}=(m_{ij})_{n\times m}$$

其中

$$m_{ij}=\begin{cases}1, & 若\ v_i\ 与\ e_j\ 相关联\\0, & 若\ v_i\ 与\ e_j\ 不关联\end{cases}$$

有向图 $G=(V,E)$ 的关联矩阵定义为 $\boldsymbol{M}=(m_{ij})_{n\times m}$，其中

$$m_{ij}=\begin{cases}1, & 若\ v_i\ 是\ e_j\ 的尾\\-1, & 若\ v_i\ 是\ e_j\ 的头\\0, & 若\ v_i\ 不是\ e_j\ 的头与尾\end{cases}$$

例 8－6　对于图 8－7 所示的无向图，可用关联矩阵表示为

$$\begin{array}{c} \quad e_1\ \ e_2\ \ e_3\ \ e_4\ \ e_5 \\ \boldsymbol{M}=\begin{bmatrix}1 & 1 & 0 & 0 & 0\\1 & 0 & 1 & 0 & 0\\0 & 1 & 1 & 1 & 1\\0 & 0 & 0 & 1 & 0\\0 & 0 & 0 & 0 & 1\end{bmatrix}\begin{matrix}v_1\\v_2\\v_3\\v_4\\v_5\end{matrix}\end{array}$$

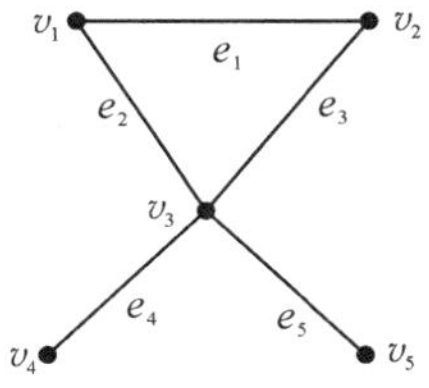

图 8－7　无向图

例 8－7　对于图 8－5 所示的有向图，可用关联矩阵表示为

$$\begin{array}{c} \quad e_1\quad e_2\quad e_3\quad e_4\quad e_5 \\ \boldsymbol{M}=\begin{bmatrix}1 & 0 & 1 & 1 & 0\\-1 & -1 & 0 & 0 & 0\\0 & 1 & -1 & 0 & -1\\0 & 0 & 0 & -1 & 1\end{bmatrix}\begin{matrix}u_1\\u_2\\u_3\\u_4\end{matrix}\end{array}$$

(3)弧表表示法。

弧表表示法将图以弧表(arc list)的形式存储在计算机中。所谓图的弧表,也就是图的弧(边)集合中的所有有序对。弧表表示法直接列出所有弧的起点和终点,以及网络图中每条弧上的权。例如,在图 8-7 所示的无向图中,假设边 v_1v_2、v_1v_3、v_2v_3、v_3v_4、v_3v_5 上的权分别为 3、5、6、4、7,则图 8-7 的弧表表示如表 8-1 所示。

表 8-1　图 8-7 的弧表表示

起点编号	1	1	2	3	3
终点编号	2	3	3	4	5
权值	3	5	6	4	7

对于图 8-6 所示的有向图,其弧表表示如表 8-2 所示。

表 8-2　图 8-6 的弧表表示

起点编号	1	1	1	3	4
终点编号	2	3	4	2	3
权值	3	7	8	6	4

为了便于检索,一般按照起点、终点的字典序顺序存储弧表,如上面的弧表就是按照这样的顺序存储的。

6.路与连通

图 G 的一个非空点边交替的序列 $W=v_0e_1v_1e_2\cdots e_kv_k$ 称为一条从 v_0 到 v_k 的**通路**(也称为**链**),记为 $P(v_0,v_k)$。其中 v_{i-1} 和 v_i 是 $e_i(1\leqslant i\leqslant k)$ 的端点,称 v_0 为 W 的起点,v_k 为 W 的终点,$v_i(1\leqslant i<k)$ 为 W 的内点,k 为 W 的长度。起点与终点重合的通路称为**回路。**

边互不相同的通路称为**迹**或**简单链**;顶点互不相同(所有边必然互不相同)的通路称为**初级通路**或**路**。包含图中每个顶点的路称为 Hamilton 路。

起点和终点重合的路称为**圈**(cycle)或回路,长为 k 的圈称为 k 阶圈,记为 C_k。

设 u、v 是图 G 的两个顶点,若在 G 中存在一条从 u 到 v 的通路,则称顶点 u 和 v 是**连通的**(connected)。u、v 之间最短路的长度称为 u、v 间的距离,记作 $d(u,v)$;若 u、v 之间没有路,则定义 $d(u,v)=\infty$。若图 G 的任意两个顶点均连通,则称 G 是**连通图**。

例 8-8　在图 8-8 所示的无向图中,$ugyexeyfxcw$ 是链(通路),$vbwcxdvaugy$ 是迹(简单链),$uavdxcw$ 是路,$uavbwcxfygu$ 是圈(回路)。

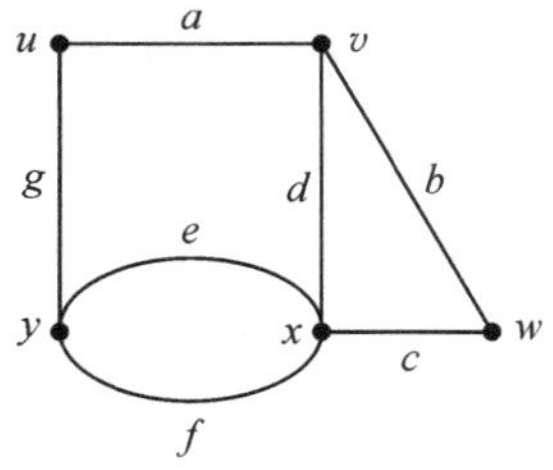

图 8-8　无向图

关于图的路与连通性,我们不加证明给出下面结论,有兴趣的读者可查阅运筹学教材了解相关证明。

(1)连通图的性质:若图 G 是非连通的,则补图 $\bar{G}$ 是连通的。

(2)在一个 n 阶图中,若从顶点 u 到顶点 $v(u\neq v)$ 存在通路,则必存在从 u 到 v 的初级通路且路长不大于 $n-1$。

(3)在一个 n 阶图中,任何初级回路的长度不大于 n。

(4)图 P 是一条轨的充要条件是 P 是连通的,且有两个度数为 1 的顶点,其余顶点的度数为 2。

(5)图 Q 是一个圈的充要条件是 Q 是各顶点的度数均为 2 的连通图。

7.MATLAB 函数创建赋权图

MATLAB 提供了创建赋权图函数,下面介绍其使用方法。

(1)创建有向赋权图。

设图 G 是一个含有 6 个顶点和 11 条边的有向赋权图,表 8-3 是图 G 的弧表表示,给出了所有起点和终点,以及对应弧(边)上的权值。

表 8-3　图 G 的弧表表示

起点编号	6	1	2	2	3	4	4	5	5	6	1
终点编号	2	6	3	5	4	1	6	3	4	3	5
权值	41	86	53	15	21	38	29	36	20	16	27

编写 MATLAB 程序:

```
start = [6 1 2 2 3 4 4 5 5 6 1]; % 起始顶点向量
endot = [2 6 3 5 4 1 6 3 4 3 5]; % 终止顶点向量
weight = [41 86 53 15 21 38 29 36 20 16 27]; % 边权值向量
DG = sparse(start, endot, weight); % 求稀疏矩阵
h = view(biograph(DG,[],'ShowWeights','on')) % 创建赋权图
```

运行结果如下:

```
Biograph object with 6 nodes and 11 edges。
```

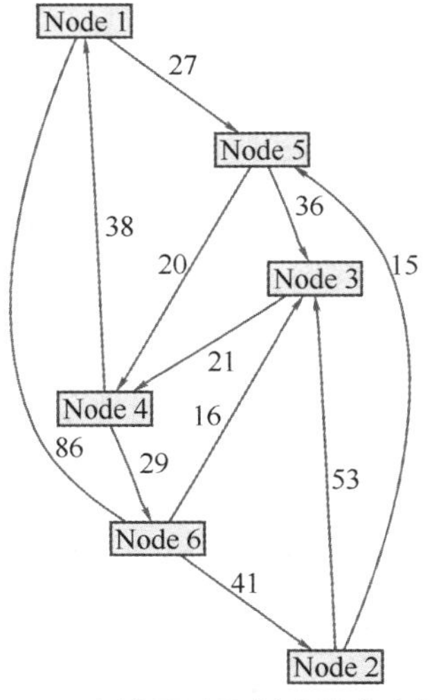

图 8-9　MATLAB 创建的有向图

(2)创建无向赋权图。

```
start = [1 1 2 2 3 3 4 4 4 4 5 6 6 7 8]; % 起始顶点向量
endot = [2 3 4 4 6 6 5 6 7 9 7 7 9 8 9]; % 终止顶点向量
weight = [1 2 12 6 3 4 4 15 7 2 7 7 15 3 10]; % 边权值向量
graphsize = max(max(start),max(endot));
DG = sparse(start, endot, weight,graphsize,graphsize); % 求稀疏矩阵
UG = tril(DG + DG'); % 求矩阵和转置矩阵和的下三角矩阵,把矩阵化为无向图的邻接矩阵
h = view(biograph(UG,[],'ShowArrows','off','ShowWeights','on')) % 显示各路径的权值
```

运行结果如下:

```
Biograph object with 9 nodes and 13 edges。
```

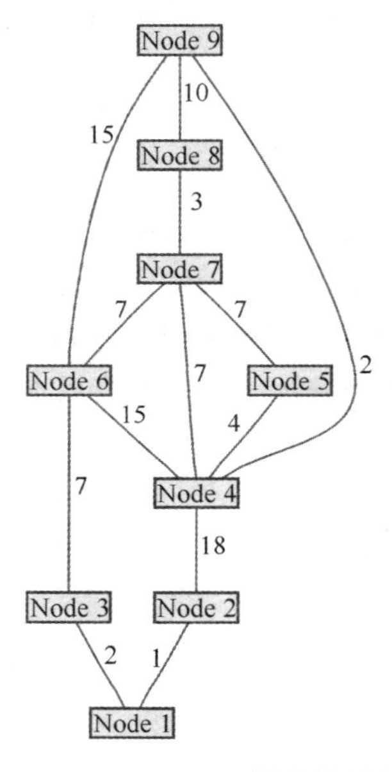

图 8-10　MATLAB 创建的无向图

8.3　最短路问题及算法

最短路问题是图论应用的基本问题,很多实际问题,如线路的布设、运输安排、运输网络最小费用流等问题,都可通过建立最短路问题模型来求解。下面介绍最短路的定义以及求最短路问题的方法。

1.最短路的定义

定义(最短路)　设 H 是赋权图 G 的一个子图,称 H 的各边的权和 $w(H)=\sum_{e\in E(H)} w(e)$ 为 H 的权。类似地,若 $P(u,v)$ 是赋权图 G 中从 u 到 v 的路,$w(P)=\sum_{e\in E(P)} w(e)$ 称为路 P 的权。在赋权图 G 中,从顶点 u 到顶点 v 的具有最小权的路 $P^{*}(u,v)$,称为 u 到 v 的最短路。把赋权图 G 中一条路的权称为它的长,把 $P(u,v)$ 路的最小权称为 u 和 v 之间的距离,并记作 $d(u,v)$。

假设 G 为赋权有向图或无向图,G 边上的权均非负,若$(u,v)\notin E(G)$,则规定 $w(u,v)=+\infty$。

用于解决最短路问题的算法称为"最短路算法"。常用的最短路算法有 Dijkstra(迪杰斯特拉)算法、Floyd(弗洛伊德)算法。

2.Dijkstra 算法

Dijkstra 算法是典型的单源最短路算法,用于求赋权图从给定点到其余顶点的最短路。其基本思想是以起始点为中心,按距离起点由近到远的顺序,依次求得起点到图 G 的各顶点的最短路和距离。

(1)Dijkstra 算法思想。

设 $G=(V,E)$是一个赋权有向图,把图中顶点集合 V 分成两组,第一组为已求出最短路径的顶点集合(用 S 表示,初始时 S 中只有一个起点,以后每求得一条最短路径,就将其加入到集合 S 中,直到全部顶点都加入到 S 中,算法就结束了)。第二组为其余未确定最短路径的顶点集合(用 U 表示),按最短路径长度的递增次序依次把第二组的顶点加入 S 中。在加入的过程中,总保持从起点 v 到 S 中各顶点的最短路径长度不大于从起点 v 到 U 中任何顶点的最短路径长度。此外,每个顶点对应一个距离,S 中的顶点的距离就是从 v 到此顶点的最短路径长度;U 中的顶点的距离,是从 v 到此顶点只包括 S 中的顶点为中间顶点的当前最短路径长度。

(2)Dijkstra 算法步骤。

第 1 步　开始时,S 只包含起点 s;U 包含除 s 外的其它顶点,且 U 中顶点的距离为"起点 s 到该顶点的距离"。例如,U 中顶点 v 的距离为(s,v)的长度,如果 s 和 v 不相邻,则 v 的距离为∞。

第 2 步　从 U 中选出"距离最短的顶点 k",并将顶点 k 加入到 S 中。同时,从 U 中移除顶点 k。

第 3 步　更新 U 中各个顶点到起点 s 的距离。由于上一步中确定了 k 是求出最短路径的顶点,从而可以利用 k 来更新其它顶点的距离。例如,如果从 v 开始,经过顶点 k 到 s 的距离 $d(s,k)+d(k,v)$小于 v 直接到 s 的距离,则 U 中顶点 v 的距离就要更新为 $d(s,k)+d(k,v)$。

第 4 步　重复步骤第 2、3 步,直到遍历完所有顶点。

例 8－9　利用 Dijkstra 算法求如图 8－11 所示的赋权图中顶点 H 到其余顶点的最短路。

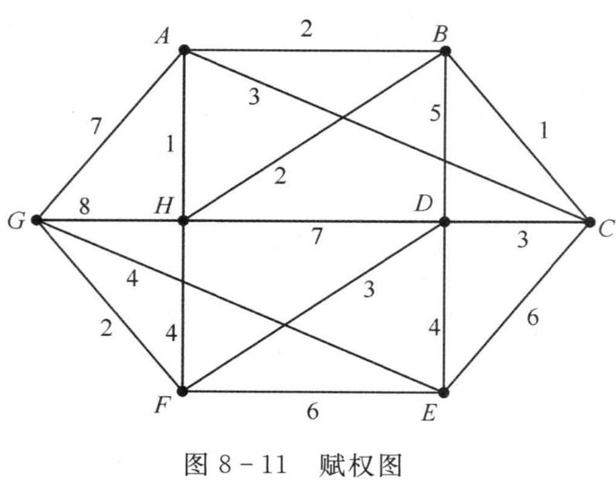

图 8－11 赋权图

解 记 S 为已计算出最短路径的顶点集合，U 是未计算出最短路径的顶点的集合。

第 1 步：将顶点 H 加入到 S 中。

此时，$S=\{H(0)\}$，$U=\{A(1),B(2),C(\infty),D(7),E(\infty),F(4),G(8)\}$。这里，$A(1)$ 表示 A 到起点 H 的距离是 1。

第 2 步：将顶点 A 加入到 S 中。

上一步操作之后，U 中顶点 A 到起点 H 的距离最短；因此，将 A 加入到 S 中，同时更新 U 中顶点的距离。以顶点 C 为例，之前 C 到 H 的距离为∞；但是将 A 加入到 S 之后，C 到 H 的距离为 $4=(C,A)+(A,H)$。

此时，$S=\{H(0),A(1)\}$，$U=\{B(2),C(4),D(7),E(\infty),F(4),G(8)\}$。

第 3 步：将顶点 B 加入到 S 中。

上一步操作之后，U 中顶点 B 到起点 H 的距离最短；因此，将 B 加入到 S 中，同时更新 U 中顶点的距离。还是以顶点 C 为例，之前 C 到 H 的距离为 4；但是将 B 加入到 S 之后，C 到 H 的距离为 $3=(C,B)+(B,H)$。

此时，$S=\{H(0),A(1),B(2)\}$，$U=\{C(3),D(7),E(\infty),F(4),G(8)\}$。

第 4 步：将顶点 C 加入到 S 中。

此时，$S=\{H(0),A(1),B(2),C(3)\}$，$U=\{E(9),D(6),F(4),G(8)\}$。

第 5 步：将顶点 F 加入到 S 中。

此时，$S=\{H(0),A(1),B(2),C(3),F(4)\}$，$U=\{E(9),D(6),G(6)\}$。

第 6 步：将顶点 D 加入到 S 中。

此时，$S=\{H(0),A(1),B(2),C(3),F(4),D(6)\}$，$U=\{E(9),G(6)\}$。

第 7 步：将顶点 G 加入到 S 中。

此时，$S=\{H(0),A(1),B(2),C(3),F(4),D(6),G(6)\}$，$U=\{E(9)\}$。

第 8 步：将顶点 E 加入到 S 中。

此时，$S=\{H(0),A(1),B(2),C(3),F(4),D(6),G(6),E(9)\}$。

于是，从起点 H 到各个顶点的最短距离就计算出来了：$A(1),B(2),C(3),D(6),E(9),F(4),G(6)$。即顶点 H 到其它顶点的最短路径分别为 $d(H,A)=1$，$d(H,B)=2$，$d(H,C)=3$，$d(H,D)=6$，$d(H,E)=9$，$d(H,F)=4$，$d(H,G)=6$。

从起点 H 到各顶点的最短路径如图 8－12 所示。

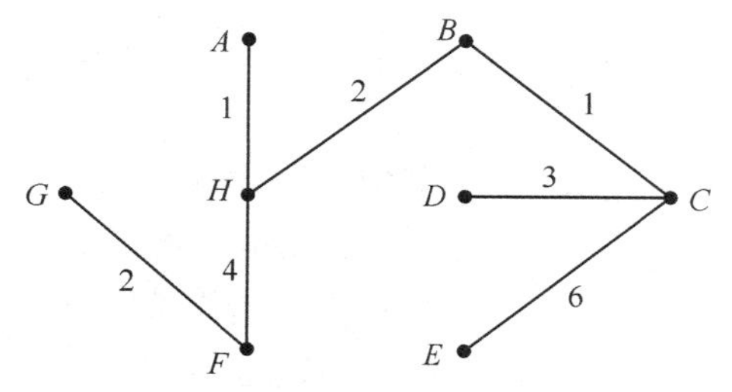

图 8－12 赋权图最短路

下面，我们利用 MATLAB 编程实现 Dijkstra 算法。将顶点 H、A、B、C、D、E、F、G 依次用序号

标记为 1、2、3、4、5、6、7、8。写出图 8 - 11 所表示的赋权图的邻接矩阵如下

$$
\begin{array}{c}
\quad H \quad A \quad B \quad C \quad D \quad E \quad F \quad G \\
\boldsymbol{M}=\begin{bmatrix}
0 & 1 & 2 & \infty & 7 & \infty & 4 & 8 \\
1 & 0 & 2 & 3 & \infty & \infty & \infty & 7 \\
2 & 2 & 0 & 1 & 5 & \infty & \infty & \infty \\
\infty & 3 & 1 & 0 & 3 & 6 & \infty & \infty \\
7 & \infty & 5 & 3 & 0 & 4 & 3 & \infty \\
\infty & \infty & \infty & 6 & 4 & 0 & 6 & 4 \\
4 & \infty & \infty & \infty & 3 & 6 & 0 & 2 \\
8 & 7 & \infty & \infty & \infty & 4 & 2 & 0
\end{bmatrix}
\begin{matrix} H \\ A \\ B \\ C \\ D \\ E \\ F \\ G \end{matrix}
\end{array}
$$

程序中，用 8 阶矩阵 m(8 为顶点个数)存放各边权的邻接矩阵，行向量 $\boldsymbol{d}$ 存放依次求得的到各顶点的最短路径，行向量 index1 存放依次计算出的最短路径的顶点顺序，index2 存放始点到第 i 个顶点最短通路中第 i 个顶点前一顶点的序号。编写程序如下：

```
clc,clear
m = zeros(8);
m(1,2) = 1;m(1,3) = 2;m(1,5) = 7;m(1,7) = 4;m(1,8) = 8;
m(2,3) = 2;m(2,4) = 3;m(2,8) = 7;
m(3,4) = 1;m(3,5) = 5;
m(4,5) = 3;m(4,6) = 6;
m(5,6) = 4;m(5,7) = 3;
m(6,7) = 6;m(6,8) = 4;
m(7,8) = 2;
m = m + m';
m(find(m = = 0)) = inf;
pb(1:length(m)) = 0;
pb(1) = 1;
index1 = 1;
index2 = ones(1,length(m));
d(1:length(m)) = inf;
d(1) = 0;
temp = 1;
while sum(pb)<length(m)
    tb = find(pb = = 0);
    d(tb) = min(d(tb),d(temp) + m(temp,tb));
    tmpb = find(d(tb) = = min(d(tb)));
    temp = tb(tmpb(1));
    pb(temp) = 1;
```

```
    index1 = [index1,temp];
    temp2 = find(d(index1) = = d(temp) - m(temp,index1));
    index2(temp) = index1(temp2(1));
end
d, index1, index2
```

运行结果为

```
d =
    0    1    2    3    6    9    4    6
index1 =
    1    2    3    4    7    5    8    6
index2 =
    1    1    1    3    4    4    1    7
```

结果表明,Dijkstra算法依次求得顶点 H 到各顶点 $1(H)$、$2(A)$、$3(B)$、$4(C)$、$7(F)$、$5(D)$、$8(G)$、$6(E)$的最短路长分别为0、1、2、3、6、9、4、6。即 $d(H,H)=0$, $d(H,A)=1$, $d(H,B)=2$, $d(H,C)=3$, $d(H,F)=6$, $d(H,D)=9$, $d(H,G)=4$, $d(H,E)=6$。这个结果与前面计算的结果相同。

3.Floyd算法

Floyd算法是一种基于动态规划的多源最短路算法,用于求赋权图中任意两个顶点间的最短路。

(1)Floyd算法思想。

从顶点 v_i 到顶点 v_j 的最短路径不外乎两种可能,一是直接从 v_i 到 v_j,二是从 v_i 经过若干个顶点 v_k 到 v_j。开始,我们假设直接从 v_i 到 v_j 的距离 $d(v_i,v_j)$为顶点 v_i 到顶点 v_j 的最短路径的距离;然后,对于每一个顶点 $v_k(k\neq i)$,检查 $d(v_i,v_k)+d(v_k,v_j)<d(v_i,v_j)$ 是否成立,如果成立,说明从 v_i 到 v_k 再到 v_j 的路径比 v_i 直接到 v_j 的路径短,此时更新 $d(v_i,v_j)=d(v_i,v_k)+d(v_k,v_j)$。这样,当遍历完所有顶点 $v_k(k\neq i)$,$d(v_i,v_j)$中记录的便是 v_i 到 v_j 的最短路径的距离。

(2)Floyd算法的MATLAB实现。

设有向赋权图 $G=(V,E)$的邻接矩阵为 $\boldsymbol{A}_0=(a_{ij})_{n\times n}$,其中

$$a_{ij}=\begin{cases} w_{ij}, & 若(v_i,v_j)\in E,且\ w_{ij}\ 为其权 \\ 0, & i=j \\ \infty, & 若(v_i,v_j)\notin E \end{cases}$$

由 $\boldsymbol{A}_0$ 开始,递推产生一个矩阵序列 $\boldsymbol{A}_0,\boldsymbol{A}_1,\boldsymbol{A}_2,\cdots,\boldsymbol{A}_k,\cdots,\boldsymbol{A}_n$。其中,矩阵 $\boldsymbol{A}_k$ 的(i,j)元表示从顶点 v_i 到顶点 v_j 的路径上所经过的顶点序号不大于 k 的最短路径长度。

迭代公式为

$$A_k(i,j)=\min\{A_{k-1}(i,j),A_{k-1}(i,k)+A_{k-1}(k,j)\}$$

其中,k 为迭代次数,$i,j,k=1,2,\cdots,n$。

最后，当 $k=n$ 时，A_n 就是各顶点之间的最短路径长度。

例 8 - 10　某公司在某省内六个城市 v_1、v_2、v_3、v_4、v_5、v_6 中有分公司，从 v_i 到 v_j 的班车票价记在下述矩阵的 (i,j) 位置上（∞表示无班车），请帮助该公司设计一张任意两个城市之间票价最便宜的路线图。

$$\boldsymbol{A}=\begin{bmatrix} 0 & 50 & \infty & 40 & 25 & 10 \\ 50 & 0 & 15 & 20 & \infty & 25 \\ \infty & 15 & 0 & 10 & 20 & \infty \\ 40 & 20 & 10 & 0 & 10 & 25 \\ 25 & \infty & 20 & 10 & 0 & 55 \\ 10 & 25 & \infty & 25 & 55 & 0 \end{bmatrix}$$

利用 Floyd 算法，编写 MATLAB 程序如下。其中，输出矩阵 $\boldsymbol{a}$ 的 (i,j) 元就是顶点 v_i 到顶点 v_j 之间的最短路径长度。矩阵 path 存放的是每对顶点之间最短路径上所经过的中间顶点的序号。

```
clear;clc;
n = 6;
a = zeros(n);
a(1,2) = 50;a(1,4) = 40;a(1,5) = 25;a(1,6) = 10;
a(2,3) = 15;a(2,4) = 20;a(2,6) = 25;
a(3,4) = 10;a(3,5) = 20;
a(4,5) = 10;a(4,6) = 25;
a(5,6) = 55;
a = a + a';
M = max(max(a)) * n^2; % M 为充分大的正实数
a = a + ((a = = 0) - eye(n)) * M;
path = zeros(n);
for k = 1:n
    for i = 1:n
        for j = 1:
            if a(i,j)>a(i,k) + a(k,j)
                a(i,j) = a(i,k) + a(k,j);
                path(i,j) = k;
            end
        end
    end
end
a,
```

运行结果如下

```
a =
     0    35    45    35    25    10
    35     0    15    20    30    25
    45    15     0    10    20    35
    35    20    10     0    10    25
    25    30    20    10     0    35
    10    25    35    25    35     0
path =
     0     6     5     5     0     0
     6     0     0     0     4     0
     5     0     0     0     0     4
     5     0     0     0     0     0
     0     4     0     0     0     1
     0     0     4     0     1     0
```

运行结果中，矩阵 $\boldsymbol{a}$ 的第 i 行第 j 列数字就是城市 v_i 到城市 v_j 之间最便宜的票价。由矩阵 $\boldsymbol{a}$ 及矩阵 path 可以看出，城市 v_1 到城市 v_2 的最便宜的费用为 35 元，路线为 $v_1 \to v_6 \to v_2$；城市 v_1 到城市 v_3 的最便宜的费用为 45 元，路线为 $v_1 \to v_5 \to v_3$；城市 v_1 到城市 v_4 的最便宜的费用为 35 元，路线为 $v_1 \to v_5 \to v_4$；城市 v_1 到城市 v_5 的最便宜的费用为 25 元，路线为 $v_1 \to v_5$；城市 v_1 到城市 v_6 的最便宜的费用为 10 元，路线为 $v_1 \to v_6$。任意两个城市之间票价最便宜的路线表如表 8－4 所示。

表 8－4　城市间票价最便宜的路线表

	1→6→2(35)	1→5→3(45)	1→5→4(35)	1→5(25)	1→6(10)
2→6→1(35)		2→3(15)	2→4(20)	2→4→5(30)	2→6(25)
3→5→1(45)	3→2(15)		3→4(10)	3→5(20)	3→4→6(35)
4→5→1(35)	4→2(20)	4→3(10)		4→5(10)	4→6(25)
5→1(25)	5→4→2(30)	5→3(20)	5→4(10)		5→1→6(35)
6→1(10)	6→2(25)	6→4→3(35)	6→4(25)	6→1→5(35)	

注：2→6→1(35)表示城市 v_2 到城市 v_1 的最便宜的费用为 35 元，路线为 $v_2 \to v_6 \to v_1$。

例 8－11　某工厂使用一台设备，厂领导在每年的年初都要决定是购置新设备还是继续使用旧设备。若购置新设备就要支付一定的购置费用；若继续使用旧设备，则需支付一定的维修费用。表 8－5 给出了设备在未来 5 年的购买费，及使用不同年限的机器的维修费，试为企业制订一个 5 年的设备更新计划，使得总的支付费用最少。

表 8－5　未来 5 年的设备购置费

	第 1 年	第 2 年	第 3 年	第 4 年	第 5 年
购买费/万元	11	11	12	12	13
使用年数/年	0～1	1～2	2～3	3～4	4～5
维修费用/万元	5	6	8	11	18

(1)问题分析。

这是一个设备更新问题。可供选择的设备更新方案显然是很多的,例如每年都购置一台新设备,则其购置费用为 11+11+12+12+13=59 万元,每年支付的维修费用为 5 万元,五年合计为 25 万元,于是五年总支付费用为 59+25=84 万元。又如,决定在第 1、3、5 年各购进一台新设备,这个方案的设备购置费为 11+12+13=36 万元,维修费为 5+6+5+6+5=27 万元,五年总支付费用为 36+27=63 万元。

使用枚举法是可以的,但是工作量较大。这里,我们把它转化为最短路问题来解决。

(2)模型假设。

假设机器在相应使用年限的维修费用是固定不变的,即不存在人为的和偶发的破坏因素导致的维修费用;第一年一定是购置一台新设备;企业仅使用一台设备,前一年底和后一年初设备视为同一状态。

(3)模型建立。

用点 v_i 表示第 i $(i=1,2,3,4,5)$年年初购进一台新设备这种状态,虚设一个点 v_6 表示第五年年底。从 v_i 到 $v_{i+1},v_{i+2},\cdots,v_6$ 各画一条弧,弧(v_i,v_j)表示在第 i 年年初购进的设备一直使用到第 j 年年初(即 $j-1$ 年年底)。构建如图 8-13 所示的赋权图 G。

图 G 中每条弧的权可根据已知资料计算出来。例如,(v_1,v_4)是第一年年初购进一台新设备(支付购置费 11 万元),一直使用到第三年年底(支付维修费 5+6+8=19 万元),故(v_1,v_4)上的权 $w(v_1,v_4)=30$ 万元。

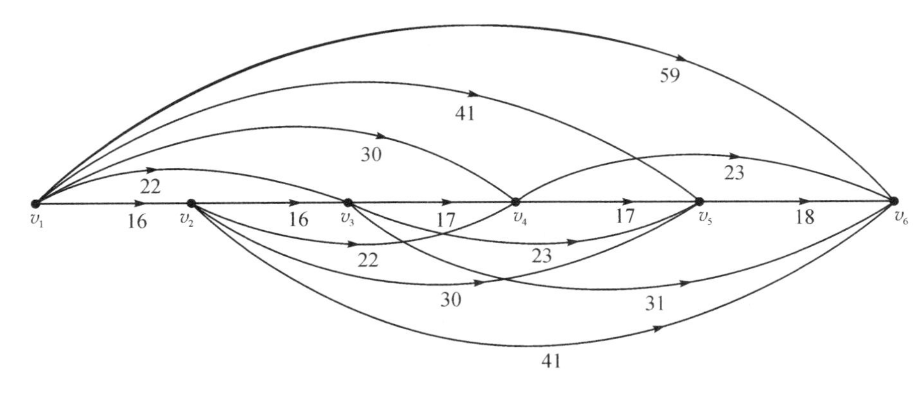

图 8-13　设备更新问题

这样,制定一个最优的设备更新计划问题,就等价于在赋权图 G 中寻求从点 v_1 到点 v_6 的最短路问题。

(4)模型求解与结论。

按求解最短路的计算方法,$v_1 \to v_3 \to v_6$ 和 $v_1 \to v_4 \to v_6$ 均为最短路,即有两个最优方案。一个是在第一年和第三年各购置一台新设备,一个是在第一年和第四年各购置一台新设备,五年总的支付费用均为 53 万元。

4.求最短路的 MATLAB 函数

MATLAB 提供了求最短路的函数 graphshortestpath,下面简单介绍其使用方法。

(1)求无向图中给定两顶点的最短路。

```
start = [1 1 2 2 3 3 4 4 4 4 5 6 6 7 8]; % 起始顶点向量
endot = [2 3 5 4 4 6 5 7 8 6 7 8 9 9 9]; % 终止顶点向量
weight = [1 2 12 6 3 4 4 15 7 2 7 7 15 3 10]; % 边权值向量
graphsize = max(max(start),max(endot));
DG = sparse(start, endot, weight,graphsize,graphsize); % 求稀疏矩阵
UG = tril(DG + DG'); % 求矩阵和转置矩阵和的下三角矩阵,把矩阵化为无向图的邻接矩阵
h = view(biograph(UG,[],'ShowArrows','off','ShowWeights','on')); % 显示各路径的权值
first = input('请输入初始顶点:');
last = input('请输入终止顶点:');
[dist,path,pred] = graphshortestpath(UG,first,last,'directed',false); % 求初始顶点到终止顶点的最短距离
set(h.Nodes(path),'Color',[1 0.4 0.4]) % 将最短路径的顶点以红色显示
fowEdges = getedgesbynodeid(h,get(h.Nodes(path),'ID'));
revEdges = getedgesbynodeid(h,get(h.Nodes(fliplr(path)),'ID'));
edges = [fowEdges;revEdges];
set(edges,'LineColor',[1 0 0])
set(edges,'LineWidth',1.5)
```

运行程序,首先了创建无向赋权图,如图 8－14 所示。其次,电脑屏幕将有提示“请输入初始顶点:”,此时通过键盘输入一个数字,例如:2。再次,电脑屏幕将有提示“请输入终止顶点:”,此时通过键盘输入一个数字,例如:7。回车后,就可得到顶点 2 到顶点 7 的最短路径,如图 8－15 所示。

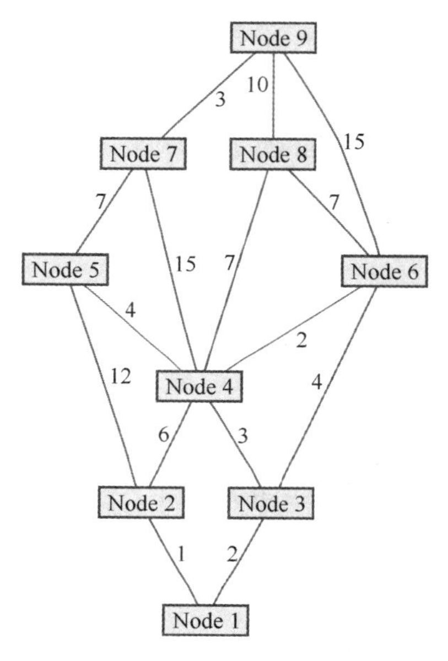

图 8－14　无向赋权图

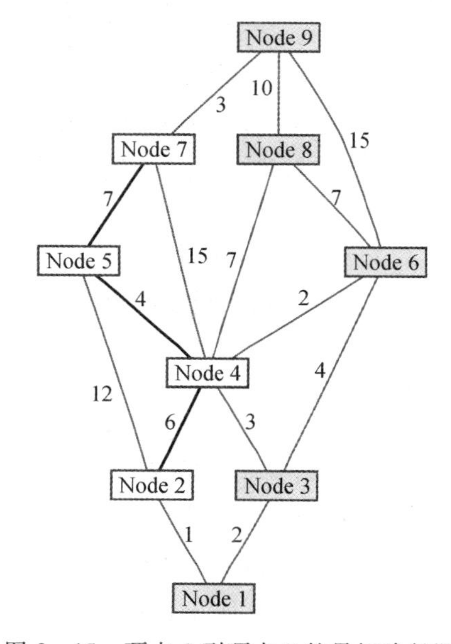

图 8－15　顶点 2 到顶点 7 的最短路径图

(2)求有向图中给定两顶点的最短路。

```
start = [1 1 2 2 3 3 4 4 4 4 5 6 6 7 8];
endot = [2 3 5 4 4 6 5 7 8 6 7 8 9 9 9];
weight = [1 2 12 6 3 4 4 15 7 2 7 7 15 3 10];
graphsize = max(max(start),max(endot));
DG = sparse(start, endot, weight,graphsize,graphsize);
h = view(biograph(DG,[],'ShowWeights','on'))
first = input('请输入初始顶点:');
last = input('请输入终止顶点:');
[dist,path,pred] = graphshortestpath(DG,first,last)
set(h.Nodes(path),'Color',[1 0.4 0.4])
edges = getedgesbynodeid(h,get(h.Nodes(path),'ID'));
set(edges,'LineColor',[1 0 0])
set(edges,'LineWidth',1.5)
```

运行程序,首先创建了有向赋权图,如图 8 - 16 所示。其次,电脑屏幕将有提示“请输入初始顶点:”,此时通过键盘输入一个数字,例如:3。再次,电脑屏幕将有提示“请输入终止顶点:”,此时通过键盘输入一个数字,例如:9。回车后,就可得到从顶点 3 到顶点 9 的最短路径,如图 8 - 17 所示。

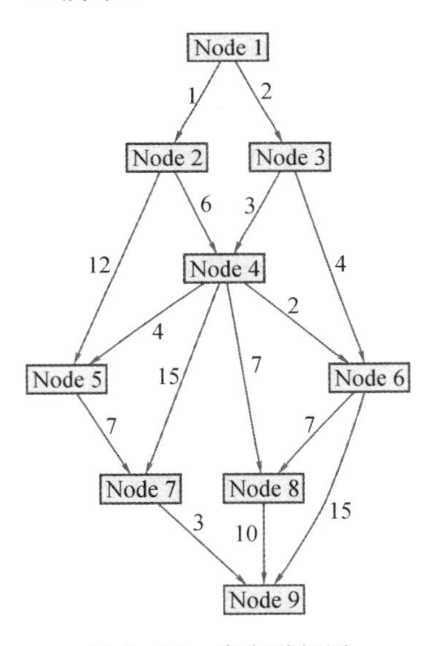

图 8 - 16　有向赋权图

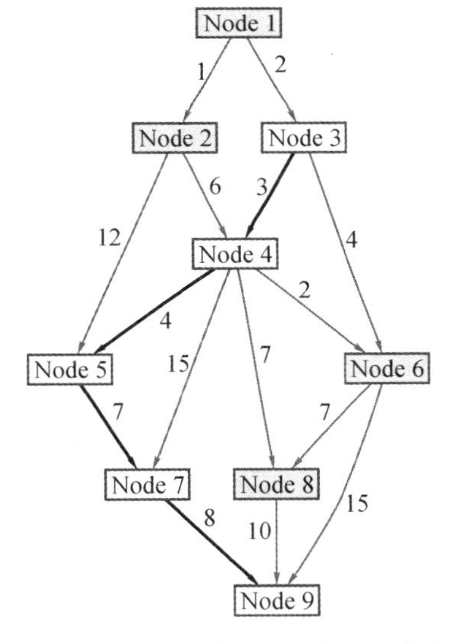

图 8 - 17　顶点 3 到顶点 9 的最短路径图

(3)求无向图中任意两顶点的最短路径长度。

```
S = [6 1 2 2 3 4 4 5 5 6 1];
E = [2 6 3 5 4 1 6 3 4 3 5];
W = [.41 .99 .51 .32 .15 .45 .38 .32 .36 .29 .21];
```

```
graphsize = max(max(S),max(E));
DG = sparse(S, E,W, graphsize, graphsize);
view(biograph(UG,[],'ShowArrows','off','ShowWeights','on'))
UG = tril(DG + DG');
A = graphallshortestpaths(UG,'directed',false)
```

运行程序,将创建如图 8－18 所示的无向赋权图,并计算出任意两顶点之间的最短路径长度矩阵

```
A =
         0    0.5300    0.5300    0.4500    0.2100    0.8200
    0.5300         0    0.5100    0.6600    0.3200    0.4100
    0.5300    0.5100         0    0.1500    0.3200    0.2900
    0.4500    0.6600    0.1500         0    0.3600    0.3800
    0.2100    0.3200    0.3200    0.3600         0    0.6100
    0.8200    0.4100    0.2900    0.3800    0.6100         0
```

其中,矩阵 **A** 的第 i 行第 j 列处的数字表示顶点 i 与顶点 j 之间的最短路径长度。例如,顶点 1 与顶点 4 之间的最短路径长度为 0.45,顶点 2 与顶点 4 之间的最短路径长度为 0.66。可以看出,对于无向图,矩阵 **A** 是对称的。

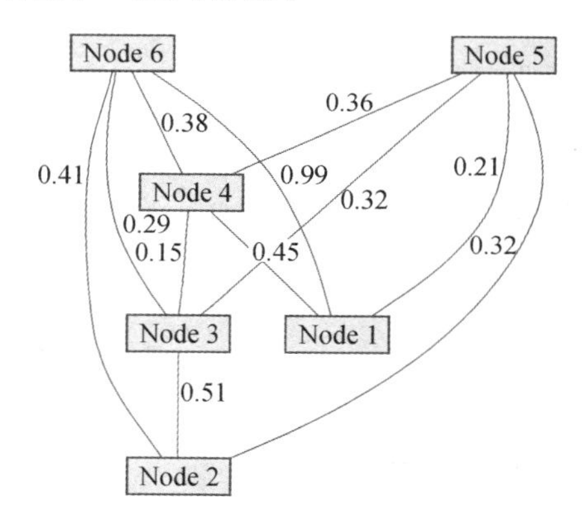

图 8－18　无向赋权图

(4)求有向图中任意两顶点的最短路长度。

```
S = [6 1 2 2 3 4 4 5 5 6 1];
E = [2 6 3 5 4 1 6 3 4 3 5];
W = [1 95 2 6 10 8 4 13 7 11];
graphsize = max(max(S),max(E));
DG = sparse(S, E,W, graphsize, graphsize);
view(biograph(DG,[],'ShowWeights','on'));
A = graphallshortestpaths(DG)
```

运行程序,将创建如图 8-19 所示的有向赋权图,并计算出任意两顶点之间的最短路长度矩阵

```
A =

     0    10    15    21    11     9
    21     0     5    11     2    19
    16    15     0     6    17    14
    10     9    14     0    11     8
    20    19     4    10     0    18
    22     1     6    12     3     0
```

其中,矩阵 **A** 的第 i 行第 j 列处的数字表示从顶点 i(起点)到顶点 j(终点)的最短路径长度。例如,从顶点 1 到顶点 4 的最短路径长度为 21,而从顶点 4 到顶点 1 的最短路径长度为 10。可以看出,对于有向图,矩阵 **A** 一般是不对称的。

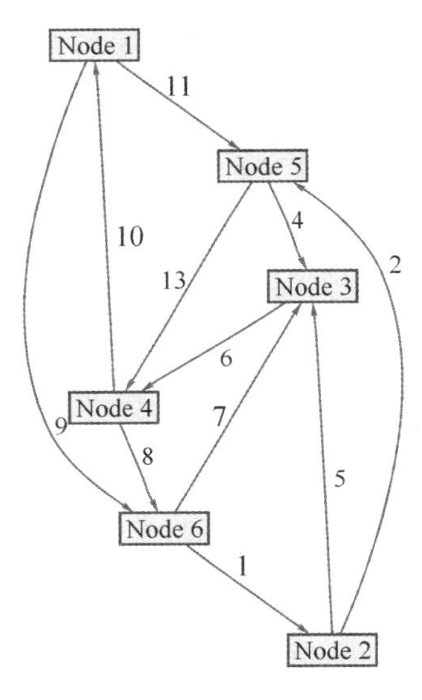

图 8-19　有向赋权图

8.4　最小生成树及算法

对于一个无向图,我们常常需要构造一个包含原图中所有顶点的连通子图,并且有保持图连通的最少的边,这样的子图称为树。树是一种很特别的图,是图论中的重要内容之一,生成树和最小生成树有许多重要的应用。本节介绍树的基本概念、最小生成树及算法。

1.树的定义与树的特征

连通且不含圈(回路)的无向图称为**树**,用 T 表示。树中的边称为**树枝**,树中度为 1 的顶点称为**树叶**,孤立顶点称为**平凡树**。

例如,图 8-20 所示的就是一棵树。

树有下面常用的六个等价命题，每一个都可以作为树的等价定义。

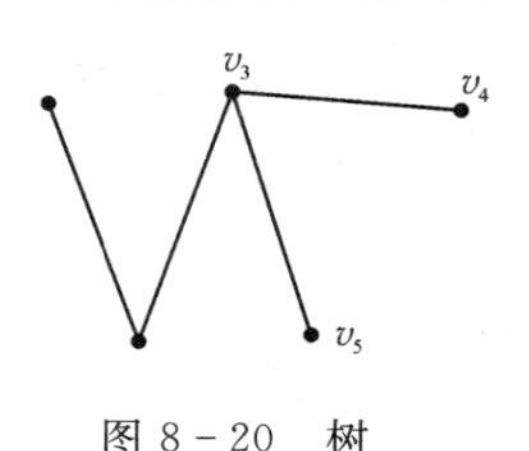

图 8-20 树

定理 8.1 设 G 是具有 n 个顶点的图，则下述命题等价：

(1)G 是树(G 无圈且连通)；

(2)G 无圈，且有 $n-1$ 条边；

(3)G 连通，且有 $n-1$ 条边；

(4)G 无圈，但添加任一条新边恰好产生一个圈；

(5)G 连通，且删去一条边就不连通了(即 G 为最小连通图)；

(6)G 中任意两顶点间只有唯一一条通路。

定理 8.2(树的定理)

设 T 是 n 阶非平凡的无向树，则 T 至少有两片树叶。

2.图的生成树

若 T 是包含图 G 的全部顶点的子图，它又是树，则称 T 是 G 的**生成树**。图 G 中不在生成树的边叫做**弦**。

定理 8.3 连通图至少有一棵生成树。

证明 设 $G=(V,E)$ 是一个连通图。

任取 $v_1\in V$，令集合 $V_1=\{v_1\}$，这时生成树 T 的边集 $E_T^{(1)}$ 为空集。

因为 G 是连通图，点集 V_1 与 $V-V_1$ 之间必有边相连，设 $e_1=v_1v_2$ 为这样的边，v_1 属于 V_1，而 v_2 属于 $V-V_1$，则得 $V_2=\{v_1,v_2\}$，$E_T^{(2)}=\{e_1\}$。

重复上述步骤，对于 $V_i=\{v_1,v_2,\cdots,v_i\}$，$E_T^{(i)}=\{e_1,e_2,\cdots,e_{i-1}\}$，$i<n(=|V|)$，仍能找到边 e_i 满足其一端在点集 V_i，另一端在点集 $V\backslash V_i$ 中。

由于 e_i 有一端在 V_i 之外，所以 V_i 与 $E_T^{(i)}$ 中的边不构成圈。当 $i=n$ 时，得

$$V_n=\{v_1,v_2,\cdots,v_n\}=V,E_T^{(n)}=\{e_1,e_2,\cdots,e_{n-1}\}$$

即图 $T=(V,E_T^{(n)})$ 有 $n-1$ 条边且无圈，由定理 8.1 知，这是一棵树，且为图 G 的一棵生成树。

定理 8.3 的证明提供了一种构造图的生成树的方法。此方法就是在已给的图 G 中，每步选出一条边使它与已选边不构成圈，直到选够 $n-1$ 条边为止。因此，这种方法也称为**“避圈法”**或**“加边法”**。

在避圈法中，按照边的选法不同，找图中生成树的方法又可分为深探法和广探法。下面分别介绍深探法和广探法的具体步骤。

(1)深探法步骤。

第 1 步，在点集 V 中任取一点 u，给以标号 0。

第 2 步，若某点 v 已得标号，检查一端点为 v 的各边，另一端是否均已标号。

若有边 vw 之 w 未标号，则给 w 以标号 $i+1$，记下边 vw。令 w 代 v，重复第 2 步。若这样的边的另一端均已有标号，就退到标号为 $i-1$ 的 r 点，以 r 代 v，重复第 2 步，直到全部点得到标号为止。

(2)广探法步骤。

第 1 步，在点集 V 中任取一点 u，给 u 以标号 0。

第 2 步，令所有标号 i 的点集为 V_i，检查$[V_i,V\backslash V_i]$中的边端点是否均已标号。对所有

未标号之点均标以 $i+1$,记下这些边。

第 3 步,对标号 $i+1$ 的点重复步骤第 2 步,直到全部点得到标号为止。

例 8-12　对于图 8-21,利用深探法求出的一棵生成树,如图 8-22 所示;利用广探法求出的一棵生成树,如图 8-23 所示。

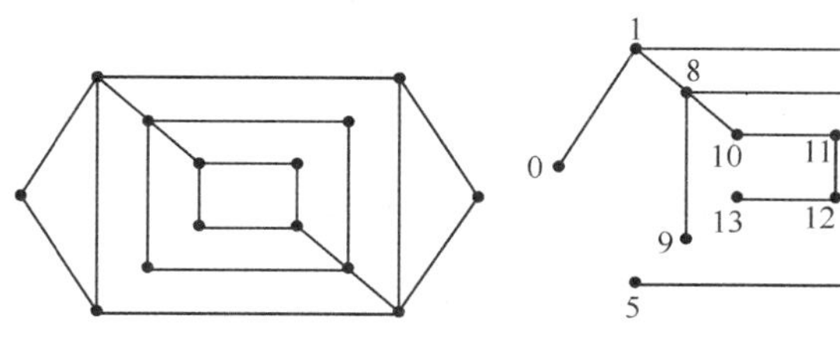

图 8-21　例 8-12 题图　　图 8-22　深探法求出的生成树

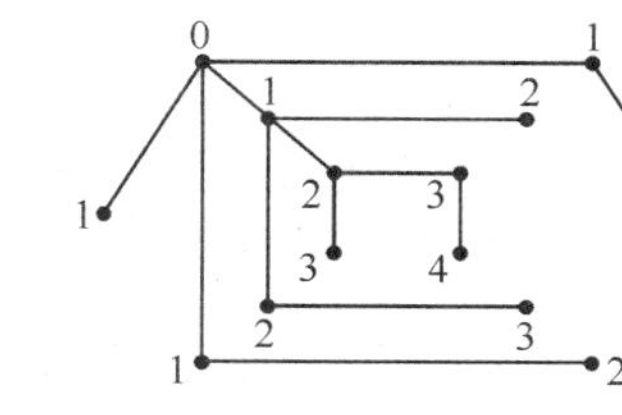

图 8-23　广探法求出的生成树

可以看出,一个图可以有多个生成树。

相对于避圈法,还有一种求生成树的方法称为**"破圈法"**。这种方法就是在图 G 中任取一个圈,任意舍弃一条边,将这个圈破掉,重复这个步骤直到图 G 中没有圈为止。

回顾本章第一节提出的公路连接问题:欲修筑连接 n 个城市的高速公路,已知 i 城与 j 城之间的公路造价为 c_{ij},设计一个线路图,使总造价低。容易看出,公路连接问题的数学模型就是在连通赋权图上求权最小的生成树。事实上,还有一些实际问题也可以归结为求连通赋权图上权最小的生成树。下面,我们就来介绍最小生成树的概念和求法。

3.最小生成树与算法

(1)最小生成树的定义。

设 $T=(V,E_1)$ 是赋权图 $G=(V,E)$ 的一棵生成树,称 T 中全部边上的权数之和为**生成树的权**,记为 $w(T)$,即 $w(T)=\sum_{e\in E_1} w(e)$。如果生成树 T^* 的权 $w(T^*)$ 是 G 的所有生成树的权中最小者,则称 T^* 是 G 的**最小生成树**,简称为最小树。

最小生成树可以用 Kruskal(克鲁斯卡尔)算法或 Prim(普里姆)算法求出。

(2)Kruskal 算法。

算法思想:通过逐个往生成树上添加边来构造连通网的最小生成树。

算法具体步骤:

第 1 步,选择最小权边 e_1;

第 2 步,若已选定边 $e_1,e_2,\cdots,e_i$,则从 $E\backslash\{e_1,e_2,\cdots,e_i\}$ 中选取最小权边 e_{i+1},使得选出来的图无回路;

第 3 步,返回第 2 步。当第 2 步不能继续执行时,则停止,此时就得到一个最小生成树。

例 8-13　用 Kruskal 算法求最小生成树示意图。

(3)Prim(普里姆)算法。

算法思想:通过逐个往生成树上添加顶点来构造连通图的最小生成树。

设置两个集合 P 和 Q,其中 P 用于存放图 G 的最小生成树中的顶点,集合 Q 存放 G 的最小生成树中的边。令集合 P 的初值为 $P=\{v_1\}$(假设构造最小生成树时,从顶点 v_1 出发),集合 Q 的初值为 $Q=\varphi$。

算法具体步骤如下。

第 1 步,开始:选取连通图中的任意一个顶点添加到集合 P 中。

第 2 步,重复执行以下操作直到 $P=V$:

找出所有连通集合 P 和集合 $V-P$ 中顶点的边,从中选取一条权值最小的边添加到生成树的边集 Q 中,同时将与这条边相连的顶点也添加到生成树的顶点集 P 中。

第 3 步,结束:最小生成树构造完毕。这时,所有的顶点都被添加到最小生成树中,集合 Q 中包含了最小生成树的所有边。

例 8-14 利用 Prim 算法求图 8-24(a)所示的图 G 的最小生成树。

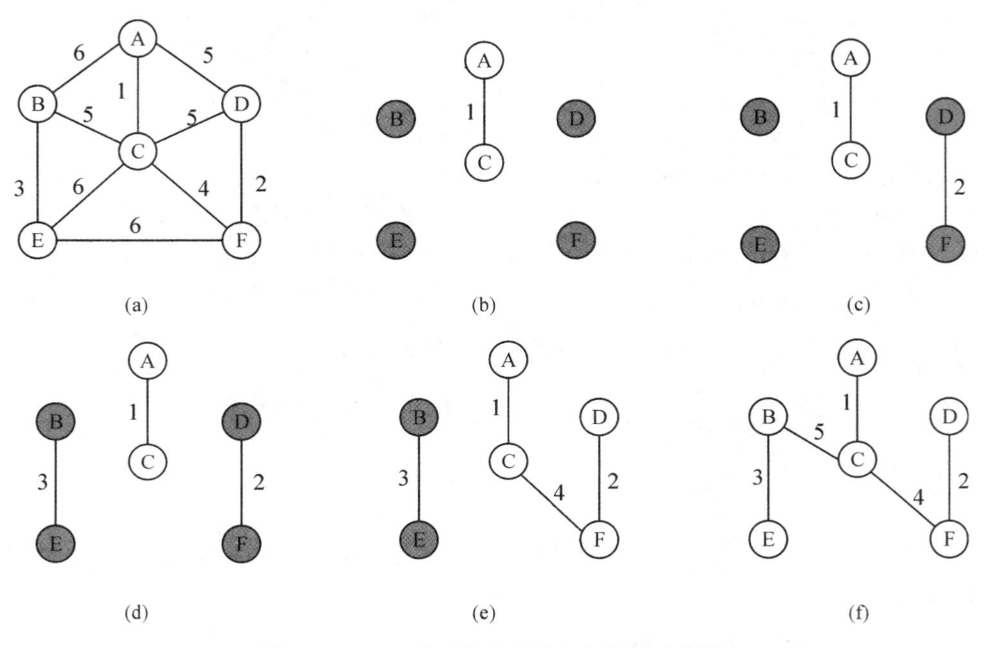

图 8-24 Kruskal 算法求最小生成树示意图

将顶点 A、B、C、D、E、F 标号为 1、2、3、4、5、6。从顶点 A 出发构造最小生成树。首先写出赋权图 G 的邻接矩阵为

$$\boldsymbol{A}=\begin{bmatrix} 0 & 6 & 1 & 5 & \infty & \infty \\ 6 & 0 & 5 & \infty & 3 & \infty \\ 1 & 5 & 0 & 5 & 6 & 4 \\ 5 & \infty & 5 & 0 & \infty & 2 \\ \infty & 3 & 6 & \infty & 0 & 6 \\ \infty & \infty & 4 & 2 & 6 & 0 \end{bmatrix}$$

编写 MATLAB 程序,并以矩阵 result 的第一、二、三行分别表示最小生成树边的起点、终点、权集合。程序如下:

```
clc;clear;
a = zeros(6);
```

```
a(1,2) = 6;a(1,3) = 1;  a(1,4) = 5;
a(2,3) = 5;a(2,5) = 3;
a(3,4) = 5;a(3,5) = 6;a(3,6) = 4;
a(4,6) = 2;a(5,6) = 6;
a = a + a';
a(find(a = = 0)) = inf;
result = [];p = 1;tb = 2:length(a);
while length(result)~ = length(a) - 1
  temp = a(p,tb);temp = temp(:);
  d = min(temp);
  [jb,kb] = find(a(p,tb) = = d);
  j = p(jb(1));k = tb(kb(1));
  result = [result,[j;k;d]];
  p = [p,k];
  tb(find(tb = = k)) = [];
end
result
```

运行结果为

```
result =
       1     3     6     3     2
       3     6     4     2     5
       1     4     2     5     3
```

该结果恰是图 8 - 24(f)所示的最小生成树。

4.求最小生成树的 MATLAB 函数

MATLAB 提供了求无向图的最小生成树的函数 graphminspantree，下面通过例子简单介绍其使用方法。

程序如下：

```
W = [4  9  5 3 8 10 7 6 12 9 1];
DG = sparse([1 1 2 2 3 4 4 5 5 6 6],[2 6 3 5 4 1 6 3 4 2 5],W);
UG = tril(DG + DG')
view(biograph(UG,[],'ShowArrows','off','ShowWeights','on'))
% Find and view the minimal spanning tree of the undirected graph。
[ST,pred] = graphminspantree(UG)
view(biograph(ST,[],'ShowArrows','off','ShowWeights','on'))
```

运行程序，创建无向赋权图，并求得最小生成树，如图 8 - 25 所示。

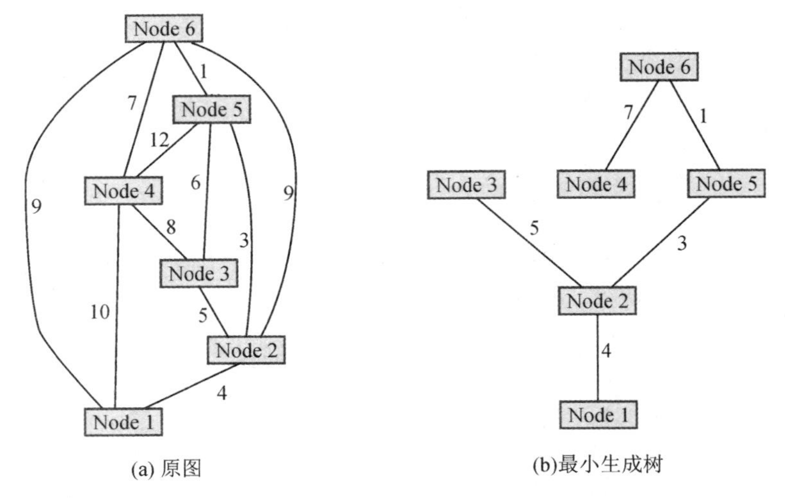

(a) 原图　　(b)最小生成树

图 8-25

8.5 Euler 图和 Hamilton 图

一些实际问题，比如哥尼斯堡七桥问题、中国邮递员问题等可以归结为图的遍历问题。遍历有两种情形，一个是遍历过程中要经过所有的边，一个是遍历过程中要经过所有的顶点，这样的问题就引出了 Euler(欧拉)图和 Hamilton(哈密顿)图的概念。

1.Euler 图

Euler 图的概念起源于 1736 年 Euler 对哥尼斯堡七桥问题的研究。

(1)Euler 图的定义。

在无孤立点的图 G 中，如果存在一条路，它经过图中每条边一次且仅一次，称此路为 **Euler** 迹。闭的 Euler 迹称为 **Euler 回路**，具有 Euler 回路的图称为 **Euler 图**；开的 Euler 迹称为 **Euler 开迹**，具有 Euler 开迹的图称为**半 Euler 图**。

直观地讲，Euler 图就是从一顶点出发每边恰通过一次能回到出发点的那种图，即不重复地行遍所有的边再回到出发点。

Euler 迹与 Euler 回路的问题也称为一笔画问题。

(2)Euler 图的充要条件。

定理 8.4　设 G 是连通图，则当且仅当 G 的所有顶点均是偶顶点时，G 是 Euler 图。

定理 8.5　设 G 是连通图，则当且仅当 G 中恰好有两个奇顶点时，G 是半 Euler 图。

定理 8.6　设 D 为有向图，则当且仅当 D 是单连通的且每个顶点的入度均等于出度时，D 是 Euler 图。

定理 8.7　设 D 是单连通有向图，则当且仅当 D 中恰好有两个奇顶点，其中一个的入度比出度大 1，另一个的出度比入度大 1，而其余顶点的入度等于出度时，D 是半 Euler 图。

(3)求 Euler 回路 Fleury(佛罗莱)算法。

求 Euler 回路主要有两种方法：Fleury 算法和 DFS 搜索。这里主要介绍 Fleury 算法。

设 $G=(V,E)$ 为一无向 Euler 图，求 G 中一条 Euler 回路的 Fleury 算法如下。

①选择任意一个顶点作为起点，选择一条从它开始的边，将其加到解的集合 U 中。

②从该边的终端，选择与之连通的下一条边作为新的起点，将已经过的边从图中删除。

③重复步骤①②，若经过一个顶点的所有边均被删除，则将该顶点也删除。

④直到所加入集合 U 的边的终点与起点重合，形成回路为止。当算法停止时，所得到的简单回路就是 G 中一条 Euler 回路。

这里要注意的是，对于给定的图，随起始边选择的不同，其欧拉回路也不同。

2.Hamilton 图

1859 年，英国数学家、物理学家 William Rowan Hamilton（威廉·罗恩·哈密顿，1805—1865），提出了以下"周游世界的游戏"：在正十二面体的二十个顶点上依次标记伦敦、巴黎、莫斯科、上海等世界著名大城市，正十二面体的棱表示连接这些城市的路线。试问能否在图中做一次旅行，从顶点到顶点，沿着边行走，经过每个城市恰好一次之后再回到出发点。

这就是著名的 Hamilton（哈密顿）问题。由此，提出了 Hamilton 圈和 Hamilton 图的概念。

（1）Hamilton 图的定义。

设 G 是一个图，G 中包含所有顶点的圈称为 **Hamilton 圈**，含有 Hamilton 圈的图称为 **Hamilton 图**，G 中含有所有顶点的路称为 **Hamilton 路**。

直观地讲，Hamilton 图就是从一顶点出发，每顶点恰通过一次能回到出发点的那种图，即不重复地行遍所有的顶点再回到出发点。

Hamilton 问题提出没过多久，Hamilton 就收到许多来自世界各地的表明成功周游世界的答案。然而，有没有一个一般的方法来判定一个图是不是 Hamilton 图呢？一个半世纪过去了，这个问题即一个图是否为 Hamilton 图的判定问题至今悬而未决。Hamilton 问题一直是图论中的世界性难题，到目前为止仍然没有找到一个像 Euler 图那样简单的充分必要条件。目前的研究结果仅仅可以分别给出 Hamilton 回路存在的必要条件和充分条件。下面给出判定 Hamilton 回路存在的几个充分条件。

（2）Hamilton 回路存在的充分条件。

定理 8.8　设 G 是 n 阶的无向简单图，如果 G 中任意不相邻的两个顶点 u、v，有 $d(u)+d(v)\geqslant n-1$，则 G 中存在 Hamilton 路。

定理 8.9　设 G 是有 $n(n\geqslant 3)$ 个顶点的图，如果 G 中任意不相邻的顶点 u、v 均有 $d(u)+d(v)\geqslant n$，则 G 是 Hamilton 图。

定理 8.10　设 G 是有 $n(n\geqslant 3)$ 个顶点的简单图，对于每一个顶点 u 均有 $d(u)\geqslant \frac{n}{2}$，则 G 是 Hamilton 图。

3.中国邮递员问题求解

一名邮递员负责投递某个街区的邮件，他从邮局出发，走完所管辖范围内的每一条街道至少一次，再返回邮局，如何选择一条尽可能短的路线？

以街道为边，以街道的交叉口为顶点，以街道的长度为边权，建立赋权无向图 G。上述中国邮递员问题的数学模型为:在赋权连通图 G 上求一个含所有边的回路,且使此回路的权最小。

显然,若此连通赋权图 G 是 Euler 图,则任何一条 Euler 回路都是问题的解,此时可以用 Fleury 算法求得 Euler 回路,从而得到最短路线。

若 G 为非 Euler 图,所求回路必然要重复通过某些边。在这种情况下,可以通过添加重复边的方法,使图 G 扩充为一个 Euler 图 G^*,并使 $\sum\limits_{e\in E(G^*)\setminus E(G)} w(e)$ 尽可能地小,然后再求 G^* 的 Euler 回路。

4.旅行商问题求解

(1)旅行商问题。

一个旅行售货员想去访问若干城镇,然后回到出发地。给定各城镇之间的距离后,应怎样计划他的旅行路线,使他能每个城镇都恰好经过一次而总距离最小?

上述旅行商问题可归结为这样的图论问题:以城镇为顶点,以城镇间的道路为边,以道路的长度为边权,建立赋权图 G。在赋权图 G 中,找出一个最小权的 Hamilton 圈,称这种圈为最优圈。

目前还没有求解旅行商问题的有效算法,因此只能找出一种比较好(不一定最优)的解。

(2)求旅行商问题的算法。

一个可行的方法是先求一个 Hamilton 圈 C,然后适当修改,以得到具有较小权的另一个 Hamilton 圈,修改的方法叫做改良圈算法。具体算法如下。

设初始 Hamilton 圈为 $C=v_1v_2\cdots v_nv_1$。

第 1 步,对于 $1<i+1<j<n$ 的 i 和 j,构造新的 Hamilton 圈

$$C_{ij}=v_1v_2\cdots v_iv_jv_{j+1}\cdots v_{i+1}v_{j+1}v_{j+2}\cdots v_nv_1$$

它是由 C 中删去边 v_iv_{i+1} 和 v_jv_{j+1},以及添加边 v_iv_j 和 $v_{i+1}v_{j+1}$ 而得到的。若

$$w(v_iv_j)+w(v_{i+1}v_{j+1})<w(v_iv_{i+1})+w(v_jv_{j+1})$$

则以圈 C_{ij} 代替圈 C,C_{ij} 称为 C 的一个改良圈。

第 2 步,重复第 1 步。直至无法改进,停止。

找出的这个解的好坏可用最优 Hamilton 圈的权的下界与其比较得出。利用最小生成树可得最优 Hamilton 圈的一个下界,方法如下。

设 C 是 G 的一个最优 Hamilton 圈,则对 G 的任一顶点 v,$C-v$ 是 $G-v$ 的路,也是 $G-v$ 的生成树。如果 T 是 $G-v$ 的最小生成树,且 e 是 f 与 v 关联的边中权最小的边,则 $w(T)+w(e)+w(f)$将是 $w(C)$的一个下界。

(3)旅行商问题的数学表达式。

设城镇的个数为 n,城镇 i 与城镇 j 之间的距离为 $d_{ij}(i,j=1,2,\cdots,n)$,以城镇为顶点,以城镇间的路为边,以路的长度(距离)为边权,建立赋权图 $G=(V,E)$,其中 $V=\{v_1,v_2,\cdots,v_n\}$。设

$$x_{ij}=\begin{cases}1, & v_iv_j\in E\\ 0, & v_iv_j\notin E\end{cases}$$

则旅行商问题的数学模型可以表示为下面的 0-1 数学规划

$$\min \sum_{i \neq j} d_{ij} x_{ij}$$

$$\text{s.t.} \quad \sum_{j=1}^{n} x_{ij} = 1, i = 1,2,\cdots,n \text{（每个顶点只有一条边出去）}$$

$$\sum_{i=1}^{n} x_{ij} = 1, j = 1,2,\cdots,n \text{（每个顶点只有一条边进去）}$$

$$\sum_{i \in s} \sum_{j \in s} x_{ij} \leqslant |s| - 1, \forall s \in V, 2 \leqslant |s| \leqslant n-1 \text{（除起点外各边不构成圈）}$$

$$x_{ij} \in \{0,1\}, \quad i,j = 1,2,\cdots,n, i \neq j$$

这里$|s|$表示s中元素个数。

8.6　钢管订购与运输问题的数学建模与求解

2000 年全国大学生数学建模竞赛 B 题

某地区要铺设一条$A_1 \to A_2 \to \cdots \to A_{15}$的输送天然气的主管道，如图 8－26 所示。经筛选后可以生产这种主管道钢管的钢厂有 7 家，分别是$S_1, S_2, \cdots, S_7$。图中粗线表示铁路，单细线表示公路，双细线表示要铺设的管道（假设沿管道原来有公路或者建有施工公路），圆圈表示火车站，每段铁路、公路和管道旁的阿拉伯数字表示里程（单位：km）。为方便计，1 km 主管道钢管称为 1 单位钢管。

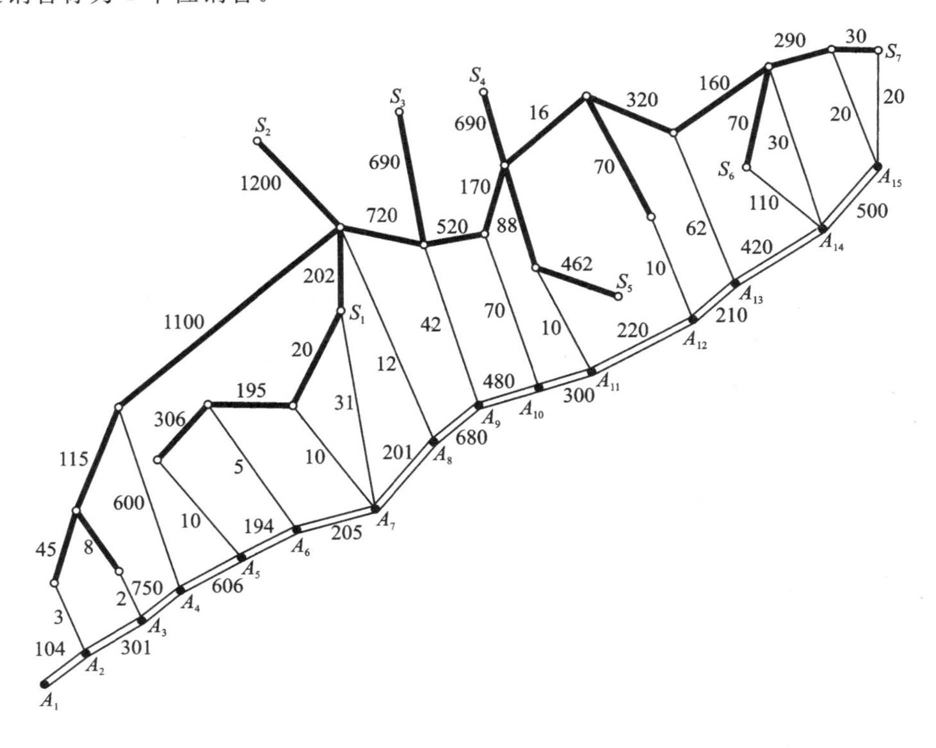

图 8－26　天然气管道图

一个钢厂如果承担制造这种钢管，至少需要生产500个单位。钢厂 S_i 在指定期限内能生产该钢管的最大数量为 M_i 个单位，钢管出厂销售价1单位钢管为 p_i 万元，各钢厂的生产量及销售价表如表8-6所示。1单位钢管的铁路运价如表8-7所示，1000 km以上每增加1～100 km运价增加5万元。

表8-6 各钢厂的生产量及销售价表

i	1	2	3	4	5	6	7
M_i	800	800	1000	2000	2000	2000	3000
p_i	160	155	155	160	155	150	160

表8-7 单位钢管铁路运价表

里程/km	≤300	301～350	351～400	401～450	451～500
运价/万元	20	23	26	29	32
里程/km	501～600	601～700	701～800	801～900	901～1000
运价/万元	37	44	50	55	60

公路运输费用为1单位钢管每千米0.1万元(不足整千米部分按整千米计算)。钢管可由铁路、公路运往铺设地点(不只是运到点，而是管道全线)。

(1)请制订一个主管道钢管的订购和运输计划，使总费用最小(给出总费用)。

(2)请就(1)的模型分析：哪个钢厂钢管的销售价变化对总费用影响最大，哪个钢厂钢管的产量上限的变化对总费用的影响最大，并给出相应的数字结果。

1.问题分析

问题(1)要求制订钢管的订购和运输计划，使总费用最小，这是一个最优化问题。

钢管运输的过程分为两步，第一步是将钢管从钢厂运输到各个顶点，第二步是将钢管从各顶点运往具体铺设地点。因此钢管的订购和运输总费用包括三部分：订购费、从钢厂到各顶点的铁路和公路运输费用、从各顶点到铺设地点的运输费用。

决策变量：钢厂 S_i 向第 j 个顶点 A_j 运输的钢管量 $x_{ij}(i=1,\cdots,7;\ j=1,\cdots,15)$，从顶点 A_j 向顶点 A_{j+1} 方向铺设的钢管量 $t_j(j=1,\cdots,14)$。

根据题设数据，利用最短路算法可以计算出1单位钢管从钢厂 S_i 运到顶点 A_j 的最小购运费 $a_{ij}(i=1,\cdots,7;j=1,\cdots,15)$，即出厂售价与运费之和。再根据 a_{ij} 求得总费用，从而得到目标函数。

最后写出约束函数，对优化模型进行求解。

问题(2)要求分析哪个钢厂钢管的销售价变化对总费用影响最大，哪个钢厂钢管的产量上限的变化对总费用的影响最大，实际上就是分析价格的边际影响和生产上限的边际影响。

2.模型假设

(1)购买、运输钢管都是整单位。

(2)铺设主管道沿已有公路或施工公路。

(3)钢厂先将钢管运输到各个顶点 A_j，再由 A_j 向各个方向运输。

(4)在主管道上，每千米卸 1 单位的钢管。

(5)在求解钢厂的价格对总费用的影响时，认为钢管的单价只会在一个小范围内变化，在求解钢厂的生产上限对总费用的影响时，亦是如此。

3.符号说明

S_i：第 i 个钢厂，$i=1,\cdots,7$。

M_i：第 i 个钢厂的最大产量，$i=1,\cdots,7$。

A_j：输送管道(主管道)上的第 j 个点，$j=1,\cdots,15$。

l_j：相邻点 A_j 与 A_{j+1}之间的距离。

p_i：第 i 个钢厂 1 单位钢管的销售价，$i=1,\cdots,7$。

x_{ij}：钢厂 S_i向第 j 个点运输的钢管量，$i=1,\cdots,7;j=1,\cdots,15$。

t_j：运输点 A_j 向点 A_{j+1}方向铺设的钢管量，$j=1,\cdots,14(t_1=0)$。

a_{ij}：1 单位钢管从钢厂 S_i运到点 A_j 的最少总费用，即公路运费、铁路运费和钢管销售价之和，$i=1,\cdots,7;j=1,\cdots,15$。

b_j：公路和铁路的相交点，$j=1,\cdots,17$。

4.钢管订购和运输的数学模型建立与求解

记第 i 个钢厂 S_i的最大产量为 M_i，购买单位钢管并从钢厂 S_i运输到铺设顶点 A_j 的最小购运费为 $a_{ij}(i=1,\cdots,7;j=1,\cdots,15)$，$l_j$表示从顶点 A_j 到顶点 A_{j+1} 的距离。设钢厂 S_i向顶点 A_j 运输的钢管量为 $x_{ij}(i=1,\cdots,7;\ j=1,\cdots,15)$，从顶点 A_j 向顶点 A_{j+1}方向铺设的管道长度为 $t_j(j=1,2,\ \cdots,14)$。

根据题中所给数据，我们可以先计算出单位钢管从钢厂 S_i到铺设顶点 A_j 的最小购运费 a_{ij}，再根据 a_{ij}求得总费用。

(1)单位钢管从钢厂到各顶点的最小购运费的计算。

由于钢管从钢厂运到运输点要通过铁路和公路运输，而铁路运输费用是分段函数，与全程运输总距离有关。又由于钢厂直接与铁路相连，所以可先求出钢厂 S_i到铁路与公路相交点 b_j 的最短路径(借助求最短路的方法)。

依据钢管的铁路运价表，算出钢厂 S_i到铁路与公路相交点 b_j 的最小铁路运输费用，并把该费用作为边权赋给从钢厂 S_i到 b_j 的边。

再将与 b_j 相连的公路、运输点 A_j 及其与之相连的要铺设管道的线路(也是公路)添加到图上，根据单位钢管在公路上的运价规定，得出每一段公路的运费，并把此费用作为边权赋给相应的边。以 S_1 为例得钢管从钢厂 S_1 到各顶点的费用权值图，如图 8-27 所示。

根据图 8-27，利用求最短路的方法，求出单位钢管从 S_1 到各顶点 $A_j(j=1,2,\cdots,15)$的最少运输费用(单位:万元)依次为 170.7，160.3，140.2，98.6，38，20.5，3.1，21.2，64.2，92，96，106，121.2，128，142。

加上单位钢管的销售价，得出从钢厂 S_1 购买单位钢管运输到各顶点 $A_j(j=1,2,\cdots,15)$的最小费用(单位:万元)依次为 330.3，320.3，300.2，258.6，198，180.5，163.1，181.2，224.2，252，256，266，281.2，288，302。

同理，可求出从钢厂 $S_2,\cdots,S_7$购买单位钢管运输到各顶点 $A_j(j=1,2,\cdots,15)$的最小

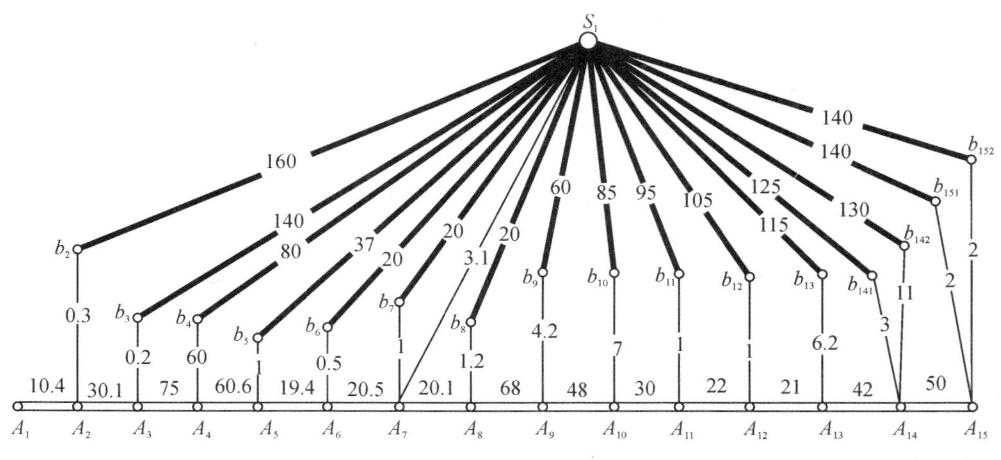

图 8－27　钢管从钢厂 S_1 运到各顶点的费用权值图

总费用。从而得到购买单位钢管并从钢厂 S_i 运输到铺设各顶点 A_j 的最小购运费 $a_{ij}(i=1,\cdots,7;j=1,\cdots,15)$，如表 8－8 所示。

表 8－8　单位钢管运输到各顶点的最小总费用

钢厂	A_2	A_3	A_4	A_5	A_6	A_7	A_8	A_9	A_{10}	A_{11}	A_{12}	A_{13}	A_{14}	A_{15}
S_1	320.3	300.2	258.6	198	180.5	163	181.2	224.2	252	256	266	281.2	288	302
S_2	360.3	345.2	326.6	266	250.5	241	226.2	269.2	297	301	311	326.2	333	347
S_3	375.3	355.2	336.6	276	260.5	251	241.2	203.2	237	241	251	266.2	273	287
S_4	410.3	395.2	376.6	316	300.5	291	276.2	244.2	222	211	221	236.2	243	257
S_5	400.3	380.2	361.6	301	285.5	276	266.2	234.2	212	188	206	226.2	228	242
S_6	405.3	385.2	366.6	306	290.5	281	271.2	234.2	212	201	195	176.2	161	178
S_7	425.3	405.2	386.6	326	310.5	301	291.2	259.2	237	226	216	198.2	186	162

(2)总费用最小的数学规划模型。

①目标函数的建立。

利用求得的单位钢管从钢厂 $S_i(i=1,\cdots,7)$运到各顶点 $A_j(j=1,\cdots,15)$的最小购运费为 a_{ij}，就可以得到所有钢管从各钢厂运到各顶点时的总费用(由于钢管运到 A_1 必须经过 A_2，所以可不考虑 A_1，下面 $t_1=0$ 也是这个原因)为

$$\sum_{i=1}^{7}\sum_{j=2}^{15}a_{ij}x_{ij}$$

又设从顶点 A_j 向顶点 A_{j+1} 方向铺设的管道长度为 $t_j(j=1,\cdots,14;t_1=0)$，那么从顶点 A_{j+1} 向 A_jA_{j+1} 段铺设的管道长为 l_j-t_j，这里 l_j 表示相邻两顶点 A_j 与 A_{j+1} 之间的距离。则相应运输费用分别为

$$0.1\times(1+2+\cdots+t_j)=\frac{t_j(t_j+1)}{20}\text{ 和 }\frac{(l_j-t_j)(l_j-t_j+1)}{20}$$

于是，主管道上的运输费用为

$$\sum_{j=1}^{14}\left(\frac{t_j(t_j+1)}{20}+\frac{(l_j-t_j+1)(l_j-t_j)}{20}\right)$$

故钢管订购和运输的总费用为

$$f=\sum_{i=1}^{7}\sum_{j=2}^{15}a_{ij}x_{ij}+\sum_{j=1}^{14}\left(\frac{t_j(t_j+1)}{20}+\frac{(l_j-t_j+1)(l_j-t_j)}{20}\right)$$

②约束条件的建立。

一个钢厂如果承担制造这种钢管的工作，则至少需要生产 500 个单位。同时钢厂 S_i 在指定期限内能生产该钢管的最大数量为 M_i 个单位，因此有

$$500\leqslant\sum_{j=2}^{15}x_{ij}\leqslant M_i(i=1,2,\cdots,7)\text{ 或 }\sum_{j=2}^{15}x_{ij}=0\quad(i=1,2,\cdots,7)$$

运输到每一个顶点的钢管均被铺设，即有

$$\sum_{i=1}^{7}x_{ij}=t_j+l_{j-1}-t_{j-1}\quad(j=2,3,\cdots,15;\ t_{15}=0)$$

综上所述，钢管订购和运输问题归结为如下的最优化模型

$$\min f=\sum_{j=1}^{14}\left(\frac{t_j(t_j+1)}{20}+\frac{(l_j-t_j)(l_j+1-t_j)}{20}\right)+\sum_{j=2}^{15}\sum_{i=1}^{7}a_{ij}x_{ij}\tag{8-1}$$

$$\text{s.t.}\begin{cases}\sum_{i=1}^{7}x_{ij}=t_j+l_{j-1}-t_{j-1}\quad(j=2,3,\cdots,15;t_{15}=0) & (8-2)\\ 500\leqslant\sum_{j=2}^{15}x_{ij}\leqslant M_i(i=1,2,\cdots,7)\text{ 或 }\sum_{j=2}^{15}x_{ij}=0\quad(i=1,2,\cdots,7) & (8-3)\\ x_{ij}\geqslant 0,\ i=1,\cdots,7;j=2,\cdots,15 & (8-4)\\ 0\leqslant t_j\leqslant l_j,\ j=2,\cdots,14 & (8-5)\end{cases}$$

可以看出，该优化模型的目标函数是二次函数，约束函数虽是线性函数，但是约束式(8－3)导致该模型并非标准的二次规划模型，并不能直接利用二次规划算法进行求解。这里介绍两种处理方法。

方法 1：用 Lingo 软件编程求解二次规划问题，得出如下结果。

当产量限制条件式(8-3)修改为 $\sum_{j=1}^{15}x_{ij}\leqslant M_i(i=1,\cdots,7)$ 时，求解出最小花费为 127.53 亿元，S_4 的产量为 0，但此时，S_7 的产量为 245，不符合大于 500 的条件，故我们在二次规划问题中加上两个限制条件再次求解。

额外限制一：$\sum_{j=1}^{15}X_{7j}\equiv 0$，　再次求解得出最小花费为 127.86 亿元。

额外限制二：$\sum_{j=1}^{15}X_{7j}\equiv 500$，　再次求解得出最小花费为 127.97 亿元。

故问题(1)的最小购运费为 $f_m=127.86$ 亿元，此时 S_1 到 S_7 的产量分别为 800、800、1000、0、1366、1205、0，如表 8－9 所示。

表 8-9 问题(1)的订购和调运方案

钢厂	订购量	A_2	A_3	A_4	A_5	A_6	A_7	A_8	A_9	A_{10}	A_{11}	A_{12}	A_{13}	A_{14}	A_{15}
S_1	800	0	0	37	298	199	266	0	0	0	0	0	0	0	0
S_2	800	179	226	95	0	0	0	300	0	0	0	0	0	0	0
S_3	1000	0	0	336	0	0	0	0	664	0	0	0	0	0	0
S_4	0	0	0	0	0	0	0	0	0	0	0	0	0	0	0
S_5	1366	0	282	0	318	0	0	0	0	351	415	0	0	0	0
S_6	1205	0	0	0	0	0	0	0	0	0	0	86	333	621	165
S_7	0	0	0	0	0	0	0	0	0	0	0	0	0	0	0

方法 2:对于约束条件式(8-3),通过引进 0-1 变量

$$y_i=\begin{cases}0, & 钢厂\ i\ 不生产\\1, & 钢厂\ i\ 生产\end{cases}$$

可以转化为

$$500y_i \leqslant \sum_{j=2}^{15} x_{ij} \leqslant M_i y_i (i=1,2,\cdots,7)$$

从而将模型转化为多了两个变量的二次规划模型,这样就可以直接调用算法求解了,请读者自己完成。

5.销售价和产量变化的影响分析

(1)钢厂销售价格的变化对总费用的影响(价格的边际影响)。

把任一钢厂的销售价格改变(增加或减少)一个单位,按同样的方法重新求解,得最优解 f_1、f_2,则边际影响为

$$k_i=\left|\frac{\partial f}{\partial p_i}\right| \approx \frac{1}{2}\left(\left|\frac{f-f_1}{1}\right|+\left|\frac{f-f_2}{1}\right|\right) \quad (i=1,2,\cdots,7)$$

计算得 7 个钢厂的销售价格的变化对总费用的边际影响如表 8-10 所示。

表 8-10 销售价格变化对总费用的边际影响

钢厂	S_1	S_2	S_3	S_4	S_5	S_6	S_7
$\lvert f_1-f\rvert$	800	800	1000	0	1008	1203	0
$\lvert f_2-f\rvert$	800	800	1000	0	1368	1563	0
k_i	800	800	1000	0	1188	1383	0

由表 8-10 中的数据可以看出,钢厂 S_6 销售价格的变化对总费用的影响最大。

(2)钢厂生产上限的变化对购运计划和总费用的影响(生产上限的边际影响)。

把任一钢厂的生产上限改变(增加或减少)一个单位,按同样的方法重新求解,得最优解 f_1、f_2,则边际影响为

$$m_i=\left|\frac{\partial f}{\partial s_i}\right| \approx \frac{1}{2}\left(\left|\frac{f-f_1}{1}\right|+\left|\frac{f-f_2}{1}\right|\right) \quad (i=1,2,\cdots,7)$$

计算得 7 个钢厂的生产上限的变化对总费用的边际影响如表 8-11 所示。

表 8-11　生产上限变化对总费用的边际影响

钢厂	S_1	S_2	S_3	S_4	S_5	S_6	S_7
$\|f_1-f\|$	103	35	25	0	0	0	0
$\|f_2-f\|$	103	35	25	0	0	0	0
m_i	103	35	25	0	0	0	0

由表 8-11 中的数据可以看出，钢厂 S_1 生产上限的变化对总费用的影响最大。

参考文献

[1] 司守奎，孙兆亮.数学建模算法与应用[M].2 版.北京：国防工业出版社，2015.
[2]《运筹学》教材编写组.运筹学[M].4 版.北京：清华大学出版社，2013.
[3] 邵铮，周天凌，马建兵，等.钢管的订购和运输解答模型[J].数学的实践与认识，2001(01)：67-74.
[4] 陆维新，林皓，陈晓东，等.订购和运输钢管的最优方案[J].数学的实践与认识，2001(01)：74-78.

研究课题

1.设 8 个城市 v_0，v_1，…，v_7 之间有一个公路网(见图 8-28)，每条公路为图中的边，边上的权数表示通过该公路所需的时间。设你处在城市 v_0，那么从 v_0 到其它几个城市，应选择什么路径使所需的时间最短？

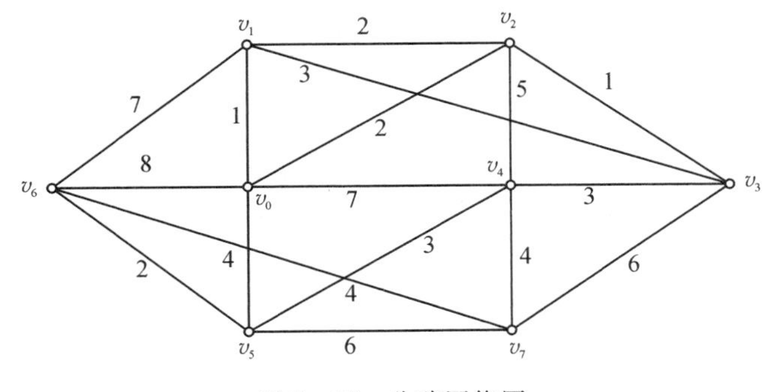

图 8-28　公路网络图

2.设有 9 个顶点，其坐标分别为 $a(0,15)$，$b(5,20)$，$c(16,24)$，$d(20,20)$，$e(33,25)$，$f(23,11)$，$g(35,7)$，$h(25,0)$，$i(10,3)$。任意两顶点之间的电缆长度为

$$d(i,j)=|x_i-x_j|+|y_i-y_j|$$

其中，(x_i,y_i)和(x_j,y_j)分别是顶点 i、j 的坐标。问怎样连接电缆，使每个顶点都连通，且

所用的总电缆长度最短。

3.2008 年 5 月 12 日汶川大地震使震区地面交通和通信系统严重瘫痪。救灾指挥部紧急派出多支小分队，到各个指定区域执行搜索任务，以确定救助人员的准确位置。在其它场合也常有类似的搜索任务。在这种紧急情况下需要解决的重要问题之一是制定搜索队伍的行进路线，对预定区域进行快速的全面搜索。通常，每个搜索人员都带有 GPS 定位仪、步话机以及食物和生活用品等装备。队伍中还有一定数量的卫星电话。GPS 可以让搜索人员知道自己的方位，步话机可以相互进行通信，卫星电话用来向指挥部报告搜索情况。

下面是一个简化的搜索问题。有一个平地矩形目标区域，大小为 11200 m×7200 m，需要进行全境搜索。假设：出发点在区域中心；搜索完成后需要进行集结，集结点（结束点）在左侧短边中点；每个人搜索时的可探测半径为 20 m，搜索时平均行进速度为 0.6 m/s；不需搜索而只是行进时，平均速度为 1.2 m/s。每个人带有 GPS 定位仪、步话机，步话机通信半径为 1000 m。搜索队伍若干人为一组，有一个组长，组长还拥有卫星电话。每个人搜索到目标，需要用步话机及时向组长报告，组长用卫星电话向指挥部报告搜索的最新结果。

(1)假定有一支 20 人一组的搜索队伍，拥有 1 台卫星电话。请设计一种你认为耗时最短的搜索方式。按照你的方式，搜索完整个区域的时间是多少？能否在 48 h 内完成搜索任务？如果不能完成，需要增加到多少人才可以完成。

(2)为了加快速度，搜索队伍有 50 人，拥有 3 台卫星电话，分成 3 组进行搜索。每组可独立将搜索情况报告给指挥部门。请设计一种你认为耗时最短的搜索方式。按照你的搜索方式，搜索完整个区域的时间是多少？

4. 2017 年全国大学生数学建模竞赛 D 题。

某化工厂有 26 个点需要进行巡检以保证正常生产，各个点的巡检周期、巡检耗时如表 8－12所示，两点之间的连通关系及行走所需时间如表 8－13 所示。

表 8－12　巡检周期和巡检耗时表

位号	巡检周期/min	巡检耗时/min	位号	巡检周期/min	巡检耗时/min
XJ－0001	35	3	XJ－0014	35	3
XJ－0002	50	2	XJ－0015	35	2
XJ－0003	35	3	XJ－0016	35	3
XJ－0004	35	2	XJ－0017	480	2
XJ－0005	720	2	XJ－0018	35	2
XJ－0006	35	3	XJ－0019	35	2
XJ－0007	80	2	XJ－0020	35	3
XJ－0008	35	3	XJ－0021	80	3
XJ－0009	35	4	XJ－0022	35	2
XJ－0010	120	2	XJ－0023	35	3
XJ－0011	35	3	XJ－0024	35	2
XJ－0012	35	2	XJ－0025	120	2
XJ－0013	80	5	XJ－0026	35	2

表 8-13　两点之间的连通关系及行走所需时间

巡检点 A	巡检点 B	耗时/min	巡检点 A	巡检点 B	耗时/min
1	2	2	10	12	6
2	3	1	11	13	2
2	4	3	11	15	7
2	19	5	12	15	2
3	5	1	13	16	2
3	6	1	15	18	2
4	21	1	15	26	6
4	23	4	16	18	3
5	7	2	17	25	1
6	8	2	19	20	2
6	14	1	20	22	2
6	10	5	21	22	2
8	17	1	22	23	1
9	24	2	23	24	1
9	25	3	25	26	3
10	11	2			

每个点每次巡检需要一名工人，巡检工人的巡检起始地点在巡检调度中心（XJ-0022），工人可以按固定时间上班，也可以错时上班，在调度中心得到巡检任务后开始巡检。现需要建立模型来安排巡检人数和巡检路线，使得所有点都能按要求完成巡检，并且耗费的人力资源尽可能少，同时还应考虑每名工人在一时间段内（如一周或一月等）的工作量尽量平衡。

（1）如果采用固定上班时间，不考虑巡检人员的休息时间，采用每天三班倒，每班工作 8 小时左右，每班需要多少人，巡检线路如何安排，并给出巡检人员的巡检线路和巡检的时间表。

（2）如果巡检人员每巡检 2 小时左右需要休息一次，休息时间大约是 5 到 10 分钟，在中午 12 时和下午 6 时左右需要进餐一次，每次进餐时间为 30 分钟，仍采用每天三班倒，每班需要多少人，巡检线路如何安排，并给出巡检人员的巡检线路和巡检的时间表。

第9章　回归分析模型

回归分析(regression analysis)是应用极其广泛的数据分析方法之一,它提供了一套描述和分析变量间相关关系,揭示变量间的内在规律,并用于预测、控制等问题的行之有效的方法。本章从一个实例出发,引出回归分析概念,然后介绍一元线性回归、多元线性回归、多项式回归和一般回归及其应用。

9.1　超市营销额预测

某超市在2019年的投资经营情况如表9-1所示,请根据表中的数据,分析销售额与员工薪酬、宣传费用、周转资金这三方面之间的关系。如果2020年1月超市将投入员工薪酬3000元、宣传费用4000元以及周转资金15000元,试利用建立的数学模型预测销售额情况。

表9-1　超市投资经营情况统计表

月份	员工薪酬/元	宣传费用/元	周转资金/元	销售额/元
1	3200	3900	12900	50000
2	3500	4100	15000	55000
3	2800	3800	12000	48000
4	3000	4000	11500	49500
5	3600	4450	15600	55000
6	3500	4500	14000	55000
7	2900	3600	10000	48900
8	2900	3560	16000	49000
9	3700	4350	19000	56000
10	3600	4100	15000	55000
11	3350	3900	14000	53000
12	3750	4600	25000	60000

这个问题就是根据已知数据找出销售额与员工薪酬、宣传费用、周转资金的函数关系,数学上一般采用函数拟合的方法。

设每个月的员工薪酬、宣传费用、周转资金分别为x_1、x_2、x_3,销售额为y,该问题变为寻找函数关系式

$$y=f(x_1,x_2,x_3)$$

这里的函数,可以采用线性函数,也可以采用非线性函数。非线性函数有多项式函数、

三角函数、指数函数等。对于本问题，由于是三个自变量，无法绘图观察因变量随自变量的变化情况。因此，我们分别就员工薪酬、宣传费用、周转资金对销售额的影响做出对应的散点图，发现各自变量与因变量均大致呈线性关系。于是，我们假设

$$y=a_1x_1+a_2x_2+a_3x_3$$

根据已知数据，利用最小二乘法确定系数 a_1、a_2、a_3，最终得到销售额与其它三个变量之间的函数关系。再将 $x_1=3000$，$x_2=4000$，$x_3=15000$ 代入，即可得到 2020 年 1 月份销售额的预测值。

从计算的角度看，问题似乎已经完全解决了。然而，从数理统计的观点看，这里涉及的都是随机变量，我们根据一个样本计算出的那些系数，只是它们的一个(点)估计，应该对它们作区间估计或假设检验，如果置信区间太大，甚至包含了零点，那么系数的估计值是没有多大意义的。另外也可以用方差分析方法对模型的误差进行分析，对拟合的优劣给出评价，这就需要采用回归分析的方法。

下面首先介绍数据的统计描述和分析，然后介绍线性回归分析的基本原理，对回归好坏的评价指标，利用 MATLAB 实现线性回归的函数，最后介绍多项式回归和一般回归及其应用。

9.2　数据的统计描述和分析

1.样本均值、标准差和方差

在数理统计中，总体是人们研究对象的全体，总体中的每一个基本单位称为个体，从总体中随机产生的若干个体的集合称为样本，某一个样本中的个体的数量称为样本容量。

假设有一个容量为 n 的样本，记作 $x=(x_1,x_2,\cdots,x_n)$，需要对它进行一定的加工，才能提出有用的信息，用作对总体参数的估计和检验。统计量就是加工出来用于反映样本数量特征的函数，它不包含任何未知参数。常用的统计量有样本均值、标准差和方差。

样本均值(sample mean)又叫样本均数，是用一组数据中所有数据之和除以这组数据的个数所得的结果。样本均值用来描述数据取值的平均位置，记作 $\bar{x}$，即

$$\bar{x}=\frac{1}{n}\sum_{i=1}^{n}x_i \tag{9-1}$$

样本标准差(standard deviation)是各个数据与均值偏离程度的度量，这种偏离称为变异。标准差 s 定义为

$$s=\left[\frac{1}{n-1}\sum_{i=1}^{n}(x_i-\bar{x})^2\right]^{\frac{1}{2}} \tag{9-2}$$

样本方差是标准差的平方，记为 s^2。

标准差越小，表明数据越聚集；标准差越大，表明数据越离散。

MATLAB 中的函数 mean(x)返回 x 的均值，std(x)返回 x 的标准差，var(x)返回 x 的方差。

2.几个重要的概率分布

由于样本是随机变量，统计量作为样本的函数自然也是随机变量，当用它们去推断总体

时，有多大的可靠性与统计量的概率分布有关，因此我们需要知道几个重要分布的简单性质。

随机变量的特性完全由它的分布函数或者密度函数来描述。设 X 为一随机变量，其分布函数定义为 $X \leqslant x$ 的概率，即 $F(x)=P\{X \leqslant x\}$。若 X 是连续型随机变量，则其密度函数 $p(x)$ 与分布函数 $F(x)$ 的关系为

$$F(x)=\int_{-\infty}^{x} p(x)\mathrm{d}x \tag{9-3}$$

上 α 分位数是我们下面关于回归分析的假设检验讨论部分中常用的一个概念。对于 $0<\alpha<1$，使某分布函数 $F(x)=1-\alpha$ 的 x，称为这个分布的上 α 分位数，记作 x_α。

(1)正态分布。

正态分布随机变量 X 的密度函数曲线呈中间高两边低、对称的钟形，期望(均值)$EX=\mu$，方差 $DX=\sigma^2$，记作 $X \sim N(\mu,\sigma^2)$，σ 为标准差。当 $\mu=0,\sigma=1$ 时，$X \sim N(0,1)$，称为标准正态分布。正态分布完全由其均值 μ 和方差 σ^2 决定，它是最常见的连续型概率分布，成批生产时零件的尺寸、射击中弹着点的位置、仪器反复测量的结果、自然界中某种生物的数量特征等，多数情况下都服从正态分布。这不仅是观察和经验的总结，而且有着深刻的理论依据，即在大量相互独立的、作用差不多大的随机因素影响下形成的随机变量，其极限分布为正态分布。在正态分布中：

68%的数值落在距均值左右 1 个标准差的范围内，即

$$P\{\mu-\sigma \leqslant X \leqslant \mu+\sigma\}=0.68$$

96%的数值落在距均值左右 2 个标准差的范围内，即

$$P\{\mu-2\sigma \leqslant X \leqslant \mu+2\sigma\}=0.95$$

99.7%的数值落在距均值左右 3 个标准差的范围内，即

$$P\{\mu-3\sigma \leqslant X \leqslant \mu+3\sigma\}=0.997$$

(2)χ^2(卡方)分布。

若 $X_1,X_2,\cdots,X_n$ 为相互独立的、服从标准正态分布的随机变量，则它们的平方和 $Y=\sum_{i=1}^{n} X_i^2$ 服从χ^2(卡方)分布，记作$Y \sim \chi^2(n)$，n 称为自由度，它的期望 $EY=n$，方差 $DY=2n$。

(3)t 分布。

若随机变量 $X \sim N(0,1)$，$Y \sim \chi^2(n)$，且相互独立，则 $T=\dfrac{X}{\sqrt{Y/n}}$ 服从 t 分布，记作 $T \sim t(n)$，n 称为自由度，t 分布又称学生氏(Student)分布。t 分布的密度函数曲线和标准正态分布的曲线形状类似，理论上当 $n \to \infty$ 时，$T \sim t(n) \to N(0,1)$。实际上当 $n>30$ 时，它就和标准正态分布相差无几了。

(4)F 分布。

若随机变量 $X \sim \chi^2(n_1)$，$Y \sim \chi^2(n_2)$，且相互独立，则 $F=\dfrac{X/n_1}{Y/n_2}$ 服从 F 分布，记作 $F \sim F(n_1,n_2)$，(n_1,n_2) 称为自由度。

MATLAB 统计工具箱(Toolbox\Stats)中有 27 种概率分布，上述 4 种分布的命令字符

分别为 norm(正态分布)、chi2(χ^2 分布)、t(t 分布)、f(F 分布)。工具箱对每一种分布都提供 5 类函数,其命令字符是 pdf(概率密度)、cdf(分布函数)、inv(分布函数的反函数)、stat(均值与方差)、rnd(生成符合分布的随机数)。当需要一种分布的某一类函数时,将以上所列的分布命令字符与函数命令字符接起来,并输入自变量(可以是标量、数组或矩阵)和参数即可。例如:

```
x = chi2inv(0.9, 10)
x =
    15.9872
```

3.正态总体统计量的分布

用样本来推断总体,需要知道样本统计量的分布,而样本又是一组与总体同分布的随机变量,所以样本统计量的分布依赖于总体的分布。当总体服从一般的分布时,求某个样本统计量的分布是很困难的,只有在总体服从正态分布时,一些重要的样本统计量(均值、标准差)的分布才有便于使用的结果。另一方面,现实生活中需要进行统计推断的总体,多数可以认为服从(或近似服从)正态分布,所以统计中人们在正态总体的假定下研究统计量的分布,是必要的与合理的。

设总体 $X \sim N(\mu, \sigma^2)$,$x_1, x_2, \cdots, x_n$ 是一容量为 n 的样本,其均值 $\bar{x}$ 和标准差 s 由式(9-1)、式(9-2)确定,则由 $\bar{x}$ 和 s 构成的如下几个分布在统计推断问题中会反复用到。

$$\bar{x} \sim N\left(\mu, \frac{\sigma^2}{n}\right) \text{或} \frac{\bar{x}-\mu}{\sigma/\sqrt{n}} \sim N(0,1) \tag{9-4}$$

$$\frac{(n-1)s^2}{\sigma^2} \sim \chi^2(n-1) \tag{9-5}$$

$$\frac{\bar{x}-\mu}{s/\sqrt{n}} \sim t(n-1) \tag{9-6}$$

设有两个正态总体 $X \sim N(\mu_1, \sigma_1^2)$,$Y \sim N(\mu_2, \sigma_2^2)$,由容量分别为 n_1、n_2 的两个样本确定的均值 $\bar{x}$、$\bar{y}$ 和标准差 s_1、s_2,则

$$\frac{(\bar{x}-\bar{y})-(\mu_1-\mu_2)}{\sqrt{\sigma_1^2/n_1+\sigma_2^2/n_2}} \sim N(0,1) \tag{9-7}$$

$$\frac{(\bar{x}-\bar{y})-(\mu_1-\mu_2)}{s_\omega\sqrt{1/n_1+1/n_2}} \sim t(n_1+n_2-2) \tag{9-8}$$

式中:$s_\omega=\sqrt{\dfrac{(n_1-1)s_1^2+(n_2-1)s_2^2}{n_1+n_2-2}}$

$$\frac{s_1^2/\sigma_1^2}{s_2^2/\sigma_2^2} \sim F(n_1-1, n_2-1) \tag{9-9}$$

式(9-7)中,假设 $\sigma_1=\sigma_2$,但它们未知,则用 s 代替。

4.参数估计

利用样本对总体进行统计推断的一类问题是参数估计,即假定已知总体的分布,估计有关的参数,例如已知 $X \sim N(\mu, \sigma^2)$,估计参数 μ、σ^2。参数估计分为点估计和区间估计两种。

(1)点估计。

点估计是用样本统计量确定总体参数的一个数值。评价估计优劣的标准有无偏性、最小方差性、有效性等,估计的方法有矩法、极大似然法等。

最常用的是对总体均值 μ 和方差 σ^2 进行点估计。当从一个样本按照式(9-1)、式(9-2)算出样本均值 $\bar{x}$ 和方差 s^2 后,对 μ 和 σ^2 的一个自然、合理的点估计显然是

$$\hat{\mu}=\bar{x},\hat{\sigma}^2=s^2,\hat{\sigma}=s \tag{9-10}$$

(2)区间估计。

点估计虽然给出了待估参数的一个数值,却没有告诉我们这个估计值的精度和可信程度。一般地,总体的待估参数记作 θ(例如 $\theta=(\mu,\sigma^2)$),由样本算出的 θ 的估计量记作 $\hat{\theta}$,我们常希望给出一个区间 $[\hat{\theta}_1,\hat{\theta}_2]$,使 θ 以一定概率落在此区间内。若有

$$P\{\hat{\theta}_1<\theta<\hat{\theta}_2\}=1-\alpha,0<\alpha<1 \tag{9-11}$$

则 $[\hat{\theta}_1,\hat{\theta}_2]$ 称为 θ 的置信区间,$\hat{\theta}_1$、$\hat{\theta}_2$ 分别称为置信下限和置信上限,$1-\alpha$ 称为置信水平,α 称为显著性水平。

给出的置信水平为 $1-\alpha$ 的置信区间 $[\hat{\theta}_1,\hat{\theta}_2]$,称为 θ 的区间估计。置信区间越小,估计的精度越高;置信水平越大,估计的可信程度越高。但是这两个指标显然是矛盾的,通常是在一定的置信水平下使置信区间尽量小。通俗地说,区间估计给出了点估计的误差范围。

MATLAB 统计工具箱中,有专门计算总体均值、标准差的点估计和区间估计的函数。以正态总体为例,命令为

```
[mu, sigma, muci, sigmaci]=normfit(x, alpha)
```

其中,x 为样本,alpha 为显著性水平 α(alpha 缺省时设定为 0.05),返回总体均值 μ 和标准差 σ 的点估计为 mu 和 sigma,以及总体均值 μ 和标准差 σ 的区间估计为 muci 和 sigmaci。

5.假设检验

统计推断的另一类重要问题是假设检验问题。在总体的分布函数完全未知或只知其形式但不知其参数的情况,为了推断总体的某些性质,提出某些关于总体的假设。例如,提出总体服从泊松分布的假设,又如对于正态总体提出数学期望等于 μ_0 的假设等。假设检验就是根据样本对所提出的假设做出判断:接受或者拒绝。这就是所谓的假设检验问题。假设检验的步骤如下。

步骤 1:提出原假设 H_0 和备择假设 H_1;

步骤 2:给定显著性水平 α 及样本容量 n;

步骤 3:选取检验统计量及确定拒绝域的形式;

步骤 4:令 $P\{$当 H_0 为真拒绝 $H_0\}\leqslant\alpha$,求拒绝域;

步骤 5:由样本值作出决策:拒绝 H_0 或接受 H_0。

假设检验分为参数检验和非参数检验两种,它们的相同之处都是根据样本数据对总体分布的统计参数进行推断。**参数检验(parameter test)**全称为参数假设检验,是指对参数平均值、方差进行的统计检验。参数检验是推断统计的重要组成部分。当总体分布已知(如总体为正态分布),根据样本数据对总体分布的统计参数进行推断,常见的有 Z 检验、t 检验。**非参数检验(Nonparametric tests)**是统计分析方法的重要组成部分,它与参数检验共同构成

统计推断的基本内容。非参数检验是在总体方差未知或知道甚少的情况下，利用样本数据对总体分布形态等进行推断的方法。由于非参数检验方法在推断过程中不涉及有关总体分布的参数，因而得名为“非参数”检验，常见的非参数检验有 χ^2 检验和 F 检验。

(1)Z 检验。

Z 检验检验的是在大样本($n>30$)的情况下，某一随机变量的期望是否等于一个常数 c。该检验的前提是变量服从正态分布，方差已知，样本均值已知。MATLAB 中 Z 检验法由函数 ztest 来实现，命令是

```
[h, p, ci]=ztest(x, mu, sigma, alpha, tail)
```

其中，输入参数 x 是样本，mu 是 H_0 中的 μ_0，sigma 是总体标准差 σ，alpha 是显著性水平 α，tail 是对备择假设 H_1 的选择：H_1 为 $\mu\neq\mu_0$ 时，用 tail=0；H_1 为 $\mu>\mu_0$ 时，用 tail=1；H_1 为 $\mu<\mu_0$ 时，用 tail=−1。输出参数 $h=0$ 表示接受 H_0，$h=1$ 表示拒绝 H_0，p 表示在假设 H_0 下样本均值出现的概率，p 越小 H_0 越值得怀疑，ci 是 μ_0 的置信区间。

(2)t 检验/学生检验。

t 检验检验的是在小样本($n<30$)的情况下，两个变量的平均值差异程度。这里对于两个变量可以看作是两个不同的样本，也可以看作是抽样样本和总体。据此 t 检验可以分为：单样本 t 检验、配对样本 t 检验和独立样本 t 检验。该检验的前提是两个变量服从正态分布，样本均值已知，标准差 σ 已知。

MATLAB 中单样本 t 检验法由函数 ttest 来实现，命令是

```
[h, p, ci] = ttest(x, mu, alpha, tail)
```

还可以用 t 检验法检验具有相同方差的 2 个正态总体均值差的假设，在 MATLAB 中由函数 ttest2 实现，命令是

```
[h, p, ci] = ttest2(x, y, alpha, tail)
```

与上面的 ttest 相比，不同之处只在于输入的是两个样本 x、y(长度不一定相同)，而不是一个样本和它的总体均值。

(3)χ^2检验及 F 检验。

χ^2检验检验的是统计样本的实际观测值与理论推断值之间的偏离程度。主要是比较两个及两个以上样本率(构成比)以及两个分类变量的关联性分析。根本思想在于比较理论频数和实际频数的吻合程度或者拟合优度问题。

F 检验检验的是来自不同总体的两个样本的方差是否存在差异，因此 F 检验又叫方差齐性检验。

(4)其它检验(jb 检验、KS 检验等)。

从前面的分析中我们可以看到，在进行参数估计和假设检验时，通常总是假定总体服从正态分布，虽然在许多情况下这个假定是合理的，但是当要以此为前提进行重要的参数估计或假设检验，或者人们对它有较大怀疑的时候，就确有必要对这个假设进行检验，进行总体正态性检验的方法有很多种，常见的有 jb 检验、KS 检验。

MATLAB 中的 jb 检验由函数 jbtest 实现，命令是

```
[h, p, jbstat, cv] = jbtest(x, alpha)
```

6.数据表的基础知识

(1)样本空间。

在回归分析中，我们所涉及的均是**样本点**×**变量**类型的**数据表**。如果有 m 个变量 x_1，x_2，…，x_m，对它们分别进行了 n 次采样，得到 n 个样本点

$$(x_{i1}, x_{i2}, \cdots, x_{im}), \quad i=1,2,\cdots,n$$

则它们所构成的数据 $\boldsymbol{X}$ 可以写成一个 $n\times m$ 维的矩阵

$$\boldsymbol{X}=(x_{ij})_{n\times m}=\begin{bmatrix}\boldsymbol{e}_1^{\mathrm{T}}\\ \vdots \\ \boldsymbol{e}_n^{\mathrm{T}}\end{bmatrix} \tag{9-12}$$

式(9－12)中 $\boldsymbol{e}_i=(x_{i1}, x_{i2}, \cdots, x_{im})^{\mathrm{T}}\in\mathbf{R}^m$，$i=1,2,\cdots,n$，$\boldsymbol{e}_i$ 被称为第 i 个样本点。样本均值为

$$\bar{\boldsymbol{x}}=(\bar{x}_1, \bar{x}_2, \cdots, \bar{x}_m), \bar{x}_j=\frac{1}{n}\sum_{i=1}^{n}x_{ij}, \ j=1,2,\cdots,m$$

样本协方差矩阵及样本相关系数矩阵分别为

$$\boldsymbol{S}=(s_{ij})_{m\times m}=\frac{1}{n-1}\sum_{k=1}^{n}(\boldsymbol{e}_k-\bar{\boldsymbol{x}})(\boldsymbol{e}_k-\bar{\boldsymbol{x}})^{\mathrm{T}}$$

$$\boldsymbol{R}=(r_{ij})_{m\times m}=\left(\frac{s_{ij}}{\sqrt{s_{ii}s_{jj}}}\right)$$

式中：$s_{ij}=\dfrac{1}{n-1}\sum\limits_{k=1}^{n}(x_{ki}-\bar{x}_i)(x_{kj}-\bar{x}_j)$。

(2)数据的标准化处理。

数据标准化主要功能就是消除变量间的量纲关系，从而使数据具有可比性。可以举个简单的例子，一个取值范围为 0～100 的变量与取值范围为 0～0.1 的变量在一起怎么比较呢？只有通过数据标准化，都把它们转化到同一个标准时才具有可比性。在利用回归方法对数据进行建模之前，首先需要对数据进行标准化处理，常见的标准化处理有以下三种。

①数据的中心化处理。

数据的中心化处理是指平移变换，即

$$x_{ij}^{*}=x_{ij}-\bar{x}_j, \quad i=1,2,\cdots,n;\ j=1,2,\cdots,m$$

该变换可以使样本的均值变为 0，而这样的变换既不改变样本点间的相互位置，也不改变变量间的相关性。但变换后，却常常有许多技术上的便利。

②数据的无量纲化处理。

在实际问题中，不同变量的测量单位往往是不一样的。为了消除变量的量纲效应，使每个变量都具有同等的表现力，数据分析中常用的消除量纲的方法，是对不同的变量进行所谓的压缩处理，即使每个变量的方差均变成 1

$$x_{ij}^{*} = x_{ij}/s_j$$

$$s_j = \sqrt{\frac{1}{n-1}\sum_{i=1}^{n}(x_{ij}-\bar{x}_j)^2}$$

此外，还有其它消除量纲的方法，如

$$x_{ij}^{*} = x_{ij}/\max_i\{x_{ij}\}, \quad x_{ij}^{*} = x_{ij}/\min_i\{x_{ij}\}$$

$$x_{ij}^{*} = x_{ij}/\bar{x}_j, \quad x_{ij}^{*} = x_{ij}/(\max_i\{x_{ij}\} - \min_i\{x_{ij}\})$$

③数据的标准化处理。

所谓对数据的标准化处理，是指对数据同时进行中心化-压缩处理，即

$$x_{ij}^{*} = \frac{x_{ij}-\bar{x}_j}{s_j}, \quad i=1,2,\cdots,n; \ j=1,2,\cdots,m$$

9.3　一元线性回归分析

回归分析是建立因变量 y（或称依变量、反因变量）与自变量 x（或称独变量、解释变量）之间关系的模型。具体而言，回归分析在一组数据的基础上研究如下问题：

(1)建立因变量 y 与自变量 $x_1, x_2, \cdots, x_m$ 之间的回归模型（经验公式）；

(2)对回归模型的可信度进行检验；

(3)判断每个自变量 $x_i(i=1,2,\cdots,m)$ 对 y 的影响是否显著；

(4)诊断回归模型是否适合这组数据；

(5)利用回归模型对 y 进行预测。

1.一元线性回归模型

一元线性回归使用一个自变量 x，多元回归使用超过一个自变量（$x_1, x_2, \cdots, x_m$）。

已知平面上的一组数据 $(x_i, y_i), i=1,2,\cdots,n, x_i$ 互不相同。寻求一个函数（曲线）$y=f(x)$，使得 $f(x)$ 在某种准则下与所有数据点最为接近，即曲线拟合得最好。只包括一个自变量和一个因变量，因变量连续，自变量可以连续，也可以离散，回归线的性质为线性，这种回归分析称为一元线性回归分析。

一元线性回归模型为

$$y = \beta_0 + \beta_1 x + \varepsilon \tag{9-13}$$

式中：β_0、β_1 为回归系数；ε 是随机误差项，总是假设 $\varepsilon \sim N(0,\sigma^2)$，则随机变量 $y \sim N(\beta_0+\beta_1 x, \sigma^2)$。若对 y 和 x 分别进行了 n 次独立观察，得到以下 n 对观测值

$$(y_i, x_i), \quad i=1,2,\cdots,n \tag{9-14}$$

这 n 对观测值之间的关系符合模型

$$y_i = \beta_0 + \beta_1 x_i + \varepsilon_i, \quad i=1,2,\cdots,n \tag{9-15}$$

这里，x_i 是自变量在第 i 次观察时的取值，是一个随机变量，并且没有策略误差。对应于 x_i、y_i 是一个随机变量，它的随机性是由 ε_i 造成的。$\varepsilon_i \sim N(0,\sigma^2)$，对于不同的观测，当 $i \neq j$ 时，ε_i 与 ε_j 是相互独立的。

2.一元线性回归的最小二乘估计

用最小二乘法估计 β_0、β_1 的值,即取 β_0、β_1 的一组估计值 $\hat{\beta}_0$、$\hat{\beta}_1$,使 y_i 与 $\hat{y}_i=\hat{\beta}_0+\hat{\beta}_1 x$ 的误差平方和达到最小。若记

$$Q(\beta_0,\beta_1)=\sum_{i=1}^{n}(y_i-\beta_0-\beta_1 x_i)^2 \tag{9-16}$$

则

$$Q(\hat{\beta}_0,\hat{\beta}_1)=\min_{\beta_0,\beta_1}Q(\beta_0,\beta_1)=\sum_{i=1}^{n}(y_i-\hat{\beta}_0-\hat{\beta}_1 x_i)^2 \tag{9-17}$$

显然 $Q(\beta_0,\beta_1)\geqslant 0$,且关于 β_0、β_1 可微,则由多元函数存在极值的必要条件得

$$\begin{cases}\dfrac{\partial Q}{\partial \beta_0}=-2\sum\limits_{i=1}^{n}(y_i-\beta_0-\beta_1 x_i)=0\\ \dfrac{\partial Q}{\partial \beta_1}=-2\sum\limits_{i=1}^{n}x_i(y_i-\beta_0-\beta_1 x_i)=0\end{cases} \tag{9-18}$$

整理可得

$$\begin{cases}n\beta_0+\beta_1\sum\limits_{i=1}^{n}x_i=\sum\limits_{i=1}^{n}y_i\\ \beta_0\sum\limits_{i=1}^{n}x_i+\beta_1\sum\limits_{i=1}^{n}x_i^2=\sum\limits_{i=1}^{n}x_i y_i\end{cases} \tag{9-19}$$

此方程组称为**正规方程组**(the normal equations),求解可以得到

$$\begin{cases}\hat{\beta}_1=\dfrac{\sum\limits_{i=1}^{n}(x_i-\bar{x})(y_i-\bar{y})}{\sum\limits_{i=1}^{n}(x_i-\bar{x})^2}\\ \hat{\beta}_0=\bar{y}-\hat{\beta}_1\bar{x}\end{cases} \tag{9-20}$$

称 $\hat{\beta}_0$、$\hat{\beta}_1$ 为 β_0、β_1 的最小二乘估计,其中 $\bar{x}$、$\bar{y}$ 分别是 x_i 与 y_i 的样本均值,即

$$\bar{x}=\frac{1}{n}\sum_{i=1}^{n}x_i,\quad \bar{y}=\frac{1}{n}\sum_{i=1}^{n}y_i \tag{9-21}$$

3.最小二乘估计的基本性质

作为一个随机变量,$\hat{\beta}_1$ 有以下性质。

(1)$\hat{\beta}_1$ 是 y_i 的线性组合,它可以写成

$$\hat{\beta}_1=\sum_{i=1}^{n}k_i y_i \tag{9-22}$$

式中:k_i 是固定的常量,$k_i=\dfrac{x_i-\bar{x}}{\sum\limits_{i=1}^{n}(x_i-\bar{x})^2}$。

证明 事实上

$$\hat{\beta}_1=\frac{\sum_{i=1}^{n}(x_i-\bar{x})(y_i-\bar{y})}{\sum_{i=1}^{n}(x_i-\bar{x})^2}=\frac{\sum_{i=1}^{n}(x_i-\bar{x})y_i-\bar{y}\sum_{i=1}^{n}(x_i-\bar{x})}{\sum_{i=1}^{n}(x_i-\bar{x})^2}$$

$$\bar{y}\sum_{i=1}^{n}(x_i-\bar{x})=\bar{y}(n\bar{x}-n\bar{x})=0$$

所以

$$\hat{\beta}_1=\sum_{i=1}^{n}\frac{x_i-\bar{x}}{\sum_{i=1}^{n}(x_i-\bar{x})^2}y_i$$

(2)因为 $\hat{\beta}_1$ 是随机变量 y_i 的线性组合，而 y_i 是相互独立且服从正态分布的，所以 $\hat{\beta}_1$ 的抽样分布也服从正态分布。

(3)点估计 $\hat{\beta}_1$ 是总体参数 β_1 的无偏估计。

证明

$$E(\hat{\beta}_1)=E\left(\sum_{i=1}^{n}k_iy_i\right)=\sum_{i=1}^{n}k_iE(y_i)=\sum_{i=1}^{n}k_iE(\beta_0+\beta_1x_i)=\beta_0\sum_{i=1}^{n}k_i+\beta_1\sum_{i=1}^{n}k_ix_i$$

由于

$$\sum_{i=1}^{n}k_i=\sum_{i=1}^{n}\frac{x_i-\bar{x}}{\sum_{i=1}^{n}(x_i-\bar{x})^2}=0$$

$$\sum_{i=1}^{n}k_ix_i=\sum_{i=1}^{n}\frac{x_i-\bar{x}}{\sum_{i=1}^{n}(x_i-\bar{x})^2}x_i=\frac{\sum_{i=1}^{n}(x_i-\bar{x})(x_i-\bar{x})}{\sum_{i=1}^{n}(x_i-\bar{x})^2}=1$$

所以 $E(\hat{\beta}_1)=\beta_1$。

(4) 估计量 $\hat{\beta}_1$ 的方差为 $\mathrm{Var}(\hat{\beta}_1)=\sigma^2/\sum_{i=1}^{n}(x_i-\bar{x})^2$，且对于总体模型中的参数 β_1，在它的所有线性无偏估计量中，最小二乘估计量 $\hat{\beta}_1$ 具有最小的方差。

4.最小二乘估计的其它性质

用最小二乘法拟合的回归方程还有以下一些值得注意的性质。

(1)残差和为零。

残差 $e_i=y_i-\hat{y}_i$，$i=1,2,\cdots,n$，由正规方程可知，$\sum_{i=1}^{n}e_i=\sum_{i=1}^{n}(y_i-\hat{\beta}_0-\hat{\beta}_1x_1)=0$。

(2)拟合值 $\hat{y}_i$ 的平均值等于观测值 y_i 的平均值，即

$$\frac{1}{n}\sum_{i=1}^{n}\hat{y}_i=\frac{1}{n}\sum_{i=1}^{n}y_i=\bar{y} \tag{9-23}$$

(3)当第 i 次试验的残差以相应的自变量取值为权重时，其加权残差和为零，即

$$\sum_{i=1}^{n} x_i e_i = 0 \tag{9-24}$$

(4)当第 i 次试验的残差以相应的因变量的拟合值为权重时,其加权残差和为零,即

$$\sum_{i=1}^{n} \hat{y}_i e_i = 0 \tag{9-25}$$

(5)最小二乘回归线总是通过观测数据的重心$(\bar{x},\bar{y})$。

5.最小二乘拟合效果分析

当我们根据一组观测数据利用最小二乘法得到拟合方程后,必须考虑的一个问题是:是否真能由所得的模型 $\hat{y}_i=\hat{\beta}_0+\hat{\beta}_1 x_i$ 来较好地拟合观测值 y_i 呢?该模型能否较好地反映或解释出 y_i 的取值变化呢?该模型的误差又是多大呢?这些都需要在得到拟合方程之后进行进一步地模型评估和分析。一般地,我们利用以下两个指标对模型进行评估。

(1)残差的样本方差 MSE。

若记残差 $e_i=y_i-\hat{y}_i$,$i=1,2,\cdots,n$,则残差的样本均值为 $\bar{e}=\frac{1}{n}\sum_{i=1}^{n}(y_i-\bar{y}_i)=0$,从而残差的样本方差为

$$\mathrm{MSE}=\frac{1}{n-2}\sum_{i=1}^{n}(e_i-\bar{e})^2=\frac{1}{n-2}\sum_{i=1}^{n}e_i^2=\frac{1}{n-2}\sum_{i=1}^{n}(y_i-\hat{y}_i)^2 \tag{9-26}$$

由于有 $\sum_{i=1}^{n}e_i=0$ 和 $\sum_{i=1}^{n}x_i e_i=0$ 的约束,所以这里的残差平方和 MSE 有$(n-2)$个自由度,可以证明式(9-26)中的 MSE 是总体回归模型中 $\sigma^2=\mathrm{Var}(\varepsilon_i)$ 的无偏估计量,记

$$S_e=\sqrt{\mathrm{MSE}}=\sqrt{\frac{1}{n-2}\sum_{i=1}^{n}e_i^2}$$

一个好的拟合方程,其残差和应该越小越好。残差越小,意味着拟合值和观测值越接近,各观测点在拟合直线周围聚集的紧密程度越高,也就是说拟合方程解释 y 的能力越强。此外,当 S_e 越小时,还说明残差值 e_i 的离散程度越小。由于残差的样本均值为零,所以若残差的离散程度越小,拟合的模型就越准确。

(2)拟合优度 R^2。

建立一元线性回归模型的目的就是试图以 x 的线性函数来解释 y 的变异。那么拟合方程究竟能在多大程度上去解释 y 的变异呢?又有多少部分是无法用这个回归方程来解释的呢?

样本 $y_1,y_2,\cdots,y_n$ 的变异程度可以用样本方差来衡量,即

$$s^2=\frac{1}{n-1}\sum_{i=1}^{n}(y_i-\bar{y})^2$$

根据式(9-23)可知,拟合值 $\hat{y}_1,\hat{y}_2,\cdots,\hat{y}_n$ 的均值也是 $\bar{y}$,其变异程度有如下衡量标准

$$\hat{s}^2=\frac{1}{n-1}\sum_{i=1}^{n}(\hat{y}_i-\bar{y})^2$$

记

$\mathrm{SST}=\sum_{i=1}^{n}(y_i-\bar{y})^2$,这是观测数据 y_i 的总变异平方和,其自由度为 $d_{\mathrm{T}}=n-1$;

$SSR=\sum_{i=1}^{n}(\hat{y}_i-\bar{y})^2$，这是用拟合方程 $\hat{y}_i=\hat{\beta}_0+\hat{\beta}_1 x_i$ 可解释的变异平方和，其自由度为 $d_R=1$；

$SSE=\sum_{i=1}^{n}(y_i-\hat{y}_i)^2$，这是残差平方和，其自由度为 $d_E=n-2$。

并且

$$SST=SSR+SSE,\ d_T=d_R+d_E \tag{9-27}$$

从式(9-27)可以看出，y 的变异是由两方面的原因引起的：一是由于 x 的取值不同而给 y 带来的系统性变异；二是由除了 x 以外的其它因素引起的。不难看出，对于一个确定的样本，SST 是一个定值，因此可解释变异 SSR 越大，则必有残差 SSE 越小。这个分解式可以同时从两个方面说明拟合方程的优良程度：

①SSR 越大，用回归方程来解释 y 变异的部分越大，回归方程对原观测数据解释得越好；

②SSE 越小，观测值绕回归直线越紧密，回归方程对观测数据的拟合效果越好。

因此，我们可以定义一个指标来说明回归方程对观测数据的拟合程度，即拟合优度。拟合优度指的是可解释的变异占总变异的百分比，用 R^2 表示，即

$$R^2=\frac{SSR}{SST}=\left(1-\frac{SSE}{SST}\right)$$

拟合优度 R^2 有以下几个简单性质：

①$0\leqslant R^2\leqslant 1$；

②当 $R^2=1$ 时，SSR=SST，也就是说此时观测数据的总变异可以完全由拟合值的变异来解释，并且残差为零，即拟合点与观测数据完全吻合；

③当 $R^2=0$ 时，SSE=SST，回归方程完全不能解释观测数据的总变异，y 的变异完全由与 x 无关的因素引起。

此外，我们还可以证明，R^2 又等于 y 与拟合变量 $\hat{y}$ 的相关系数平方。从这个角度看，拟合优度说明了因变量 y 与拟合变量 $\hat{y}$ 的相关程度，也就是拟合变量 $\hat{y}$ 与 y 的相关程度越高，拟合直线的优良度越高。

6.一元回归的假设检验

(1)回归模型的线性关系检验。

在前面的介绍中，我们曾假设数据总体是符合线性正态误差模型的，也就是说，y 与 x 之间的关系是线性关系。然而，这种假设是否真实，还需要进一步进行检验。假设 y 与 x 之间存在线性关系，则总体模型为

$$y_i=\beta_0+\beta_1 x_i+\varepsilon_i,\ i=1,2,\cdots,n$$

如果 $\beta_1\neq 0$，则称这个模型为**全模型**。用最小二乘法拟合全模型并求出误差平方和 SSE，现在给出假设 $H_0:\beta_1=0$。如果 H_0 假设成立，则 $y_i=\beta_0+\varepsilon_i$，这个模型被称为**选模型**。用最小二乘法拟合选模型，则有

$$\hat{\beta}_1=0$$

$$\hat{\beta}_0=\bar{y}-\hat{\beta}_1\bar{x}=\bar{y}$$

因此,对所有的 $i=1,2,\cdots,n$,有 $\hat{y}_i=\bar{y}$,该拟合模型的误差平方和为 $\sum_{i=1}^{n}(y_i-\bar{y})^2=$ SST,故有 SSE $\leqslant$ SST。也就是说,全模型的误差总是小于或等于选模型的误差。其原因在于全模型中有较多的参数,可以更好地拟合数据。

假设在某个实际问题中,全模型的误差并不比选模型的误差小很多的话,这说明 H_0 假设成立,即 β_1 近似于零。反之就应该否定 H_0,认为总体参数 β_1 显著不为零。该假设检验使用的统计量为

$$F=\frac{\text{SSR}/1}{\text{SSE}/(n-2)}=\frac{\text{MSR}}{\text{MSE}}$$

若假设 $H_0:\beta_1=0$ 成立,这时 $F=\dfrac{\text{MSR}}{\text{MSE}}\sim F(1,n-2)$。综上,为了检验是否可以用 x 的线性方程式来解释 y,我们需要进行如下假设检验。

记 y_i 关于 x_i 的总体回归系数为 β_1,则 F 检验的原假设和备择假设分别为

$$H_0:\beta_1=0,\quad H_1:\beta_1\neq 0$$

检验统计量为

$$F=\frac{\text{MSR}}{\text{MSE}}\sim F(1,n-2) \tag{9-28}$$

对于显著性水平 α,按自由度 $n_1=1,n_2=n-2$ 查 F 分布表,得到拒绝域的临界值 $F_\alpha(1,n-2)$,决策规则如下:

若 $F\leqslant F_\alpha(1,n-2)$,则接受 H_0 假设,认为此时无法用 x 的线性关系式来解释 y;

若 $F>F_\alpha(1,n-2)$,则否定 H_0 假设,接受 H_1,认为此时 β_1 显著不为零,可以用 x 的线性关系式来解释 y。

一般地,回归方程的假设检验包括两个方面:一个是对模型的检验,即检验自变量与因变量之间的关系能否用一个线性模型来表示,这是由 F 检验来完成的;另一个检验是关于回归参数的检验,即当模型检验通过后,还要具体检验每一个自变量对因变量的影响程度是否显著。这就是下面要讨论的 t 检验。在一元线性分析中,由于自变量的个数只有一个,这两种检验是统一的,它们的效果是完全等价的。但是,在多元线性回归分析中,这两个检验的意义是不同的。从逻辑上说,**一般常在 F 检验通过后,再进一步进行 t 检验**。

(2)回归系数的显著性检验。

回归参数的建议是考察每一个自变量对因变量的影响是否显著。换句话说,就是要检验每一个总体参数是否显著不为零。

首先是对 $\beta_1=0$ 的检验,β_1 代表 x_i 变化一个单位对 y_i 的影响程度。

由于 $\hat{\beta}_1=N\left(\beta_1,\dfrac{\sigma^2}{\sum_{i=1}^{n}(x_i-\bar{x})^2}\right)$,$\text{Var}(\hat{\beta}_1)=\dfrac{\sigma^2}{\sum_{i=1}^{n}(x_i-\bar{x})^2}$ 的点估计为 $S^2(\hat{\beta}_1)=\dfrac{\text{MSE}}{\sum_{i=1}^{n}(x_i-\bar{x})^2}$,可以证明统计量 $\dfrac{\hat{\beta}_1-\beta_1}{S(\hat{\beta}_1)}\sim t(n-2)$,搞清楚统计量的抽样分布后,下面就可以进行 β_1 是否显著为零的检验。原假设和备择假设分别为

$$H_0:\beta_1=0,\quad H_1:\beta_1\neq 0$$

检验统计量为

$$t_1=\frac{\hat{\beta}_1}{S(\hat{\beta}_1)}$$

检验统计量 t_1 在 $\beta_1=0$ 假设为真时,服从自由度为 $(n-2)$ 的 t 分布。对于显著性水平 α,通过 t 分布表可以查到统计量 t_1 的临界值 $t_{\frac{\alpha}{2}}(n-2)$,决策规则如下:

若 $|t_1|\leqslant t_{\frac{\alpha}{2}}(n-2)$,则接受 H_0 假设,认为 β_1 显著为零;

若 $|t_1|>t_{\frac{\alpha}{2}}(n-2)$,则拒绝 H_0 假设,认为 β_1 显著不为零。

当拒绝了 H_0,认为 β_1 显著不为零时,则称 β_1 通过了 t 检验。另一方面,我们还可以确定 β_1 的置信度为 $1-\alpha$ 的置信区间为

$$\hat{\beta}_1-t_{\frac{\alpha}{2}}(n-2)S(\hat{\beta}_1)\leqslant\beta_1\leqslant\hat{\beta}_1+t_{\frac{\alpha}{2}}(n-2)S(\hat{\beta}_1)\qquad(9-29)$$

同样地,也可以对总体参数 β_0 进行显著性检验,并且求出它的置信区间。它的最小二乘估计估计量 $\hat{\beta}_0$ 的抽样分布为正态分布,即

$$\hat{\beta}_0\sim N\left(\beta_0,\sigma^2\left[\frac{1}{n}+\frac{\bar{x}^2}{\sum_{i=1}^{n}(x_i-\bar{x})^2}\right]\right)$$

$\mathrm{Var}(\hat{\beta}_0)$ 的估计量为 $S^2(\hat{\beta}_0)=\mathrm{MSE}\left[\frac{1}{n}+\frac{\bar{x}^2}{\sum_{i=1}^{n}(x_i-\bar{x})^2}\right]$,可以得到$\frac{\hat{\beta}_0-\beta_0}{S(\hat{\beta}_0)}\sim t(n-2)$。

为检验 β_0 是否显著为零,提出原假设和备择假设分别为

$$H_0:\beta_0=0,\quad H_1:\beta_0\neq 0$$

检验统计量为

$$t_1=\frac{\hat{\beta}_1}{S(\hat{\beta}_1)}$$

检验统计量 t_0 在 $\beta_0=0$ 假设为真时,服从自由度为 $(n-2)$ 的 t 分布。对于显著性水平 α,通过 t 分布表可以查到统计量 t_0 的临界值 $t_{\frac{\alpha}{2}}(n-2)$,决策规则如下:

若 $|t_0|\leqslant t_{\frac{\alpha}{2}}(n-2)$,则接受 H_0 假设,认为 β_0 显著为零;

若 $|t_0|>t_{\frac{\alpha}{2}}(n-2)$,则拒绝 H_0 假设,认为 β_0 显著不为零。

例 9-1　某物质在不同温度下可以吸附另一物质,如果温度 x(℃)与吸附质量 y(mg)的观测值如表 9-2 所示,试求线性回归方程并作显著性检验。

表 9-2　x 与 y 实验测量值

温度 x/℃	1.5	1.8	2.4	3.0	3.5	3.9	4.4	4.8	5.0
质量 y/mg	4.8	5.7	7.0	8.3	10.9	12.4	13.1	13.6	15.3

解　首先作出温度与吸附质量的散点图(见图 9-1)。

可以看出 x 与 y 大致上为线性关系,因此我们可以建立如下一元线性回归模型

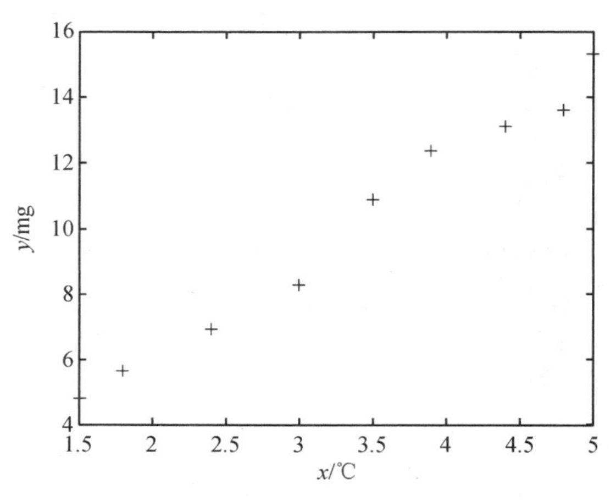

图 9 - 1　温度 x 与吸附重量 y 的散点图

$$y=\beta_0+\beta_1 x$$

利用 MATLAB 中的 regress 和 rcoplot 求解得到 β_0 和 β_1 对应的估计值和置信区间，如表 9 - 3 所示。

表 9 - 3　回归模型的系数、系数置信区间与统计量

回归系数	回归系数估计值	回归系数置信区间
β_0	0.2569	[−1.0019, 1.5158]
β_1	2.9303	[2.5783, 3.2823]
$R_2=0.9823$　$F=387.5163$	$p<0.0000$	$s_2=0.2903$

从表 9 - 3 回归系数假设检验的结果可以发现：β_0 的置信区间包含零点，为此我们作出残差与残差置信区间的图形，如图 9 - 2 所示。

可以看到所有数据的残差置信区间均包含零点，因此模型成立。

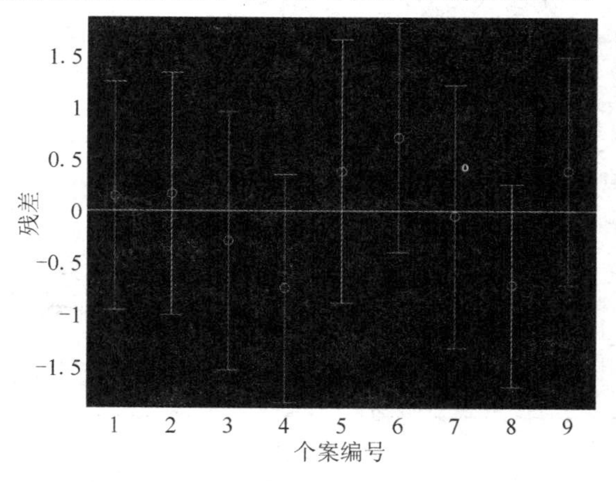

图 9 - 2　残差与残差置信区间的图形

计算的 MATLAB 程序如下：

```
x1 = [1.5, 1.8, 2.4, 3.0, 3.5, 3.9, 4.4, 4.8, 5.0]';
y = [4.8, 5.7, 7.0, 8.3, 10.9, 12.4, 13.1, 13.6, 15.3]';
x = [ones(9, 1),x1]
[b, bint, r, rint, stats] = regress(y, x);
b, bint, stats, rcoplot(r, rint)
```

9.4　多元线性回归模型

现实生活中引起被解释变量变化的因素并非仅一个解释变量，可能有很多个解释变量。例如，对人均国民生产总值的影响因素：人口变动因素、固定资产数、货币供给量、物价指数、国内国际市场供求关系等。在一元线性模型的基础上，提出多元线性模型，即一个因变量与多个自变量之间设定的是线性关系。

设有 m 个自变量 $x_1, x_2, \cdots, x_m$ 和一个因变量 y，用自变量来表示因变量的**多元线性回归模型为**

$$\begin{cases} y = \beta_0 + \beta_1 x_1 + \cdots + \beta_m x_m + \varepsilon \\ \varepsilon \sim N(0, \sigma^2) \end{cases} \tag{9-30}$$

式中：$\beta_0, \beta_1, \cdots, \beta_m, \sigma^2$ 都是与 $x_1, x_2, \cdots, x_m$ 无关的未知参数，其中 $\beta_0, \beta_1, \cdots, \beta_m$ 称为回归系数。

现得 n 个独立观察数据 $(y_i, x_{i1}, \cdots, x_{im})$，$i=1, \cdots, n$，$n>m$，代入式(9-10)得

$$\begin{cases} y_i = \beta_0 + \beta_1 x_{i1} + \cdots + \beta_m x_{im} + \varepsilon_i \\ \varepsilon_i \sim N(0, \sigma^2), \quad i=1, \cdots, n \end{cases} \tag{9-31}$$

记

$$\boldsymbol{X} = \begin{bmatrix} 1 & x_{11} & \cdots & x_{1m} \\ \vdots & \vdots & & \vdots \\ 1 & x_{n1} & \cdots & x_{nm} \end{bmatrix}, \boldsymbol{Y} = \begin{bmatrix} y_1 \\ \vdots \\ y_n \end{bmatrix} \tag{9-32}$$

$$\boldsymbol{\varepsilon} = [\varepsilon_1 \quad \cdots \quad \varepsilon_n]^{\mathrm{T}}, \boldsymbol{\beta} = [\beta_0 \quad \beta_1 \quad \cdots \quad \beta_m]^{\mathrm{T}}$$

则式(9-31)的矩阵形式表示为

$$\begin{cases} \boldsymbol{Y} = X\boldsymbol{\beta} + \boldsymbol{\varepsilon} \\ \varepsilon \sim N(0, \sigma^2 E_n) \end{cases} \tag{9-33}$$

式中：$\boldsymbol{E}_n$ 为 n 阶单位矩阵。

1.多元回归的最小二乘估计

模型(9-30)中的参数 $\beta_0, \beta_1, \cdots, \beta_m$ 用最小二乘法估计，即选取估计值 $\widehat{\beta}_j$，使得当 $\beta_j = \widehat{\beta}_j$，$j=0,1,2,\cdots,m$ 时，误差平方和

$$Q = \sum_{i=1}^{n} \varepsilon_i^2 = \sum_{i=1}^{n} (y_i - \beta_0 - \beta_1 x_{i1} - \cdots - \beta_m x_{im})^2 \tag{9-34}$$

达到最小。为此，令

$$\frac{\partial Q}{\partial \beta_j}=0, \quad j=0,1,2,\cdots,n$$

得

$$\begin{cases}\dfrac{\partial Q}{\partial \beta_0}=-2\sum_{i=1}^{n}(y_i-\beta_0-\beta_1 x_{i1}-\cdots-\beta_m x_{im})=0 \\ \dfrac{\partial Q}{\partial \beta_j}=-2\sum_{i=1}^{n}(y_i-\beta_0-\beta_1 x_{i1}-\cdots-\beta_m x_{im})x_{ij}=0, \quad j=0,1,2,\cdots,m\end{cases} \tag{9-35}$$

经过整理得到以下正规方程组

$$\begin{cases}\beta_0 n+\beta_1\sum_{i=1}^{n}x_{i1}+\beta_2\sum_{i=1}^{n}x_{i2}+\cdots+\beta_m\sum_{i=1}^{n}x_{im}=\sum_{i=1}^{n}y_i \\ \beta_0 n\sum_{i=1}^{n}x_{i1}+\beta_1\sum_{i=1}^{n}x_{i1}^2+\beta_2\sum_{i=1}^{n}x_{i2}+\cdots+\beta_m\sum_{i=1}^{n}x_{i1}x_{im}=\sum_{i=1}^{n}x_{1i}y_i \\ \quad\vdots \\ \beta_0 n\sum_{i=1}^{n}x_{i1}+\beta_1\sum_{i=1}^{n}x_{im}x_{i1}+\beta_2\sum_{i=1}^{n}x_{im}x_{i2}+\cdots+\beta_m\sum_{i=1}^{n}x_{im}^2=\sum_{i=1}^{n}x_{mi}y_i\end{cases} \tag{9-36}$$

正规方程组的矩阵形式为

$$\boldsymbol{X}^{\mathrm{T}}\boldsymbol{X}\boldsymbol{\beta}=\boldsymbol{X}^{\mathrm{T}}\boldsymbol{Y} \tag{9-37}$$

当矩阵 $\boldsymbol{X}$ 列满秩时，$\boldsymbol{X}^{\mathrm{T}}\boldsymbol{X}$ 为可逆方阵，式(9－37)的解为

$$\hat{\beta}=(\boldsymbol{X}^{\mathrm{T}}\boldsymbol{X})^{-1}\boldsymbol{X}^{\mathrm{T}}\boldsymbol{Y} \tag{9-38}$$

将 $\hat{\beta}$ 代回原模型得到 y 的估计值为

$$\hat{y}=\hat{\beta}_0+\hat{\beta}_1 x_1+\cdots+\hat{\beta}_m x_m \tag{9-39}$$

而这组数据的拟合值为 $\hat{Y}=X\hat{\beta}$，拟合误差 $e=Y-\hat{Y}$ 称为残差，可作为随机误差 ε 的估计，而

$$Q=\sum_{i=1}^{n}e_i^2=\sum_{i=1}^{n}(y_i-\hat{y}_i)^2 \tag{9-40}$$

为残差平方和(或剩余平方和)，即 $Q(\hat{\beta})$。

但是在许多现实任务中，$\boldsymbol{X}^{\mathrm{T}}\boldsymbol{X}$ 往往不是满秩矩阵，此时比较常见的做法是引入正则化

$$\hat{\beta}(\lambda)=(\boldsymbol{X}^{\mathrm{T}}\boldsymbol{X}+\lambda I)^{-1}\boldsymbol{X}^{\mathrm{T}}\boldsymbol{Y} \tag{9-41}$$

2.多元回归的统计性质分析

根据上面的最小二乘估计得到的参数，有以下几点性质。

(1)$\hat{\beta}$ 是 β 的线性无偏最小方差估计，即 $\hat{\beta}$ 是 Y 的线性函数；$\hat{\beta}$ 的期望等于 β；在 β 的线性无偏估计中，$\hat{\beta}$ 的方差最小。

(2)$\hat{\beta}$ 服从正态分布

$$\hat{\beta}\sim N(\beta,\sigma^2(\boldsymbol{X}^{\mathrm{T}}\boldsymbol{X})^{-1}) \tag{9-42}$$

记 $(\boldsymbol{X}^{\mathrm{T}}\boldsymbol{X})^{-1}=(c_{ij})_{n\times n}$。

(3)对残差平方和 Q，$EQ=(n-m-1)\sigma^2$，且有

$$\frac{Q}{\sigma^2}\sim\chi^2(n-m-1) \tag{9-43}$$

由此得到 σ^2 的无偏估计为

$$s^2=\frac{Q}{n-m-1}=\hat{\sigma}^2 \tag{9-44}$$

s^2 是剩余方差(残差的方差),s 称为剩余标准差。

(4) 对总平方和 $\mathrm{SST}=\sum_{i=1}^{n}(y_i-\bar{y})^2$ 进行分解,有

$$\mathrm{SST}=Q+U, U=\sum_{i=1}^{n}(\hat{y}_i-\bar{y})^2 \tag{9-45}$$

式中:Q 是由式(9-34)定义的残差平方和,反映随机误差对 y 的影响;U 称为回归平方和,反应自变量对 y 的影响。

3.多元回归分析的假设检验

(1)模型线性关系的假设检验。

首先对多元回归分析中因变量 y 与自变量 $x_1,x_2,\cdots,x_m$ 之间是否存在如式(9-30)所示的线性关系进行检验。如果所有的 $|\hat{\beta}_j|(j=1,\cdots,m)$ 都很小,y 和 $x_1,x_2,\cdots,x_m$ 的线性关系就不明显,因此可令原假设为

$$H_0:\beta_j=0(j=1,\cdots,m)$$

当 H_0 成立时,式(9-45)满足

$$F=\frac{U/m}{Q/(n-m-1)}\sim F(m,n-m-1) \tag{9-46}$$

在显著性水平 α 下有上分位数 $F_\alpha(m,n-m-1)$,若 $F<F_\alpha(m,n-m-1)$ 则接受 H_0。

值得注意的是,接受 H_0 只能说明 y 和 $x_1,x_2,\cdots,x_m$ 的线性关系不明显,但不能说明它们不相关,它们之间可能存在其它非线性关系,如平方关系等。还有一些衡量 y 和 x_1,$x_2,\cdots,x_m$ 相关程度的指标,如利用回归平方和在总平方和中的比值定义复相关系数

$$R^2=\frac{U}{S} \tag{9-47}$$

R 越大,y 和 $x_1,x_2,\cdots,x_m$ 的相关关系越密切,一般地,我们认为 R 大于 0.8(或 0.9)时,相关关系才成立。

(2)回归系数的假设检验和区间估计。

若第一步假设检验中的 H_0 被拒绝,意味着 β_j 不全为零,但此时不能排除其中某几个参数为零,因此我们还需要进一步进行如下 m 个检验

$$H_0^{(j)}:\beta_j=0(j=0,1,\cdots,m)$$

由式(9-42)可知,$\hat{\beta}_j\sim N(\beta_j,\sigma^2c_{jj})$,$c_{jj}$ 是 $(\boldsymbol{X}^{\mathrm{T}}\boldsymbol{X})^{-1}$ 中的第 (j,j) 个元素,用 s^2 代替 σ^2,再由式(9-42)~式(9-44)可以得到当 $H_0^{(j)}$ 成立时

$$t_j=\frac{\hat{\beta}_j/\sqrt{c_{jj}}}{\sqrt{Q/(n-m-1)}}\sim t(n-m-1) \tag{9-48}$$

给定显著性水平 α,若 $|t_j|\leqslant t_{\frac{\alpha}{2}}(n-m-1)$,则接受 $H_0^{(j)}$。

式(9-48)也可以用于对 β_j 作区间估计,在 $1-\alpha$ 的置信水平下,β_j 的置信区间为

$$\left[\hat{\beta}_j-t_{\frac{\alpha}{2}}(n-m-1)s\sqrt{c_{jj}},\hat{\beta}_j+t_{\frac{\alpha}{2}}(n-m-1)s\sqrt{c_{jj}}\right] \tag{9-49}$$

式中：$s=\sqrt{\dfrac{Q}{n-m-1}}$。

4.利用回归模型进行预测

当回归模型和系数都通过检验后，我们就可以利用给定的 $x_0=(x_{01},x_{02},\cdots,x_{0m})$ 去预测 y_0，显然其预测值为

$$\hat{y}_0=\hat{\beta}_0+\hat{\beta}_1x_{01}+\cdots+\hat{\beta}_mx_{0m} \tag{9-50}$$

给定显著性水平 α，可以得到 y_0 的预测区间为

$$[\hat{y}_0-z_{\frac{\alpha}{2}}s,\hat{y}_0+z_{\frac{\alpha}{2}}s] \tag{9-51}$$

式中：$z_{\frac{\alpha}{2}}$ 是标准正态分布的上 $\dfrac{\alpha}{2}$ 分位数。

同时我们还可以给出数据残差 $e_i=y_i-\hat{y}_i\ (i=1,\cdots,n)$ 的置信区间，e_i 服从均值为零的正态分布，所以若某个 e_i 的置信区间不包含零点，则认为这个数据是异常的，可予以删除。

5.MATLAB 中的线性回归

MATLAB 统计工具箱用命令 regress 实现多元线性回归，命令是

```
b = regress(Y, X)
```

其中，X、Y 为输入的样本数据；b 为回归系数的估计值。

若给定显著性水平，加入假设检验的命令是

```
[b, bint, r, rint, stats] = regress(Y, X, alpha)
```

这里 alpha 为显著性水平；b、bint 为回归系数的估计值和它们的置信区间；r、rint 为残差及其置信区间；stats 是用于检验回归模型的统计量，它包括四个数值，第一个是 R^2，第二个是 F，第三个是与 F 对应的概率 p，$p<\alpha$ 则拒绝 H_0，表示回归模型成立；第四个是残差的方差 s^2。

残差及其置信区间可以用 rcoplot(r, rint)画图。

例 9-2 根据表 9-4 的数据建立血压与年龄、体重指数、吸烟习惯之间的回归模型。

表 9-4 血压与年龄、体重指数、吸烟习惯数据

序号	血压/mmHg	年龄	体重指数	吸烟习惯
1	144.0000	39.0000	24.2000	0
2	215.0000	47.0000	31.1000	1.0000
3	138.0000	45.0000	22.6000	0
4	145.0000	47.0000	24.0000	1.0000
5	162.0000	65.0000	25.9000	1.0000
6	142.0000	46.0000	25.1000	0
7	170.0000	67.0000	29.5000	1.0000
8	124.0000	42.0000	19.7000	0
9	158.0000	67.0000	27.2000	1.0000
10	154.0000	56.0000	19.3000	0

续表 9-4

序号	血压/mmHg	年龄	体重指数	吸烟习惯
11	162	64	28.0	1
12	150	56	25.8	0
13	140	59	27.3	0
14	110	34	20.1	0
15	128	42	21.7	0
16	130	48	22.2	1
17	135	45	27.4	0
18	114	18	18.8	0
19	116	20	22.6	0
20	124	19	21.5	0
21	136	36	25.0	0
22	142	50	26.2	1
23	120	39	23.5	0
24	120	21	20.3	0
25	160	44	27.1	1
26	158	53	28.6	1
27	144	63	28.3	0
28	130	29	22.0	1
29	125	25	25.3	0
30	175	69	27.4	1

注:吸烟习惯 0 表示不吸烟,1 表示吸烟;体重指数=体重(kg)/身高(m)的平方。

问题分析　为了确定血压与上述三个指标之间存在何种关系,我们首先做出血压与年龄,血压与体重指数之间的散点图(见图 9-3)。

从图中可以看出以下几点:①随着年龄的增长血压有增高的趋势,随着体重指数的增长血压也有增高的趋势;②总体上看血压与年龄、血压与体重指数存在一定的线性相关性,所

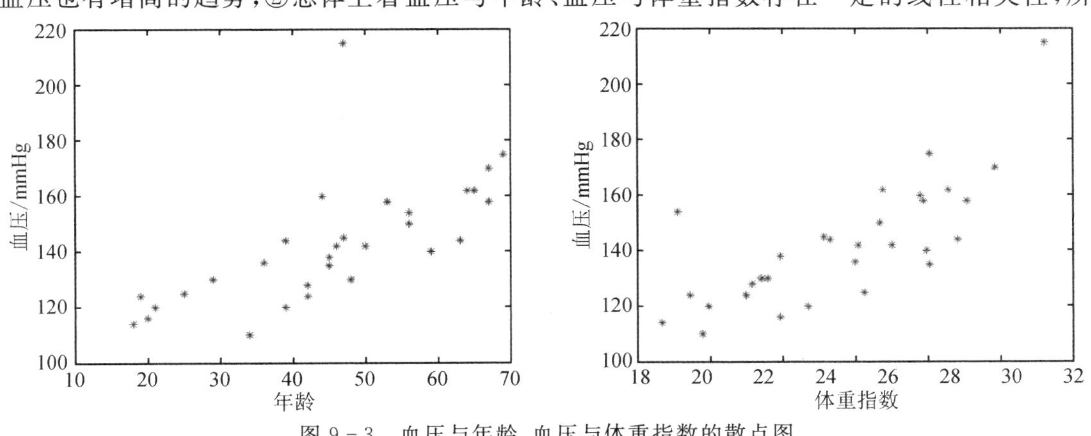

图 9-3　血压与年龄、血压与体重指数的散点图

以我们首先建立多元线性回归模型：

$$y=\beta_0+\beta_1 x_1+\beta_2 x_2+\beta_3 x_3+\varepsilon$$

式中：回归系数 β_0、β_1、β_2、β_3 由数据估计，ε 是随机误差，这里由于数据量纲相差不大，因此不需要标准化即可利用 MATLAB 的 regress 命令进行求解，我们求解得到如表 9－5 所示的结果。

表 9－5　回归模型的系数、系数置信区间与统计量

回归系数	回归系数估计值	回归系数置信区间
β_0	45.3636	[3.5537, 87.1736]
β_1	0.3604	[−0.0758, 0.7965]
β_2	3.0906	[1.0530, 5.1281]
β_3	11.8246	[−0.1482, 23.7973]
$R_2=0.6855$　$F=18.8906$　$p<0.0001$　$s_2=169.7917$		

从表 9－5 回归系数假设检验的结果可以发现：β_1、β_3 的置信区间包含零点，模型需要改进，为此我们做出残差与残差置信区间的图形。

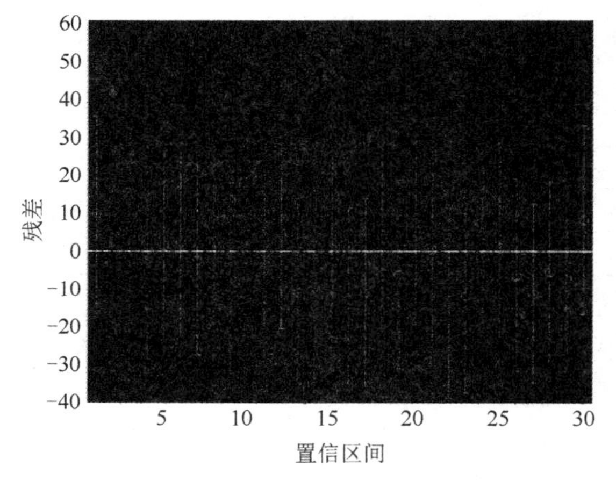

图 9－4　残差与残差置信区间的图形

由图 9－4 可见，第二个点与第十个点是异常点，于是删除上述两点，再次进行回归得到改进后的结果如表 9－6 所示。

表 9－6　改进后的回归模型的系数、系数置信区间与统计量

回归系数	回归系数估计值	回归系数置信区间
β_0	58.5101	[29.9064, 87.1138]
β_1	0.4303	[0.1273, 0.7332]
β_2	2.3449	[0.8509, 3.8389]
β_3	10.3065	[3.3878, 17.2253]
$R_2=0.8462$　$F=44.0087$　$p<0.0001$　$s_2=53.6604$		

这时置信区间不包含零点，F 统计量增大，可决系数从 0.6855 增大到 0.8462，我们得到回归模型为

$$\hat{y}=58.5101+0.4303x_1+2.3449x_2+10.3065x_3$$

下面我们对模型进行如下检验。

(1)残差的正态检验。

由 jbtest 检验，$h=0$ 表明残差服从正态分布，进而由 t 检验可知 $h=0,p=1$。故残差服从均值为零的正态分布。

(2)残差的异方差检验。

我们将 28 个数据从小到大排列，去掉中间的 6 个数据，得到 F 统计量的观测值：$f=1.9092$。由于 $F(7,7)=3.79$，可知：$f=1.9092<3.79$，故不存在异方差。

(3)残差的自相关性检验。

通过计算得到：$d_w=1.4330$，查表后得到：$d_l=0.97,d_u=1.41$。由 $1.41=d_u<D_W=1.433<4-d_u=2.59$ 可知残差不存在自相关性。

计算的 MATLAB 程序如下：

```
n = 30; m = 3;
y = [144 215 138 145 162 142 170 124 158 154 162 150 140 110 128 130 135 114
116 124 136 142 120 120 160 158 144 130 125 175];
x1 = [39 47 45 47 65 46 67 42 67 56 64 56 59 34 42 48 45 18 20 19 36 50 39 21
44 53 63 29 25 69];
x2 = [24.2 31.1 22.6 24.0 25.9 25.1 29.5 19.7 27.2 19.3 28.0 25.8 27.3 20.1 21.7
22.2 27.4 18.8 22.6 21.5 25.0 26.2 23.5 20.3 27.1 28.6 28.3 22.0 25.3 27.4];
x3 = [0 1 0 1 1 0 1 0 1 0 1 0 0 0 0 1 0 0 0 0 0 1 0 0 1 1 0 1 0 1];
figure
plot(x1, y, '*')
figure
plot(x2, y, '*')
X = [ones(n, 1), x1',x2',x3'];
[b, bint, r, rint, s] = regress(y',X);
s2 = sum(r.^2)/(n - m - 1);
b, bint, s, s2
figure
rcoplot(r, rint)
%删除异常点以后进行回归的程序
Y = [y(1),y(3:9),y(11:30)]';x = [X(1,:);X(3:9,:);X(11:30,:)];
[b1, bint1, r1, rint1, s1] = regress(Y, x)
%残差检验程序
%(1)正态分布检验
[h, p] = jbtest(r1);
```

```
[h, p] = ttest(r1, 0);
%(2)异方差检验
c = sort(Y);[c, i] = sort(Y);A1 = x;C = [A1(i)];
[b10, bint10, r10, rint10, s10] = regress(c(1:11),[ones(11, 1),C(1:11, 1)]);
[b1h, bint1h, r1h, rint1h, s1h] = regress(c(18:28),[ones(11, 1),C(18:28, 1)]);
yf1 = sum(r1h.^2)/sum(r10.^2)
%(3)自相关性检验
dw = sum(diff(r1).^2)/sum(r1.^2)
```

6.线性回归模型要点总结

(1)自变量与因变量之间必须有线性关系。

(2)线性回归对异常值非常敏感。它会严重影响回归线,最终影响预测值。

(3)多元线性回归存在多重共线性/自变量相互关联,这会增加系数估计值的方差,使得在模型轻微变化下,估计非常敏感。其结果就是系数估计值不稳定。

(4)在多个自变量的情况下,我们可以使用向前选择法、向后剔除法和逐步筛选法来选择最重要的自变量。

9.5 多项式回归模型

多项式回归模型是一种特殊的线性回归模型,此时回归函数关于回归系数是线性的。其中自变量 x 和因变量 y 之间的关系被建模为关于 x 的 m 次多项式。多项式回归已被用于描述非线性现象,例如组织的生长速率、湖中碳同位素的分布以及沉积物和流行病的发展。由于任一函数都可以用多项式逼近,因此多项式回归有着广泛应用。

1.多项式回归的最小二乘估计

多项式逼近连续函数的 Weierstrass **第一逼近定理**:设 $f(x)$是闭区间$[a,b]$上的连续函数,则对于任意给定的 $\varepsilon>0$,存在多项式 $P(x)$,使得

$$|P(x)-f(x)|<\varepsilon$$

对一切 $x\in[a,b]$成立。

对于 n 次观测数据(y_i,x_i),$i=1,2,\cdots,n$,**多项式回归模型为**

$$y_i=\beta_0+\beta_1x_i+\beta_2x_i^2+\cdots+\beta_mx_i^m+\varepsilon_i \tag{9-52}$$

若令

$$\boldsymbol{X}=\begin{bmatrix}1 & x_1 & x_1^2 & \cdots & x_1^m\\ 1 & x_2 & x_2^2 & \cdots & x_2^m\\ 1 & x_3 & x_3^2 & \cdots & x_3^m\\ \vdots & \vdots & \vdots & & \vdots\\ 1 & x_n & x_n^2 & \cdots & x_n^m\end{bmatrix},\ \boldsymbol{Y}=\begin{bmatrix}y_1\\ \vdots\\ y_n\end{bmatrix} \tag{9-53}$$

$$\boldsymbol{\varepsilon}=[\varepsilon_1\quad\cdots\quad\varepsilon_n]^{\mathrm{T}},\ \boldsymbol{\beta}=[\beta_0\quad\beta_1\quad\cdots\quad\beta_m]^{\mathrm{T}}$$

则多项式回归系数的最小二乘估计为

$$\widehat{\beta}=(\boldsymbol{X}^{\mathrm{T}}\boldsymbol{X})^{-1}\boldsymbol{X}^{\mathrm{T}}\boldsymbol{Y} \tag{9-54}$$

2.MATLAB 中的多项式回归

如果从数据的散点图上发现 y 与 x 呈较明显的二次(或高次)函数关系,或者用线性模型的效果不太好,就可以选用多项式回归。

(1)一元多项式回归。

一元多项式回归可用命令 polyfit 实现。

例 9-3　为了分析 X 射线的杀菌作用,用 200 kV 的 X 射线来照射细菌,每次照射 6 min,照射次数记为 t,照射后的细菌数 y 如表 9-7 所示。

表 9-7　X 射线照射次数与残留细菌数

t	1	2	3	4	5	6	7	8	9	10	11	12	13	14	15
y	352	211	197	160	142	106	104	60	56	38	36	32	21	19	15

请完成:(1)y 与 t 的二次函数与三次函数关系;(2)在同一坐标系内作出原始数据与拟合结果的散点图;(3)建立评价标准判断二次函数与三次函数拟合效果;(4)根据问题的实际意义你认为选择多项式函数是否合适?

解　首先做散点图观察自变量与因变量的大体关系(见图 9-5),输入如下命令。

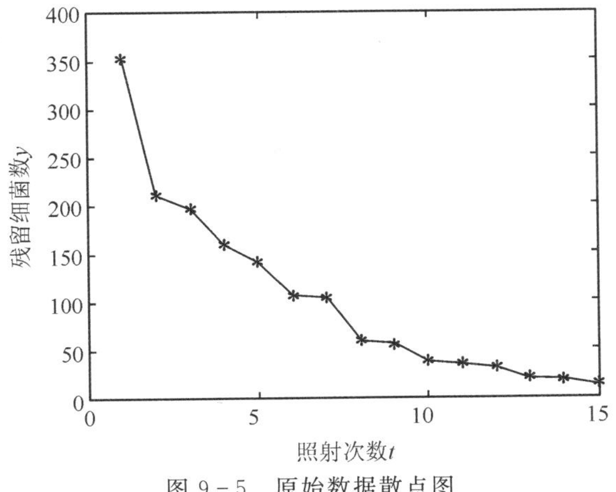

图 9-5　原始数据散点图

```
t=[1, 2, 3, 4, 5, 6, 7, 8, 9, 10, 11, 12, 13, 14, 15];
y=[ 352 211 197 160 142 106 104 60 56 38 36 32 21 19 15];
figure;
plot(t, y, '-*')
```

根据题目要求,求 y 与 t 的二次函数关系,输入命令:

```
p=polyfit(t, y, 2)
```

得到 $p=1.9897 \quad -51.1394 \quad 347.8967$，即二次函数为

$$y_2=1.9897t^2-51.1394t+347.8947$$

同理可得三次函数为

$$y_3=-0.1777t^3+6.2557t^2-79.3303t+391.4095$$

在同一坐标系内作出原始数据、二次函数、三次函数的图形(见图 9－6)，继续输入命令：

```
y2 = 1.9897 * t.^2 - 51.1394 * t + 347.8967;
y3 = - 0.1777 * t.^3 + 6.2557 * t.^2 - 79.3303 * t + 391.4095;
figure;
plot(t, y, '- * ', t, y2, 'o', t, y3, ' + '),
legend('原始数据', '二次函数', '三次函数')
```

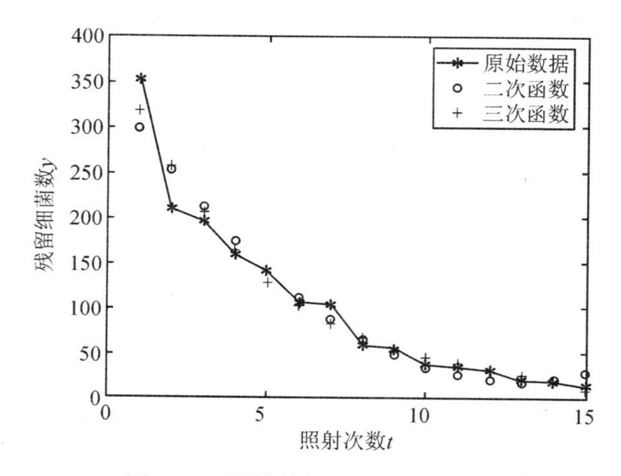

图 9－6 原始数据与拟合曲线图形

我们分别计算二次函数与三次函数的可决系数：

```
R2 = 1 - sum((y - y2).^2)/sum((y - mean(y)).^2)
R3 = 1 - sum((y - y3).^2)/sum((y - mean(y)).^2)
```

因为 $R_3=0.9673>0.9530=R_2$，所以三次函数拟合效果优于二次函数。

从问题的实际意义可知，随着照射次数的增加，残留的细菌数减少，且开始时减少幅度较大，但随着照射次数增加，减少的速度变得缓慢。而多项式函数随着自变量的增加，函数值趋向于无穷大，因此如果在有限的照射次数内用多项式拟合是可以的，如果照射次数超过 15 次，则拟合效果开始变差，比如 $t=16$，用二次函数计算出细菌残留数为 39.0396，显然与实际不相符合。

(2)多元多项式回归。

统计工具箱提供了一个作多元二项式回归的命令 rstool，它的用法是

```
rstool(x, y, model, alpha)
```

其中，x、y 分别为输入的样本数据，alpha 为显著性水平 α，model 由下列 4 个模型中选择一

个(用字符串输入)：

linear(线性)：$y=\beta_0+\beta_1x_1+\cdots+\beta_mx_m$

purequadratic(纯二次)：$y=\beta_0+\beta_1x_1+\cdots+\beta_mx_m+\sum_{j=1}^{m}\beta_{jj}x_j^2$

interaction(交叉)：$y=\beta_0+\beta_1x_1+\cdots+\beta_mx_m+\sum_{1\leqslant j\neq k\leqslant m}^{m}\beta_{jk}x_jx_k$

quadratic(完全二次)：$y=\beta_0+\beta_1x_1+\cdots+\beta_mx_m+\sum_{1\leqslant j,k\leqslant m}^{m}\beta_{jk}x_jx_k$

3.多项式回归的模型选择

多项式逼近连续函数的 Weierstrass 第一逼近定理告诉我们闭区间上的连续函数可以找到多项式函数进行逼近，但这并不是说多项式的次数越高拟合的效果就越好，我们不妨通过例 9-4 来感受一下如何选择多项式回归模型中的多项式次数 M。

例 9-4　假设一个训练数据集 $T=\{(x_1,y_1),(x_2,y_2),\cdots,(x_N,y_N)\}$，其中 $x_i\in\mathbf{R}$ 是输入 x 的观测值，$y_i\in\mathbf{R}$ 是相应输出 y 的观测值，$i=1,2,\cdots,N$。目标：通过多项式拟合选择一个对已知数据以及未知数据都有很好预测能力的函数。

问题分析　设 M 次多项式为

$$f_M(x,\beta)=\sum_{j=0}^{M}\beta_jx^j \tag{9-55}$$

利用最小二乘估计可以求得拟合多项式系数的解，此外还需要确定最优的 M 值，即确定多项式的次数。如图 9-7 所示，圆圈表示给定的十个采样点，分别用 0、1、3、9 次多项式进行拟合，得到四条拟合曲线。

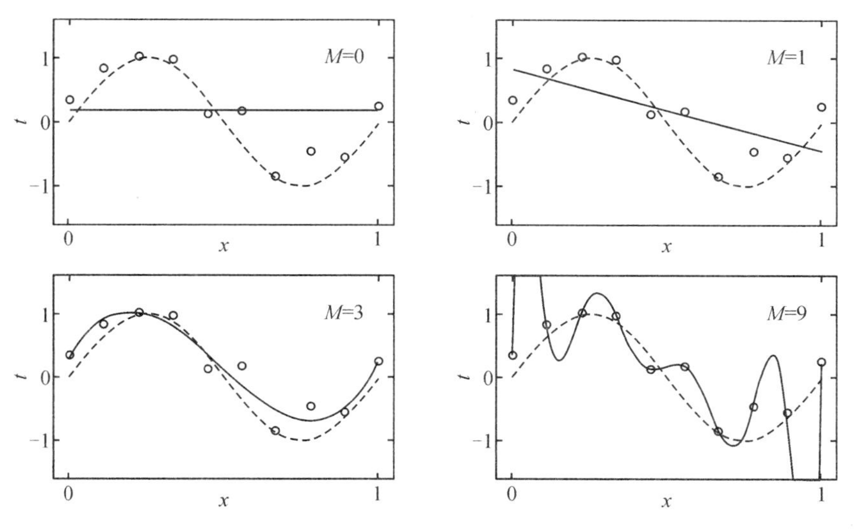

图 9-7　不同 M 值下的多项式拟合结果

结果显示：

(1)$M=0$：多项式曲线是一条水平直线，数据拟合效果很差。

(2)$M=1$：多项式曲线是一条直线，数据拟合效果也差，这种情况被称为欠拟合。

(3)$M=9$:多项式曲线通过每个数据点,训练误差为0。从训练数据拟合角度效果最好,但因为训练数据本身存在噪声,这种拟合曲线对未知数据的预测能力往往不是最好。

(4)$M=3$:多项式曲线对训练数据拟合效果足够好,训练模型也较简单,为较好选择。

参考文献

[1] 盛骤,谢式千,潘承毅.概率论与数理统计[M].北京:高等教育出版社,2008.
[2] 梅长林,王宁.近代回归分析方法[M].北京:科学出版社,2012.
[3] 卓金武.MATLAB在数学建模中的应用[M].北京:北京航空航天大学出版社,2011.

研究课题

1.合金的强度 y 与其中的碳含量 x 有比较密切的关系,今从生产中收集了一批数据如表9-8所示。

表9-8 合金强度与碳含量

x/%	0.10	0.11	0.12	0.13	0.14	0.15	0.16	0.17	0.18
y/MPa	42.3	41.5	45.2	45.5	44.9	47.6	48.9	55.1	50.2

试先拟合一个函数,再用回归分析对它进行检验。

2.体重约70 kg的某人在短时间内喝下2瓶啤酒后,隔一定时间测量他的血液中酒精含量(mg/100 mL),得到数据如表9-9所示。

表9-9 血液中酒精含量

时间/h	0.25	0.5	0.75	1	1.5	2	2.5	3	3.5	4	4.5	5
酒精含量/(mg/100 mL)	30	68	75	82	82	77	68	68	58	51	50	41
时间/h	6	7	8	9	10	11	12	13	14	15	16	
酒精含量/(mg/100 mL)	38	35	28	25	18	15	12	10	7	7	4	

(1)依据数据作出人体血液中酒精含量与酒后时间的散点图,从图形上看能否选择多项式函数进行回归分析?为什么?

(2)建立人体血液中酒精含量与酒后时间的函数关系。

(3)对照《车辆驾驶人员血液、呼气酒精含量阈值与检验》国家标准,车辆驾驶人员血液中的酒精含量大于或等于20 mg/100 mL,小于80 mg/100 mL为饮酒驾车;血液中的酒精含量大于或等于80 mg/100 mL为醉酒驾车,此人在短时间内喝下1瓶啤酒后,隔多长时间开车是安全的?

3.根据表 9－10 中给出的 1971—2010 年人口统计数据，选择恰当的函数进行回归分析，并利用所得到的公式估计 2011—2019 年我国人口数，最后与新近统计数据进行比较和分析。

表 9－10　1971—2010 年人口统计数据

年份	人口/亿	年份	人口/亿	年份	人口/亿	年份	人口/亿
1971	8.5229	1981	10.0072	1991	11.5823	2001	12.7627
1972	8.7177	1982	10.1654	1992	11.7171	2002	12.8453
1973	8.9221	1983	10.3008	1993	11.8517	2003	12.9227
1974	9.0859	1984	10.4357	1994	11.985	2004	12.9988
1975	9.2420	1985	10.5851	1995	12.1121	2005	13.0756
1976	9.3717	1986	10.7507	1996	12.2389	2006	13.1448
1977	9.4974	1987	10.9300	1997	12.3626	2007	13.2129
1978	9.6259	1988	11.1026	1998	12.4761	2008	13.2802
1979	9.7542	1989	11.2704	1999	12.5786	2009	13.3474
1980	9.8705	1990	11.4333	2000	12.6743	2010	13.41

4.海水温度随着深度的变化而变化，海面温度较高，随着深度的增加，温度越来越低，这样也就影响了海水的对流和混合，使得深层海水中的氧气越来越少，这是潜水员必须考虑的问题，同时根据这一规律也可对海水鱼层作一个划分。现在通过实验测得一组海水深度 h 与温度 t 的数据如表 9－11 所示。

表 9－11　海水温度随着深度的变化数值

t/℃	23.5	22.9	20.1	19.1	15.4	11.5	9.5	8.2
h/m	0	1.5	2.5	4.6	8.2	12.5	16.5	26.5

（1）找出温度 t 与海水深度 h 之间的一个近似函数关系；

（2）找出温度变化最快的深度位置（实际上该位置就是潜水员在潜水时，随着下潜深度的不同，需要更换吸入气体种类的位置，也是不同种类鱼层的分界位置）。

5.一矿脉有 13 个相邻样本点，人为地设定一原点，现测得各样本点对原点的距离 x 及该样本点处某种金属含 y 的一组数据如表 9－12 所示，请画出散点图并观测二者的关系，试建立合适的回归模型。

表 9－12　距原点距离 x 与样本点某金属含 y 的数值

x	2	3	4	5	7	8	10
y	106.42	109.20	109.58	109.50	110.00	109.93	110.49
x	11	14	15	16	18	19	
y	110.59	110.60	110.90	110.76	111.00	111.20	

6.某商场若干月的库存占用资金(x_1)、广告投入的费用(x_2)、员工薪酬(x_3)以及销售额(y)等数据如下,根据这些数据建立销售额与其它三个变量之间的线性回归模型。

x_1=[75.0 77.6 80.7 76 79.5 81.8 98.3 67.7 74 151 90.8 102.3 115.6 125 137.8 175.6 155.1];

x_2=[30.1 31.3 33.9 29.6 32.5 27.9 24.8 23.6 33.9 27.7 45.5 42.6 40 45.8 51.7 67.2 65.1];

x_3=[21.0 21.4 22.9 21.4 21.5 21.7 21.5 21 22.4 24.7 23.2 24.3 23.1 29.1 24.6 27.5 26.4];

y=[1090.3 1133 1242.1 1003.2 1283.2 1012.2 1098.8 826.3 1003.3 1554.6 1199 1483.1 1407.1 1551.3 1601.2 2311.7 2126.6]。

第 10 章　综合模型

10.1　长江水质的评价和预测模型

2005 **高教社杯全国大学生数学建模竞赛题目 A 题**

水是人类赖以生存的资源，保护水资源就是保护我们自己。长江——我国第一、世界第三大河流，中国人视其为父亲河，但近些年来由于各种污染物排入江中，其水质的污染程度日趋严重，生活在沿江地带的居民苦不堪言。保护长江生态平衡、拯救癌变长江迫在眉睫。这就要求对长江近年的水质状况做出评价并预测未来长江水质的变化。准确的水质综合评价是治理水体污染的基础工作，是治理决策的重要依据，因此，选取一种适当的评价方法是至关重要的。如何评价和预测长江水质的变化是解决长江水污染问题的关键。现在人们已经在长江沿线设置了一些观测站，并取得了一些必要的数据，要求我们根据这些观测站提供的检测数据（如附件 3 给出的长江沿线 17 个观测站近两年多主要水质指标的检测数据以及干流上 7 个观测站提供的近一年多的基本数据）和《地表水环境质量标准》（GB 3838—2002）解决以下问题。

（1）对长江近两年的水质情况做出定量的综合评价，分析各地区水质的污染状况。

（2）研究、分析长江干流近一年多主要污染物高锰酸盐指数和氨氮的污染源主要在哪些地区。

（3）若不采取更有效的治理措施，对未来 10 年长江水质污染变化趋势做出预测分析。

（4）根据预测分析，如果未来 10 年内每年都要求长江干流的Ⅳ类和Ⅴ类水的比例控制在 20％以内，且没有劣Ⅴ类水，计算每年需要处理的污水量。

注：附件 3 请在全国大学生数学建模竞赛网站（http://www.mcm.edu.cn/）赛题与评奖栏目下载。

10.1.1　问题分析

本题的核心问题就是根据附件 3、附件 4 的数据（附件数据见全国大学生数学建模竞赛官网—赛题与评奖—历年竞赛赛题—2005 年赛题）和《地表水环境质量标准》（见表 10－1）对长江水质做出评价和预测。

首先依据近两年 17 个观测点的数据对相应地区的水质情况做定量综合评价与分析；然后依据这些地点的相对地理位置、水流量和水质数据，利用简化的一维水质模型推算出相应的排污量，从而可以确定出长江干流的主要污染源所在的区段；再根据长江过去 10 年的总体水质检测分类数据，利用灰色系统理论和回归分析等方法，对未来长江水质发展趋势进行预测，并对可能控制水质的条件进行研究。

表 10－1 《地表水环境质量标准》(GB 3838—2002)中4个主要项目标准限值 单位:mg/L

序号	项目	标准值					
		Ⅰ类	Ⅱ类	Ⅲ类	Ⅳ类	Ⅴ类	劣Ⅴ类
1	溶解氧(DO) ≥	7.5(或饱和率90%)	6.0	5.0	3.0	2.0	0.0
2	高锰酸盐指数(CODMn) ≤	2.0	4.0	6.0	10.0	15.0	∞
3	氨氮(NH_3-N) ≤	0.2	0.5	1.0	1.5	2.0	∞
4	pH值(无量纲)	6—9					

问题(1) 根据国家标准 (GB 3838—2002)的规定,有24项关于地表水的评价指标,但对水质污染最主要的是四项:pH值、溶解氧(DO)、高锰酸盐指数 (CODMn)和氨氮(NH_3-N)。按国标将水质可分为Ⅰ类、Ⅱ类、Ⅲ类、Ⅳ类、Ⅴ类、劣Ⅴ类共六个类别,每一个类别对每一项指标都有相应的标准值 (区间),只要有一项指标达到高类别的标准就算是高类别的水质,所以实际中不同类别的水质有很大的差别,而且同一类别的水在污染物的含量上也有一定的差别。因此,在根据过去两年多17个观测站的水质数据做综合评价时,要充分考虑这些指标:不同类别的"质的差异"和同类别的"量的差异"。首先通过极差等变换将相关数据作标准化处理;然后利用动态加权法合理地构造综合评价指标函数,使其能充分地体现水质的类别差异和同类别水的数量差异;最后依据综合指标值的大小对各地区的水质状况做出分析评价。

问题(2) 根据干流各观测站的水质数据和相应站点的位置关系,考虑到上游的污水会对下游的水质造成一定的影响,同时江河本身都有一定的自洁能力。根据附件3中的数据,可求得各地区的污染物排放量、上游排污量和降解掉的污染物量。假定各水段的污染物=本地区的排污+上游排污－降解掉的污染物,据此可得各地区的污染物排放量,并可由等标污染负荷法确定主要污染物高锰酸盐和氨氮的主要来源。

问题(3) 根据题目所给近10年长江的总体水污染状况的检测数据,可看出长江总体水污染的严重程度呈现快速增长的趋势,主要是年排污总量的增加,在总水流量变化不大的情况下,使得污染河段比例的增加,即每年污染情况主要与当年的排污量和总水流量等因素有关。为此,首先可以根据过去10年排污量,利用灰色预测方法对未来的年排污量做出预测,然后利用回归分析方法确定出可饮用 (或不可饮用)水的比例与总排污量和总水流量的关系式。最后根据总排污量的增长趋势来推断出可饮用 (或不可饮用)水比例的变化趋势,从而可以预测出未来10年长江水质的变化情况。

问题(4) 用问题(3)类似的方法,首先利用过去10年的相关数据确定出的不可饮用水、劣Ⅴ类水的比例与总排污量和总水流量的关系式,然后根据题目要求的条件可以求出未来10年的污水处理量。

10.1.2 模型假设

(1)假设长江干流的自然净化能力是近似均匀的,取降解系数 $\alpha=0.2$(1/天)。

(2)假设一个观测站的水质污染仅来自于本地区的排污和上游的污水。

(3)每年需要处理的污水量近似看成是废水排放总量与超出控制比例的污水所占百分

比的乘积。

10.1.3　模型的建立与求解

1.长江水质的综合评价模型

(1)数据的标准化处理。

首先要对所给的水质指标进行统一的无量纲化标准处理,使各项指标具有可比性。设四项水质指标溶解氧、高锰酸盐指数、氨氮和 pH 值的指标值分别为 x_1、x_2、x_3 和 x_4。

①指标溶解氧的处理。

为了与其它指标的度量标准保持一致性,首先将指标数据作极小化处理,即做倒数变换 $x'_1=\dfrac{1}{x_1}$,然后通过极差变换 $x''_1=\dfrac{x'_1}{0.5}$,将其数据标准化,对应的分类区间变为

$$(a_1^{(1)},b_1^{(1)}],(a_2^{(1)},b_2^{(1)}],(a_3^{(1)},b_3^{(1)}],(a_4^{(1)},b_4^{(1)}],(a_5^{(1)},b_5^{(1)}],(a_6^{(1)},b_6^{(1)})$$

②指标高锰酸盐指数的处理。

对所有高锰酸盐指标数据作极差处理,将其数据标准化,即令 $x'_2=\dfrac{x_2}{15}$,对应的分类区间随之变为

$$(a_1^{(2)},b_1^{(2)}],(a_2^{(2)},b_2^{(2)}],(a_3^{(2)},b_3^{(2)}],(a_4^{(2)},b_4^{(2)}],(a_5^{(2)},b_5^{(2)}],(a_6^{(2)},b_6^{(2)})$$

③指标氨氮的处理。

对所有氨氮指标数据作极差处理,将其数据标准化,即令 $x'_3=\dfrac{x_3}{2}$,对应的分类区间随之变为

$$(a_1^{(3)},b_1^{(3)}],(a_2^{(3)},b_2^{(3)}],(a_3^{(3)},b_3^{(3)}],(a_4^{(3)},b_4^{(3)}],(a_5^{(3)},b_5^{(3)}],(a_6^{(3)},b_6^{(3)})$$

④指标 pH 值的处理。

pH 值(酸碱度)的大小反映了水质呈酸碱性的程度。通常的水生物都适应于中性水质,即酸碱度的平衡值(pH 值略大于 7),在这里不妨取正常值的中值 7.5。当 pH＜7.5 时,水质偏碱性;当 pH＞7.5 时,水质偏酸性,而偏离值越大水质就越坏。为此,对所有的 pH 值指标数据作均值差处理,即令 $x'_4=\dfrac{2}{3}|x_4-7.5|$,将其数据标准化。

(2)综合评价指标的确定方法。

考虑到一个地区的污染指标的变化不仅与其所属的类型有关,而且即便是同属一个类型也有一定的数值差异。为此,在确定综合评价指标时,既要能体现同类型的指标数量差异,也要能体现不同类型指标之间的差异,更要能体现不同类型等级差的差异。于是,在这里采用动态加权法来确定相应的综合评价指标。根据实际,不妨取动态加权函数为偏大型正态分布函数,即

$$w_i(x)=\begin{cases}0, & x\leqslant\alpha_i\\ 1-\mathrm{e}^{-\left(\frac{x-\alpha_i}{\sigma_i}\right)^2}, & x\geqslant\alpha_i\end{cases}\quad(i=1,2,3)\tag{10-1}$$

式中:α_i 取指标 x_i 的I类水标准区间的中值,即 $\alpha_i=\dfrac{b_1^{(i)}-a_1^{(i)}}{2}$,$\sigma_i$ 由 $w_i(a_4^{(i)})=0.9(i=1,2,3)$ 确

定。由实际数据经计算可得 $\alpha_1=0.1333$，$\alpha_2=0.0667$，$\alpha_3=0.0375$，$\sigma_1=0.1757$，$\sigma_2=0.2197$，$\sigma_3=0.3048$，则代入式(10－1)可以得到 DO、CODMn 和 NH_3-N 三项指标的权值函数。考虑到差异较大的是前三项指标，以及指标 pH 值的特殊性，这里取前三项指标的综合影响权值为 0.8，而 pH 值的影响权值取 0.2。因此，某地区某一时间的水质综合评价指标定义为

$$X=0.8\sum_{i=1}^{3}w_i(x_i)x_i+0.2x_4 \tag{10-2}$$

根据2003年6月到2005年9月17个主要观测站的28组实际检测数据，经计算可得各观测站所在区段的水质综合评价指标值，即可得到一个 17×28 阶的综合评价矩阵 $((X)_{ij})_{17\times 28}$。

(3)各地区水质的综合排序与评价。

由17个观测点28个月的水质综合评价指标 $X_{ij}(i=1,2,\cdots,17;j=1,2,\cdots,28)$，根据其大小（即污染的程度）进行排序，数值越大水质越差。由此可得反映17个观测点（地区）水质污染程度的28个排序结果，利用决策论中 Borda 数法来确定综合排序方案。记第 j 个月的排序方案中排在第 i 个站点 S_i 后面的站点个数为 $B_j(S_i)$，则观测点的 Borda 数为

$$B(S_i)=\sum_{j=1}^{28}B_j(S_i),(i=1,2,\cdots,17)$$

经计算可得到各观测点的 Borda 数及水污染情况总排序结果如表10－2所示。

表10－2　各观测点的 Borda 数及水污染情况总排序

观测点	S_1	S_2	S_3	S_4	S_5	S_6	S_7	S_8	S_9	S_{10}	S_{11}	S_{12}	S_{13}	S_{14}	S_{15}	S_{16}	S_{17}
Borda 数	203	136	143	234	106	139	138	378	232	271	60	357	277	264	438	214	217
总排序	11	15	12	7	16	13	14	2	8	5	17	3	4	6	1	10	9

由表10－2可以看出，各观测点（地区）所在江段的水质污染情况，水质最差的是观测点 S_{15}，即江西南昌赣江鄱阳湖入口地区；其次是观测点 S_8，即四川乐山泯江与大渡河的汇合地区；排在第三位的是 S_{12}，即湖南长沙湘江洞庭湖地区；干流水质最差的是湖南岳阳段(S_4)，主要污染可能来自于洞庭湖。干流水质最好的区段是江西九江（鄂赣交界）段（S_5），支流水质最好的是湖北丹江口水库（S_{11}）。

2.长江干流主要污染源的确定模型

采用基于叠加法的等标污染负荷方法确定主要污染源，所谓叠加法就是用分指标简单叠加表示综合指标的方法，即

$$PI=\sum_{i=1}^{n'}F_i$$

式中：F_i 表示分指标。

下面建立确定主要污染源的模型。

题目中给出了长江干流上7个观测站近一年多的基本数据，包括站点距离、水流量和水流速及主要监测项目的数据，要求对长江干流主要污染物高锰酸盐和氨氮的污染源进行分析。两种污染物具有不同的特性和环境效应，要对污染源作综合评价，必须综合考虑排污量

与污染物危害性两方面的因素。为了便于分析比较,这里用叠加法把两个因素综合到一起,形成一个可把各种污染源进行比较的指标即污染负荷,采用等标污染负荷法进行污染源的评价。某种污染物的等标污染负荷定义为

$$P_{ij}=\frac{C_{ij}}{C_{0i}}Q_{ij}$$

式中:Q_{ij}为第 j 个污染源中第 i 种污染物的排放流量;C_{ij}为第 j 个污染源中第 i 种污染物的排放浓度;C_{0i}为第 i 种污染物的评价标准。

(1)这里将《地表水环境质量标准》(GB 3838—2002)中项目标准限值作为污染物的评价标准C_{0i}。

(2)第 j 个污染源中第 i 种污染物的排放总量为$G_{ij}=C_{ij}Q_{ij}$,下面求G_{ij}。

通常认为一个观测站(地区)的水质污染主要来自于本地区的排污和上游的污水。上游的污水还要经过自然净化,由题目知长江干流的主要污染物高锰酸盐指数和氨氮的降解系数通常介于 0.1～0.5,这里取 0.2 (单位:1/天)。即 t 天后,污染物剩余$G_{ij}(1-0.2)^t$。第 j 个污染源中第 i 种污染物的排放量为

$$G_{ij}=\begin{cases}E_{ij}-G_{i,j-1}(1-0.2)^{t_j}, & 2\leqslant j\leqslant n' \\ E_{ij}, & j=1\end{cases}$$

式中:$t_j=\begin{cases}\dfrac{s_{j-1}}{V_j} & 2\leqslant j\leqslant n' \\ 0, & j=1\end{cases}$,$s_j$ 为第 j 个污染源的水流量;$E_{ij}=Q_{ij}\times C'_{ij}$,即第 j 个污染源中第 i 种污染物的监测值,C'_{ij}为第 j 个污染源中第 i 种污染物的检测浓度;V_j 为第 j 个污染源的水流速;n'为污染源含有的污染物种类数。

(3)由叠加法知,含有 n'种污染物的第 j 个污染源的总等标污染负荷为

$$P_j=\sum_{i=1}^{n'}\frac{C_{ij}}{C_{0i}}Q_{ij}$$

(4)若区域内包括 m'个污染源且其都含有 n'种污染物,则该区域的总等标负荷为

$$P=\sum_{j=1}^{m'}P_j$$

区域内第 j 个污染源的等标负荷比 K_j 为

$$K_j=\frac{P_j}{P}$$

将评价区域内污染源按等标污染负荷比 K_j 排序,计算累计百分比,累计百分比大于80%的污染源为主要污染源。

题目中 7 个污染源都有两种主要污染物:高锰酸盐和氨氮,对其求解过程如下:

(1)确定污染物的评价标准,$C_{0i}=(6,1.0)$, $i=1,2$。

(2)求各月两种污染物的排放总量$G_{ij}=C_{ij}Q_{ij}$

$$G_{ij}=\begin{cases}E_{ij}-G_{i,j-1}(1-0.2)^{t_j}, & 2\leqslant j\leqslant 7 \\ E_{ij}, & j=1\end{cases}$$

其中,

$$t_j=\begin{cases}\dfrac{s_{j-1}}{V_{j-1}} & 2\leqslant j\leqslant 7\\ 0 & j=1\end{cases},E_{ij}=Q_{ij}C'_{ij}$$

以 2004 年 4 月的数据为例，部分结果如表 10－3 所示。

表 10－3　2004 年 4 月 7 个污染源两种主要污染物数据

站点	高锰酸盐/(mg · d^{-1})	氨氮/(mg · d^{-1})
四川攀枝花龙洞	8487000.00	553500.00
重庆朱沱	43927149.68	2612814.11
湖北宜昌南津关	27647396.80	4556843.81
湖南岳阳城陵矶	69608148.80	4830818.26
江西九江河西水厂	61370437.50	6001822.35
安徽安庆皖河口	29247502.30	1522698.49
江苏南京林山	16912443.80	0.00

(3)首先用矩法估计求得整个时期污染物的排放总量 G'_{ij}，再求含有两种污染物的第 j 个污染源的总等标污染负荷：

$$P_j=\sum_{i=1}^{2}\frac{C_{ij}}{C_{0i}}Q_{ij}=\sum_{i=1}^{2}\frac{G'_{ij}}{C_{0i}}$$

以 2004 年 4 月的数据为例，站点总等标污染负荷结果如表 10－4 所示。

表 10－4　2004 年 4 月 7 站点总等标污染负荷

站点序号	1	2	3	4
P_j	25730316.7	106594700.3	111021112.0	166819170.0
站点序号	5	6	7	
P_j	112076711.0	68270700.5	87797228.7	

然后，将评价区域内污染源按等标污染负荷比 K_j 排序，区域内第 j 个污染源的等标负荷比 K_j 为

$$K_j=\frac{P_j}{P}$$

其中，

$$P=\sum_{j=1}^{7}P_j$$

最后计算累计百分比如表 10－5 所示。

表 10－5　7 个站点累计百分比

点位名称	累计百分比
四川攀枝花龙洞	0.0379
安徽安庆皖河口	0.1386
江苏南京林山	0.2680
重庆朱沱	0.4252
湖北宜昌南津关	0.5888
江西九江河西水厂	0.7541
湖南岳阳城陵矶	1.0000

由表 10－5 可知长江干流主要污染物高锰酸盐和氨氮的主要污染源为湖南岳阳城陵矶。

3.长江水质的预测模型

为研究长江未来水质的总体变化情况，需要预测 10 年后长江水是否还可以饮用，即Ⅰ类、Ⅱ类、Ⅲ类水的比例总和为多少？

(1)可饮用水量变化规律的预测。

过去 10 年长江流域的总排污量分别为 174、179、183、189、207、234、220.5、256、270、285(亿 t)和总水流量分别为 9205、9513、9171.26、13127、9513、9924、8892.8、10210、9980、9405(亿 m^3)，其变化规律可以视为时间(年)t 的函数，不妨分别记为$w_1=\varphi_1(t)$和$w_2=\varphi_2(t)$。因为每年各水质类型的变化主要与总排污量和水流量有关，为此以 $\varphi_1(t)$、$\varphi_2(t)$为解释变量，可饮用水的比例总和为响应变量，利用过去的检测数据作多元线性回归，从而可以得到可饮用水的比例与 $\varphi_1(t)$和 $\varphi_2(t)$的函数关系。即考虑一般的线性多元回归模型为

$$y=a\varphi_1(t)+b\varphi_2(t)+c \tag{10－3}$$

过去 10 年可饮用水的比例观测值$(\varphi_1(t_k),\varphi_2(t_k),y_k)(k=1,2,\cdots,10)$用最小二乘法求得回归系数的估计值$(a、b、c)$，代入式(10－3)中就可以得到可饮用水的比例与排污量和水流量的关系式。事实上，根据过去 10 年中枯水期、丰水期和水文年的可饮用水比例分别可得回归系数$(a_i^{(k)},b_i^{(k)},c_i^{(k)})(i,k=1,2,3)$如表 10－6 所示。

表 10－6　回归模型的系数

水期	枯水期			丰水期			水文年		
系数	$a_i^{(1)}$	$b_i^{(1)}$	$c_i^{(1)}$	$a_i^{(2)}$	$b_i^{(2)}$	$c_i^{(2)}$	$a_i^{(3)}$	$b_i^{(3)}$	$c_i^{(3)}$
全流域	－0.1405	0.0018	89.0224	－0.1907	0.0008	113.2105	－0.1489	0.0016	96.8396
干流	－0.3123	0.0036	112.0766	－0.2428	0.0020	116.0260	－0.1846	0.0039	85.1549
支流	－0.0419	0.0005	76.4087	－0.1480	0.0001	109.1528	－0.1015	0.0002	97.4869

将其代入回归模型式(10－3)中就得到各个水期的全流域、干流和支流可饮用水的百分

比变化规律：

$$y_i^{(k)}=a_i^{(k)}\varphi_1(t)+b_i^{(k)}\varphi_2(t)+c_i^{(k)}(i,k=1,2,3) \quad (10-4)$$

利用这个模型可以对未来的水质情况（可饮用水的比例）进行预测分析。

(2)未来10年的总排污量预测。

由于过去10年长江流域的总排污量是总体增加的趋势，为此用灰色预测模型GM(1,1)对未来10年的总排污量做出预测。依次记过去10年的总排污量为基本序列，记为

$$W^{(0)}=(w^{(0)}(1),w^{(0)}(2),\cdots,w^{(0)}(10))$$

对$W^{(0)}$作AGO序列和MEAN序列，求解GM(1,1)模型可以得到未来10年的排污总量的平均值为$\overline{w}=301.3804$亿t。因主要是考虑10年后的情况，所以中间可以认为每年是均匀增长，这里平均年增长量为$\Delta w=\overline{w}-285=18.3804$亿t，则未来10年的排污量分别为$w_k=285+k\Delta w(k=1,2,\cdots,10)$，经计算可得未来10年的排污总量（单位为亿t）为

$$W=(303,322,340,359,377,395,414,432,450,469) \quad (10-5)$$

(3)未来10年的水质变化规律预测。

根据各水期的全流域、干流和支流可饮用水的百分比的变化模型式(10-4)，由未来10年的排污总量式(10-5)和相应的水流总量就可以计算出未来10年各水期的全流域、干流和支流可饮用水的百分比的变化情况。注意到水流量没有明显的变化规律，在这里用过去10年的平均水流量9894.1亿m^3来表示未来10年的平均年水流量，即$\varphi_2(t)=9894.1$。经计算得未来10年相应可饮用水的比例如表10-7所示。

表10-7 未来10年各水期可饮用水的比例预测值

	年份	2005	2006	2007	2008	2009	2010	2011	2012	2013	2014
枯水期	全流域	64.1100	61.4397	58.9100	56.2379	53.7099	51.1802	48.5099	45.9802	43.4505	40.7802
	干流	53.3414	47.4078	41.7865	35.8529	30.2316	24.6103	18.6767	13.0553	7.4340	1.5004
	支流	69.0851	68.2897	67.5362	66.7409	65.9874	65.2339	64.4385	63.6850	62.9315	62.1362
丰水期	全流域	63.5670	59.9443	56.5123	52.8897	49.4577	46.0257	42.4030	38.9710	35.5390	31.9164
	干流	62.3132	57.6991	53.3279	48.7139	44.3427	39.9715	35.3574	30.9862	26.6150	22.0010
	支流	65.0405	62.2289	59.5652	56.7535	54.0899	51.4262	48.6145	45.9509	43.2872	40.4755
水文年	全流域	67.3625	64.5330	61.8525	59.0230	56.3425	53.6619	50.8325	48.1519	45.4714	42.6419
	干流	68.2090	64.7008	61.3774	57.8693	54.5458	51.2224	47.7142	44.3908	41.0673	37.5592
	支流	68.6906	66.7622	64.9354	63.0069	61.1800	59.3531	57.4247	55.5978	53.7709	51.8425

由此结果可见，按目前的污染状况，如果不采取有效的综合治理措施，10年后到枯水期时长江干流可饮用水的比例也只剩下1.5%了，即有98.5%的江段水都成了Ⅳ类或Ⅴ类，甚至劣Ⅴ类水和不可饮用水了，水中也不会再有生物存在。正像专家所说："长江生态10年内将濒临崩溃。"就是在丰水期，也有78%的江段都变成了非饮用水，污染的状况十分严重。

4.长江水质的控制模型

针对问题(4)，如果要求未来长江干流Ⅳ类、Ⅴ类和劣Ⅴ类水的比例总和不超20%，即可

饮用水比例不小于 80%，就要求式(10-3)中的 $y\geqslant 80$，则 $a\varphi_1(t)+b\varphi_2(t)+c\geqslant 80$。同时要求没有劣Ⅴ类水，用类似模型(10-3)的方法，可得到长江干流Ⅳ类和Ⅴ类水的比例总和与总排污量 $\varphi_1(t)$ 和水流量 $\varphi_2(t)$ 的关系 $y'=a'\varphi_1(t)+b'\varphi_2(t)+c'$，根据题目要求则应有 $y'\leqslant 20$，且劣Ⅴ类水的比例 $100-y-y'=0$。于是未来 10 年允许的排污量 $\varphi_1(t)$ 应满足

$$\begin{cases} a\varphi_1(t)+b\varphi_2(t)+c\geqslant 80 \\ a'\varphi_1(t)+b'\varphi_2(t)+c'\leqslant 20 \\ 100-(a+a')\varphi_1(t)-(b+b')\varphi_2(t)-c+c'=0 \end{cases}$$

取水流量 $\varphi_2(t)$ 为平均值 9894.1，分别计算枯水期和丰水期允许的平均年排污量为 217 亿 t和 230 亿 t。再根据未来 10 年的正常排污量预测值，得出未来 10 年内每年需要处理的污水数量如表 10-8 所示。

表 10-8　未来 10 年需要处理污水量的预测值　　单位：亿 t

年份	2005	2006	2007	2008	2009	2010	2011	2012	2013	2014
排污量预测值	303	322	340	359	377	395	414	432	450	469
枯水期处理量	86	105	123	142	160	178	197	215	233	252
丰水期处理量	73	92	110	129	147	165	184	202	220	239
年处理区间值	[73,86]	[92,105]	[110,123]	[129,142]	[147,160]	[165,178]	[184,197]	[202,215]	[220,233]	[239,252]

由结果可知，因为年排污量在逐年增加，要保持一定的水质指标就必须要增加污水的处理量，具体数值的多少主要取决于年水流量的大小。水流量相对较大时，有利于水质的改善，污水处理量可以减少，也能保证水质的要求；水流量相对较小时，会加重水质污染程度，故要增加污水处理量。为此，给出一个污水处理允许的区间值，通常情况下，根据水流量的大小在相应的区间内确定污水处理量。

10.2　高压油管的压力控制

2019 **高教社杯中国大学生数学建模竞赛题目** A **题**

燃油进入和喷出高压油管是许多燃油发动机工作的基础，图 10-1 给出了某高压燃油系统的工作原理，燃油经过高压油泵从 A 处进入高压油管，再由喷口 B 喷出。燃油进入和喷出的间歇性工作过程会导致高压油管内压力的变化，使得所喷出的燃油量出现偏差，从而影响发动机的工作效率。

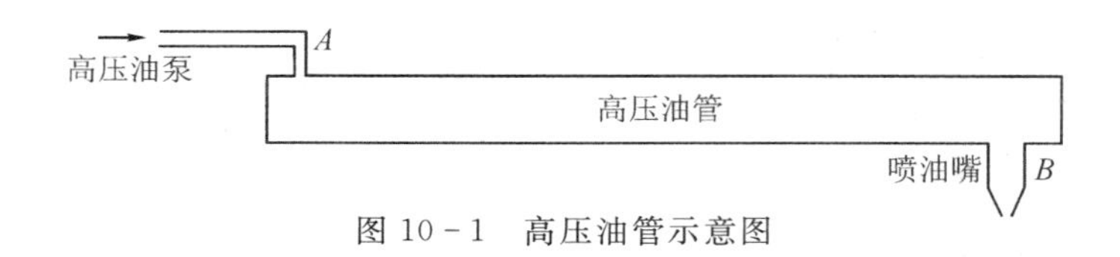

图 10-1　高压油管示意图

问题 1　某型号高压油管的内腔长度为 500 mm，内直径为 10 mm，供油入口 A 处小孔的直径为 1.4 mm，通过单向阀开关控制供油时间的长短，单向阀每打开一次后就要关闭 10 ms。喷油器每秒工作 10 次，每次工作时喷油时间为 2.4 ms，喷油器工作时从喷油嘴 B 处向外喷油的速率如图 10-2 所示。高压油泵在入口 A 处提供的压力恒为 160 MPa，高压油管内的初始压力为 100 MPa。如果要将高压油管内的压力尽可能稳定在 100 MPa 左右，如何设置单向阀每次开启的时长？如果要将高压油管内的压力从 100 MPa 增加到 150 MPa，且分别经过约 2 s、5 s 和 10 s 的调整过程后稳定在 150 MPa，单向阀开启的时长应如何调整？

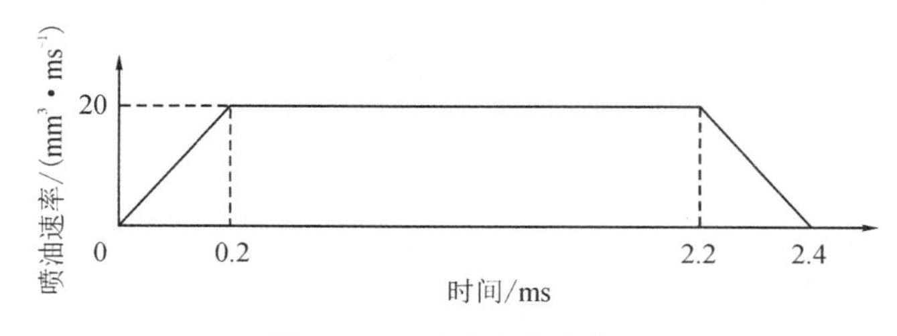

图 10-2　喷油速率示意图

问题 2　在实际工作过程中，高压油管 A 处的燃油来自高压油泵的柱塞腔出口，喷油由喷油嘴的针阀控制。高压油泵柱塞的压油过程如图 10-3 所示，凸轮驱动柱塞上下运动，凸轮边缘曲线与角度的关系见附件 1。柱塞向上运动时压缩柱塞腔内的燃油，当柱塞腔内的压力大于高压油管内的压力时，柱塞腔与高压油管连接的单向阀开启，燃油进入高压油管内。柱塞腔内直径为 5 mm，柱塞运动到上止点位置时，柱塞腔残余容积为 20 mm^3。柱塞运动到下止点时，低压燃油会充满柱塞腔（包括残余容积），低压燃油的压力为 0.5 MPa。喷油器喷嘴结构如图 10-4 所示，针阀直径为 2.5 mm，密封座是半角为 9°的圆锥，最下端喷孔的直径为 1.4 mm。针阀升程为 0 时，针阀关闭；针阀升程大于 0 时，针阀开启，燃油向喷孔流动，通过喷孔喷出。在一个喷油周期内针阀升程与时间的关系由附件 2 给出。在问题 1 中给出的喷油器工作次数、高压油管尺寸和初始压力下，确定凸轮的角速度，使得高压油管内的压力尽量稳定在 100 MPa 左右。

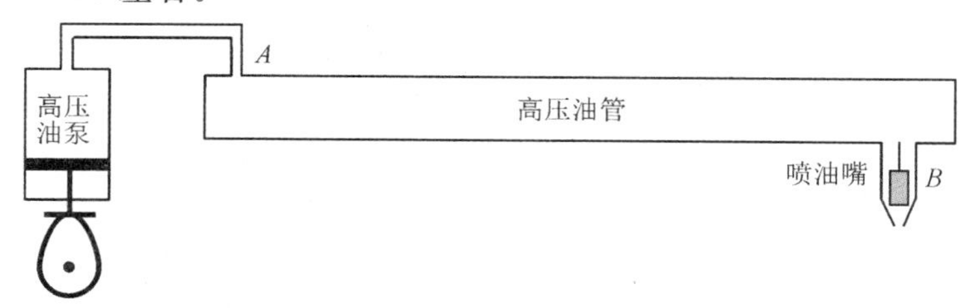

图 10-3　高压油管实际工作过程示意图

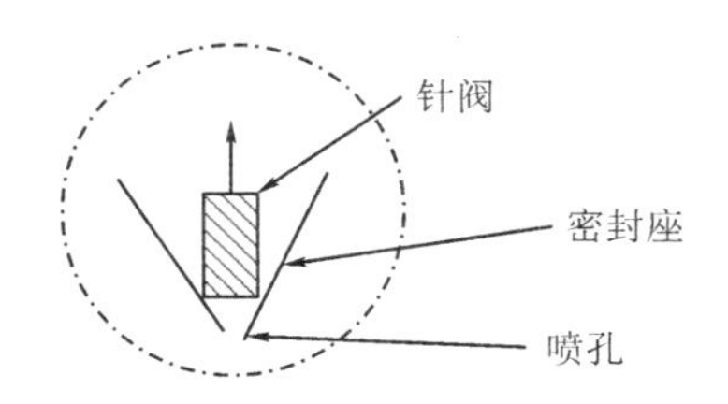

图 10－4　喷油器喷嘴放大后的示意图

问题 3　在问题 2 的基础上，再增加一个喷油嘴，每个喷嘴喷油规律相同，喷油和供油策略应如何调整？为了更有效地控制高压油管的压力，现计划在 D 处安装一个单向减压阀（见图 10－5）。单向减压阀出口是直径为 1.4 mm 的圆，打开后高压油管内的燃油可以在压力下回流到外部低压油路中，从而使得高压油管内燃油的压力减小。请给出高压油泵和减压阀的控制方案。

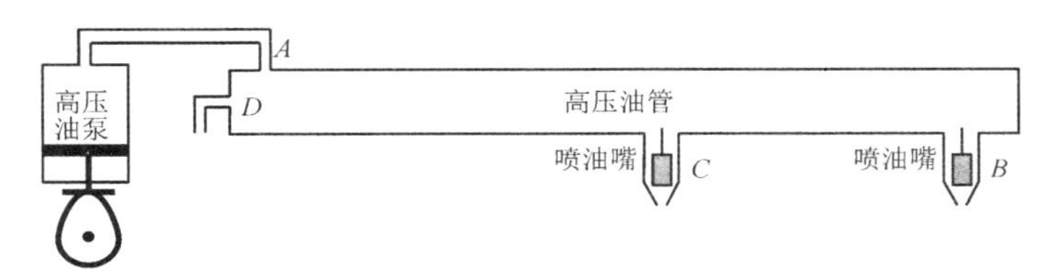

图 10－5　具有减压阀和两个喷油嘴的高压油管示意图

注 1　燃油的压力变化量与密度变化量成正比，比例系数为 $\frac{E}{\rho}$，其中 ρ 为燃油的密度，当压力为 100 MPa 时，燃油的密度为 0.850 $\mathrm{mg/mm^3}$。E 为弹性模量，其与压力的关系见附件 3。

注 2　进出高压油管的流量为 $Q=CA\sqrt{\frac{2\Delta P}{\rho}}$，其中 Q 为单位时间流过小孔的燃油量（$\mathrm{mm^3/ms}$），$C=0.85$ 为流量系数，A 为小孔的面积（$\mathrm{mm^2}$），ΔP 为小孔两边的压力差（MPa），ρ 为高压侧燃油的密度（$\mathrm{mg/mm^3}$）。

注 3　附件 1～3 见全国大学生数学建模竞赛网站赛题与评奖栏目（http://www.mcm.edu.cn/html_cn/node/b0ae8510b9ec0cc0deb2266d2de19ecb.html）。

10.2.1　背景及问题分析

发动机是汽车最重要的零件之一，犹如人的心脏，而电控柴油高压共轨系统则相当于柴油发动机的“心脏”和“大脑”，其品质的好坏，严重影响发动机的使用。柴油机产业是推动一个国家经济增长、社会运行的重要装备基础。中国是全球柴油发动机的主要市场和生产国家，仅 2017 年，国内 22 家柴油机企业销售汽车用柴油机 357.52 万台，这些柴油机被广泛运用在工程车、农机和运输车辆上。而在国内的电控柴油机高压共轨系统市场，德国、美国和日本等企业占据了绝大部分份额。目前，世界上主要的高压共轨系统供应商是德国博世公司、德国大陆公司、美国德尔福公司、日本电装公司等。在我国，制造高压共轨系统的国外企业占据了绝大部分份额，他们的优势是近乎垄断性的。共轨管内压力的精确控制是共轨系统优于传统供油系统的重要因素，是高压共轨柴油机电控系统开发的重要环节和关键技术。多次喷射是改善柴油机燃油经济性和排放特性的有效手段，但多次喷射时相邻两次喷射的时间间隔很短，前一次喷射引起的高压油管内燃油压力波动会导致后一次喷射的油量出现偏差，不利于柴油机性能的改善。如何保持油压稳定对高压共轨多次喷射至关重要。

本题希望通过调整电磁阀频率实现轨内压力的相对稳定和提升，因此应给出稳压策略和升压策略，即对“高压油泵-高压油管-喷油嘴”系统建立燃油传递的数学模型，并对其结构进行合理的简化和假设，从而计算出高压油管内部的参数随时间变化的规律。

问题 1　要建立“高压油泵-高压油管-喷油嘴”系统燃油传递的数学模型。单向阀开启时长不同，喷油嘴的喷油规律固定，因此高压油管内部的燃油压力会发生变化。可以通过建立离散数学模型输出高压油管内部的压力。首先应确定计算的时间步长，不妨取时间步长为 0.01 ms，在这极其微小的时间段里燃油的参数可视为不变，把一段时间内压力的变化看作多个时间步长内压力变化的累加。单位时间步长内，由于高压油管内部的燃油有进有出，导致内部的燃油总量发生变化，因此其压力会发生改变，压力的变化量可以通过注 1 中的计算式得到，弹性模量与压力的关系可以通过附件 3 得出。应明确“稳定”的数学判定方法（稳定状态下也是存在压力波动的）和升压策略等。

问题 2　由于高压油泵的进油方式和喷油嘴的出油方式都发生了变化，高压油管内的进油量和出油量也发生了变化。首先考虑高压油管的进油：单位时间步长内，由于凸轮具有一定的角速度，使高压油泵内的柱塞行程发生变化，致使高压油泵腔体积发生改变，导致其中的压力变化。若油泵内压力大于高压油管内压力，则向高压油管供油，供油量可由注 1 和注 2 的计算式得出，之后高压油泵内部和高压油管内部的压力均发生变化；当柱塞运动到下行程最低点时，补充新的低压燃油。接着考虑高压油管的出油：针阀向上移动，针阀与圆锥的横截面形成的圆环面积发生变化，当圆环面积小于针孔面积时，以圆环面积为出口截面面积；当圆环面积大于针孔面积时，则以针孔面积为出口截面面积。高压油管内部的进油和出油会导致燃油总量的变化，从而使其压力改变。通过计算单位时间步长的高压油管压力改变量，再进行累加，可以得到固定时间段内的高压油管压力。改变凸轮的角速度，高压油管压力会随着时间变化。输出具体时间段内所有高压油管压力值并进行稳定性判定，从而确定符合稳定要求的凸轮角速度。

问题 3　两个喷油嘴的喷油时间间隔不确定，可以自行设定，一般取等间隔结果较好，从而利用问题 2 的求解方法确定相应的喷油、供油策略。加入减压阀后，应给出减压阀开启原则，减压阀开启，高压油管内的压力随之改变，仍可以通过离散数学模型输出高压油管内部压力。此外，还应对模型进行检验，考察重要参数对结果的影响。

10.2.2　模型假设

（1）假设在喷射过程中，燃油的温度保持不变。

（2）假设喷油嘴的位置对于高压油管的工作没有影响。

（3）忽略燃油在高压油管内流动的沿程压力损失和漏油状况。

10.2.3 模型的建立与求解

1.单向阀开启时长确定

在问题 1 中,已经给定了喷油量,要求确定入口处单向阀的开启时间长度。从燃油的压力变化量与密度变化量的关系得到:

$$\frac{\mathrm{d}P}{\mathrm{d}t}=\frac{E}{\rho}\mathrm{d}\rho$$

离散化得到:

$$P_{k+1}=P_k+\frac{E(P_k)}{\rho_k}(\rho_{k+1}-\rho_k)$$

反复递推后得到:

$$P_k=P_0+\sum_{j=0}^{k-1}\frac{E(P_j)}{\rho_j}(\rho_{j+1}-\rho_j)=P_0+\sum_{j=0}^{k-1}\frac{E(P_j)}{\rho_j V}(m_{j+1}-m_j)$$

其中,$m_{j+1}-m_j=R_j-Q_j$ 是在 j 时段进入和喷出高压油管的燃油量之差。如果要在初始压力 100 MPa 时维持压力稳定在 100 MPa,可以取 $P_0=100$,目标函数可以取为 $\min\limits_{1\leqslant k\leqslant n}|P_k-100|$ 或者 $\min\{\max\limits_{1\leqslant k\leqslant n}\{P_k-100\},\max\limits_{1\leqslant k\leqslant n}\{100-P_k\}\}$,其中 P_k 是第 k 时段高压油管内的压力,n 是总的计算步数。目标函数也可以取为

$$\min\sum_{k=1}^{n}|P_k-100|=\min\sum_{k=1}^{n}\left|\sum_{j=0}^{k-1}\frac{E(P_j)}{\rho_j V}(R_j(T_{\text{period}})-Q_j(T_{\text{start}}))\right| \tag{10-6}$$

式中:$V=12237$ 是高压油管的体积;ρ_j 是 j 时段的燃油密度;$E(P_j)$是 j 时段的压力所对应的燃油的弹性模量;T_{period}为单向阀一次开启的时间长度;T_{start}是每一个喷油周期内开始喷油的时刻;$R_j(T_{\text{period}})$是在 j 时段进入高压油管的燃油量,它与单向阀是否开启和入口 A 处的压力差有关;$Q_j(T_{\text{start}})$是在第 j 时段从高压油管喷出的燃油量,它与该时段处于一个喷油周期的具体位置有关。

$$R_j(T_{\text{period}})=\begin{cases}0.85\times\pi\times0.7^2\sqrt{2(160-P_j)\times0.8711}\,h, & \text{单向阀开启时}\\ 0, & \text{单向阀未开启时}\end{cases}$$

$$Q_j(T_{\text{start}})=\begin{cases}0, & \mathrm{Mod}(t,100)-T_{\text{start}}<0\\ 100(\mathrm{Mod}(t,100)-T_{\text{start}})\rho_j h, & 0\leqslant\mathrm{Mod}(t,100)-T_{\text{start}}<0.2\\ 20\rho_j h, & 0.2\leqslant\mathrm{Mod}(t,100)-T_{\text{start}}<2.2\\ (240-100(\mathrm{Mod}(t,100)-T_{\text{start}}))\rho_j h, & 2.2\leqslant\mathrm{Mod}(t,100)-T_{\text{start}}<2.4\\ 0, & 2.4\leqslant\mathrm{Mod}(t,100)-T_{\text{start}}\end{cases}$$

式中:h 是计算过程中的步长,需要选取 T_{period}和 T_{start}的值,使得式(10-6)中的目标函数达到最小。

先通过计算和拟合得到在后续优化过程中需要用到的弹性模量、密度、压力之间的函数关系。对附件中弹性模量与压力的数据进行拟合得到弹性模量与压力的关系为

$$E=E(P)=0.0001P^3-0.001P^2+5.474P+1531.8684$$

由压力变化量与密度变化量的关系得到 $\mathrm{d}\rho=\frac{\rho}{E}\mathrm{d}P$,再对这个方程离散化得到 $\rho_{k+1}=$

$\rho_k+\dfrac{\rho_k}{E(P_k)}(P_{k+1}-P_k)$。利用附件中弹性模量与压力的关系，以步长 0.5 进行计算可以得到密度与压力的对应关系。但这个对应关系只在压力步长为 0.5 的点列上给出，而后续计算中需要任意压力下的燃油密度，这可以通过数据拟合得到：

$$\rho=F(P)=-6.5373\times10^{-7}P^2+0.0005222P+0.80432$$

再取步长为 0.01，对压力变化量与密度变化量关系 $\mathrm{d}P=\dfrac{E}{\rho}\mathrm{d}\rho$ 的离散形式 $P_{k+1}=P_k+\dfrac{E(P_k)}{\rho_k}(\rho_{k+1}-\rho_k)$ 进行计算，得到压力随着密度变化的对应关系，然后对这个关系进行数据拟合得到

$$P=G(\rho)=1.3316\times10^5\rho^3-3.2602\times10^5\rho^2+2.6814\times10^5\rho-74048\times10^5$$

目标函数(10－6)中有两个变量，根据压力变化幅度最小确定其值。为了较快地给出计算结果，我们先根据质量平衡确定初始值，且分两次进行计算。

按照题目中给出的喷油速率，高压油管一次喷油量为 44 mm^3，喷油速率为 4.4 mm^3/s，按照 100 MPa 的压力，44 mm^3 为 37.4 mg，每分钟内喷油量为 2244 mg。根据燃油流量计算公式得到，当入口压力为 160 MPa，高压油管压力为 100 MPa 时，1 ms 内进入高压油管的燃油为

$$Q=0.85\times0.7^2\pi\sqrt{\frac{2\times60}{0.87112}}\times0.87112=13.3781\ \mathrm{mg}$$

令 1 min 内进入和喷出高压油管的燃油相等，得到单向阀开启的时间为 0.2876 ms，每 1s 大约喷油 99.7 次，每 1s 喷出燃油大约 37.4 mg。

如果不考虑一个周期内喷油开始时刻的影响，我们取 $T_{\mathrm{start}}=0$，然后从 $T_{\mathrm{period}}=0.288$ 开始按照步长 0.001 进行搜索，编程计算后得到当 $T_{\mathrm{period}}=0.285$ 时 $\min\left\{\max\limits_{1\leqslant k\leqslant n}\{P_k-100\},\max\limits_{1\leqslant k\leqslant n}\{100-P_k\}\right\}$ 最小。整理计算得到的开启时长 0.285 比前面估计的 0.288 小一些，其原因是此时高压油管的压力绝大部分时间都在 100 MPa 之下，压力差大于 60 MPa，在单位时间进入的燃油稍微多一些，所以单向阀开启时长就要稍微短一些。当 $T_{\mathrm{period}}=0.285$ ms，$T_{\mathrm{start}}=0$ 时，高压油管内压力随时间变化的关系如图 10－6 所示。

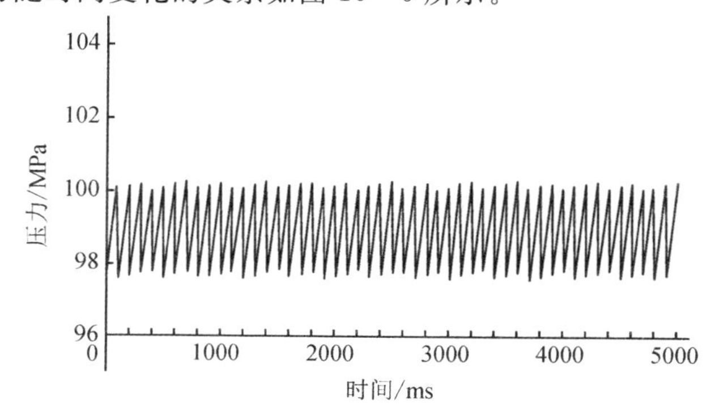

图 10－6　当 $T_{\mathrm{period}}=0.285$ ms，$T_{\mathrm{start}}=0$ 时，压力-时间关系

从图 10 - 6 可以看出，一开始喷油后压力迅速下降，单向阀反复开启供油后压力上升，压力基本上在 100 MPa 之下，随着喷油和供油过程振荡。在 5 s 内，压力的最大值为 100.262 MPa，最小值为 97.647 MPa，压力变化的幅度为 2.615 MPa。

接下来我们对供油时长 T_{period} 和喷油开始时刻 T_{start} 两个变量进行优化，初始值分别取 0.288 ms 和 50 ms，经过计算后得到 $T_{period}=0.287$ ms 和 $T_{start}=55.6$ ms。高压油管内压力随时间变化的关系如图 10 - 7 所示。

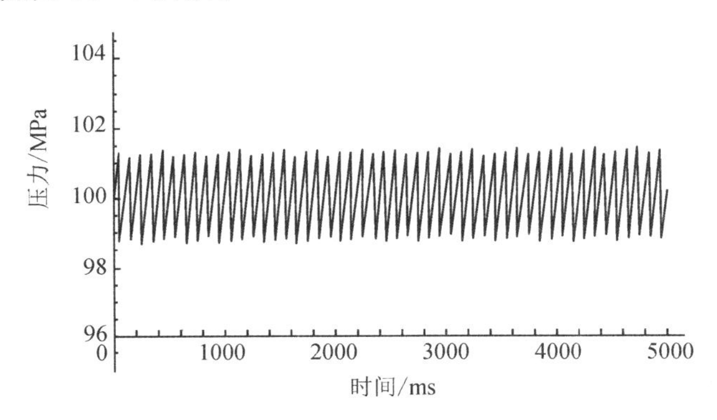

图 10 - 7　当 $T_{period}=0.287$ ms，$T_{start}=55.6$ ms 时，压力-时间关系

从图 10 - 7 看出，在 0～55.6 ms 内单向阀反复开启供油，高压油管内的压力逐渐上升，从 55.6 ms 时喷油嘴开始喷油，高压油管内的压力迅速下降，压力在 100 MPa 左右振荡。在 5 s 内，压力的最大值为 101.376 MPa，最小值为 98.711 MPa，压力变化的幅度为2.67 MPa，高压油管内压力高于或低于 100 MPa 的偏离量仅有 1.37 MPa，这明显优于上面图10 - 6给出的结果。

当我们取 $T_{period}=0.287$ ms 和 $T_{start}=0$ 时，利用模型计算的结果表明，刚开始时高压油管内的压力迅速下降，但随着时间的增加，高压油管内的压力缓慢上升，最后围绕 100 MPa 振荡。在 20 s 时间内，高压油管内压力随着时间变化的情况如图 10 - 8 所示。从图 10 - 8 可以看出，刚开始的一段时间内，高压油管内的压力低于 100 MPa 较多，高压油管内的压力的最大值为 102.29 MPa，最小值为 97.68 MPa，压力变化的区间长度为 4.61 MPa，这样选取单向阀开启时长和一个周期的喷油开始时刻的效果如图 10 - 7 所示。

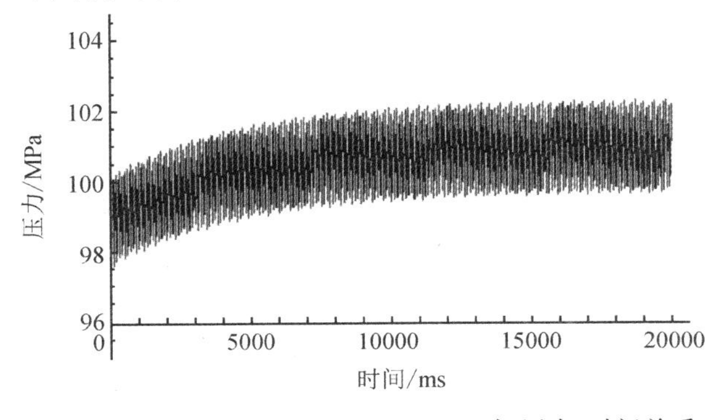

图 10 - 8　$T_{period}=0.287$ ms，$T_{start}=0$ 时，压力-时间关系

如果要将高压油管内的压力稳定在 150 MPa,与前面同样的方法得到稳定后单向阀开启的时长为 0.752 ms。如果要将高压油管内的压力在 5 s 内从 100 MPa 调整到 150 MPa,直接取 0.752 ms 作为单向阀一次开启的时间长度即可。压力随着时间变化的关系如图 10－9所示。

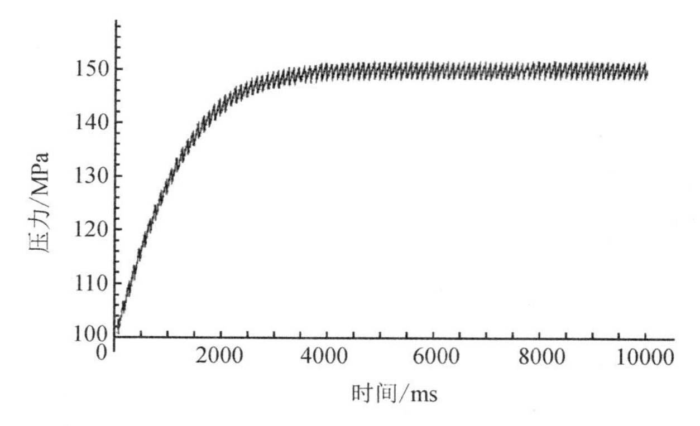

图 10－9　压力从 100 MPa 到 150 MPa, $T_{\text{period}}=0.752$ ms 时,压力-时间关系

如果要在 2 s 内将压力从 100 MPa 调整到 150 MPa,然后达到稳定,就需要变化单向阀开启的策略,开始一段时间内,单向阀开启的时长要小一些,然后下降到 0.752 ms。例如,在开始时取单向阀一次开启的时长为 1 ms,在 1.5 s 后取单向阀开启的时长为 0.752 ms,则高压油管内压力随着时间变化的曲线如图 10－10 所示。

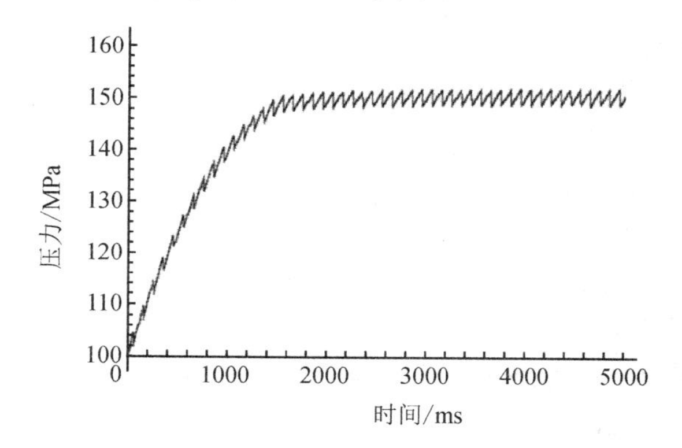

图 10－10　单向阀开启时长取 1 ms,1.5 s 后取 0.752 ms 时,压力随时间的变化曲线

如果要在 10 s 内将压力从 100 MPa 调整到 150 MPa,然后达到稳定,就需要单向阀开启时长在开始一段时间内短一些,然后慢慢上升到 0.752 ms。例如在开始时取单向阀一次开启的时长为 0.5 ms,接下来慢慢增加单向阀开启的时长,在 9 s 后取为 0.752 ms,高压油管内压力随着时间变化的曲线如图 10－11 所示。

在图 10－11 的计算中,我们通过多次调整单向阀开启时长使高压油管内压力上升过程比较平滑。如果我们仅调整一次单向阀的开启时长,高压油管内压力的变化就会显示出不光滑的情况。如在开始时取单向阀一次开启的时长为 0.5 ms,在 8 s 后取单向阀开启的时长为 0.752 ms,则高压油管内压力随着时间变化的曲线如图 10－12 所示。

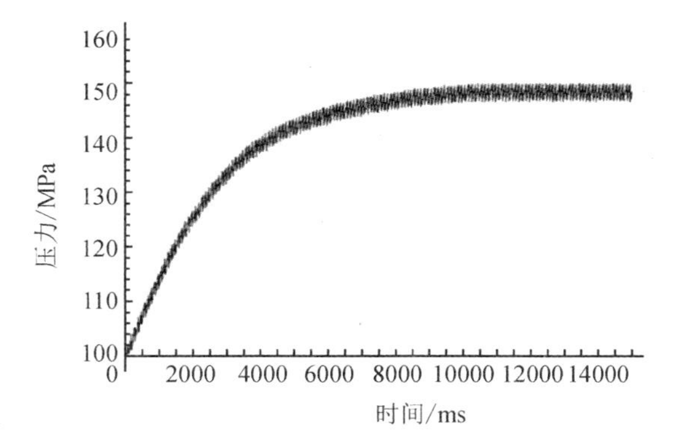

图 10-11　单向阀开启时长取 0.5 ms，9 s 后取 0.752 ms 时，压力随时间的变化曲线

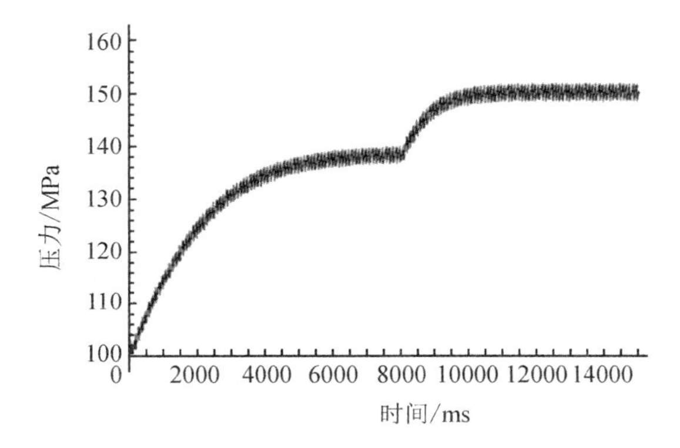

图 10-12　单向阀开启时长取 0.5 ms，8 s 后取 0.752 ms 时，压力随时间的变化曲线

从图 10-12 可以看出，这个压力升高的过程出现了不光滑的现象，我们可以通过多次调整或者连续调整，使得压力升高的过程比较光滑。

2.凸轮的转速

对附件中的数据拟合得到，凸轮极径与角度的关系满足 $R=2.413(2+\cos\theta)$。考虑凸轮旋转过程中活塞上升的情况，应当注意凸轮的极径大小与活塞上升的高度不一致，需要另外计算。当凸轮的极角为 θ 时，凸轮上对应点的直角坐标分别为 $x=2.413(2+\cos\theta)\cos\theta$，$y=2.413(2+\cos\theta)\sin\theta$，当凸轮转过一个角度 φ 时，凸轮上点的坐标分别为

$$\begin{cases}x_1=2.413(2+\cos\theta)\cos\theta\cos\varphi-2.413(2+\cos\theta)\sin\theta\sin\varphi,\\ y_1=2.413(2+\cos\theta)\cos\theta\sin\varphi+2.413(2+\cos\theta)\sin\theta\cos\varphi,\end{cases}\quad 0\leqslant\theta\leqslant 2\pi$$

我们将横坐标的最大值作为凸轮柱塞腔中活塞的位置，则当 $\varphi=0,\theta=0$ 时，活塞最高，当 $\varphi=\pi,\theta=0$时活塞的高度最低。对给定的角度 φ，计算横坐标的最大值得到凸轮柱塞腔中活塞上升的高度如图 10-13 所示。其中，下面的实线是凸轮极径的大小，上面的虚线是活塞的高度，两者之间有一些差距。

首先考虑凸轮柱塞腔里压力的变化过程。当活塞运动到最低点时，凸轮柱塞腔及残余容积中充满了压力为 0.5 MPa 的燃油，利用密度与压力的关系可以得到此时凸轮柱塞腔内燃油的密度和质量。设第 j 时段凸轮柱塞腔中的压力、密度、体积分别为 $P_{\mathrm{cam}j}$、$\rho_{\mathrm{cam}j}$ 和

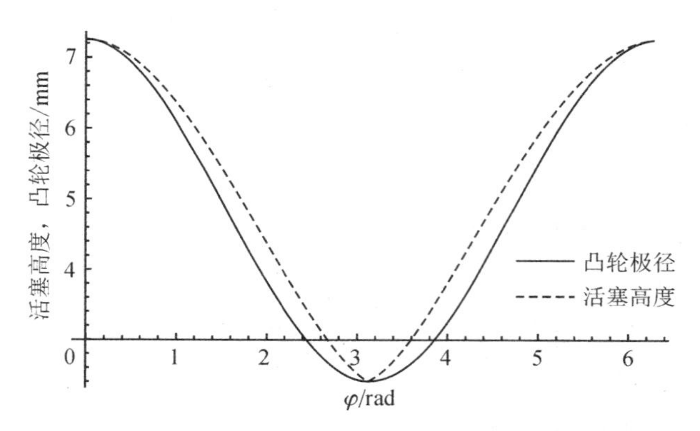

图 10-13　凸轮极径与活塞高度

V_{camj}，则第 $j+1$ 时段凸轮柱塞腔内的压力为

$$P_{camj+1}=G(\rho_{camj+1})=G\left(\frac{m_{camj}-\Delta m_{camj}}{V_{camj+1}}\right)$$

式中：Δm_{camj} 是第 j 时段到第 $j+1$ 时段内从凸轮柱塞腔进入高压油管的燃油量

$$\Delta m_{camj}=0.85\times\pi\times0.7^2\times\sqrt{2\max\{0,P_{camj}-P_{tubj}\}\times\rho_{camj}}\times h$$

V_{camj} 是 j 时段凸轮柱塞腔的体积，它可以根据凸轮转动的角度和活塞的高度计算。

与问题 1 中类似的方法，可以得到高压油管内压力稳定的目标函数为

$$\min\sum_{k=1}^{n}|P_k-100|=\min\sum_{k=1}^{n}\left|\sum_{j=0}^{k-1}\frac{E(P_j)}{\rho_j V}(R_j(\omega)-Q_j(\omega))\right| \tag{10-7}$$

式中：ω 是凸轮转动的角速度，可以通过调整 ω 的大小使得式(10-7)中的目标函数最小。虽然式(10-7)中的目标函数的形式与式(10-6)相同，但 $R_j(\omega)$ 和 $Q_j(\omega)$ 的计算要比式(10-6)中的复杂得多。进入高压油管的燃油量计算公式如下

$$R_j(\omega)=\begin{cases}0.85\times\pi\times0.7^2\sqrt{2(P_{camj}-P_{tubj})\times\rho_{camj}}\,h, & P_{camj}>P_{tubj}\\0, & P_{camj}\leqslant P_{tubj}\end{cases}$$

式中：P_{camj} 和 P_{tubj} 分别是第 j 段凸轮和高压油管的压力；ρ_{camj} 是第 j 段凸轮柱塞腔内燃油的密度，$\rho_{camj}=\dfrac{m_{camj}}{20+2.5^2\pi u(\omega t_j)}$，$m_{camj}$ 是第 j 时段凸轮柱塞腔内燃油的质量，$m_{camj+1}=m_{camj}-R_j(\omega)$。

从高压油管喷出燃油的计算公式如下

$$Q_j(\omega)=0.85\times A_j\sqrt{2P_{tubj}\times\rho_{tubj}}\,h$$

式中：A_j 是第 j 时段的喷油面积；ρ_{tubj} 是第 j 时段高压油管内的燃油密度。A_j 与第 j 时段内针阀上升的高度有关，A_j 是喷嘴面积和针阀与密封圆锥座之间空隙面积的最小值。这个空隙的面积可以取作针阀最下端所在平面与圆锥面形成的圆环的面积，也可以取作以针阀下底面为上底面的圆台的面积(见图 10-14)，本文采用圆环的面积计算该空隙的面积。

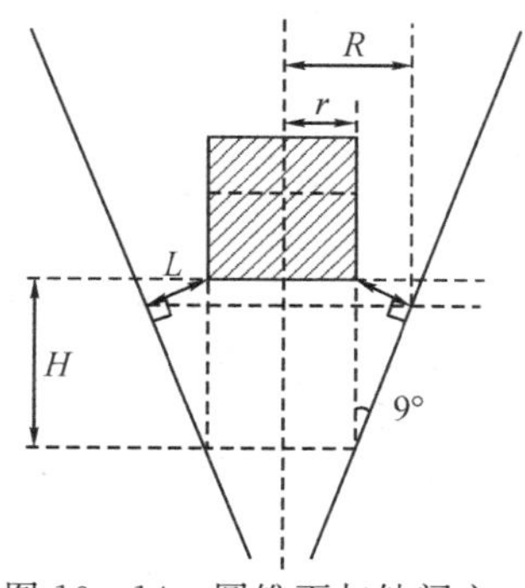

图 10-14　圆锥面与针阀之间的空隙面积

利用附件中给出的针阀升程数据画出在一个喷油周期内针阀

上升高度 $H(t)$的曲线如图 10－15 所示。图 10－15 仅给出了 $H(t)$的非零值对应的曲线，当 $2.45 \leqslant t \leqslant 100$ 时，$H(t)=0$。

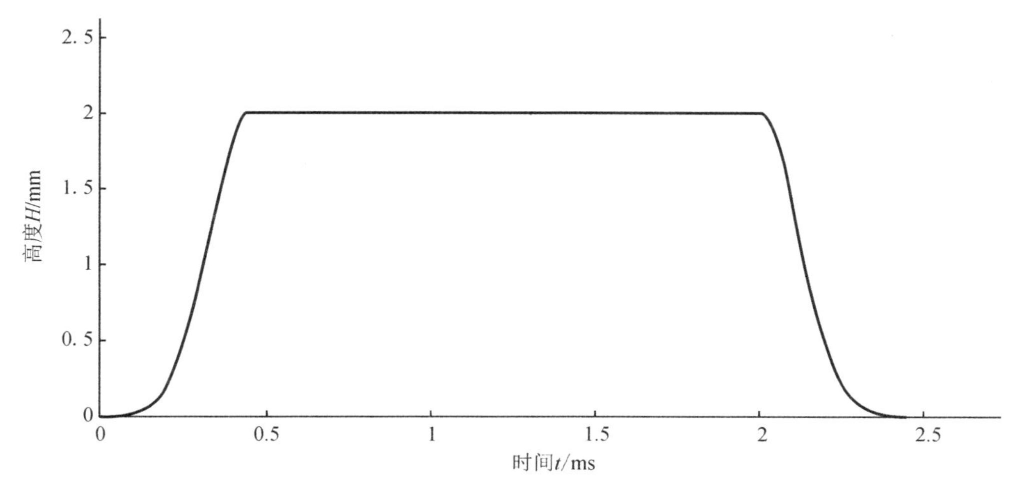

图 10－15　一个喷油周期内针阀升程与时间的关系

根据几何关系得到在一个喷油周期内面积 A_j 的计算公式如下

$$A_j=\begin{cases}\pi\left(1.25+H(t_j)\tan \pi/20\right)^2-1.25^2\pi, & t_j<0.33 \\ 0.7^2\pi, & 0.33<t_j<\sqrt{6}-0.33 \\ \pi\left(1.25+H(\sqrt{6}-t_j)\tan \pi/20\right)^2-1.25^2\pi, & \sqrt{6}-0.33t_j<\sqrt{6} \\ 0, & \sqrt{6}<t_j<100\end{cases}$$

为了对式(10－7)中的函数关于角速度进行优化，我们先根据进入和流出高压油管燃油量相等的关系估计角速度的初始值。假设高压油管内的压力为 100 MPa 时，计算得到当凸轮旋转一周的时间为 200 ms 时，压入高压油管的燃油量约为 75.33 mg。200 ms 内柱塞腔燃油量和压力如图 10－16 和图 10－17 所示，200 ms 内从凸轮柱塞腔进入高压油管内燃油

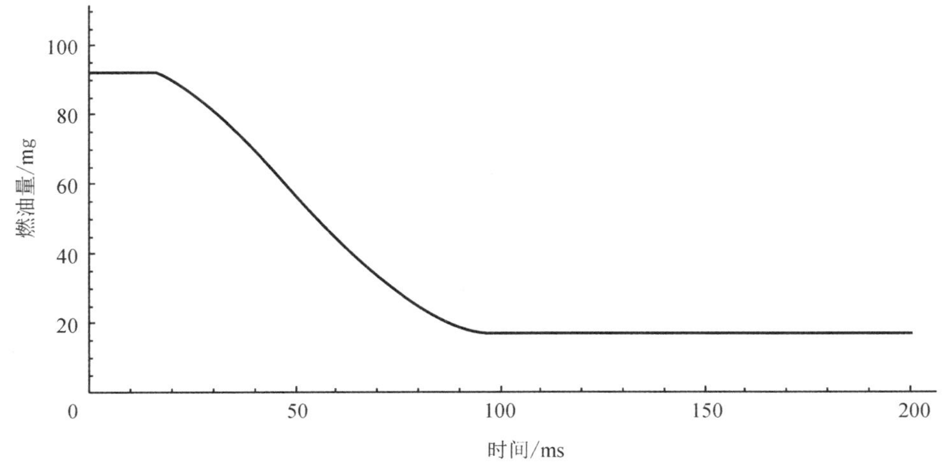

图 10－16　凸轮柱塞腔内燃油量随着时间变化的曲线

的速率如图 10－18 所示。

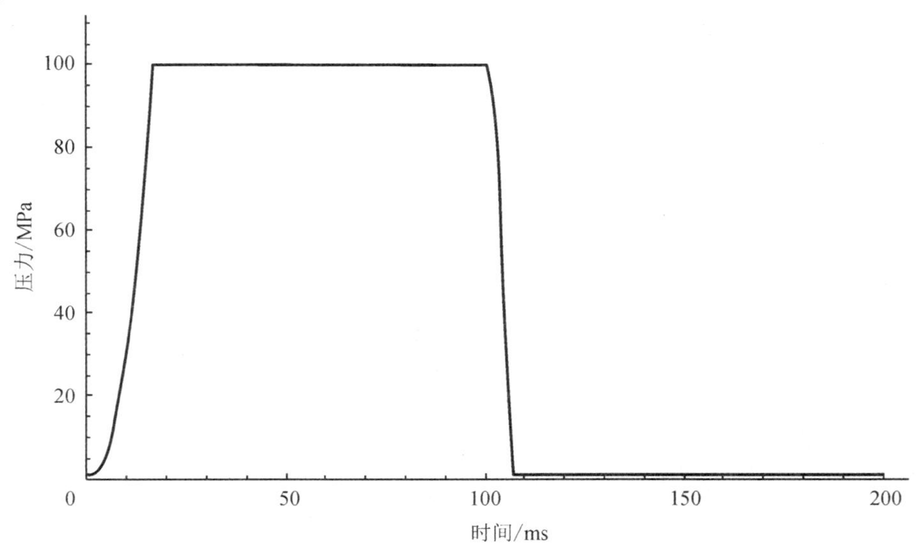

图 10－17　凸轮柱塞腔内压力随着时间变化的曲线

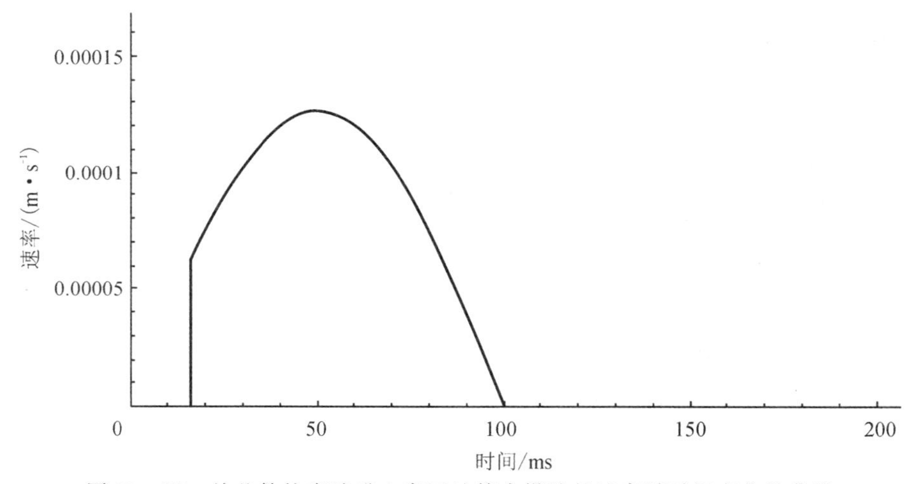

图 10－18　从凸轮柱塞腔进入高压油管内燃油的速率随时间变化的曲线

当凸轮旋转一周的时间分别为 50 ms、100 ms、300 ms 和 400 ms 时，凸轮柱塞腔内的燃油量、压力、从柱塞腔进入高压油管的燃油速率有些变化，但凸轮旋转一圈压入高压油管的燃油量都是 75.33 mg。

再假设高压油管内的压力都是 100 MPa，计算喷油嘴在一个喷油周期内喷出的燃油量。针阀上升时喷口的面积在变化，在 0～0.33 ms，2.12～2.45 ms 内，喷口面积为针阀与密封座之间的环形面积；在 0.34～2.11 ms 内，喷口面积为最下端喷孔的面积。在一个喷油周期内，高压油管喷出的燃油量约为 32.9 mg，而凸轮旋转一周时压入的燃油量约为 75.33 mg，所以凸轮旋转一周的时间约等于 2.286 个喷油周期的时长，由此确定凸轮旋转一圈的时间约为 228.6 ms。假设喷油嘴在每个周期内从零时刻开始喷油，且开始时活塞在最低位置，凸轮柱塞腔内充满压力为 0.5 MPa 的燃油，将凸轮旋转一圈的时间 228.6 ms 换算为凸轮角速度作为初始值，编程计算得到凸轮的角速度为 0.027 rad/ms。当凸轮的角速度为 0.027 rad/ms 时，凸轮柱塞腔内燃油量、燃油压力和高压油管内压力随时间的变化分别如图 10－19、图10－20 和图 10－21 所示，其中压力小于 0.5 MPa 时，在图 10－20 中显示的都是 0.5 MPa。

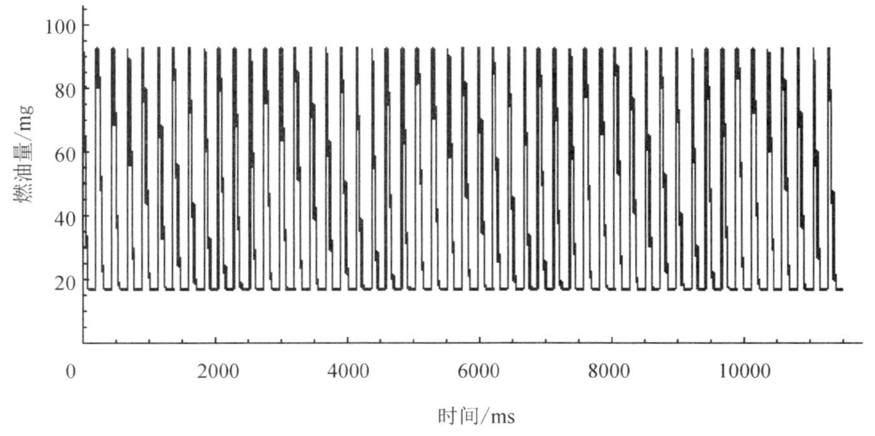

图 10－19　凸轮柱塞腔内燃油量随时间变化的曲线

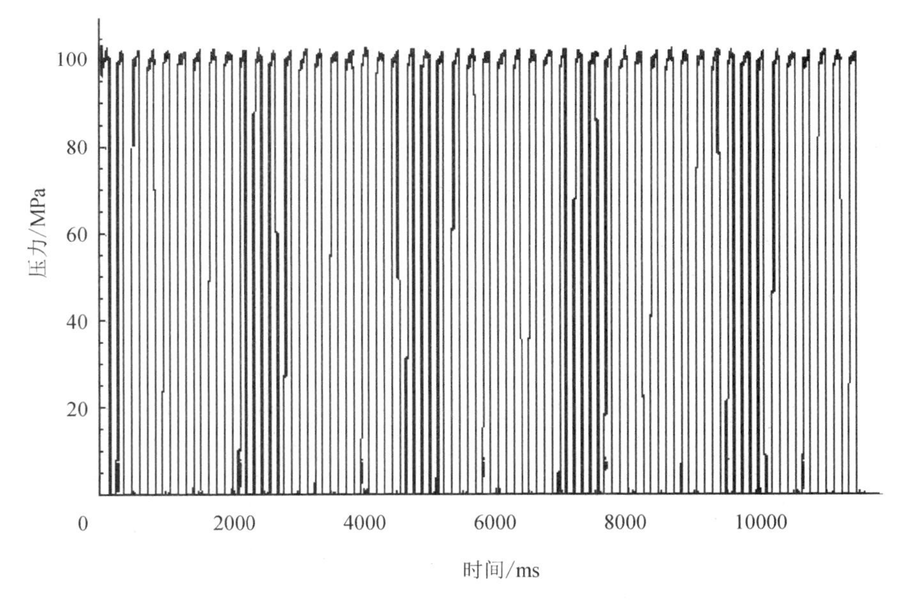

图 10－20　柱塞腔压力随着时间的变化

从图 10－21 的数据得到，高压油管内最大压力为 102.48 MPa，最小压力为 97.47 MPa，偏离 100 MPa 的最大值是 2.52 MPa，压力上下变化的区间长度是 5.01 MPa。需要说明的是计算时在针阀上升过程中，燃油从喷油嘴喷出的面积是取喷口面积和锥面与针阀之间空隙面积的最小值，而锥面与针阀之间圆台的侧面积（见图 10－14）比圆环的面积稍微小一些，锥面与针阀之间空隙面积取圆台的面积更合理一些。根据几何关系和圆台侧面积的计算公式，再比较圆台面积和喷口面积的大小即可得到针阀上升过程中每一时刻的喷油面积。实

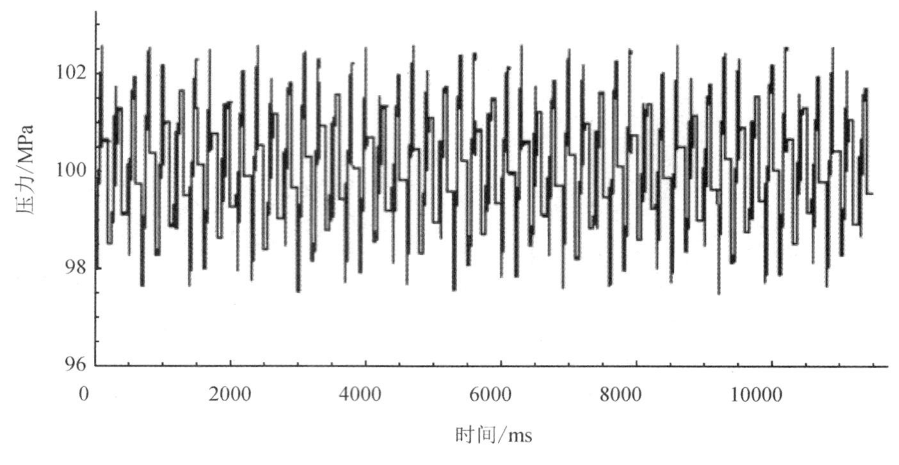

图 10－21　高压油管内压力随着时间的变化 1

际计算结果显示，圆台和圆环面积的差异比较小，在 $t=0.33$ ms 时圆环与圆台面积之差取最大值 0.021 mm^2。如果高压油管内的压力恒为 100 MPa，在一个喷油周期内按照圆环面积和圆台侧面积计算得到的喷油量分别为 32.953 mg 和 32.918 mg，这个差别很小。

3.有多个喷油嘴的凸轮转速与减压阀控制策略问题分析

当有两个喷油嘴时，取两个喷油嘴开始喷油的时间分别为 0 和 50 ms，对问题 2 中的模型和算法进行一些修改，就可以得到凸轮的转速为 0.055 rad/ms。此时高压油管内压力随时间的变化如图 10－22 所示。高压油管压力的最大值、最小值分别为 102.5 MPa 和 97.52 MPa，燃油压力变化的幅度为 4.92 MPa。

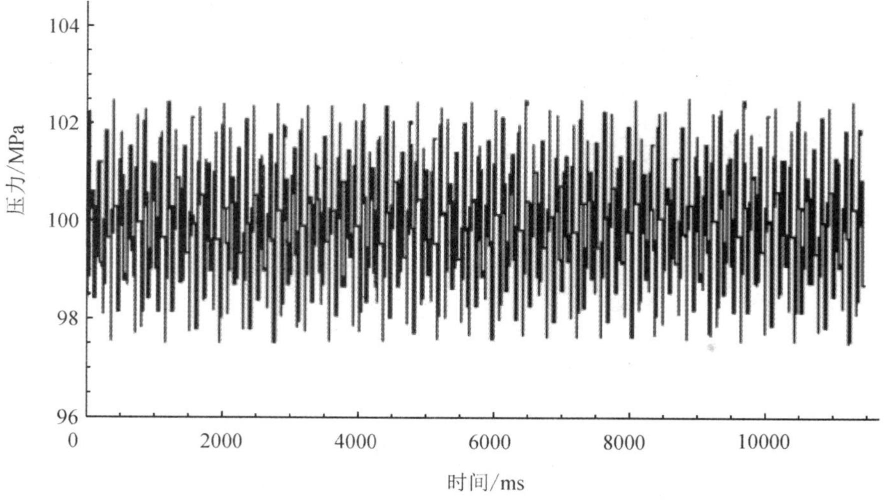

图 10－22　高压油管内压力随时间的变化 2

如果具有两个喷油嘴和一个减压阀，减压阀的开启可以有两种策略，一种是当高压油管内的压力高于一固定值时开启减压阀，另一个是周期性地按照固定时长开启减压阀，这都可以在一定程度上减小高压油管内压力的波动。

当高压油管内的压力超过 102 MPa 时开启减压阀，将凸轮转速提高到 0.079 rad/ms 时，高压油管内压力随时间的变化如图 10 - 23 所示。高压油管压力的最大值、最小值分别为 102 MPa 和 97.86 MPa，燃油压力变化的幅度为 4.14 MPa。

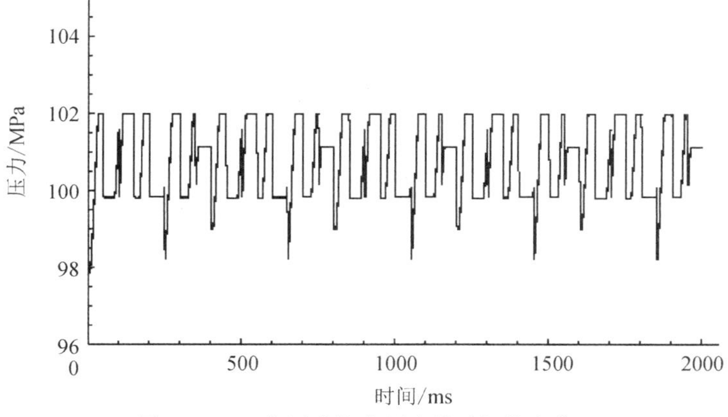

图 10 - 23　高压油管内压力随时间的变化 3

当高压油管内的压力超过 101 MPa 时开启减压阀，将凸轮转速再提高到 0.0785 rad/ms 时，高压油管内压力随时间的变化如图 10 - 24 所示。高压油管压力的最大值、最小值分别为 101 MPa 和 97.26 MPa，燃油压力变化的幅度为 3.74 MPa。

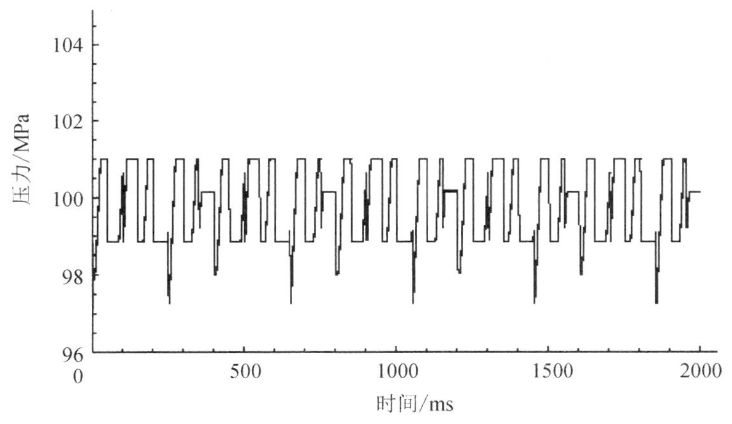

图 10 - 24　高压油管内压力随时间的变化 4

当高压油管内的压力超过 101 MPa 时开启减压阀，且将凸轮转速再提高到 0.314 rad/ms 时，高压油管内压力随时间的变化如图 10 - 25 所示。在 2000 ms 内，高压油管压力的最大值、最小值分别为 101 MPa 和 97.97 MPa，燃油压力变化的幅度为 3.03 MPa。但从图形看出，只有在开始很小的一段时间内，压力在 98.7 MPa 之下，在 100 ms 后，高压油管的压力都在 98.7 MPa 以上，在 100 ms 之后压力的变化幅度只有 2.3 MPa。

单向阀的另一种控制方案是在一个周期内依照固定时长打开减压阀。如果凸轮的转速是 0.107 rad/ms，在凸轮旋转一圈内单向减压阀打开 0.55 ms，高压油管内压力的最大值、最

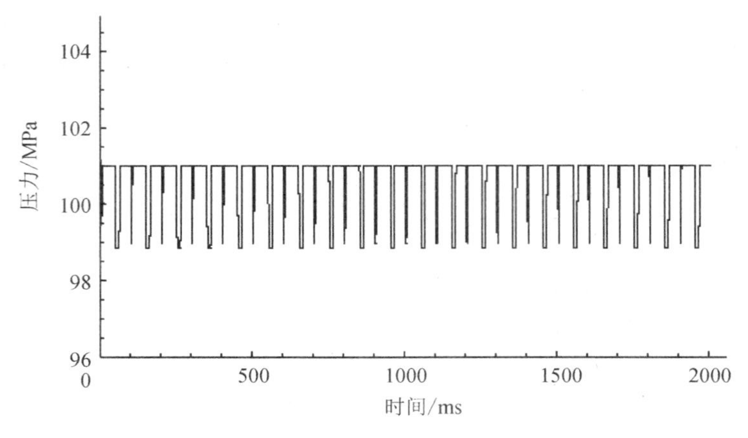

图 10－25　高压油管内压力随时间的变化 5

小值分别为 102.232 MPa 和 97.86 MPa，压力变化的幅度为 4.37 MPa，压力随时间的变化如图 10－26 所示。

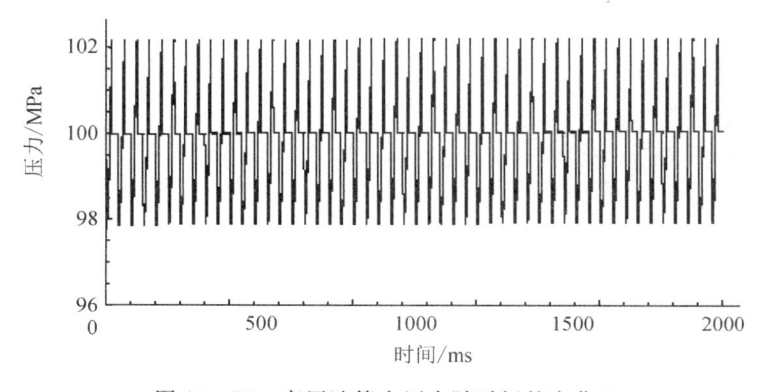

图 10－26　高压油管内压力随时间的变化 6

比较图 10－22、图 10－24、图 10－25 和图 10－26 中压力随着时间变化的曲线看出，前两种控制措施优于后一种，有兴趣的读者可以寻找更好的控制措施。

参考文献

[1] 韩中庚.数学建模方法及其应用[M].3 版.北京：高等教育出版社，2018.

[2] 陈磊，管坡坡，禹芳.长江水质的评价和预测模型[D].2002 年全国大学生数学建模竞赛国家一等奖论文，2005.

[3] 周义仓，陈磊.柴油机供喷油过程的压力变化与控制[J]. 数学建模及其应用，2020，9(1)：33－39.

研究课题

1.颜色与物质浓度辨识评价问题(选自 2015 年国家大学生数学建模竞赛题 C 题)

比色法是目前常用的一种检测物质浓度的方法,即把待测物质制备成溶液后滴在特定的白色试纸表面,等其充分反应以后获得一张有颜色的试纸,再把该颜色试纸与一个标准比色卡进行对比,就可以确定待测物质的浓度档位了。由于每个人对颜色的敏感差异和观测误差,使得这一方法在精度上受到很大影响。随着照相技术和颜色分辨率的提高,希望建立颜色读数和物质浓度的数量关系,即只要输入照片中的颜色读数就能够获得待测物质的浓度。试根据网址(http://www.mcm.edu.cn/html_cn/node/460baf68ab0ed0e1e557a0c79b1c4648.html)所提供的 Data1.xls 文件中给出的 5 种物质在不同浓度下的颜色读数,讨论从这 5 组数据中能否确定颜色读数和物质浓度之间的关系,并给出一些准则来评价这 5 组数据的优劣。

2.SARS 疫情给某市的旅游业和综合服务业所造成的影响(选自 2003 年国家大学生数学建模竞赛题 A 题)

2003 年的 SARS 疫情对中国部分行业的经济发展产生了一定的影响,特别是对部分疫情较严重的省市的相关行业所造成的影响是明显的,经济影响主要分为直接影响和间接影响。直接影响涉及到旅游业、综合服务业等,很多方面难以进行定量地评估。现仅就 SARS 疫情较重的某市旅游业和综合服务业的影响进行定量的评估分析。究竟 SARS 疫情对旅游业和综合服务业的影响有多大,已知该市从 1997 年 1 月到 2003 年 10 月的接待旅游人数和综合服务业收入的统计数据如表 10-9 和表 10-10 所示。

表 10-9 接待旅游人数 单位:万人

年份	1 月	2 月	3 月	4 月	5 月	6 月	7 月	8 月	9 月	10 月	11 月	12 月
1997	9.4	11.3	16.8	19.8	20.3	18.8	20.9	24.9	24.7	24.3	19.4	18.6
1998	9.6	11.7	15.8	19.9	19.5	17.8	17.8	23.3	21.4	24.5	20.1	15.9
1999	10.1	12.9	17.7	21.0	21.0	20.4	21.9	25.8	29.3	29.8	23.6	16.5
2000	11.4	26.0	19.6	25.9	27.6	24.3	23.0	27.8	27.3	28.5	32.8	18.5
2001	11.5	26.4	20.4	26.1	28.9	28.0	25.2	30.8	28.7	28.1	22.2	20.7
2002	13.7	29.7	23.1	28.9	29.0	27.4	26.0	32.2	31.4	32.6	29.2	22.9
2003	15.4	17.1	23.5	11.6	1.78	2.61	8.8	16.2	20.1	24.9	26.5	21.8

表 10-10 综合服务业累计收入数额 单位:亿元

年份	2 月	3 月	4 月	5 月	6 月	7 月	8 月	9 月	10 月	11 月	12 月
1997	96	144	194	276	383	466	554	652	747	832	972
1998	111	169	235	400	459	565	695	805	881	1011	1139

续表 10－10

年份	2月	3月	4月	5月	6月	7月	8月	9月	10月	11月	12月
1999	151	238	335	425	541	641	739	866	975	1097	1238
2000	164	263	376	531	600	711	913	1038	1173	1296	1497
2001	182	318	445	576	708	856	1000	1145	1292	1435	1667
2001	216	361	504	642	818	979	1142	1305	1479	1644	1920
2002	241	404	584	741	923	1114	1298	1492	1684	1885	2218

试根据这些历史数据建立预测评估模型，评估 2003 年 SARS 疫情给该市的旅游业和综合服务业所造成的影响。

3.高压油管压力控制的进一步研究

（1）假设高压油管内的压力恒为 100 MPa，在已知问题 2 中喷嘴结构和数据的情况下，给出按照图 10－27 的喷油速率（喷油时针阀上升高度的函数）。

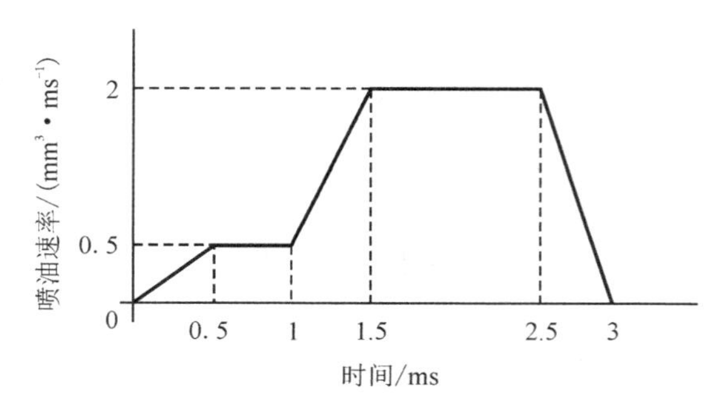

图 10－27　喷油速率与时间的关系

（2）如考虑压力损失，喷油规律会发生怎样的变化？如图 10－28 所示，A 点位于高压油管与共轨管连接处正中间，距离右侧壁面 20 mm，B 点位于共轨管上壁面，距离右侧壁面20 mm，C 点位于共轨管上壁面与左壁面交界处，计算 A、B、C 三点处压力变化曲线。

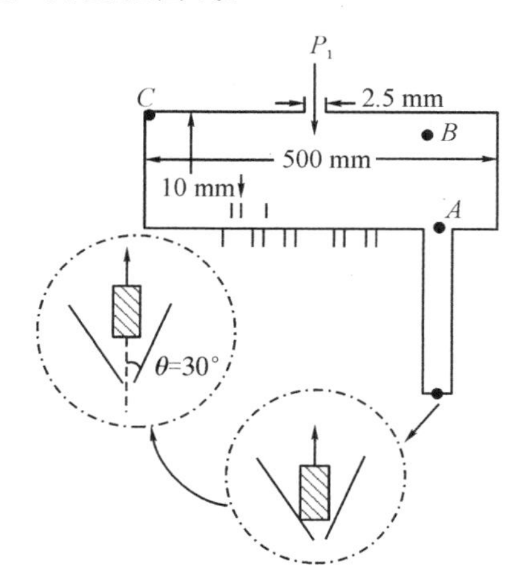

图 10－28　共轨系统示意图

第 11 章　计算机仿真

仿真是指模仿或者演示某一真实的或者可能出现的状况、场景、事件，以实现对其发生过程进行直观理解、影响要素分析或者发展趋势/结果预测等目的。仿真可以通过如下等手段实现：①对一组方程进行求解（数学模型）；②搭建物理实体（如失重模拟舱）；③场景重现（戏剧表演等）；④编写计算机程序（数值计算、游戏、演示动画等）。仿真仅考察所仿真对象现实世界发生时的少数要素，是对实际的一种简化近似，能够在规避危险或削减成本的前提下增进对考察对象的了解，是非常有用的工具。

计算机仿真是以计算机为工具，对一个系统的结构和行为进行动态演示，以评价或预测该系统的行为效果，是理解抽象复杂问题的有效手段。计算机仿真是系统科学、运筹学和计算机应用的交叉学科，是科学研究和解决问题的有效方法。不仅在物理、化学、生物、社会科学等学科的模型建立中发挥着重要作用，而且在航空航天、原子能、电力系统以及社会、经济、交通、生态系统等各个领域进一步提高了应用水平，目前已经成为项目论证、设计、生产试验等阶段不可或缺的技术手段，为研究和实现复杂系统乃至巨型系统提供了有效工具。尤其是近些年虚拟现实（VR）以及各种类型的仿真机器人的出现，使计算机仿真技术的应用更上一个台阶，对社会、经济的影响力进一步加强，逐步走向大众，进入更多人的日常生活。

本章首先简略介绍计算机仿真的有关概念和原理，然后介绍了新闻分类系统以及地震波仿真实例，最后对 MATLAB 动态系统建模工具 Simulink 进行介绍。

11.1　系统、模型与计算机仿真

1.系统

系统是仿真所研究的对象，泛指一切具有一定联系或某些特定功能元素的集合。整体性和相关性是系统的两个基本特征。整体性是指系统表现某项特定功能以元素的完整性为前提，元素缺失会导致系统功能的丧失；相关性是指系统的各个部分、元素之间是相互关联的，存在物质、能量或信息的交换。系统可大至宇宙世界，小到分子、原子，是一个内涵十分丰富的概念。

系统环境是系统赖以存在和发展的全部外界因素的总和，系统与环境之间可以产生物质、能量或信息的交换。系统是在环境的不断变化中产生活动的，与环境边界也是不确定的，根据研究目的的不同而不同。

系统的形态各异，分类方式多种多样，如从大的分类可分为物理系统和事理系统，前者如机床加工系统、自动钻井系统等，后者如交通运输管理系统、雷达系统等；从构成要素分为自然系统、人工系统和复合系统，复合系统是自然系统和人工系统相结合的系统，如农业系统等；从形态或存在形式又可分为实体系统或者概念系统，前者如电力系统、机器系统，后者如各种科学技术体系、法律、法规等；从系统与环境关系划分，又可分为封闭系统和开放系统；从系统状态与时间关系划分，分为静态系统和动态系统；从研究对象划分，又可形成各种对象系统，如经济系统、教育系统、军事系统等。

2.模型

模型是对实际系统的抽象，是系统本质的一种描述，可视为对真实世界中物体或过程形式化的结果。模型具有与系统相似性的特性，好的模型能够更深刻地反映实际系统的主要特征和规律。模型是对实际系统的更高层次的抽象，模型本身的建立就是对实体认识的结果。

3.计算机仿真

计算机仿真就是把现实世界系统中各要素抽象为可在计算机系统中表示的量，编制计算机可以识别和执行的指令，对系统功能进行描述的过程。具体来说，计算机仿真分为如下几个步骤。

(1)系统定义：按实际需求确定需要仿真系统的边界，确定系统中的各个要素等。

(2)建立模型：将实际系统中的要素抽象为能用计算机表达的量，建立系统运行的数学方程。

(3)计算机仿真：确定运行方案，设计算法，编写、调试程序，运行程序，验证结果。

(4)输出结果：输出计算机运行结果，以利于分析和使用。

近些年来，伴随着计算机硬件飞速发展，实现计算机仿真的软件也从最初的汇编语言，经历较高级的编程语言，发展到模块化的概念，进而发展到面向对象编程以及各种面向细化专业的一体化建模与仿真集成环境软件。其中美国 Mathworks 软件公司的动态仿真集成软件 Simulink 与该公司著名的 MATLAB 软件集成在一起，成为当今最具影响力的仿真软件。

4.计算机仿真的优点

计算机仿真便于重复进行试验，可以控制参数，时间短，代价小；计算机仿真可以在真实系统建立起来之前，预测其行为效果，从而可以从不同结构或不同参数的模型的结果比较之中，选择最佳模型；对于缺少解析表示的系统或虽有解析表示但无法精确求解的系统，可以通过仿真获得系统运行的数值结果；对于随机性系统，可以通过大量的重复试验，获得其平均意义上的特性指标。

5.适合于计算机仿真的问题

适合于计算机仿真的问题主要有以下几个方面。

(1)难以用数学公式表示的系统，或者该系统没有建立和求解数学模型的有效方法。

(2)虽然可以用解析的方法解决问题，但数学的分析与计算过于复杂，这时计算机仿真可以提供简单可行的求解方法。

(3)希望能在较短的时间内观察到系统发展的全过程，以估计某些参数对系统行为的影响。

(4)难以在实际环境中进行实验和观察时，计算机仿真是唯一可行的方法，例如太空飞行的研究。

(5)需要对系统或过程进行长期运行比较,从大量方案中寻找最优方案。

11.2　新闻网页分类系统

互联网的出现以及普及,使得新闻的采集和传播速度大大加快,对这些互联网上不断涌现的新闻(或者更广义地讲任何文本)进行分类,对读者快速准确获取知识、信息至关重要。新闻的分类,也即把相似内容或者主题的新闻归入同一类中。如果按传统方式,如报纸编辑那样,通过先读懂新闻,找出其主题,然后对其归类的方式,无法适应互联网上不断涌现且呈几何级数增长的新闻。计算机的本质是快速计算,如果能把新闻网页变成一组可计算的数字,再设计算法来计算任意两篇新闻的相似性,即可实现新闻网页分类系统的仿真。

1.新闻的特征向量

新闻以传递信息为目的,而词语是新闻的组成元素,新闻的信息通过词语的各种组合来传达。同一类新闻中有大量相同的词语,比如金融类新闻,股票、信息、债券、基金、银行、物价、上涨等词出现的频率就很高。包含大量相同词语的新闻,在很大概率上属于同一类型的题材。然而,一篇新闻中有很多词,这些词所包含的信息量是不同的,有些词表达的语义比较重要,有些词相对次要。首先,一般来说,含义丰富的实词一定比"的、地、得"等助词或者"之、乎、者、也"等虚词重要。实词之间的重要程度也是不同的,需要对它们进行度量,也即给每个词语都有一个权重,这个权重的设定必须满足以下两个条件。

条件 1:一个词决定主题的能力越强,权重越大;反之,权重越小。如"原子能的应用"这个短语中"原子能"这个词对网页主题的决定性要强于"应用"。

条件 2:如"的""是""和"等在汉语新闻中大量出现的词语,对主题没有贡献的词语,称为停止词,其权重为 0。

实际上,在拥有了大量网页数据的基础上,可以通过统计,自动确定词语的权重。如果一个词语在很少的网页中出现,那么通过它可以很容易确定该新闻的主题,它的权重就越大。反之,一个词在大量网页中都出现,则通过它对网页的区分度不大,它的权重就应该越小。概括地来说,如果一个关键词 w 在 D_w 个网页中出现过,那么 D_w 越大,w 的权重越小,反之亦然。在信息检索中,使用最多的权重是"逆文本频率指数"(Inverse Document Frequency, IDF),它的公式为 $\log_2(D/D_w)$,其中 D 是全部网页数。比如,假定中文网页数是 $D=10$ 亿,停止词"的"在所有网页中都出现过,即 $D_w=10$ 亿,那么它的 IDF$=\log_2$(10 亿/10 亿)$=\log_2(1)=0$。假如专用词汇"原子能"在 200 万个网页中出现,即 $D_w=200$ 万,则它的权重 IDF$=\log_2(500)=8.96$。又假定"应用"在 5 亿个网页中出现,它的权重 IDF$=\log_2(2)$,则只有 1。

另外,直觉上,某一词在网页中出现次数越多则该词与主题的相关性越高,那么该条新闻中该词的总权重是否应该是这个词的 IDF 值乘以它出现的次数?这样相乘确定权重有一个明显的漏洞,那就是篇幅长的网页比篇幅短的网页更占便宜,因为篇幅长的网页词语重复率显然更高,但实际情况与此不符。因此,需要根据网页的长度,对每个词进行归一化,也即用词语出现的次数除以网页总词数,这个比值称为"关键词的频率"或者"单文本词频"

(Term Frequency,TF)。比如某个网页有1000个词,其中"原子能"和"应用"各出现了2次和5次,那么它们的词频分别是0.002和0.005。

单文本词频(TF)和逆文本频率指数(IDF)的乘积称为TF-IDF值,一篇新闻中,重要词TF-IDF值越高,和新闻主题的相关性越好。有了TF-IDF值,就找到了一组描述新闻的数字。对一篇新闻中的所有实词,计算他们的TF-IDF值,把这些值按照实词在词汇表中的位置依次排列,就得到一个向量。比如,常用词汇表中有64000个词,则某篇新闻的TF-IDF值如表11-1所示。

表11-1 统计词汇表和某新闻对应的TF-IDF值

单词编号	汉字词	TF-IDF值
1	阿	0
2	啊	0.0034
3	阿斗	0
4	阿姨	0.00052
⋮	⋮	⋮
789	服装	0.034
⋮	⋮	⋮
64000	做作	0.075

如果单词表中的某个词在新闻中没有出现,对应值为零,那么这64000个数,组成64000维的向量。我们用这个向量代表这篇新闻,并称之为新闻的特征向量(Feature Vector)。每一篇新闻都可以对应这样一个特征向量,向量中每一维数值的大小代表每个词对这篇新闻主题的贡献。当新闻从文字变成数字以后,计算机就可以对其两两计算相似程度了。

2.新闻特征向量的度量

同一类新闻一定是选用了一定量相同的主题词,反映在新闻特征向量上,如果两篇新闻属于同一类,则它们的特征向量在相同的某几维上的值都比较大,而在其它维上的值都比较小。反观之,如果两篇新闻不属于同一类,由于用词的不同,在它们的特征向量中,值较大的维度上应该没有交集。因此,两篇新闻主题是否接近,取决于它们的特征向量主要值分布位置是否相同,即"长得像不像"。当然,需要定量地衡量两个特征向量之间的相似性。

假设新闻X和新闻Y对应的特征向量分别为

$$\boldsymbol{X}=(x_1,x_2,\cdots,x_{64000})$$

$$\boldsymbol{Y}=(y_1,y_2,\cdots,y_{64000})$$

不同的新闻,因为文本长度的不同,它们特征向量各个维度的数值也不同。一篇1000字的文本,各个维度数值比一篇500字文本大,因此单纯比较各个维度的大小,复杂且意义不大。但是,向量的"指向",即方向却有很大意义。如果两个向量的方向一致,说明两个新闻中用词和比例基本一致。因此,两个向量的夹角反应了对应新闻主题的接近程度。

利用线性代数知识我们知道，向量 $\boldsymbol{X}$ 和 $\boldsymbol{Y}$ 夹角 θ 的余弦为

$$\cos\theta=\frac{x_1y_1+x_2y_2+\cdots+x_{64000}y_{64000}}{\sqrt{x_1^2+x_2^2+\cdots+x_{64000}^2}\cdot\sqrt{y_1^2+y_2^2+\cdots+y_{64000}^2}}=\frac{\langle \boldsymbol{X},\boldsymbol{Y}\rangle}{|\boldsymbol{X}|\cdot|\boldsymbol{Y}|} \tag{11-1}$$

式(11－1)即为高维空间中的余弦定理。由于向量中的每一个变量都是正数，因此余弦的取值范围在 0 和 1 之间，也即夹角在 0 到 90°之间。当两条新闻向量夹角的余弦等于 1 时，这两个向量的夹角为零，两条新闻完全相同；当夹角的余弦接近于 1 时，两条新闻相似，从而可以归为一类；余弦越小，夹角越大，两条新闻越不相关。当两个向量正交时(90°)，夹角的余弦为零，说明两篇新闻根本没有相同的主题词，它们毫不相关。

现在把一篇篇文字的新闻变成了按词典顺序组织起来的数字(特征向量)，又有了计算相似性的公式，就可以对新闻进行分类了。假如有 N 篇新闻，则可以用一个自底向上不断合并的方法来对这 N 条新闻进行分类，大致思想如下。

(1)计算所有新闻之间两两的余弦值，把余弦值大于一个阈值的新闻合成一个小类。这样 N 篇新闻就被合并成 N_1 个小类，$N_1<N$。

(2)把每个小类中所有的新闻作为一个整体，计算小类的特征向量，再计算小类之间的向量余弦，然后再合并成大一点的小类，假如有 N_2 个，当然 $N_2<N_1$。

这样下去，类别就越来越少，而每个类就越来越大。随着类的增大，这类新闻之间的相似性就逐渐减小，小到一定程度就要停止这种迭代过程，分类停止。至此，分类完成。对于新增加的新闻，可以计算该新闻与每一类新闻的相关性，并将其归入到它该去的那一类中。

3.大数据量时的余弦计算

如果计算 N 篇新闻两两之间的相关性，当 N 的值比较大时，每两个向量直接按公式(11－1)严格计算，计算量还是很大的。其实这里面有很多的地方可以简化。

首先，分母部分(向量的长度)不需要重复计算，计算向量 $\boldsymbol{X}$ 和 $\boldsymbol{Y}$ 的余弦时，可以把他们各自的长度存起来，当计算 $\boldsymbol{X}$ 和 $\boldsymbol{Z}$ 的余弦时，直接取用 $\boldsymbol{X}$ 的长度即可，这样每个向量长度仅需计算一次，可以节省计算量的 2/3。也即公式(11－1)中只需计算分子部分的两两计算。

其次，在计算式(11－1)中的分子，即两向量内积时，只需考虑向量中非零元素。计算复杂度取决于两个向量中非零元素个数的最小值。这样可以大大降低算法的计算复杂度。

第三，可以将虚词、连词、副词、介词等不重要的词语删除。去掉这些词后，不同类的新闻，即使他们向量中仍然有不少非零元素，但是相同位置非零元素并不多，要做的乘法大大减少。需要特别指出的是，删除虚词，不仅可以提高计算速度，对新闻分类的准确性提高也有不小的帮助。虚词可以看做一种噪音，干扰分类的正常进行。这一点与通信中通过多带通滤波器滤掉低频噪音是相同的道理。

最后，可以通过对不同位置出现的词语加权来提高分类的准确性。出现在文本不同位置处的词在分类时所表现的重要程度也不同。显然，出现在标题中的词对新闻主题的贡献远比出现在正文中的词重要。即使在正文中，出现在文章开头和结尾的词也比出现在中间句子中的词重要。就像初、高中语文教学中，老师大多都会强调：阅读时要特别关注文章的第一段和最后一段，以及每个段落的第一句话。这些阅读理解技巧在新闻分类中也有用。因此，要对标题和重要位置处出现的词进行额外的加权，以提高文本分类的准确性。

通过本节新闻分类系统的仿真我们发现，计算机仿真时模型的建立非常的关键，对实际系统的合理抽象和转化，对仿真算法的复杂性和准确性至关重要。大家普遍熟知的余弦定理，通过新闻的特征向量和新闻分类联系在一起了。基于新闻特征向量和余弦定理的新闻分类方法，准确性很好，但计算较为耗时，适用于被分类的文本集合在百万数量级。如果大到亿这个数量级，则因计算时间过长而无法使用，对于更大规模的文本处理，需要提出更加快捷的计算方法。

11.3 地震波传播数值模拟

振动和波动是自然界物质运动的两种方式。振动是物质围绕其平衡点作周期性运动。在连续介质中，传播指微观粒子的振动所引起相邻介质运动而造成振动能量在空间的扩散。波动指振动在连续介质中的传播。地震波是由地震震源引发的向四处传播的振动。人类关于地球内部的认识，主要来自对地震波的研究。正如光波能够照亮物体，同样地震波也是“照亮地球内部的一盏明灯”。

通过人工制造震源，地震波在地下传播会携带所经过地层丰富的地质信息，可以利用地震检波器及专门仪器记录这些地震波。勘探地震学即通过处理这些记录到的地震数据进行分析处理和解释，确定地下不同地层的空间分布、构造形态、岩石性质，直至获得地层中是否含有石油和天然气等目标。几乎所有的石油公司都要靠地震资料确定每一口探井和采油井的位置，世界上绝大多数油气田都是先由地震勘探找到构造，再由钻井发现的。地震勘探也可解决大坝基础、港口、路桥地基、地下潜在危险区等工程地质问题，也在环境保护、考古等领域有一定应用。

地震勘探的理论基础是地下岩石弹性性质的差异，这种差异在勘探深部石油与天然气时比其它地球物理方法所依赖的电性差异(电法勘探)、密度差异(重力勘探)或磁性差异(磁法勘探)要敏感。岩石的弹性性质主要体现在地震波的传播速度与岩石密度。大量理论研究、物理模型仿真试验以及实际资料分析都证明，地震波传播速度与地下岩石的性质，如岩石的弹性参数、成分、密度、埋藏深度、孔隙度、地质年代、含流体性质以及温度等因素息息相关。

根据研究和应用目的的不同，对于许多地球物理问题，可以用若干参数对地球介质进行近似表示，并且已经得到了地震波在其中传播所应遵循的数学方程，即波动方程。波动方程描述了地震波在地球介质中传播过程中与各个参数之间的相互关系，是自然界守恒定律的数量描述。地震波场模拟通过求解波动方程给出了源在激发后一段时间内地下介质的响应信息，是认识地震波在复杂介质中传播特征的重要手段。波动方程的精确高效求解在诸多地震勘探应用中至关重要，如观测系统设计、多次波压制、地震数据解释、高精度成像及建模等。虽然已经有了波动方程及定解条件，但能用解析方法求得精确解的只是少数方程性质比较简单，而且介质几何形状相当规则的问题。对于大多数问题，由于方程的非线性性质或者求解区域的几何形状比较复杂，不能求得解析解，则需要用计算机进行数值求解，即计算机地震波仿真。

1.地震波模拟的要素

地震波模拟首先需要对该问题建立模型。简单起见,可以将地震波模拟或者仿真问题划分为以下四个主要部分。

(1)目标区域表示(坐标系统):目标区域定义了需要进行地震波仿真的空间区域。为了在计算上可以实现,通常该区域都是一个有界的区域。所以,定义边界条件必不可少。在区域内,还需要一个合适的架构或者坐标系统来唯一确定空间上一个点或者一个属性(如界面等)。采用何种坐标系统,通常取决于具体应用目的以及介质的形状等。例如,在大地地震学中,可以用以地球中心为原点的球坐标系。在勘探地震学中,尽管介质的层位是弯曲变化的,但直角坐标系在实际应用中会更方便。

(2)介质的性质:地球介质是地震波赖以传播的媒介,其材料性质直接控制着地震波的速度以及振幅和相位等传播特性。大多数情况,地球介质可以被近似认为是弹性的,也即忽略了波在其中传播的非弹性性质以及频散特性。更进一步,地球介质还可以被近似为声介质,与声波在液体或者气体中传播特性相同。地球介质分布需要定义在某一坐标系统中。

(3)波场:波场是介质中微观粒子的位移(弹性介质)或者压力(声学介质)关于某有限或者无限空间中时间的函数。对于弹性介质,位移是一个向量,描述了介质中微观粒子离开平衡位置的距离,该平衡位置可以定义为源激发前零时刻粒子的位置。因此,三维空间中的弹性波场用一个三维向量表示,该向量的每一维都是三维空间和时间的函数。在声学介质中,三维波场是一个关于时间和空间的标量函数。

(4)波动方程:波动方程是波在介质中传播的控制方程,涉及上述的坐标系统、介质参数和波场所有要素。它描述了介质位移在定义的空间系统中关于时间的变化(波场)。声波方程和弹性波方程具有非常不同的形式,但二者在各项同性介质中波传播具有相同的运动学特征。三维情况下,各项同性介质声波方程如下所示:

$$\frac{\partial^2 u}{\partial t^2}=v^2(x,y,z)\left(\frac{\partial^2 u}{\partial x^2}+\frac{\partial^2 u}{\partial y^2}+\frac{\partial^2 u}{\partial z^2}\right)+f(x,y,z,t) \tag{11-2}$$

式中:u 是 $u(x,y,z,t)$ 的简化表示;$v(x,y,z)$ 是地震波传播的速度场分布函数;$f(x,y,z,t)$ 是源函数。

2.地震波数值模拟中的主要问题

(1)震源函数:震源函数在地震波数值模拟中不可或缺,表现为一个区域内的位移场。波场的状态是从初始时刻开始的,也即震源激发的那一刻,在震源激发之前波场内的所有值为零。实际应用中,在不同的应用场景中,震源的种类很多,如可以分为点震源和非点震源,瞬时震源和非瞬时震源等。有限差分数值模拟过程中,考虑到空间和时间的延续长度,可以用子波函数和空间衰减函数来构建震源函数。应用最为广泛的子波为雷克子波。

(2)边界条件:在进行有限差分数值模拟计算过程中,由于受到计算机内存等因素的限制,不可能去模拟一个无界区域。在有界区域模拟计算,会在区域四周产生边界(人工边界)。地震波传播到边界时会产生边界反射,从而污染目标区域数值结果,进而影响模拟精度。为了消除边界反射对计算区域波场值的影响,得到更加真实的反映地震波传播的反射信息,需要对边界进行处理,以消除或者减弱这种边界反射。

(3)数值频散及稳定性分析：数值频散是地震波模拟一个比较关键的问题，其实质就是在求解波动方程中离散近似产生的一种“伪波动”，只能不断减小，不能完全避免。数值频散主要包括空间频散和时间频散，以空间频散为主。数值频散较严重时，会干扰正常波形，降低数值模拟的分辨率。一般来说，空间网格大小以及子波频率的选取对数值频散的影响较大。常用解决办法是计算时尽量提高差分的阶数，也可以适当提高网格剖分的精度或使用较长的差分算子。这些方法能够有效降低频散现象，不过对网格进行过细剖分不仅会占用很大的内存，而且会延长运算时间。

差分方程的稳定性由多个因素或者参数决定，一般而言，模拟参数的选取对其影响很大，而且在一定程度上也受边界条件的影响。当差分方程不稳定时，会造成严重的频散，甚至导致数据溢出而无法计算。对于不同类型的波动方程，其稳定性条件也不同，所以应针对数值模拟过程中选用的波动方程来确定稳定性条件。

3.一维声波方程的有限差分求解

一维介质中，三维波动方程(11-2)可简化为如下形式：

$$\frac{\partial^2 u}{\partial t^2}=v^2(x)\frac{\partial^2 u}{\partial x^2}+f(x,t) \tag{11-3}$$

用二阶有限差分近似，关于时间的偏微分方程可以近似表示为

$$\frac{\partial^2 u}{\partial t^2}\rightarrow\frac{U^{i-1}-2U^i+U^{i+1}}{\Delta t^2} \tag{11-4}$$

对空间偏导，可近似为

$$\frac{\partial^2 u}{\partial x^2}\rightarrow\frac{U_{i-1}-2U_i+U_{i+1}}{\Delta x^2} \tag{11-5}$$

式(11-4)和式(11-5)中U的上下角标分别代表时间和空间位置索引。二阶有限差分导数具有二阶精度。

因此，公式(11-3)中的U可以用下面递推公式求解：

$$U^{i+1}(x)=2U^i(x)-U^{i-1}(x)+\Delta t^2v^2(x)\left(\frac{\partial^2 U^i(x)}{\partial x^2}\right)+\Delta t^2 f^i(x) \tag{11-6}$$

其中的空间偏导可以用更高阶或者更高精度的有限差分来求解。下面用MATLAB程序实现均匀介质中一维波动方程的数值求解，其中空间偏导用二阶交错网格有限差分求解。

程序1：

```
%%一维波动方程交错网格有限差分求解的MATLAB程序
%模拟参数初始化
c = 2000;                    % [m/s] 波速
dx = 5;                      % [m]  空间网格
dt = .0015;                  % [s]  时间采样间隔
x = 0:dx:2000;               % [m]  空间采样位置
N = length(x);               % [-]  空间位置点数
T = 0:dt:0.8;                % [s]  时间向量
M = length(T);               % [-]  时间步数
```

```
r = c * dt/dx;                    % [-]  CFL(库朗数)
fc = 35;                          % [Hz] 源中心频率
% 定义源波形函数—ricker子波
ricker = @(fm,t) (1 - 2 * pi^2 * fm^2 * t.^2) .* exp( - pi^2 * fm^2. * t.^2);
fs = ricker(fc,T - 0.0428);
% 初始化网格
[p,v] = deal( zeros(N,1) );
% 初始化地震记录
record = zeros(M,1);
% 源和检波器位置
xs = round(400/dx);
xr = round(1400/dx);
% 初始化计算区域
X = 2:N - 1;
for j = 3:M
    % 交错网格有限差分
    p(X + 1) = - dt/dx * c^2 * ( 9/8 * v(X) - 9/8 * v(X + 1) ) + p(X + 1);
    % 注入源函数
    p(xs) = p(xs) + fs(j) * dt * c/dx * 2;
    v(X) = - dt/dx * ( 9/8 * p(X) - 9/8 * p(X + 1) ) + v(X);
    % 画图
    plot(x,p),ylim([ - 1 1]),title(sprintf('time t = % 0.2f',j * dt)),xlabel
('offset [m]')
    hold on
    plot(x(xr),p(xr),' * ')
    hold off
    drawnow
    % 记录地震图
    record(j) = p(xr);
end
```

程序 1 运行某时刻结果如图 11－1 所示，源函数放置于 400 m 处，源激发后会向两端传播，遇到 0 处边界后会发生反射，即图 11－1 中左侧波形，子波极性发生反转。右侧波形为直接从源处传播所得波形。图 11－2 给出了某一位置处(可视为将检波器放置于该位置)时间域波形，作为对比，同时画出了震源函数波形。理论上，声波模型为完全弹性，波在传播过程中应该保持波形不变。图 11－2 中检波器点波形与源函数波形的差异(检波点位置如图 11－1 中星号所示)，是由于数值误差引起的。通过减小空间和时间采样，可以减小这种误差，使检波器接收的波形不断接近源函数波形。

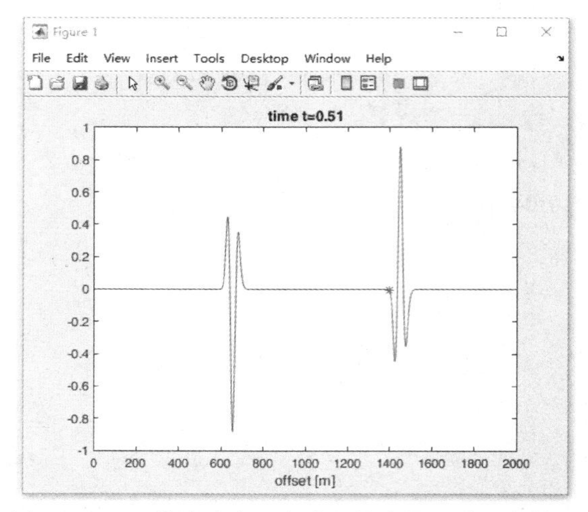

图 11－1　一维波动方程交错网格有限差分运行结果

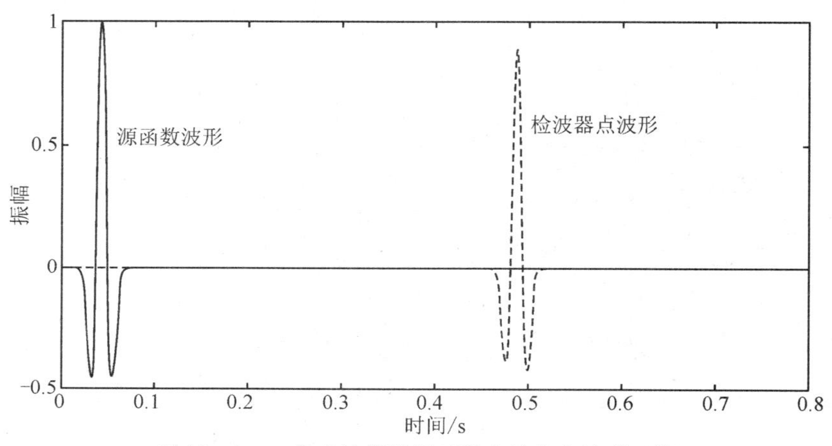

图 11－2　一维声波模拟源函数和接收点波形函数

4.二维弹性波的有限差分模拟

二维一阶弹性波动方程可以表示为如下形式：

$$\begin{cases}\dfrac{\partial v_x}{\partial t}=b\left(\dfrac{\partial \tau_{xx}}{\partial x}+\dfrac{\partial \tau_{xz}}{\partial z}\right)\\ \dfrac{\partial v_z}{\partial t}=b\left(\dfrac{\partial \tau_{xz}}{\partial x}+\dfrac{\partial \tau_{zz}}{\partial z}\right)\\ \dfrac{\partial \tau_{xx}}{\partial t}=(\lambda+2\mu)\dfrac{\partial v_x}{\partial x}+\lambda\dfrac{\partial v_z}{\partial z}\\ \dfrac{\partial \tau_{zz}}{\partial t}=(\lambda+2\mu)\dfrac{\partial v_z}{\partial z}+\lambda\dfrac{\partial v_x}{\partial x}\\ \dfrac{\partial \tau_{xz}}{\partial t}=\mu\left(\dfrac{\partial v_x}{\partial z}+\dfrac{\partial v_z}{\partial x}\right)\end{cases}\tag{11-7}$$

式中：$\boldsymbol{v}_x$、$\boldsymbol{v}_z$ 为速度向量；τ_{xx}、τ_{zz}、τ_{xz} 为压力张量；$\rho(x,z)=\dfrac{1}{b(x,z)}$ 为密度；$\lambda(x,z)$ 和 $\mu(x,z)$ 为拉梅系数。

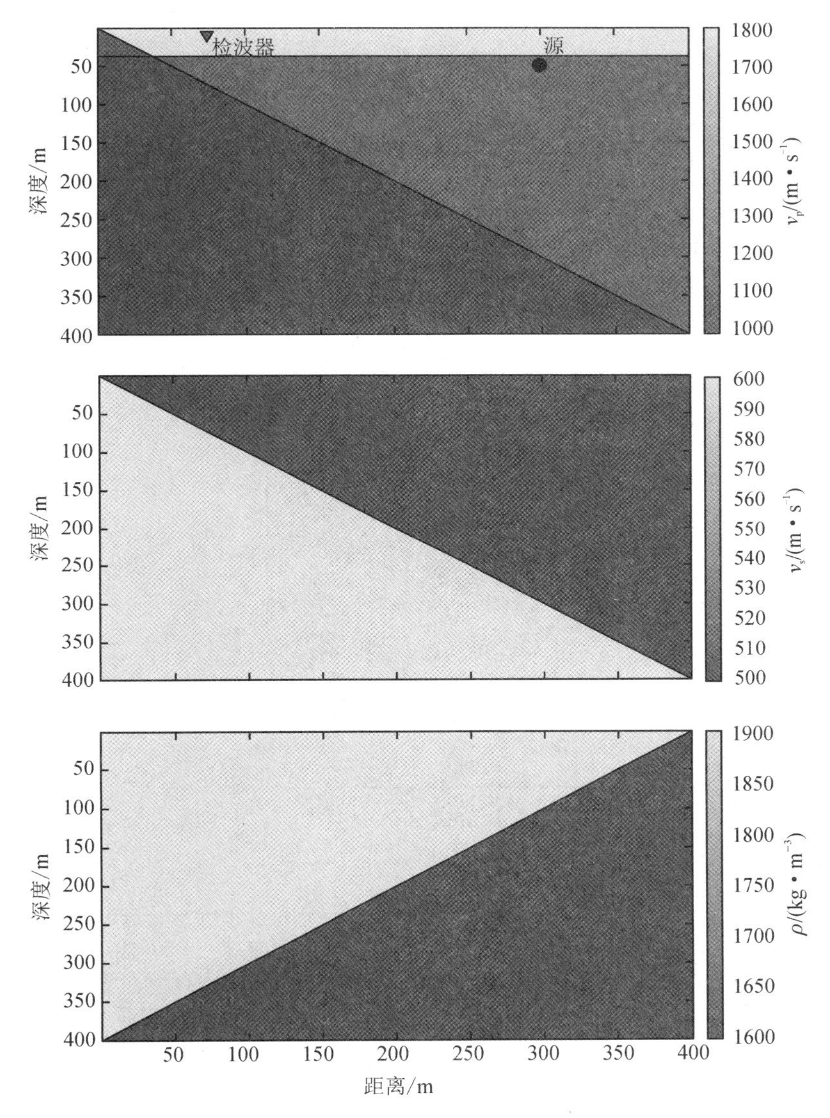

图 11－3　弹性波模拟参数模型(圆点和三角分别指示源和检波器所在位置)

本次弹性波模拟模型如图 11－3 所示，其中弹性波传播速度 $\boldsymbol{v}_\mathrm{p}$ 和 $\boldsymbol{v}_\mathrm{s}$ 可由拉梅系数和密度转化而来，空间采样间隔 $\Delta x=\Delta z=1$ m，点源震源波形函数为主频为 35 Hz 的雷克子波，波形如图 11－4 所示。二维弹性波模拟结果如图 11－5 所示。

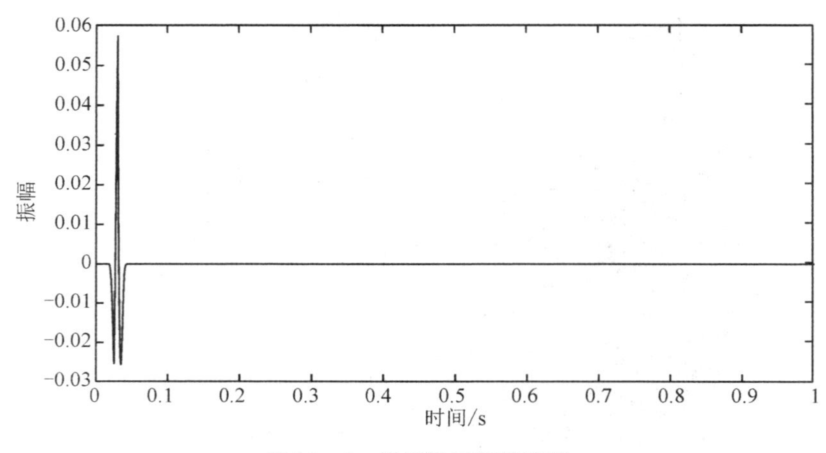

图 11-4　源函数时间域波形

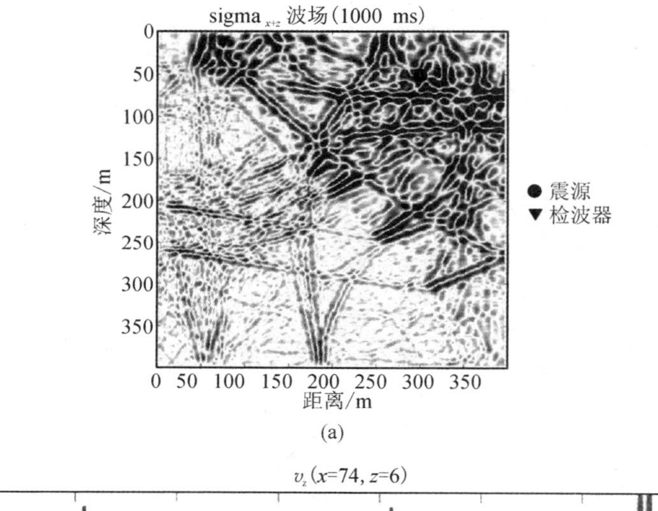

(a)

v_z(x=74, z=6)

速度/m·s^{-1}

时间/s

(b)

图 11-5　二维弹性波模拟结果(震源和检波器位置如图中圆点和三角形所示;下方波形图记录了检波器位置处粒子的运动速度的 z 分量)

11.4　Simulink 仿真工具

MATLAB 软件是一套数值运算及仿真工具,MATLAB 是英文 Matrix Laboratory 的缩写，该软件主要善于处理数学中的矩阵问题。MATLAB 具有交互的命令接口，加之简单的特殊函数、程序以及库的集成，使之成为能够被快速掌握的编程软件。Simulink 是 MATLAB 多个产品中的一个，对抽象的数学系统、具体的物理对象都可以进行模型化表示，在学术研究和生产实践中都有广泛的应用。

1.Simulink 系统仿真环境

Simulink 是 simulation 和 link 的缩写，意思是仿真链接，它提供了一个动态系统建模、仿真和综合分析的集成环境，是 MATLAB 最重要的组件之一。Simulink 可以描述线性系统、非线性系统，能够对连续系统、离散系统或者混合系统进行建模和仿真。该系统以模块为功能单位，通过信号线进行连接，用户通过图形界面调配每个模块的参数，仿真的结果以数值和图像的方式呈现。Simulink 提供了图形化的设计界面，用户可以定义模块库，功能强大，操作相对便捷，被广泛应用于生物、图像音频、航空航天和嵌入式设计等各方面。

启动 Simulink 的方式主要有两种，一种是在 MATLAB 的 Command Window 运行 Simulink 命令，一种是单击 MATLAB 菜单栏中的"Simulink Library"按钮，如图 11－6 所示。

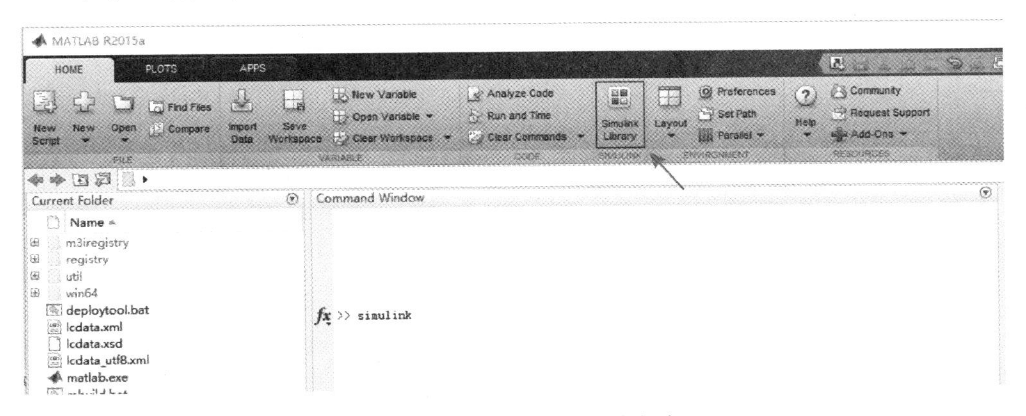

图 11－6　Simulink 的启动方式

启动 Simulink 后会出现 Simulink Library Browser 对话框，即模型浏览器，如图 11－7 所示。窗口左部树状目录是各分类模型库名称，保存了仿真中常用的典型环节的模型库，只要调用这些典型环节，就可以方便地组成系统的仿真模型。Simulink 工具箱的模型都可以通过模型浏览器来查找。模型库包含多个行业专用模型库，如电力系统模型库、通信系统模型库、数字信号处理模型库等。

2.一个简单的 Simulink 仿真程序

下面给出一个简单的使用 Simulink 仿真的程序。

(1)在 Simulink Library Browser 中左上角点击"New model"按钮，出现如图 11－8 所示的对话框。

点击仿真平台对话框上的"保存"按钮保存，根据要仿真的系统框图，在该窗口内构建仿真模块。这个过程需要打开 Simulink 窗口和 Simulink Library Browser，将需要的模块拖拽至仿真平台上，然后将平台上的模块一一连接，形成仿真系统框图。一个完整的仿真模型应该至少包括一个源模块(Sources)和一个输出模块(Sink)。

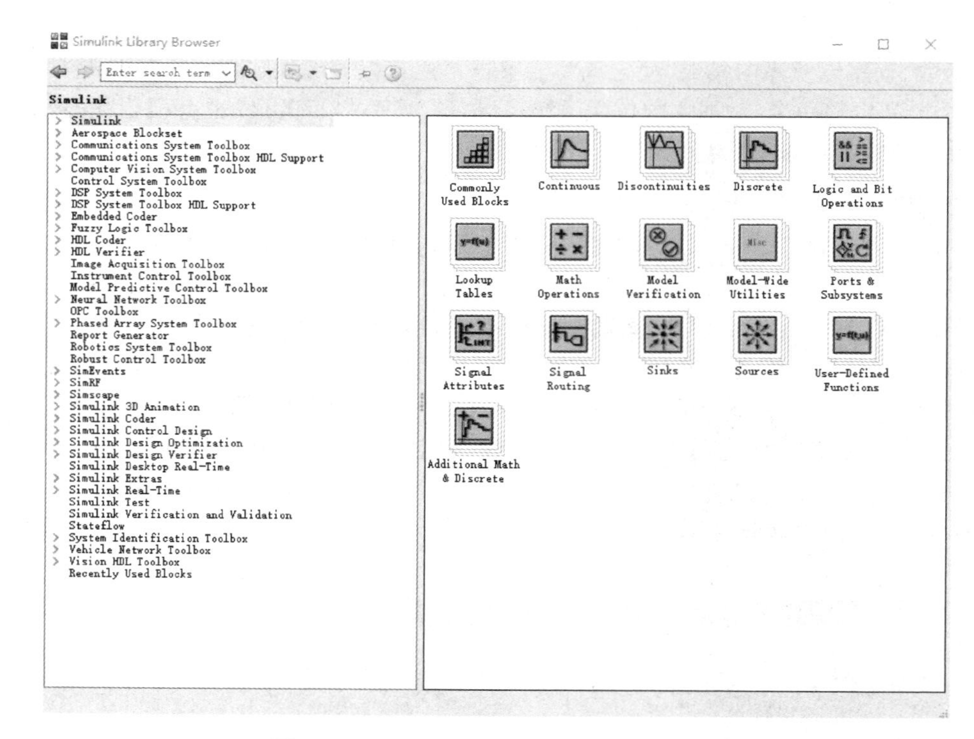

图 11－7　Simulink Library Browser 对话框

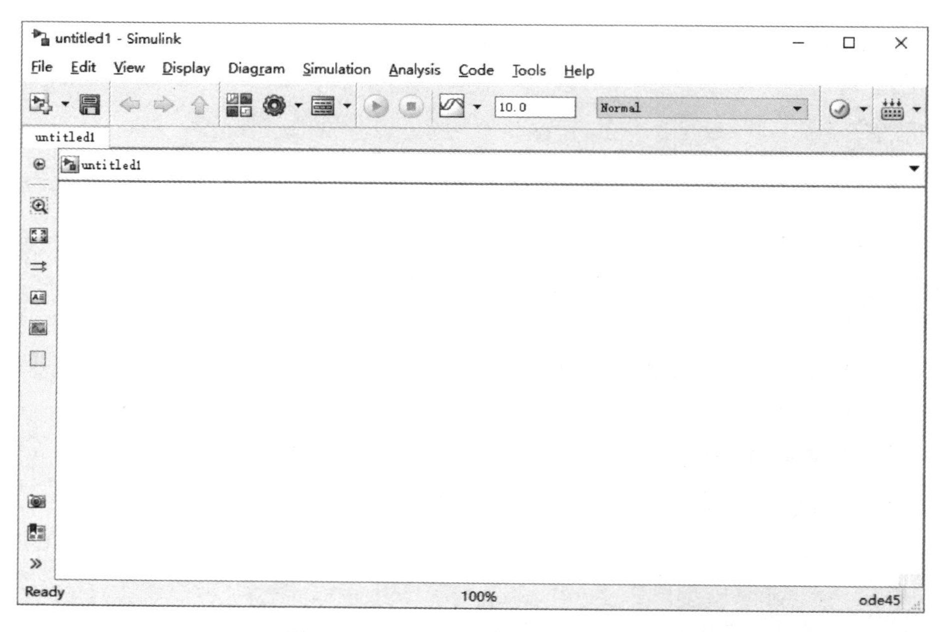

图 11－8　Simulink 仿真平台对话框

(2) 在 Simulink→Sources 中选择“Sine Wave”模块，在 Simulink→Math Operations 中

选择“Gain”模块，在 Simulink→Sink 中选择“Scope”模块，将这些模块拖拽至仿真平台(见图 11－9)，一个简单的信号放大系统仿真所需要的模块就齐备了。

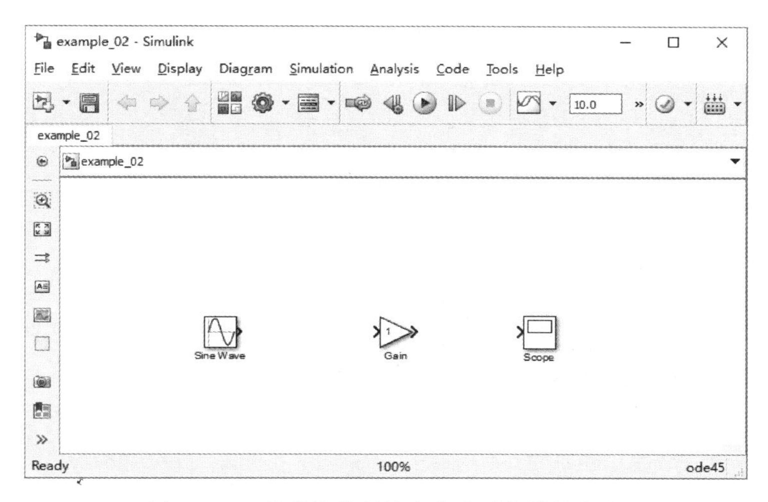

图 11－9　简单的信号放大仿真系统模块构成

(3)模块连接及赋值。将步骤(2)提取出来的模块，用连接提示线进行链接。仿真前，需要给各个模块赋值，此时，用鼠标双击模块图标，弹出参数对话框后，在对话框中输入模块参数，输入完成后点击“OK”键，对话框自动关闭，该模块参数设置完成。如该系统仿真信号三倍放大系统，则需要修改“Gain”对话框中的“Gain”参数为 3，如图 11－10 所示。

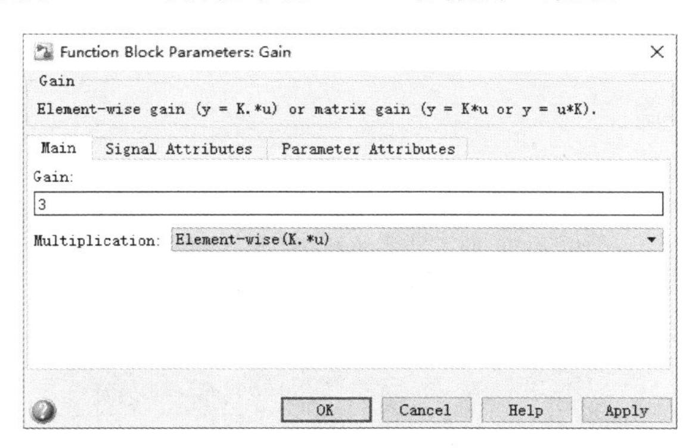

图 11－10　系统信号放大模块(Gain)参数设置对话框

(4)启动仿真。在模块参数和仿真参数设置完毕后即可开始仿真。在菜单“Simulation”的子菜单中点击“Run”，或者使用快捷键“Ctrl＋T”，也可以点击面板上的“Run”按钮开始仿真。在计算机仿真过程中，窗口下方的状态栏会提示仿真的进程，简单的模型会在一瞬间完成。在仿真计算过程中，如果要修改模块参数或者仿真时间，可以点击“Simulation”菜单中的“Pause”命令或面板上的相应按钮。暂停之后要恢复仿真，再次运行即可。

(5)观测仿真结果。在模型仿真计算完毕后，重要的是观测仿真的结果，示波器(Scope)是 Simulink 中最常用的观测仪器，只要双击该示波器模块，就可以打开示波器观察到以波形表示的仿真结果，如图 11－11 所示。

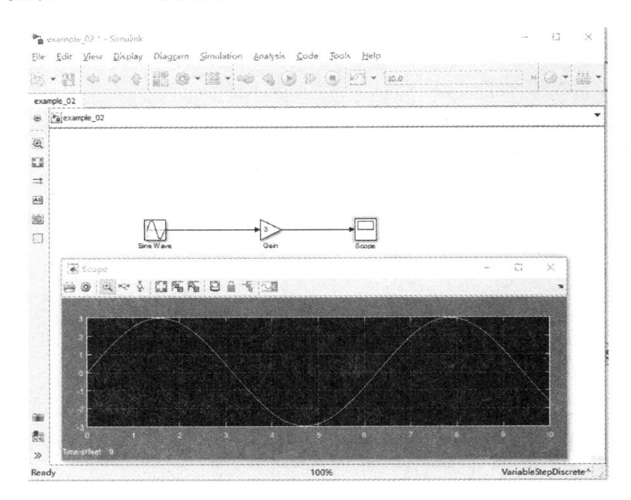

图 11－11　放大系统模型仿真结果

仿真系统的参数及模块可以调整及删减，以对该模型进行充分仿真，如可以在放大模块后加入 Quantizer（量化器），直接将 Simulink→Discontinuities 中的“Quantizer”模块拖拽至“Gain”和“Scope”模块之间即可，其模型和仿真结果如图 11－12 所示。

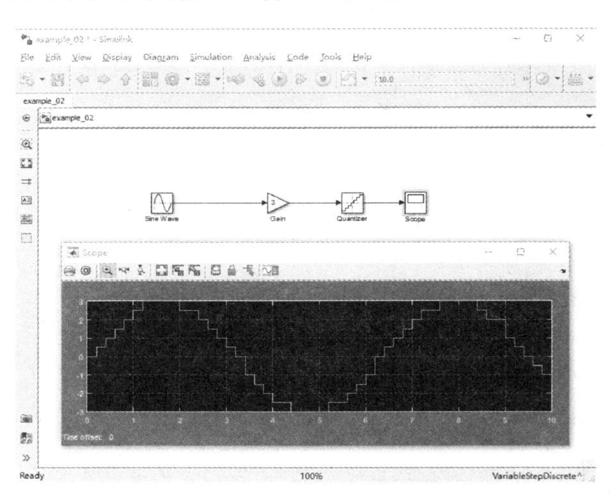

图 11－12　加入“Quantizer”模块后模型及仿真结果

3.数字图像的基本运算

数字图像的基本运算分为：①点运算；②代数运算；③逻辑运算；④几何变换；⑤直方图变换。

所谓点运算是指像素值（像素点的灰度值）通过运算后，可以改变图像的显示效果，是像素点的逐点运算，点运算不改变图像内像素点之间的空间位置关系。

如对图像进行线性点运算，MATLAB 程序的代码如下。

程序 2:对图像像素的运算程序。

```
a = imread('cameraman.tif');  % 读入 cameraman 图像,并存入变量 a 中
subplot(3,2,1);imshow(a)      % 将图像面板分为 3 * 2 块,并在标号(1,1)块中画出
                              a 图
b1 = a + 100;                 % 给 a 中每个像素值加 100,并存入 b1 中
subplot(3,2,2);imshow(b1)     % 在图像面板(1,2)块中画出 b1 图
b2 = a * 1.5;                 % 给所有像素值增加 1.5 倍,存入 b2
subplot(3,2,3);imshow(b2)     % 在图像面板(2,1)块中画出 b2 图
b3 = a * 0.8;                 % 给所有像素值增加 0.8 倍,存入 b3
subplot(3,2,4);imshow(b3)     % 在图像面板(2,2)块中画出 b3 图
b4 = a + b3;                  % 可以将两个图像相加后存入 b4
subplot(3,2,5);imshow(b3)     % 在图像面板(3,1)块中画出 b4 图
```

程序 2 的运行结果如图 11 - 13 所示。

图 11 - 13　程序 2 对图像像素的运行结果

图像的加法可以用于加入和减少图像中的噪声,用于模拟图像实际采集中的一些干扰。如果图像噪声是互不相关的,且噪声具有零均值的统计特性,则可以通过加法运算消除或者降低加性随机噪声。MATLAB 程序代码如下。

程序 3:图像高斯噪声的加入及叠加。

```
a = imread('eight.tif');                  % 读取图像
a1 = imnoise(a,'gaussian',0,0.006);       % 给图像加入均值和方差相同的高斯噪声
a2 = imnoise(a,'gaussian',0,0.006);
a3 = imnoise(a,'gaussian',0,0.006);
a4 = imnoise(a,'gaussian',0,0.006);
k = imlincomb(0.25,a1,0.25,a2,0.25,a3,0.25,a4);   % k = 0.25 * a1 + 0.25 * a2 + 0.25
* a3 + 0.25 * a4
```

```
subplot(1,3,1);imshow(a)
subplot(1,3,2);imshow(a1)
subplot(1,3,3);imshow(k)
```

程序 3 的运行结果如图 11－14 所示。其中左图为原始图像，中图为具有一个高斯噪声分布叠加噪声的图像，右图为与中图相同的四个相同高斯噪声分布图像的叠加结果。

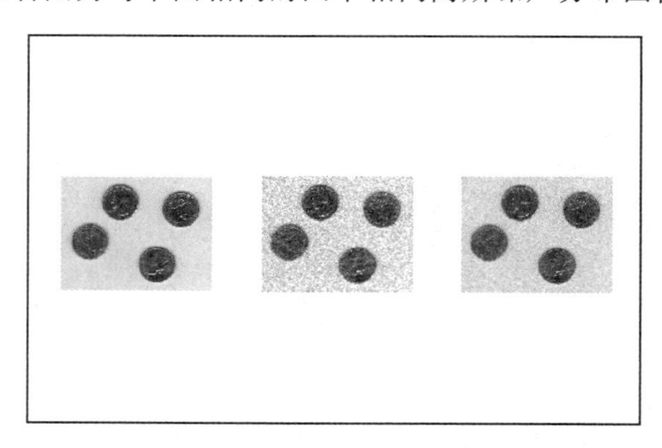

图 11－14　多个具有相同高斯噪声分布图像的叠加

随着数学、物理、信号处理等学科在各行各业应用的不断深入，以及计算机硬件的升级，各种专业的计算机仿真软件或者系统也在不停更新换代。计算机仿真是对现实系统的模拟，人们对现实系统的理解越深刻、越趋于本质，所利用的数学或者物理模型越贴近现实系统，则仿真的结果就会越真实。同样，对仿真结果的分析理解，也会加深对现实系统的认识，二者互相促进，相辅相成。

参考文献

[1] 瞿亮.基于 MATLAB 的控制系统计算机仿真[M].北京：清华大学出版社，2006.

[2] 吴军.数学之美[M].2 版.北京：人民邮电出版社，2014.

[3] KOENE E, ROBERTSSON J, BROGGINI F, et al. Eliminating time dispersion from seismic wave modeling[J]. Geophysical Journal International, 2018,213:169－180.

[4] 姚铭，高刚，周游更.基于有限差分法的地震波数值模拟研究综述[J].能源与环保，2017，39(10):75－85.

[5] 李信富，李小凡，张美根.地震波数值模拟方法研究综述[J].防灾减灾工程学报，2007，27(2):241－248.

[6] 王树文，汤旭日.MATLAB 仿真应用[M].北京：中国电力出版社，2018.

研究课题

1. 本章 11.3 节程序 1 中所用速度模型为常速模型（2000 m/s），请将速度修改为 0～1000 m 处速度为 1900 m/s，1000～2000 m 处为 2100 m/s，并对新的模型进行模拟。设计算法，使模型边界处(0 m 与 2000 m)无反射。

2. 已知信号 $y=\cos(200\pi t)\sin(400\pi t)$，(1)请设计 MATLAB 算法，分离正弦与余弦信号；(2)在 y 中加入不同高斯白噪声后再次分离。

3. 一列火车从 A 站经过 B 站开往 C 站，某人每天赶往 B 站乘这趟火车。已知火车从 A 站到 B 站运行时间为均值 30 分钟、标准差为 2 分钟的正态随机变量。火车大约在下午 1 点离开 A 站。离开时刻的频率分布为

出发时刻(T)：	1:00	1:05	1:10
频率：	0.7	0.2	0.1

这个人到达 B 站时刻的频率分布为

到达时刻(T)：	1:28	1:30	1:32	1:34
频率：	0.3	0.4	0.2	0.1

问他能赶上火车的概率有多大？

4. 在我方某前沿防守地域，敌人以一个炮排(含两门火炮)为单位对我方进行干扰和破坏。为躲避我方打击，敌方对其阵地进行了伪装，并经常变换射击地点。经过长期观察发现，我方指挥所对敌方目标的指示有 50%是准确的，而我方火力单位，在指示正确时，有 1/3 的射击效果能毁伤敌人一门火炮，有 1/6 的射击效果能全部消灭敌人。试通过计算机仿真，把我方将要对敌人实施的 20 次打击结果显现出来，并确定有效射击的比率及毁伤敌方火炮的平均值。